HUOXING RANLIAO
RANSE MUCAI
JISHU

活性染料染色木材技术

喻胜飞　罗武生　刘元　著

·北京·

内容简介

本书汇集了作者多年从事木材活性染料染色技术研究及生产实践经验，在介绍活性染料和木材的结构和特性、木材染色理论、木材染色方法的优劣、活性染料上染木材的影响因素、木材渗透性改善方法的基础上，系统阐述了木材染色技术的研究进展、木材染色用活性染料数据库的构建、木材染色前预处理技术、木材活性染料染色技术、活性染料在木材内的上染途径和染色机理、染色木材防变色技术、木材染色废水处理技术等，力图使读者迅速、全面地掌握该领域的相关知识。

本书实验数据翔实，分析手段丰富，可供高等院校和科研院所相关专业师生参考，也可供从事木材染色研究和活性染料相关应用研究的工程技术人员参考。

图书在版编目（CIP）数据

活性染料染色木材技术/喻胜飞，罗武生，刘元著
．—北京：化学工业出版社，2021.12
ISBN 978-7-122-40471-8

Ⅰ．①活…　Ⅱ．①喻…②罗…③刘…　Ⅲ．①活性染料-木材涂装-染色技术　Ⅳ．①TS654

中国版本图书馆 CIP 数据核字（2021）第 251775 号

责任编辑：赵卫娟　　文字编辑：胡艺艺　王文莉
责任校对：刘曦阳　　装帧设计：王晓宇

出版发行：化学工业出版社（北京市东城区青年湖南街 13 号　邮政编码 100011）
印　　装：北京建宏印刷有限公司
710mm×1000mm　1/16　印张 19¼　字数 363 千字　2022 年 4 月北京第 1 版第 1 次印刷

购书咨询：010-64518888　　售后服务：010-64518899
网　　址：http://www.cip.com.cn
凡购买本书，如有缺损质量问题，本社销售中心负责调换。

定　　价：128.00 元

前言

活性染料自从20世纪50年代末期被发明以来，主要应用于纺织领域。随着20世纪70年代木材染色技术的兴起，活性染料因具有众多的优势，如分子结构较简单、色泽鲜艳且色谱齐全、各项染色牢度优异、价格较低、使用方便，不仅能对木材的抽提物染色，还能对木材的主要组分纤维素、半纤维素及木质素等染色，在木材染色领域逐步得到应用。

木材是世界四大原材料之一，也是唯一可再生的原材料，由于其具有独特优良的特性，以及可再生、环境友好型等优点，被广泛应用于建筑、室内装修及家具制造中。随着我国建筑、装修及家具产业的迅速发展以及我国“天然林资源保护工程”的实施，具有美好视觉效果的珍贵木材供不应求。为解决日益突出的木材需求与发展的矛盾，我国大力栽培人工林速生材。速生材具有适应性强、材色浅、材质轻、便于加工等优点，但由于生长周期较短，也有材质疏松，强度、密度低，结构稳定性、耐腐性、耐燃性差，颜色单一等缺点，主要用于对性能要求低的人造板、农村家具房屋以及造纸工业等低附加值产品。在当前我国不断减少的大径级优质家具用材供给和日益增长的对丰富多彩的家具、木地板、工艺品等高档木材的需求之间矛盾加剧的环境下，如何改良速生材的材性，把低级木材加工成高级木材，增加其附加值，已成为弥补我国珍稀树种产量不足，甚至在众多领域替代珍稀树材的重要手段。

木材染色是染料与木材发生化学或物理结合，使木材具有一定坚牢色泽的加工过程，是提高木材表面质量，改善木材视觉特性和提高木材附加值的重要手段。它能够在不改变木材材性的基础上，通过染料给予色泽单调的人工林木材以名贵树种的颜色，增加木材本身的价值。我国常规的木材染色采取酸性染料染色，存在上染率低、色牢度差、材料损耗过多、开裂严重等问题，且仅适用于薄木或单板染色。对于尺寸较大、较厚的实木染色存在匀染性差、透染不够、色牢度低等染色效果差和染料利用率低的问题，使得高档家具所需的染色木方或木板仍然依靠进口。活性染料的活性基团能与木材纤维发生化学反应，形成共价键，具有染色深度大、色牢度和耐光性好的显著优点，因此具有高色牢度和耐光性的木材活性染料高效染色技术为速生材资源的高质化利用开辟了一条崭新的道路，同时拓宽了活性染料的应用领域。

长期以来，关于木材活性染料染色技术的理论和方法都散见于各种书刊中，很不系统。本书在综合总结“十三五”国家重点研发项目“木材材质改良的物理与化学基础”、国家林业公益性行业专项“木材活性染料染色技术研究与示范”、湖南省教育厅重点项目“木材表面有机-无机超疏水涂层的构筑及界面分级结构调控机理研究”等研究成果的基础上，参阅国内外大量木材活性染料染色技术文献，系统阐述了木材染色技术的研究进展、木材染色用活性染料数据库的构建、木材染色前预处理技术、木材活性染料染色技术、活性染料在木材内的上染途径和染色机理、染色木材防变色技术、木材染色废水处理技术。

在本书成果的工业化应用过程中，仁化县奥达胶合板有限公司、湖南栋梁木业有限公司给予了场地和技术支持，在此一并表示感谢！

喻胜飞　罗武生　刘　元

2021年7月于中南林业科技大学

目录

第1章 木材染色技术的研究进展 1

第 2 章 木材染色用活性染料数据库的构建 40

第 3 章 木材染色前预处理技术 58

第 4 章 木材活性染料染色技术 137

第1章

木材染色技术的研究进展

木材染色技术作为木材生物质科学研究的一个领域，过程复杂，涉及染料化学、木材科学、计算机科学、颜色科学、光学、流体力学和仪器分析等许多基础学科的知识，属于一个新兴的交叉学科技术，具有非常长远的发展前景。

木材的视觉特征主要是指木材的颜色、反射、吸收、花纹等对人类生理与心理舒适性的影响，其中木材颜色是评价木材质量并决定木材商品价值的重要指标。木材颜色以橙色类为中心，且有一定的分布范围。不同木材呈现不同的颜色，如紫檀、花梨木等木材红调较强，使人产生豪华、深沉的感觉；明度高的木材给人以明亮、整洁、美丽的印象；彩度低的木材给人以素雅、厚重、沉静的感觉；彩度高则给人以华丽、刺激、豪华的感觉。同一块木材的不同部位受生长条件的影响也呈现不同的颜色，即使同一部位的木材在外界条件影响下发生化学、生物或光变色也呈现不同的颜色。木材颜色是消费者对木材和木制品质量、商品价格评价的重要因素，因此木材颜色是木制品加工增值的重要影响因子，更是人工林木材特别是装饰用高级木材的重要指标。

随着我国大径级优质家具用材的不断减少，人们对丰富多彩的家具、木地板、工艺品等高档木材的需求越来越大，而人工林速生材由于颜色单一、质地较劣的缺点，具有较低的使用价值，不能满足人们的需求，因此木材染色技术应运而生。木材染色技术是用染料、化学试剂或涂料对速生材进行染色处理来调控木材的颜色，使低值材变高值材，或仿制出名贵木材的技术[1]，是实现速生材颜色调控的重要途径。广义上的木材染色分染料染色、化学着色和颜料涂色，狭义上的木材染色仅指木材用染料染色。由于用染料可消除木材天然色差，染色后的木材色彩更加艳丽和丰富，纹理更加清晰悦目，还能增强内在强度，使速生材从外观、性能上更接近于名贵木材，因此木材用染料染色在家具和其他木制品的涂饰过程中使用广泛，成为目前木材颜色调控的热门课题，本书也仅介绍木材用染料染色的技术。

1.1 木材染色用染料

染料是木材染色的主要原料之一，木材的染色效果与染料种类和结构密切相关。即使相同的树种，采用不同的染料，木材的染色效果也不相同。不同的树种，不同的染料，更会得到千差万别的染色效果。虽然染料的品种众多，结构复杂，但木材染色大多采用的是水溶性的有机合成染料，将染料溶解于水溶液中，通过浸渍处理对木材进行染色，常用的染料主要有直接染料、酸性染料、碱性染料和活性染料等。

直接染料大部分是偶氮染料，少量为二苯乙烯结构，这些结构与芳环结构处于同一平面，排列成直线；此外，其分子结构中含有磺酸基或羧基等水溶性基团，属阴离子染料，因此，直接染料对纤维素纤维具有较大的亲和力，是一类不借助媒染剂就能对木材直接染色的染料，依靠分子间的范德华力（van der Walls）和氢键与木纤维结合，上染性差、色牢度低，在工业及研究中使用较少。

酸性染料主要为偶氮和蒽醌结构，少数为芳甲烷结构，分子结构中含有磺酸钠盐或羧酸盐等酸性基团，属阴离子染料，适用于酸性、弱酸性或中性条件。酸性染料色谱齐全，价格相对较低，能以分子状态或分散状态使木材获得鲜明和牢固色泽，是纺织品染色的主要染料之一，也是早期木材工业的首选染料，但由于分子结构缺乏较长的共轭双键和同平面性结构，对纤维素纤维的直接性差，不能上染木材纤维中70%～80%的纤维素和半纤维素，只对20%左右的木质素有染色作用，且通过范德华力或氢键结合，存在染色不深、湿处理牢度低、耐光稳定性差等问题[2]，只适合于木皮、单板等中低端产品的染色。

碱性染料能在水溶液中电离生成阳离子色素，属阳离子染料。碱性染料的分子结构以三芳甲烷为主，色泽鲜艳，有瑰丽的荧光，发色强度高，而且着色力很强，成本低廉，但对纤维素纤维不上色，耐光色牢度和耐洗色牢度较差，在染色中也较少使用。

直接染料、酸性染料、碱性染料三种染料与木纤维之间都是以物理方式结合，依靠的是分子间的范德华力和氢键，上染率和色牢度低。时翠兰等[1]采用三种染料（直接染料、酸性染料和碱性染料）对2mm杨木单板染色1h，各染料的上染率分别为21.36%、34.23%和6.86%。活性染料又叫反应染料，是与纤维形成共价键的一类染料，与木纤维之间的结合所依靠的不仅有物理方式的范德华力和氢键，还有通过与木纤维上的羟基发生反应所形成的化学键，0.5mm杨木单板的上染率可达 55.15%，色牢度高，在木材染色中具有得天独厚的优势[3]。

1.2 活性染料的结构、分类和染色性能

I. D. Rattee 和 W. E. Stephen 于 1954 年发现了活性染料，英国 ICI 公司于 1956 年生产了世界上第一个活性染料商品（Procion Red MX-2B，C. I. 活性红 1），此后活性染料被认为是纤维素的"救世主"，赋予人造和天然纤维更加艳丽的色彩，在纺织行业得到了广泛的应用。活性染料发明之初，由于其价格较贵，未能在木材染色行业得到应用。近年来，随着科技进步、合成工艺改进和工业化的大规模生产，活性染料的价格大幅下降，为其在木材行业中的应用提供了现实可能。随着 20 世纪 70 年代木材染色技术的兴起，以及活性染料工业化生产的快速增长，在 2017 年我国活性染料产量达到 30.74 万吨，占我国染料总产量的 30.99%，已成为我国的第二大染料品种。活性染料因具有众多的优势，如分子结构较简单、色泽鲜艳且色谱齐全、各项染色牢度优异、价格较低、使用方便，不仅能对抽提物染色，还能对纤维素、半纤维素及木质素等木纤维染色，在木材染色领域逐步得到应用。

1.2.1 活性染料的结构

活性染料分子与其他类型染料的不同之处主要在其分子中具有可和纤维有关基团反应形成共价键结合的活性基，其结构通式为 S-D-B-R，各符号含义及作用见表 1.1。

表 1.1 活性染料的结构构成

代号	名称	作用
S	水溶性基团	赋予染料水溶性
D	染色母体(发色体)	决定染料的颜色、鲜艳度、牢度及直接性，使染料具有不同的色泽
B	桥基	将染色母体与活性基连接起来
R	活性基	与纤维中的—OH 等基团发生化学反应形成共价键，决定染料的反应性、固色率、耐水解稳定性、贮存稳定性等性能

由结构通式可看出，活性染料分子结构较复杂，不仅具有其他水溶性染料都

具备的发色体和水溶性基团，还具有其他水溶性染料不具备的活性基团及桥基。

染色母体D是活性染料的发色部分，可赋予活性染料不同的色泽和艳度，其对纤维有一定的直接性。因此分子结构中不仅含有 $\rangle C{=}C\langle$ 、$-\overset{|}{C}{=}N-$ 、$\rangle C{=}O$ 、$\rangle C{=}S$ 、—N═N—、—N═O、$-NO_2$ 等不饱和基团（发色团）的共轭体系，其中80%为偶氮结构类，特别是单偶氮结构类，少部分为蒽醌和杂环结构；还含有—OH、—OR、$-NH_2$、—NHR、$-NR_2$、—Cl、—Br等对纤维产生亲和力、加深染料颜色的助色团。从整个染料分子来看，染色母体相当于活性基上的一个取代基，将直接影响染料的反应性。因此，发色体不同，染料的反应性也有很大差异。通常，黄、橙、红色是H酸偶合组分制得的单偶氮染料，艳蓝色则是用溴氨酸制得的蒽醌染料，翠蓝色为铜酞菁染料，紫色和红玉色又是铜络合的单偶氮或双偶氮染料，甲臜铜络合物和三苯二噁嗪是蓝色或深蓝色的染色母体。水溶性基团S通常为$-SO_3Na$、—COONa等基团，虽然对染料呈现的颜色无显著影响，但可使染料溶解在水中，并带负电荷，从而对某些纤维产生亲和力。

活性染料的反应性主要由它的活性基R决定，通过活性基与纤维的亲核基团反应形成共价键，活性基不仅决定固色率、固色速率，还决定活性染料染色的主要条件和染色产品的色牢度。因此活性染料的发展史实际上就是开发活性基的过程：在活性染料发展的第一阶段（1956～1966年），除开发了目前常用的一氯均三嗪、二氯均三嗪、β-硫酸酯基乙基砜基活性基外，其他活性基如β-硫酸酯丙酰氨基、5-甲酰氨基-2,4-二氯嘧啶等由于活性太低、工艺复杂、成本太高等因素逐渐被淘汰；第二阶段（1967～1976年）开发了适于毛、丝蛋白质纤维用的活性高、键稳定性好的氟氯嘧啶衍生物；第三阶段（1977～1988年）主要以一氯均三嗪、β-硫酸酯基乙基砜基活性基为双活性基染料的开发；1989年以后基本无新活性基开发，重点是多活性基染料开发中不同活性基的反应性配伍。桥基B实际上是活性基上的一个取代基，对染料的性能影响也很大，主要有—NH—、$-\overset{H}{N}-\overset{\overset{O}{\|}}{C}-$ 、$-SO_2NH-$、—O—、—R—等，其中最重要的是亚氨基—NH—，它是给电子基，容易解离，会降低活性基的反应性，因此，降低—NH—解离，对提高染料的反应稳定性很重要。当—NH—中的H原子可形成分子内氢键或被烷基取代形成 $-\overset{\overset{R}{|}}{N}-$ 时，则不易发生解离，可提高染料的反应稳定性。

图1.1是活性染料的结构式，图1.1(a)是活性红M-3BE染料，该染料的染色母体D是含有—N═N—发色团和—OH、萘环等助色团的单偶氮类结构，水溶性

基团S为—SO_3Na，活性基R为 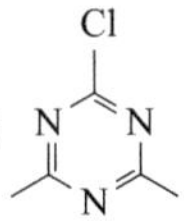 （一氯均三嗪）和—$SO_2CH_2CH_2OSO_3Na$（β-硫酸酯基乙基砜基）双活性基，桥基B是—NH—，分子中活性基中—Cl极易电离，与纤维素的亲核取代反应活性较高，形成新的共价键键能更强，因此活性红M-3BE染料颜色鲜艳、水溶性好且染色牢度高。活性染料分子中的这些结构单元可以任意排列组装，但得到的染料性能差异很大。图1.1(b)是Remazol藏青RGB染料，该染料的染色母体D是含有—N═N—发色团和—OH、—NH_2、—OCH_3、萘环等助色团的双偶氮类结构，水溶性基团S为—SO_3Na，活性基R为两个相同的—$SO_2CH_2CH_2OSO_3Na$双活性基，桥基B是苯环，分子中活性基β-硫酸酯基乙基砜基与纤维素发生亲核加成反应。

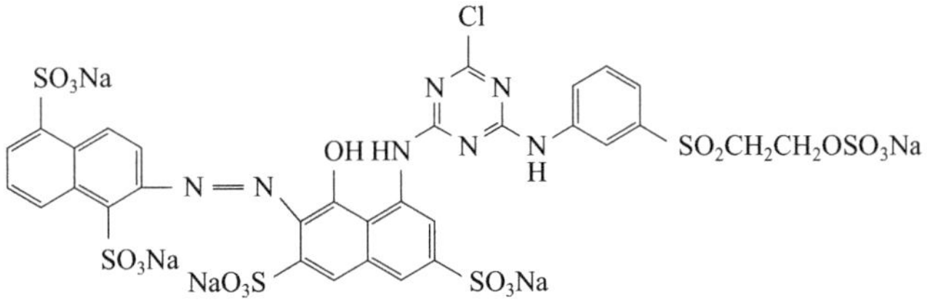

(a) 活性红M-3BE(C.I. 活性红195)

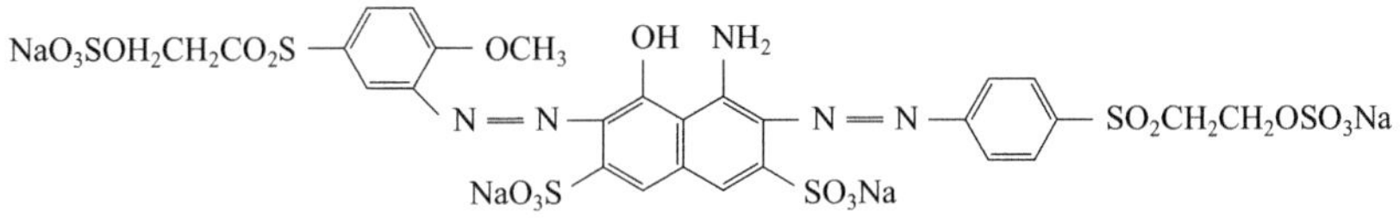

(b) Remazol藏青RGB(C.I. 活性蓝250)

图1.1　活性染料的结构式

1.2.2　活性染料的分类及应用

活性染料的种类特别多，活性染料产业链可拆分为染料母体和活性基团两部分，染料母体多数以煤化工产品为原材料进行生产，活性基团则多数以石化产品为原料，因此活性染料按结构分类有染色母体结构分类法和活性基分类法，其具体分类与应用见表1.2。

表1.2　活性染料按结构分类与应用

分类方法	种类	主要应用领域
染料母体结构分类法	偶氮类	各类纤维的染色和印花，化学纤维、皮革、纸张等的着色
	蒽醌类	涤纶纤维的染色和印花

续表

分类方法	种类	主要应用领域
染料母体结构分类法	酞菁类	印刷油墨、涂料及皮革与纺织品的着色
	金属络合物类	油墨、涂料的着色
	三苯并二噁嗪类	涂料、喷墨打印、塑料及印花色浆着色
活性基分类法	卤代均三嗪类	涤棉织物染色
	亚乙基砜(或乙烯砜)类	羊毛染色
	卤代嘧啶类	纤维染色
	其他类	毛、纤维及涤棉织物染色
	多活性基类	纤维、蛋白质、毛、丝染色

由表1.2可知，活性染料按染色母体结构分类，可分为偶氮类、蒽醌类、酞菁类、金属络合物类、三苯并二噁嗪类；按活性基分类可分为卤代均三嗪类、亚乙基砜（或乙烯砜）类、卤代嘧啶类、其他类（如二氯喹喔啉、膦酸基、α-溴代丙烯酰胺、N-甲基牛磺酸、3-羧基吡啶）、多活性基类。目前商品化的多活性基染料绝大多数只含有两个活性基团，两个活性基团可以是同种的，如C.I.活性黑5和C.I.活性蓝250，都含有双β-硫酸酯基乙基砜基，Cibacron E型活性染料含有双一氯均三嗪；也可以是异种的，C.I.活性红195含有一氯均三嗪和β-硫酸酯基乙基砜基，这种类型染料的染色性能优异，具有高固色率和染色牢度，适于竭染染色，Cibacron C型活性染料含有一氟均三嗪和乙烯砜基异种双活性基，这种染料的反应活性比一氯均三嗪和亚乙基砜基异种双活性基的还要高。

活性染料还可按固色温度，分为低温型（<40℃）、中温型（40～60℃）和高温型（>60℃）。活性染料的生产厂商众多，每个厂商又有众多的品牌，通常按照目前我国国家标准GB/T 3899.1—2007《纺织品用染料产品　命名原则》来命名染料，活性染料系列名有X、KN、KD、K、KE、M、T、W、F、D等，这些是按照活性基的不同来划分的。常见的X型活性染料中含有二氯均三嗪活性基，K型含有一氯均三嗪活性基，KN型含有亚乙基砜基（或乙烯砜基）活性基，KD型和KE型含有两个一氯均三嗪活性基，M型含有一氯均三嗪和亚乙基砜基（或乙烯砜基）双活性基，F型含有二氟一氯吡啶活性基。

1.2.3 活性染料的染色性能参数

评价一个染料应用性能的好坏主要有两方面：一是染色过程中表现出来的性质，如上染速率、匀染能力、移染性、易洗涤性、提升力等；二是最终染着在纤维上的染色纤维上染率、固色率、色牢度等。这些性能将决定染色质量、与其他染料的配伍性，也对染料的应用推广起决定作用。近年来，国内外业界常用直接性 S、上染率 E、反应性 R、固色率 F、移染指数 MI、易洗涤因子 WF、匀染因子 LDE、有机性值/无机性值、提升力指数 BDI、溶解度等 10 个染色特性参数评价染料的染色性能。

S（substantivity）值指的是直接性，代表染料对纤维亲和力的大小，用加碱固色前吸附 30min 时的上染率表示。此时染料吸附已接近平衡，上染率一般不太高，和纤维共价结合的染料很少，几乎可以看作零。

E（exhaustion）值代表上染率，又叫竭染率，表示染色结束时吸附在纤维上的染料占入染时投入染料的百分比。由于加碱后吸附在纤维上的染料和纤维分子发生共价结合，打破了吸附平衡，吸附速度加快，解吸速度减慢，因此纤维的上染率迅速增加。

R（reactivity）代表染料的反应性，用加碱 10min 后的固色率来表征。由于加碱后提高了染液的 pH 值，使纤维阴离子浓度迅速增加，固色率也迅速提高。

F（fixation）代表染料的固色率，是染色物皂洗去浮色后测得的染料表观固着率。由于染料和染色物发生固色反应的同时，染料本身要水解，部分水解染料吸附在纤维上，作为浮色被洗掉，因此固色率始终低于上染率。

S 和 R 分别是在规定时间内测定的吸附率和固色率，是一种动态的参数，可以粗略地描绘出染料的上染和反应速度。它们与染色质量如移染性、匀染能力密切相关。S、R 相比染色热力学中用 $-\Delta\mu^{\ominus}$（染料在纤维上与染浴中标准化学位之差）表征亲和力，以及染色动力学中用 K（染料与纤维反应速率常数）表征反应性来说，虽然较粗略，但十分方便、直观。E 和 F 这两个参数关系着染料的利用率、易洗涤性、牢度和“三废”处理的负担，因此通常用 S、E、R、F 值筛选木材染色用的活性染料和评价活性染料的应用性能。

1.3 木材的结构和特点

1.3.1 木材的特点

为迅速弥补木材资源的短缺，缓解我国木材日益上涨的供需矛盾，我国在 20 世纪 60 年代就开始大力种植生长速度快、成材周期短的人工林速生材，种植面积现已达到 0.69 亿公顷，蓄积 24.83 亿立方米，树种包括杨木、马尾松、桉木、杉木等，已成为我国主要的木材原料。速生材具有如下特点：a. 是一种天然可再生材料，具有生产成本低、耗能小、无毒害、无污染、可再生等特点；b. 强重比高，木材的某些强度与重量的比值比一般金属的比值都高，是一种质轻而强度高的材料；c. 组成木材的管胞、导管、木纤维等细胞都有细胞腔，是一种多孔性材料，独特的孔隙构造使木材具有弹性，且适宜木材改性与加工；d. 木材的构造和性质在横向、径向和弦向三个方向具有各向异性；e. 木材具有很大的变异性，使木材材性具有很大的不均匀性和不确定性，也给加工利用带来很大困难；f. 木材的热导率很小，具有良好的保温性能；g. 木材的电传导性差，是较好的电绝缘材料；h. 木材软硬程度适中，容易加工；i. 木材重量轻，具有易为人接受的良好触觉特性和天然美丽的花纹，是建筑、室内装修和家具制造的首选材料。速生材也具有易燃、易腐蚀、干缩湿胀、密度小、幼龄材比例高、材色单调、尺寸不稳定、装饰性差等缺点，使其利用率比较低。因此，常用的手段是对速生材进行物理、化学或者生物改良，改变木材的成分或结构，使速生材获得良好的尺寸稳定性、耐久性、耐腐性、密度、强度和颜色等，从而具备替代天然实木的能力。

1.3.2 木材的化学结构

木材是一种天然高分子化合物，化学成分主要有纤维素、半纤维素和木质素以及少量抽提物。其中纤维素的分子式为（$C_6H_{10}O_5$）$_n$，分子结构如图 1.2 所示，由葡萄糖单元 C-4 位置的羟基和相邻单元 C-1 位置的羟基共价键合形成 β-1,4-糖苷键连接而成的线性高分子化合物，n 为聚合度，表示分子链中所连接的葡萄糖单元的数目，分子链上还含有一个还原性末端，纤维素聚合度的大小直接影响到木材的强度、模量等力学性能以及木材在酸、碱、高温下在水中降解等性能。

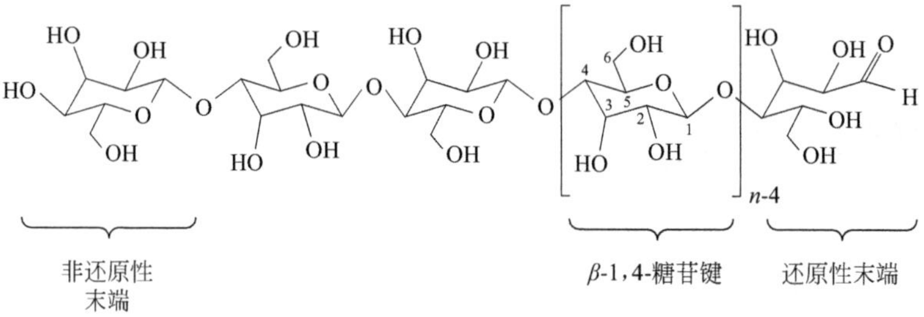

非还原性末端　β-1,4-糖苷键　还原性末端

图 1.2　纤维素的分子结构示意图

纤维素占木材组分的 50%左右，是木材细胞组织结构的“骨架”，在天然木材内部表现出多级结构的特点，如图 1.3 所示。在生物合成纤维素的过程中，相

邻纤维素分子的羟基通过氢键或范德华力使 36 根纤维素链平行堆叠，形成直径为 3～7nm 的原纤丝，原纤丝进一步聚集成直径 10～40nm、长度＜5μm 的微纤丝，微纤丝通过木质素、半纤维素等缠结作用形成直径约 100～400nm、长度＜5μm 的纤丝，纤丝再进一步聚集成直径为 26μm±9μm、长度＜5μm 的微纤维[4]，微纤维相互结合形成薄层，最后很多薄层聚集形成了木材纤维细胞壁。

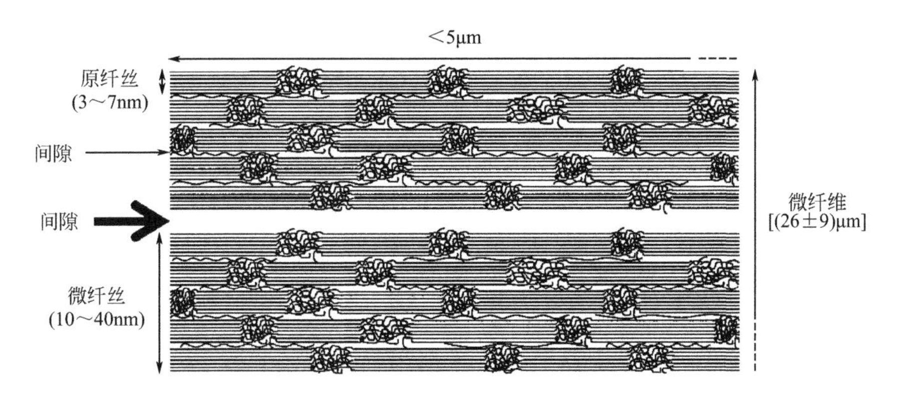

图 1.3 纤维素多级结构示意图[4]

半纤维素结合在纤维素微纤维表面，并且相互连接，构成坚硬的细胞连接网络，是由两种或两种以上的戊糖、己糖等单糖进行无定形组合形成的复合聚糖，如图 1.4 所示。阔叶材和针叶材的半纤维素含量和聚糖类型存在差异，其中针叶材的半纤维素含量约为 25%，主要由 *O*-乙酰基-半乳葡萄甘露聚糖和阿拉伯糖基-4-*O*-甲基葡萄糖醛酸木聚糖组成；阔叶材的半纤维素含量约占 30%，主要由部分乙酰化的 4-*O*-甲基葡萄糖醛酸木聚糖组成，其主链结构为 (1,4)-β-D-木糖，C-2 或 C-3 位被乙酰基所取代，还含有少量葡萄甘露聚糖，其主要结构单元为 β-D-木糖，C-2 和 C-3 位上的羟基约有 70%由于发生酯化反应而带有乙酰基。乙酰基在中高温度条件下发生分解反应产生乙酸，促进多糖降解生成糖醛，糖醛和木质素缩合生成有色物质，使木材呈现不同的颜色。

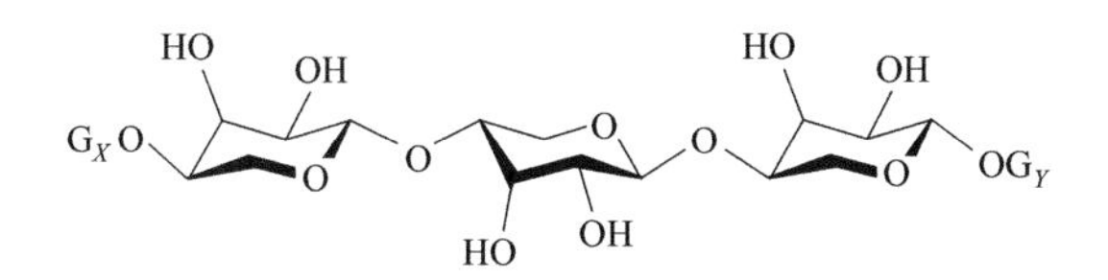

图 1.4 半纤维素的分子结构示意图

木质素是由羟基或甲氧基取代的苯丙烷单体通过脱氢聚合而成，如图 1.5 所示，其中 C—C 键和 C—O 键等通过空间组合形成类似三维立体结构，主要官能团有—OH、—C═O、CH_3O—等，对木材颜色起着潜移默化作用，并且在热、光、生物或化学作用下，木质素会由于降解、氧化、缩合等反应的发生生成有色物质，引起木材变色[5]。

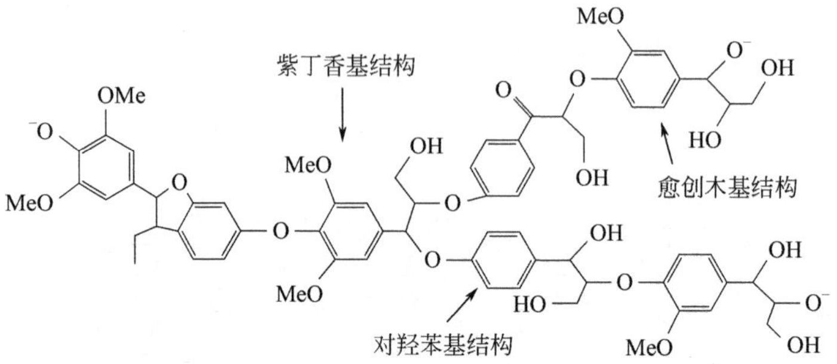

图 1.5　木质素的分子结构示意图

抽提物为木材中除去纤维素、半纤维素和木质素外剩下的有机化合物的统称，可用水、水蒸气与极性或非极性的有机溶剂从木材中抽取出来，一般占木材绝干重量的 2%～5%。树种不同，抽提物也不同，但一般分为萜类、酚类和脂肪族类三大类。木材中含有色素、单宁、树脂等本身具有颜色的抽提物，使木材呈现不同的颜色，同时还有一些本身不显颜色的抽提物，如多酚类物质，经热、光、生物或化学物质诱导，易于被氧化成醌类化合物或缩合为聚合物，导致木材颜色加深[6]。

木材的化学成分在不同树种、不同结构中所占比例和分子结构各不相同，其决定着木材的物理、化学和力学性能。孙海燕等[7]检测了杉木无性系心材与边材的细胞壁化学组分、细胞壁纤维素结晶度及其显微构造的差异：心材抽提物含量和木质素的交联程度高于边材，心材木质素相对含量比边材增加 2%～4%，纤维素相对含量比边材减少约 2%，半纤维素含量与边材基本相同；边材和心材细胞壁纤维素结晶部分晶胞构造相同，但边材细胞壁纤维素结晶程度大于心材，边材相对结晶度 43.1%，而心材只有 35.1%；心材管胞腔面积比率和平均管胞面积均比边材的小，即心材细胞与边材相比具有壁厚腔小的特点。

1.3.3　木材的构造

速生材按植物学特点可分为针叶材和阔叶材，不同种的木材在密度、结构和化学成分等方面存在显著差异，同种木材或同一根木材的不同部位由于生长环境的不同使木材本身的各向异性也存在差异，这种差异性对活性染料在木材中的渗透、分布、反应性以及染色效果都具有较大影响。

木材的构造是决定木材性质的主要因素，包括宏观构造和微观构造。木材的构造在三个切面（横切面、径切面和弦切面）上表现不同的特征，使木材呈现不同的颜色和纹理，是识别和利用木材的主要依据，也使木材的物理性能、力学性能和加工性能在三个切面上表现出差异。宏观构造是在肉眼或10倍放大镜下能观察到的木材组织，包括心材和边材、年轮、早材和晚材、管孔（管胞）、木射线等。王永贵等[8]研究表明，杨木边材的渗透性优于心材，由边材逐步转化形成心材的过程中，大量树胶、单宁和树脂等有色物质阻塞细胞壁孔隙并包裹细胞腔内壁，阻碍了液体的渗透。早材细胞体积大，细胞壁薄，材质松软，材色浅；晚材材质致密，材色较深，密度是早材的2～3倍，弹性模量大于早材。不同木材导管的排列、分布、大小、数量都有着显著差异。木材的微观构造是指在显微镜下看到的木材组织，由无数管状细胞紧密结合而成，如图1.6所示。细胞横切面呈四角略圆的正方形，每个细胞分为细胞壁和细胞腔两部分，细胞之间纵向联结比横向联结牢固，造成细胞纵向强度高，横向强度低。细胞之间有极小的空隙，能吸附和渗透水分、染料、空气等流体。木材的微观构造是影响木材性能最根本的因素，尤其是细胞壁，木材细胞壁的结构往往决定着木材的性质及品质。

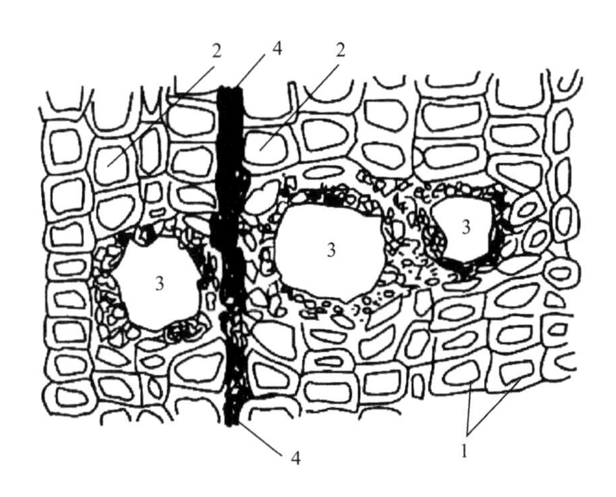

图1.6　松木的横切面微观构造示意图

1—细胞壁；2—细胞腔；3—树脂流出孔；4—木髓线

1.3.4　木材细胞的层级结构

木材细胞壁由于化学组成的差异以及微纤丝排列方向的不同表现出层级结构，自外至内分为胞间层M、初生壁P和次生壁S三层[9]，如图1.7所示。M层是由一些无定形、胶体状的果胶和木质素组成的黏结层。P层含有较多的半纤维素和木质素，微纤丝在其中呈网状排列，通常P层与M层紧密相连难以区分，通常将二者合称为复合胞间层。S 层是木材纤维细胞壁的主要部分，根据微纤丝取向将其分为三层：次生壁外层（S1）、次生壁中层（S2）和次生壁外层（S3），各层厚度各不相同。S1 层厚度 0.1～0.3μm，微纤丝规则交错地缠绕在细胞壁上且缠绕角度几乎垂直于纤维轴向；S2 层厚度占细胞壁厚度的 70%～90%，微纤丝几乎是平行于纤维轴（夹角 5°～30°）进行平行螺旋排列，对木材强度、弹性模量等性能起决定作用；S3 层较薄，微纤丝呈不规则环状排列，与纤维轴的夹角为 60°～90°。在细胞壁上存在着纹孔、眉条、螺纹加厚、瘤层等多种结构，对木材的物理及力学性能尤其是渗透性有着重要影响。

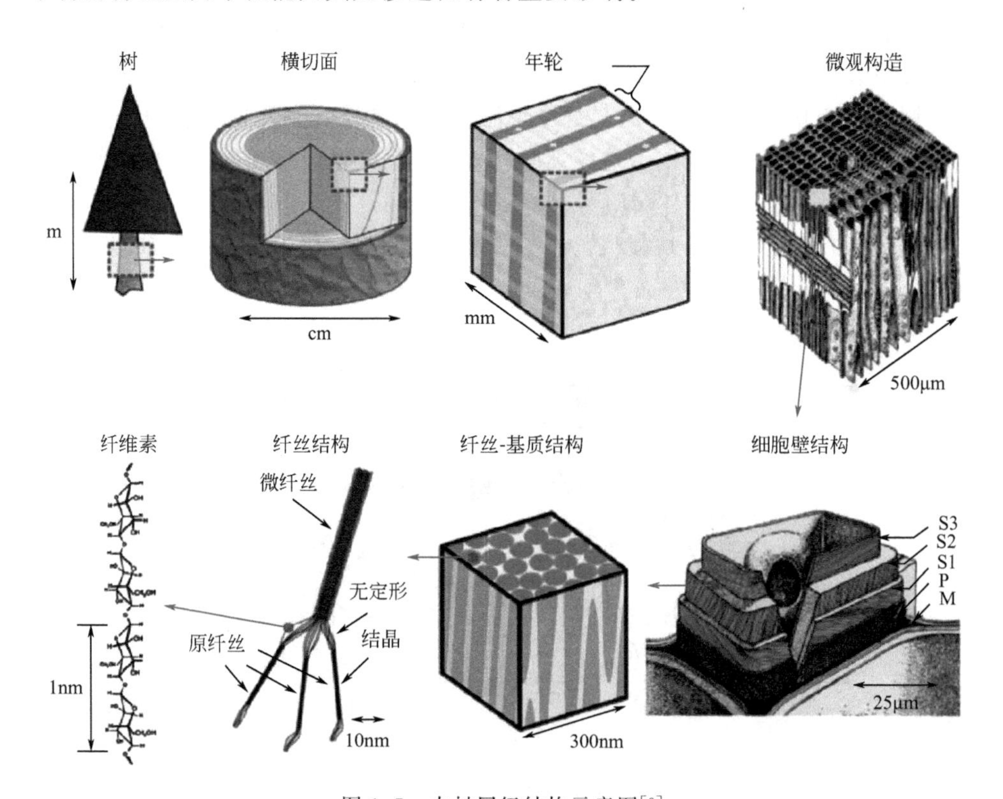

图 1.7　木材层级结构示意图[9]

微纤丝是原纤丝的聚集态结构，原纤丝由结晶区域和无定形区域组成，结晶区域内纤维素大分子排列高度有序，十分规整，所有的羟基都已形成氢键，无定形区域结构无序排列，两区域没有明显分界，逐步过渡。原纤丝和微纤丝之间都存在若干空隙，形成空隙系统，空隙的大小从 10Å 到 1000Å，空隙系统的尺度和空隙表面性能的差异极大地影响到木材的加工和使用性能。

速生材自身结构、化学成分，尤其是细胞壁的构造与化学成分，存在着较大差异，导致速生材的性能特别是加工性能千差万别。只有充分了解速生材的这些特点，才能找到合适的木材染色方法，从而获得性能优良的染色材，促进速生材的高效利用。

1.4 木材染色技术的研究进展

木材染色技术自20世纪50年代就在美国和苏联进行了报道，60年代在日本得到发展，70年代在意大利迅速实用化和工业化，出现了染色木材和染色装饰单板。我国从20世纪90年代开始关注木材染色技术，随后众多研究人员进行了深入研究并实现工业生产，于90年代末期生产了染色单板及其制品。纵观国内外木材染色的科研方向和科技成果，主要集中在木材染色用染料的选择及研制开发、单板的染色工艺、染色木材的渗透性等方面。

1.4.1 木材染色方法和工艺的研究进展

木材染色是木材加工和利用过程的一个重要环节，染色木材用途和染色方式的不同，决定了木材染色方法的多样性。纵观国内外研究成果，木材染色方法的分类主要有如下几种。第一种是按照溶解染料的溶剂分为水溶性染料染色、油溶性染料染色和醇溶性染料染色。第二种是按照木材的处理形态分为立木染色、实木染色、单板染色、碎料染色、粉末染色等。立木染色是对新砍伐的本身具有一定活性的木材直接染色，当其根部浸入染液中时木材通过自身的毛细管系统将染液沿树干自下而上运输，在运输染液的过程中实现木材的染色，主要有穿孔染色法[10]和断面浸注染色法[11]，操作简单、处理时间短，但染色不均匀、效果差。实木染色主要对方材或原木锯材的表面和内部进行染色，通过染液的吸附和渗透使锯材内外呈现出所需要的颜色，由于木材尺度大，在常规条件下靠染液的自身渗透性很难实现木材均匀透彻染色，须在高温、真空、高压等复杂条件下完成，如于志明等[12]研究发现染料渗透深度受真空度、染色时间和真空时间的影响显著，而不受其他因素的影响，染色材主要用作刨切薄木，制作高档家具或装饰材料。单板染色就是采用浸渍处理对旋切单板均匀染色的方法，单板厚度为0.5～3mm，单板染色工艺因树种和染料不同差异很大，影响因素较多，木材的高温热处理、壳聚糖预处理和乙酰化预处理以及染色过程中的各种助剂，都可使染料的上染性和染色单板的耐光色牢度提高[13]，染色单板可根据用途再加工成需要的尺寸，具有很大的灵活性，通常用作不同材料表面的装饰材料或科技木的组坯板。碎料染色指对碎木片进行染色处理，一般应用较少。粉末染色一般是将木材磨成粉或提取某种成分后对其染色。第三种是按照染料的浸注方式分为常压浸注、减压浸注和加压浸注等。真空加压染色工艺可以实现32mm厚实木板材染色。第四种是按照染色要求和染色方式分为深度染色法和表面染色法。表面染色是在薄单板或木制品表面用喷涂、刷涂或淋涂的方法在木材表面染色；深度染色主要以浸渍方法使染料渗透至锯材的内部实现大尺寸木材的染色。另外，还可根据染色条件、染色原料分别将木材染色分为热处理染色和冷处理染色、天然染料染色和合成染料染色。

1.4.2 木材染色理论的研究进展

木材染色实质是溶液中的染料分子从染液向固相木材扩散、渗透并固着的流体传输过程。染料溶液在木材中的流体传输对木材上染率、染色深度、染色均匀性等染色性能均有较大的影响，尤其是用活性染料对木材染色时，由于活性染料分子中含有反应性活性基团，可和木材纤维形成共价键结合，这种反应性染液在木材染色过程中会伴随众多复杂的现象，如非线性流体流动、气液界面张力、气体溶解与扩散、结合水迁移、木材润胀和木材与液体的非均相化学反应等，同时会造成部分纤维素和半纤维素的溶出。因此，木材活性染料染色过程属于反应性流体传输过程，主要依靠渗透、扩散、吸附等方式并伴随均相和非均相化学反应来完成。随着对木材染色工艺的深入研究和染色产品的更高要求，流体在木材中的渗透、扩散、吸附及反应机理等木材染色理论研究也在不断发展。

(1) 木材染色原理

活性染液浸染木材时，首先从溶液中扩散至木材表面，木材纤维对染料分子的附着力大于染液内部分子的内聚力，使得染液沿木材表面分散，润湿木材，并吸附在木材表面上；然后依靠毛细管压力梯度、液体自身的浓度梯度以及分子热运动，通过毛细管在木材中渗透、扩散，并附着在木材上，在碱的作用下和木材中的纤维素、半纤维素、木质素发生固色反应固着在木材表面和内部，因此活性染料浸染木材的过程属于反应性流体在木材中的传输过程。染料从溶液传输到木材并固着的过程可分为以下4个阶段，如图1.8所示：a. 染料从染液中扩散至木材纤维界面；b. 染料分子通过氢键、范德华力、共价键等分子间作用力吸附在木材纤维表面；c. 木材纤维表面的染料分子依靠内外浓度差通过渗透通道向木材纤维内部扩散；d. 染料分子在木材纤维内部固着。

(2) 扩散动力学

染料的扩散包括从染液扩散到固相木材纤维表面和在纤维内部扩散两个过程。染料从液相到固相木材纤维表面的自由扩散，属于稳态扩散，扩散动力来源

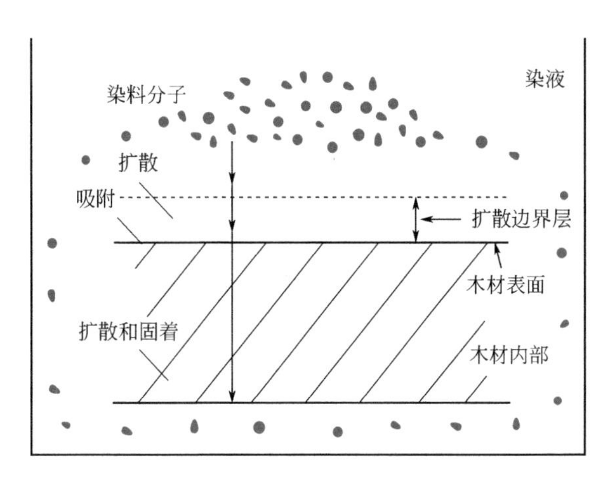

图 1.8 染料上染木材示意图

于浓度梯度，扩散速率较快，受染液性质、染色温度、搅拌速率等因素影响，遵循 Fick 第一定律：

$$J=-D\frac{\partial c}{\partial x} \tag{1.1}$$

式中 J——扩散通量，$kg/(m^2 \cdot s)$；

D——扩散系数，m^2/s；

$\frac{\partial c}{\partial x}$——浓度梯度，即浓度 c 随距离 x 的变化率。

木材在纤维内部的扩散为小孔扩散，比溶液中的扩散过程要慢得多，此时扩散通道是木材内由不同形状、大小和各种连通通道组成的永久管状单元（大毛细管系统）和瞬时毛细管状单元（微毛细管系统）相互串并联组成的复合毛细管系统，毛细管内径小于 1mm，纹孔直径以 μm 计量，是一种微尺度通道。染料在这种微尺度通道内的动量传递和质量传递除了受温度、pH 值等染色工艺因素影响外，还受活性染料性质、木材微细结构、木材纵向和横向扩散的差异、抽提物、活性染料与木材的非均相化学反应等影响，决定着活性染料上染木材的匀染性和上染率等染色效果，因此染料流体在木材内的扩散属于微尺度扩散动力学行为，是控制染色过程速率、实现木材均匀染色和具有高上染率的关键，属于非稳态扩散，遵循 Fick 第二定律：

$$\frac{\partial c}{\partial t}=\frac{\partial}{\partial x}\left(D\frac{\partial c}{\partial x}\right) \tag{1.2}$$

式中 $\frac{\partial c}{\partial t}$——浓度 c 随时间 t 的变化率。

若 D 为常数，则式(1.2) 可简化为式(1.3)：

$$\frac{\partial c}{\partial t}=D\,\frac{\partial^2 c}{\partial x^2} \tag{1.3}$$

目前染料流体上染纤维的扩散动力学模型主要是纺织领域学者们以 Fick 第二定律为基础建立的 Me Bain 方程、Hill 方程、Grank 方程、Vicerstaff 方程和 Frensdorff 方程[14]，具体数学模型和方程见表 1.3。

表 1.3　染色动力学经典方程

方程名称	假定条件	数学模型
Me Bain 方程	薄膜无限染浴染色，忽略薄膜边缘扩散，定积分	$\frac{M_t}{M_\infty}=1-\frac{8}{\pi^2}\left(e^{-\pi^2 Dt/a^2}+\frac{1}{9}e^{-9\pi^2 Dt/a^2}+\frac{1}{25}e^{-25\pi^2 Dt/a^2}+\cdots\right)$
Hill 方程	纤维无限染浴染色，并看作无限圆柱，忽略两端扩散	$\frac{M_t}{M_\infty}=1-0.692(e^{-25.5Dt/r^2}+0.19e^{-30.5Dt/r^2}+\cdots)$
Grank 方程	非无限染浴，浓度始终变化	$\frac{M_t}{M_\infty}=1-\frac{4\alpha_1(1+\alpha_1)}{4+4\alpha_1+\alpha_1^2 q_2^2}e^{-q_1 Dt/r^2}-\frac{4\alpha_1(1+\alpha_1)}{4+4\alpha_1+\alpha_1^2 q_2^2}e^{-q_2 Dt/r^2}$
Vicerstaff 方程	染料浓度大，染色初段为条件	$\frac{M_t}{M_\infty}=2\sqrt{\frac{Dt}{\pi}}$
Frensdorff 方程	染料浓度小，染色后期为条件	$\frac{d\ln(M_\infty-M_t)}{dt}=-\frac{D\pi^2}{t}$

注：M_t 为 t 时刻上染量；M_∞ 为平衡状态时上染量；a/r 为薄膜厚度或纤维半径；α_1、q_1、q_2 分别为平衡吸附率 K 的函数。

表 1.3 中的模型都是在假设染料通过一些特定纤维（涤纶纤维、羊毛、棉织物、蚕丝织物等）中的孔道扩散、扩散面积为一定值、扩散系数不随扩散深度变化而变化的基础上建立，与纺织纤维实际染色过程较符合。木材染色时活性染料流体虽然也是通过木材内的孔道进行扩散，但木材纤维与纺织纤维在组成、物理形态及孔道结构上具有较大的差别，建立其染色扩散动力学模型必须考虑与木材材质特征相适用的扩散面积、扩散深度、化学反应这几个重要指标对扩散系数的影响。另外，木材领域的学者们也以 Fick 扩散定律为基础建立了液体在木材中的浸渍扩散模型，主要有载流子的漂移速率模型、碱浸渍扩散-反应模型、收缩核模型、碱浸渍模型，其中碱浸渍扩散-反应模型能够很好地预测扩散系数及不同浸渍温度下木材内部各部位碱液浓度。王永贵等[8]利用该模型得到了杨木碱液稳态浸渍条件下的横向扩散系数。尽管活性染料在木材中的扩散跟碱液浸渍中的扩散类似，但活性染料组成、分子结构、反应机理与碱液不同，该模型未能考虑活性染料与木材反应对活性染料流体动力黏度、扩散系数等流体特征及木材结构变化引起的表面张力的影响。

近年来，研究者从动态角度分析外部环境因子对染料分子扩散性能的影响，对研究和控制染料的上染速率及染色效果具有重要的参考价值。黄连香和王祥荣[15]发现板栗壳色素对锦纶织物的染色过程符合准二级动力学模型，上染吸附量随温度升高而增加；促染剂元明粉和平平加 O 以及预媒染并不改变染色动力学模型，元明粉会降低板栗壳色素的平衡上染量，平平加 O 对平衡吸附量影响较小但半染时间延长；预媒染后锦纶织物的上染速率降低、平衡上染量减少。常佳[16]研究结果表明超声波可增加木材纤维素无定形区分子链活性和木材孔隙，加快染料分子的扩散速率，提高染料在木材内的扩散系数。吴臻等[17]用等离子体轰击木材单板表面，使木材导管壁以及纹孔等结构发生刻蚀现象，产生细小裂纹，O/C 比值增大，扩散系数明显提升。

(3) 染料上染纤维的热力学行为

扩散到固相木材纤维表面的染料分子通过氢键、范德华力、共价键等吸附在木材纤维表面，吸附速率也会影响整个扩散速率，因为染色过程初期染料向纤维扩散的动力是染色亲和力 $-\Delta\mu^{\ominus}$，染色亲和力、吸附等温线与扩散系数有关联。目前染料在纤维中的吸附机理研究主要集中于染料在纺织纤维上的染色热力学理论研究：周伟[18]研究指出应用尤纳素红 CQ 染料（α-溴丙烯酰胺类）上染氯化羊毛的吸附模型符合 Langmuir 型吸附等温线，染料对氯化羊毛亲和力较大，染料从染液向纤维转移的趋势较大，染色热 $\Delta H^{\ominus}=-33.3\text{kJ/mol}$、染色熵 $\Delta S^{\ominus}=-0.0355\text{kJ/(K}\cdot\text{mol)}$，氯化羊毛的染色过程属于放热反应。沈志豪[19]研究得出两只红色系蒽醌结构、含羧基的天然染料紫胶和胭脂虫红在蚕丝上的吸附均为 Langmuir 型吸附，但相同浓度时紫胶在蚕丝上的吸附量比胭脂虫红大；两只染料在阳离子化棉上的吸附也均为 Langmuir 型吸附，饱和吸附量较接近。许建华等[20]研究指出分散蓝 RSE 上染 PLA 纤维的吸附符合 Langmuir 与 Nernst 的复合型吸附等温线，平衡吸附量、染色速率常数和扩散系数都随染色温度的增大而增大。总之，染料上染纺织纤维的吸附等温线主要有 Langmuir、Freundlich、Nernst、Langmuir-Nernst 等吸附模型，染色工艺参数对平衡吸附量、染色亲和力 $-\Delta\mu^{\ominus}$、染色熵 $\Delta S^{\ominus}$、染色焓 $\Delta H^{\ominus}$ 等热力学参数有较大影响，由于木材纤维的染色亲和力比纺织纤维低，吸附速率对扩散速率的影响更大，扩散吸附达到平衡需要的时间更长。T. Sismanoglu 等[21]证实偶氮染料在枫木屑上的吸附符合准一级吸附动力学模型和 Langmuir 吸附等温线，且染料吸附动力学数据和粒子内部扩散模型相一致。实木尺寸比木屑尺寸要大得多，扩散吸附达到平衡需要的时间更长，因此，染料在大尺寸木材中的扩散动力学模型应充分考虑染料在木材纤维上的染色热力学行为。

(4) 介质在木材内渗透的理论模型

染料溶解在溶剂中形成染液，由于染料分子和溶剂分子大小不同，在木材内流动的难易程度（渗透性）也不同，在木材内部的扩散和渗透速率不一样，小分子溶剂的流动形态和渗透速率影响染料在木材上的扩散速率。目前木材流体渗透理论模型主要基于达西（Darcy）定律建立，主要有均匀并联毛细管模型、Sebatian 针叶材模型、Bramhall 木材纵向渗透有效截面衰减模型、Petty 模型、Comstock 针叶材模型、针叶材纵向气体渗透三维流阻网络模型[22]。这些模型大都针对针叶材，且流体介质以气体为主，均因太复杂或考虑实际不够或对木材结构过分地简化，使得计算结果与实际结果相差很远，难以为工程应用所接受。液体在木材中的流动模型基本以水为介质，其中 F. Klunker[23] 建立的双重渗透流动模型虽考虑了木材纹孔断裂区域和导管连通区域的流动遵循 Darcy 定律和 Poiseuille 方程，但此模型是假设在宏观尺度的平行直管中流过木材纹孔断裂区域和导管连通区域，且忽略了 Navier-Stokes 方程的惯性项，模型虽能一定条件下解释木材三维方向上的流体传输，但只有来流方向上的扩散流动估算结果与试验值有较好的一致性。实际上，活性染料在溶液中的溶解度及聚集行为影响活性染料分子直径的大小，而且反应后染料分子附着在木材表面，使染料在木材表面至内部存在较大的浓度梯度，这不仅影响染料分子与木材内部活性位的可接近性，影响固色反应的进行，还会引起较大分子在纹孔处的沉积。聚集行为引起的粒子尺寸增大和反应引起的纹孔孔径变小或分布变窄，使流体在非来流方向木材中的扩散传质阻力加大[24]，流速比来流方向要慢得多，甚至还存在滑流或 Knudsen 扩散，而且木材实际横向扩散通道是纹孔或弯曲的细胞腔这样的弯曲短毛细管微通道，这种微尺度通道内的滑流和非线性层流流动会引起 Darcy 定律的偏移，建模时应考虑将流体黏性、应变率、木材孔隙度等作为模型的动态参数。

（5）活性染料在木材纤维中的反应机理

活性染料沿扩散通道扩散至木材内部后，活性染料分子中的活性基与木材主要成分纤维素、半纤维素和木质素中的—OH 发生亲核取代或加成固色反应，固着在木材上。于洪亮[25]研究表明在木材活性染料染色过程中，活性染料不仅出现在木材的纹孔处，而且在导管壁上也大量存在，这说明活性染料一边向木材中渗透，一边与流经的木材组分之间发生化学反应而结合，这样就大大地提高了染色木材中颜色的均匀性。李俊玲[26]用 FTIR 和 TG 分析得出活性染料与杨木中的纤维素、半纤维素和木质素形成了共价键结合。吕晓慧[27]在活性染料染液中添加一种活性剂季铵盐，FTIR 分析此盐能够促进活性染料与木材成分中的纤维素和半纤维素的乙酰基以双键结合，SEM 分析活性染料与季铵盐的反应产物呈直径为 1pm 左右的颗粒状，可以通过木材导管壁上的纹孔进入木材的细胞壁内，导管腔内看不到染料分布。另外，木材活性染料染色过程一般是在碱性溶液中完成，活性染料不可避免地发生水解反应。O. Olanrewaju 等[28]以 TTAB

或 TTPPBr 或两者混合物为催化剂进行了亮绿色三苯甲烷染料碱性水解的动力学测试：亮绿染料与胶束表面结合程度为在纯 TTAB 中比纯 TTPPBr 中大，在混合物中却急剧降低；结合常数随着混合物中 TTAB 摩尔比的不断增加而急剧降低。活性染料的水解导致染料的失活，失活的活性染料，即水解染料，不能与木材纤维发生反应，从而造成相当部分染料被损耗；同时水解染料与木材纤维发生物理黏附，直到水洗处理阶段被洗除，因而造成水洗牢度问题；另外，水解染料也会流入废液，导致污染负荷增加。因此活性染料在染液中的两种反应竞争机制一定程度上决定了活性染料在木材中传输性能的好坏。

1.5 活性染料在木材中染色效果的影响因素

木材染色效果与活性染液在木材中的渗透性密切相关，渗透性差的试材，染液很难渗透到木材内部，导致木材内部染色不均，严重影响木材染色效果。木材流体渗透性或木材染色效果除受原材料染料的种类和浓度等流体性质、染色体系中助剂和 pH 值等染色工艺的影响外，还受木材的树种和组织结构及其化学成分等木材内部结构的影响，其中木材内部结构占据主要因素。

1.5.1 木材微观结构的影响

木材是一种具有复杂串并联毛细管结构的天然多孔材料，流体的输送及储存能力除了与孔隙结构等微观构造有关外，还与孔隙体积、孔隙大小和形状、孔隙度、孔隙连通性等影响多孔介质有效流动和传输的微观结构特征参数相关，因此木材的渗透性与木材微观结构和抽提物密切相关。

不同树种的木材具有不同的微观结构，如图 1.9 所示，流体的流动路径不一样。针叶材［图 1.9(a)］微观结构简单，包括管胞（占木材总体积的 89%～98%）、木射线（占 1.5%～7%）、轴向薄壁组织（占 0～4.8%）和树脂道（占 0～1.5%）。管胞是针叶材木材的主要构造，直径 10～50μm，轴向排列，主要担任输导流体和支撑作用。木射线多为单列，在木材中径向排列，与轴向管胞垂直。在管胞的径面壁上具有通向木射线管胞的具缘纹孔对［图 1.10(b) 所示，存在于两个尖端细胞和木射线管胞等细胞之间］和可以通向相邻的木射线薄壁细胞的半具缘纹孔对［图 1.10(c) 所示，位于薄壁细胞和尖端细胞之间，具缘部分处在尖端细胞一边］，有效纹孔口直径范围 0.02～4.00μm，而纹孔直径范围

0.3～60.0nm。针叶材中流体的径向流动多数是通过木射线细胞间隙、轴向管胞间的纹孔对和纹孔膜上的微毛细管进行，鲍甫成等[29]研究了杉木木材结构与染色效果相关性，发现管胞比量、晚材管胞壁腔比、晚材管胞弦壁厚和木射线比量等因子影响木材染色效果。由于木射线等在木材中的占比较小，径向流动通路可忽略不计，因此针叶材流体的渗透主要是轴向流动，通过具缘纹孔对从相互串联的管胞之间流动。

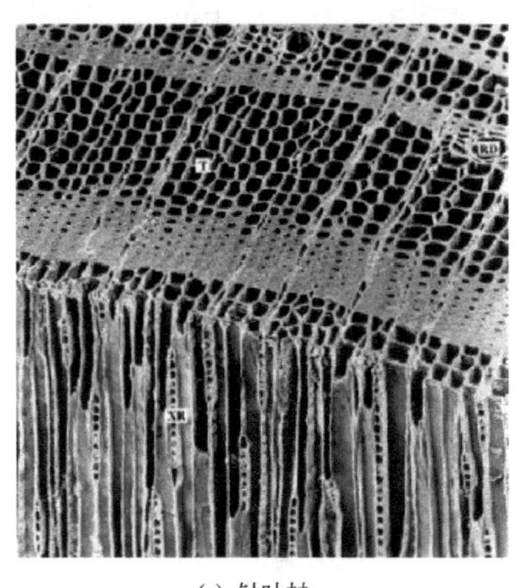

(a) 针叶材

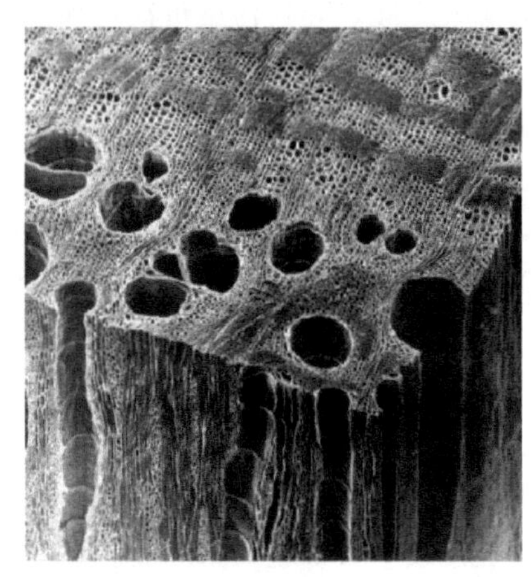

(b) 阔叶材

图 1.9　针叶材和阔叶材横切面和旋切面微观结构

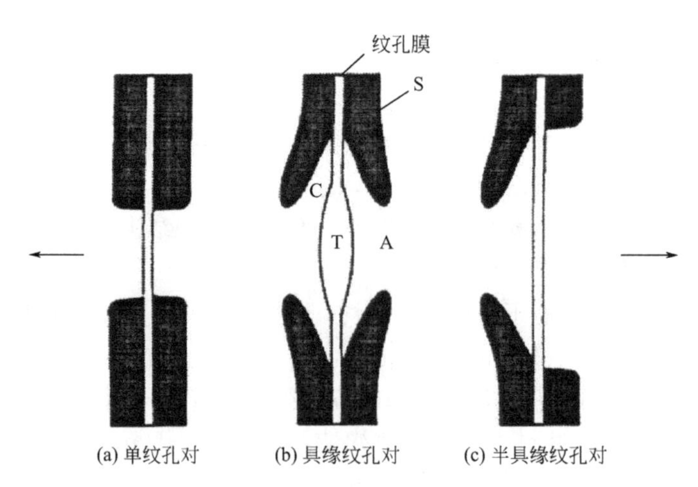

(a) 单纹孔对　(b) 具缘纹孔对　(c) 半具缘纹孔对

图 1.10　纹孔对基本形式

A—纹孔口；C—纹孔腔；S—纹孔缘；T—纹孔塞

在杨木等阔叶材中［图 1.9(b)］，微观结构要比针叶材的复杂很多，由导管（占木材总体积的 20%左右）、木纤维（占 50%以上）、木射线（占 17%左右）、轴向薄壁组织（占13%左右）构成，有些树种还包括内含韧皮部、树胶道等。导管是阔叶材的输导组织，由一连串直径约为20～400μm（早材50～400μm，晚材20～50μm）的导管分子以穿孔板连接轴向串联而成，长可达3m，在纵切面上呈细沟状，在横切面上呈孔穴状（管孔），导管分子之间存在具缘纹孔，孔隙直径5～170μm。有些树种导管腔内有来源于邻近的木射线或轴向薄壁细胞的侵填体（如榆木、泡桐等），通过导管管壁的纹孔挤入胞腔，形成囊状构造，将导管局部或全部堵塞，有些树种导管腔内还有深色的树胶（如黄波罗）。木纤维在阔叶材中起机械支持作用，细长而壁厚（直径1～30μm，长500～2000μm），包括韧性纤维和纤维状管胞，此管胞不同于针叶材中的管胞，其与小导管混在一起或分布在导管的附近，胞壁较厚，侧壁具有许多纹孔，韧性纤维上的纹孔为单纹孔［图1.10(a)所示］，纤维状管胞上的纹孔为具缘纹孔，纤维细胞的尺寸，特别是胞腔厚度，直接影响到木材的密度和强度。阔叶材的轴向薄壁组织比针叶材的丰富且明显，木射线与针叶材的差异也很大。绝大部分阔叶材的射线细胞完全由射线薄壁细胞组成，无射线管胞；大部分为多列射线，还有聚合射线；射线细胞的形状多种多样，有横卧细胞（径切面上射线细胞的长轴呈水平方向）、直立细胞（径切面上射线细胞的长轴呈轴向）和方形细胞，还有一些特殊形状的射线细胞，如瓦状细胞、栅状直立细胞、鞘状细胞、链细胞等，多为横卧长方体细胞，细胞尺度与纤维细胞相当。

流体在阔叶材中的渗透模式如图1.11所示，首先通过导管进行轴向渗透，由于阔叶材的导管比针叶材管胞大，因此其在相同时间内的渗透量比针叶材大，阔叶材的染液浸注性较好；然后通过木射线、轴向薄壁组织和木纤维细胞壁上的纹孔进行径向渗透，因此射线薄壁细胞和射线管胞的多少、射线薄壁细胞端部细胞壁上纹孔数量及尺寸直接影响木材的径向渗透。同时相邻的两个相对而未直通的纹孔之间被一层纹孔膜隔开，纹孔膜由许多放射形网状微纤维组成，微纤维之间的空隙平均间距在11.25μm左右，因此有效纹孔膜微孔大小及其数量也是影响木材径向渗透性的主要结构因子。王哲等[30]指出木材中导管、木纤维、纹孔、细胞壁、微纤丝间隙等构造元素在孔径、孔隙形状等方面具有很大的不同，微细孔隙结构对流体的传输有很大影响。曹墨盈等[10]发现在木材生长或者进行染液浸渍处理的过程中，常会有部分导管被侵填体堵塞或发生纹孔膜偏移、抽提物沉积、结壳物质沉积、染料沉积等，导致部分纹孔膜被堵塞，使木材的渗透性或浸注性具有高变异性。木材内抽提物的含量和成分对木材渗透性也有重要影响，卢翠香等[31]概述了木材结构、流体性能、木材抽提物、含水率和浸注工艺等对木材渗透性的影响。因此木材未经处理直接染色，常会出现“染不均”“染不透”等现象。当然处理过度也会导致木材内部的抽提物沉积，纹孔尤其是具缘纹孔的纹孔膜闭塞，从而增加了渗透的难度[32]。

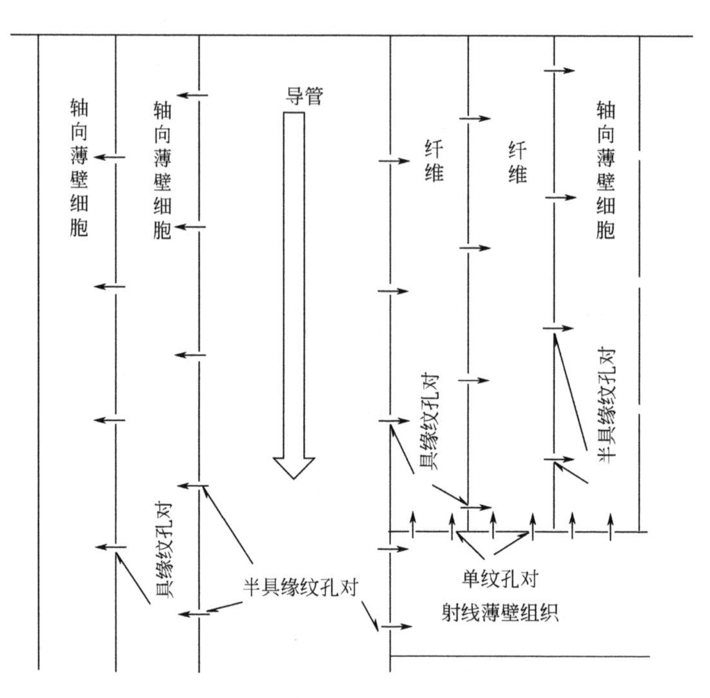

图 1.11 阔叶材的流体渗透模式[33]

目前木材显微构造特征的解析已较为明确，而且木材的毛细管系统、纹孔、细胞壁、抽提物等木材结构和化学成分对木材的渗透性有较大的影响也已明确，但如何将木材显微构造特征与孔隙结构特征结合起来，从多孔结构角度，揭示染料在木材中的细观渗流规律显得尤其重要。因此，改善木材的多孔结构，从而改善木材的渗透性是解决木材染色效果不佳的关键之一。

1.5.2 活性染料性质的影响

活性染料以水为载体，通过渗透扩散作用进入木材内部，再与木纤维发生化学结合。因此活性染料的分子量、溶解性、亲水性等自身性质必然对活性染料在木材中的渗透过程产生一定影响。喻胜飞等[34]研究了不同型号活性染料的结构与木材单板的染色性能之间的关系，发现染料分子大小、亲水基团和活性基团直接影响活性染料对杨木单板的上染性能。

(1) 活性染料的分子量

活性染料分子量的大小会影响到染料粒径，分子量越大，粒径则越大，染料分子在木材渗透通道中扩散速率越慢，如果分子量过大，甚至可能导致渗透通道被封闭，同时分子量较大时，染料分子在染液中稳定性较差，容易重新结晶析出；反之，染料在木材中扩散速率较快且溶解性较好，因此染料的分子量不宜太大。

（2）活性染料的溶解性

活性染料是溶解在水中，随着水的扩散而进行扩散，因此染料在水中的溶解性必然会影响到染料在木材中的渗透性。若染料在水中的溶解性较差，由 Fick 扩散定律可知，染料的扩散速率较慢，则染料的渗透性较差；反之，染料的渗透性较好。

（3）活性染料的亲水性

活性染料分子由亲水基团和憎水基团构成，其中亲水基团一般为—OH、—COOH 以及—SO_3Na 等，而憎水基团一般为烷基、苯环等。在分子中，当亲水基团的质量分数达到一定值时，染料分子才能表现为亲水性即溶解，此时染料分子通过渗透通道进入木材内部并与木纤维发生结合；当染料分子中亲水基团所占质量分数较低时，染料分子表现为憎水性，此时染料分子主要以絮状物形式沉积在木材表面。因此染料的亲水性能影响染料在木材中的渗透作用。

1.5.3 染色工艺的影响

国内外学者对木材活性染料染色工艺进行了大量的研究，染料种类、染料浓度、浴比、染色时间、染色温度、染色助剂种类及用量、固色剂种类及用量、固色温度、固色时间等工艺参数直接影响木材的染色效果，针对不同的染料、树种应采用不同的染色工艺。赵清等[35]用活性艳红 X-3B 染料上染水曲柳单板，以上染率和色差为考核指标，筛选出最佳染色工艺：染色温度 75℃、染液浓度区间 0.5%～1.0%、染色时间 60min、浴比 20∶1。李艳云等[36]以活性艳红 KD-8B 和活性黄 K-RN 染料浸染大青杨单板，结果表明活性黄 K-RN 染料的上染率明显高于活性艳红 KD-8B，在染液浓度、染色时间、染色温度三个浸染因素中，染液浓度对上染率的影响较大。胡极航等[37]采用模糊数学综合评判法，分析了 7 个相关染色因素和染色效果（活性艳蓝 X-BR 对北美糖槭单板的上染率和色差）之间的关系，得出活性艳蓝 X-BR 染色北美糖槭单板的优化工艺：浴比 1∶40、染液质量分数 3.0%、染色温度 50～55℃、染色时间 3h、促染剂用量 40g/L、固色剂用量 15g/L、固色时间 75min。在染色体系中，染色助剂对染色性能影响的研究较多，如程倩倩[38]开发了一种分子中含葡萄糖酰胺链段的非离子型 Gemini 表面活性剂 GDAPC，具备低表面张力和低临界胶束浓度的特点，具有良好的润湿性能，能够降低染料在水溶液中的粒径；GDAPC 用于分散红 900 染料涤纶染色时，对分散染料具备良好的分散性能，分散力值可达 96%，上染率可保持在 82%左右，上染速率明显下降，染色不匀率下降至 0.032；GDAPC

用于棉织物活性红3BF染料的防沾色皂洗时，在去离子水中的沾色色差最小为20.5，吸光度A值最大为0.150，具有最佳的防沾色去浮色效果。张冬梅[39]在活性染料上染杨木的体系中加入氨水、聚乙二醇等耐光性助剂，探讨这两类助剂对色度学参数的影响，结果表明耐光性助剂增加了染液的光亮度，提高了染色杨木单板的耐光性，且单板颜色鲜艳明亮。以上的研究基本针对木材单板在常压下染色的工艺，对于大尺寸木材，尤其是对柞木、橡胶木等渗透性较差的木材，要实现深度染色，除了要使用减压、加压或真空-加压工艺外[40]，木材预处理也是一种重要手段，是木材染色研究的重要内容之一。

1.6 木材渗透性改善方法的研究进展

木材染色前的预处理可改变木材表面性质，促进染料在木材表面附着和扩散，同时打开细胞壁上的纹孔膜，提高木材渗透性，促进染料向木材内部扩散，从而提高木材染色效果和染料利用率。纵观国内外研究，木材渗透性的改善方法主要有物理法、化学法及生物法等[41]。

1.6.1 物理法

物理法是通过汽蒸处理等手段破坏木材的组织结构或减少木材内的抽提物，达到改善木材渗透性的目的，具有效果佳、工序简单、无污染等优点，包括超临界流体萃取技术、超声波处理技术、微爆破处理技术和微波处理技术等。

（1）超临界流体萃取技术

超临界流体是指温度及压力均处于临界点以上的非凝结性的高密度流体，超临界流体萃取技术是利用超临界流体的高扩散性及高溶解性，通过微调流体温度或压力便能大幅度地改变抽提物在流体中的溶解度，快速完成流体在木材中的传质，彻底去除木材内影响渗透的抽提物，从而改善其渗透性。CO_2具有较低的临界温度和压力，且价格便宜、无毒、具有较低的活性，因此当今采用较广泛的是超临界CO_2（简称$scCO_2$）流体技术。

现阶段国内外学者研究了$scCO_2$流体处理过程中影响木材渗透性的因素有：木材种类、木材宏观构造、木材微观构造、木材化学成分、超临界流体处理条件等方面。李君等[42]探究了$scCO_2$流体处理时间、处理压力、处理温度对轻木、木棉等试件失重率及浸注后增重率的影响规律，确定了$scCO_2$流体对木材浸注性的优化工艺。董新艳[43]测定了一系列溶质在 $scCO_2$ 以及夹带不同改性剂的 $scCO_2$ 中的扩散系数，发现溶质和改性剂形成了溶剂化聚集体，使得溶质在含有改性剂 CO_2 中的扩散系数小于其在纯 CO_2 中的扩散系数；溶质与改性剂之间相互作用力的存在使得溶质在含有改性剂 CO_2 中的扩散系数随着改性剂比例的增加而非线性减少；扩散系数受溶质本身有无氢键作用，溶质分子体积，溶质氢键官能团邻位取代基的数目、键长、空间位阻、同分异构体的分子内氢键等影响，因此超临界流体体系应选择合适的改性剂或共溶剂及适宜的工艺。喻胜飞等[44]发明了一种提高木材染色上染率的方法：将木材含水率调节至50%～100%，置于含有丙酮、乙醇和脂肪烷基叔胺的混合夹带剂中的 $scCO_2$ 流体萃取处理一段时间后，以1.0～10.0MPa/min的速率泄压，得到预处理木材；将预处理木材浸泡在染料液中染色得到染色木材；将染色木材进行固色、皂洗。该方法不仅能提高活性染料在木材中的上染率和固色率，而且能提高染色深度。

尽管学者们对 $scCO_2$ 应用于改善木材渗透性进行了大量的研究，得到了大量实验数据，然而，由于现行 $scCO_2$ 装置多为快开结构，空间容量小且安全性低，根本满足不了大尺寸木材处理的需求，且装置一次性投资大，设备运行成本过高，不能连续地大批量处理木材；同时木材组织结构不同，导致处理效果也各异，没有成熟的工艺可同时适用于所有的木材。这些都限制了该技术的工业化实际应用，因此该技术目前还停留在实验室阶段。$scCO_2$ 流体技术由于效率高、无污染、可持续等优点在印染行业展现了巨大的光明前景，在木材行业由于无需将木材放置在高压釜中，可保持木材原有的力学性能，因此极具工业化推广的潜力。

(2) 超声波处理技术

超声波处理技术是利用木材的多孔性，当超声波作用于木材时，木材组织产生一系列迅速交替的拉伸和压缩现象，使木材内部的微孔道和孔隙保持打开状态，以及产生惯性流，这种“海绵效应”可促进木材内部的质量流动；同时超声处理在木材内部产生空穴，当空穴气泡破裂时对周围的木材产生超声波的机械和爆破作用，使木材内部产生许多新的微观通道，超声波的这种空化效应也有利于流体在木材中的渗透，从而此方法常用于木材干燥、染色、阻燃处理过程。邱墅[45]用超声波预处理杨木，超声效应产生的高温、高压和微射流等，破坏了木材内部和表面的纹孔膜、薄壁细胞等薄弱组织，使木材内部微观通道尺寸和孔隙数量不断增大，同时降低了木材抽提物的含量，使木材的渗透作用增强；同时打断了细胞壁各组分之间连接较弱的化学键，使木材中的极性基团增多，对纤维素的无定形区产生一定影响，结晶度变大，这些变化都能促使木材的尺寸稳定性提高，是一种比较理想的改性处理手段。连琰等[46]在超声波作用下，利用酸性大红染料染色樟木，上染率和耐水洗色牢度比常规染色方法提升了一倍多。刘佳慧等[47]研究结果表明超声波辅助去离子水、质量分数为1%的NaOH溶液、质量分数为1%的HCl溶液抽提时，能明显提高抽提物中烷烃类、酯类物质的种类及相对含量，有利于抽提物的抽出，且能提高巨尾桉尺寸稳定性。超声波处理对木材的力学性能影响还存在一定争议，邱墅[45]的报道表明超声波对木材有破碎作用，但不足以破坏木材的力学结构；但徐明[48]揭示了超声波功率较大时，传导介质剧烈振动，超声波的作用能效较高，对液体介质中的麦草秸秆纤维产生机械效应、热效应及空化效应，细胞胞间层发生微小分裂，促使液体介质中的羟基自由基（HO·）、过氧氢根自由基（HOO·）等活性氧基团快速地进入到纤维细胞之间，对胞间层及角隅层中木质素的芳环、双键等官能团进行氧化降解、溶出，将大部分木质素从纤维中解离出来；杜晓莹[49]的研究也表明了超声波处理破坏了竹子中纤维素、半纤维素及木质素构成的复杂致密结构，使部分物质从竹子主体脱离，提高了纤维素酶、木聚糖酶等生物酶的水解效率。另一方面，由于超声设备规格限制，此方法仅适用于中小试件。因此，此种预处理技术还停留在实验室阶段。

(3) 微爆破处理技术

微爆破处理技术就是利用特定的方式（水蒸气、空气）使木材的细胞内部压力增加，通过瞬时降压，使木材内外产生压力差，破坏木材最薄弱的纹孔膜、薄壁组织及纹孔塞等微观结构，对木材的整体外观结构不会产生明显影响的一类爆破方法。张耀丽等[50]研究结果表明蒸汽爆破能解除毛果冷杉湿心材闭塞纹孔的状态，打开水分流动的通道，且随着爆破温度、压力和爆破次数的增加，纹孔膜扭曲现象加剧，纹孔塞与纹孔口脱离程度加重，细胞壁内层的起皱、分层以及胞间层的开裂等破损情况增加。李艳[51]将速生杨木进行微爆破处理后，纹孔膜发生径裂、环裂和碎裂等不同方式不同程度的破坏，且随处理材从表层到芯层深度的增加，纹孔膜破坏的数量和程度呈下降趋势，使得弦向渗透深度提高幅度为28.2%～184.2%，而径向提高最大值不足30%。郭月红[52]发现汽蒸后直接微爆破时，汽蒸处理的作用远大于微爆破处理；当汽蒸处理材含水率降至纤维饱和点附近再爆破时，微爆破处理的作用较明显，此时汽蒸-微爆破组合处理后的木材增重率均在4.56%以上，远大于汽蒸处理材。

不仅可以利用水蒸气实现微爆破，也可以利用压缩空气实现微爆破。王海元等[53]利用常温压缩空气微爆破技术对刺槐进行预处理，结果表明微爆破处理能显著提高刺槐的干燥速率和渗透性，且爆破压力的影响大于爆破次数的影响。胡极航[54]指明压缩空气微爆破处理后的北美糖槭单板上染率和 K/S 分别比未处理单板提高了40.53%和19.61%，他与刘君良合作研究得出压缩空气微爆破处理橡胶木单板能显著增大木材的平均孔径、孔隙率和比表面积，上染率和表面色深值分别提高了22.76%和19.69%，且微爆破处理因素中，处理压力对单板上染率和表面色深影响显著[55]。

微爆破处理技术高温高压处理木材，具有能耗大、操作安全性差、试材力学性能变差的缺陷，限制了其工业化应用。

（4）微波处理技术

微波是指波长范围 1mm～1m、频率范围 300MHz～3000GHz 的射频电磁波。微波处理技术主要是依靠高频快速转换加热或者高强度微波辐射，使得木材内部温度迅速升高，内部水分汽化并以蒸汽形式逸出，从而破坏木材的部分薄弱细胞，如射线薄壁细胞，以及部分厚壁细胞纹孔膜，使处理材孔体积显著增加，孔径明显增大，产生更多的流体渗透通道，改善木材的渗透性。国内外学者从 20 世纪 50 年代开始研究微波处理对木材渗透性的影响，产生了一系列成果。肖辉[56]指出微波处理时间和微波功率对樟子松木材吸收染液增重率影响显著，其中微波处理时间影响最大，其次是微波功率；20%～40%木材含水率范围内对吸收染液增重率的影响不显著；在功率 20kW、时间 90s 的微波处理工艺下，处理材吸收染液增重率和染液在木材内部的渗透效果最好。周永东等[57]提出只有将微波处理达到破坏桉木微观构造的程度从纹孔层次提高到细胞层次、将组织比量 10%以上的射线薄壁细胞充分破坏，才能显著提高木材的干燥速率。熊令明等[58]研究表明含水率 40%～60%的樟子松试材用 140kW 微波功率处理 120s 时，试件横截面的裂纹面积比和裂纹数量最大。毛逸群等[59]采用微波预处理杨木单板后，试件对质量分数 20%的 PEG 2000 在真空-常压浸渍条件下的平均增重率随微波源输出功率的增加而上升，随微波辐射时间的增加先升后降，在 50s 时达到顶峰，得出优化工艺为微波源输出功率 100%、微波辐射时间 50s，在此条件下，杨木单板浸渍平均增重率从 26.8%提升至 38.2%。

微波处理后木材不仅孔隙率增加，渗透性提高，化学组分也会变化，亲水基团减少[60]。徐恩光等[61]研究发现微波处理樟子松木材后，木质素相对含量增加，纤维素和半纤维素含量降幅小于 5%，冷水抽提物、苯醇抽提物和 1% NaOH 溶液抽提物含量降低，木材内部的羟基等亲水基团数量减少，平衡含水率下降[62]。胡嘉裕[63]也指出微波处理对木材的三大化学结构产生了破坏；纤维素无定形区域内纤维素分子链之间的羟基发生反应，脱出水分，产生醚键，同时杨木纤维结晶度从 60.95%增大到 66.10%，有助于木材的化学成分与染料分子之间的结合。

微波处理技术虽能将大多数的纹孔膜破坏，并使抽提物重新分布甚至析出，改变木材的渗透性和吸湿性等性能，但木材密度因此减小，体积膨胀率增大，弦横向的干缩率比增加，造成木材尺寸的不稳定，同时微波处理技术对木材含水率有较严格的要求，能耗高。

（5）等离子体处理技术

等离子体是一种由基态和激发态的电子、离子和中性粒子组成的物质状态，由气体中的原子、分子等电子结构受到加热、电场、高能辐射等外界作用激发而成，与固态、液态、气态“三态”并列而被称为物质的第四态。等离子体根据体系温度可分为高温等离子体（温度 10^8～10^9K）与低温等离子体（温度从室温到 10^5K 左右），低温等离子体又可分为热等离子体（如电弧、高频等离子体等）和冷等离子体（如稀薄低压辉光放电等离子体、电晕放电等离子体、介质阻挡放电等离子体等），木材改性处理主要使用冷等离子体。该类离子体具有高能活性粒子（电子温度达 10^4K），用以激发物质分子反应，在木材表面形成刻蚀、聚合和交联等一系列复杂的物理化学作用，同时使体系整体环境保持低温（100～1000K），能够有效活化木材表面，引入一定数量的有利于改善表面特性的官能团，而不改变木材本体的性质，最大限度地保留了木材本身的优点，同时提高木材的物理化学性能[64]。等离子体处理技术具有处理时间短、工艺简单、功效高、无污染、干法化、适用范围广泛等优点，是一个融合物理、化学、材料学等众多学科，极具发展潜力的研究领域。等离子体处理可以显著提高木材表面的亲水性，使液体在木材表面的润湿、扩散和黏附变得容易。马东超和郭明辉得出 N_2 射流低温等离子体处理落叶松表面的较佳工艺为：处理时间 20s，处理高度 15mm。在此条件下等离子体刻蚀落叶松表面，增加其表面粗糙度，表面接触角显著下降，亲水性增强，表面润湿性提高[65]。等离子处理单板使表面发生刻蚀，形成微观“沟壑”，创造液体的输运通道，扩散系数增加，扩散活化能降低，染料分子或其他流体能更好地渗透进木材内部，同时引入含氧亲水基团，活性增强，有利于染料与木材纤维的反应。王洪艳等[66]介绍了一种采用介质阻挡放电 DBD 等离子体处理竹木单板表面，提高竹木材染色性能的预处理方法，该发明可快速增加竹木单板渗透性，有效缩短竹木单板染色时间、增加染色均匀性，提高色牢度。

等离子体处理技术有很多优点，国内外在等离子体改性木材的效果及木材发生的物理、化学变化方面取得了部分成果，但也有其本身的不足。首先是等离子体处理后的时效性问题，即处理效果会随着放置时间的延长而渐渐变弱；其次是等离子体处理作用深度仅涉及木材表面极薄的一层，仅适用于薄木材的加工处理；最后，木材改性效果互相矛盾，实验的重现性低，目前仍然没有成熟的工艺在木材工业中实现应用。未来需从以下两方面进行重点突破：一是深入研究等离子体改性木材的微观机理与木材宏观性能变化之间的关系，真正做到可依据木材的改性要求设计相应的等离子体处理条件；二是研发连续自动处理的等离子体工业化设备，突破目前设备只能在实验室使用的限制。

(6) 冻融循环/冷冻处理技术

当温度为0℃以上时，物体表面或内部的冰融化成水，水分在物体表面或内部相互渗透，当温度在0℃以下时，水结成冰产生膨胀，膨胀应力较大，物体内部会出现裂缝，物体表面与内部所含水分的冻结和融化交替出现，称之为冻融循环。冻融循环处理/冷冻处理是指先在低温条件下，将木材试件的管胞、纹孔以及纤丝和微纤丝间隙中的自由水冷冻成冰，体积产生一定程度地膨胀，挤压细胞壁，破坏具缘纹孔的纹孔膜，然后放入室温或稍高的温度中将冰融化成水，并排出，通过冷/热循环处理改善木材的渗透性、物理性能及力学性能。冷冻包括速冻和缓冻，速冻时在细胞内形成大量细小且分布均匀的冰晶，对木材细胞和原生质损伤程度较低；缓冻产生较大的易破坏细胞壁的冰晶，导致木材微观结构产生变化。液氮速冻是新兴的速冻方式[67]。Xu等[68]研究结果表明木材采取真空冻干可使冻结到共晶点以下的固态水在真空下直接升华，挤压细胞壁，破坏射线薄壁细胞，不同程度打开闭塞纹孔，增大木材内部孔隙率。冷冻处理不仅可改变木材的微观结构，提高渗透性，而且冷冻过程中将在部分细胞腔中产生大量气泡，热处理时会将毛细管张力传递到气泡，降低细胞壁承受的张力，进而减小细胞壁的变形和皱缩程度。邓绍平等[69]采用冻融循环法对人工林杉木木材进行预处理，处理后木材细胞的部分纹孔膜破裂或脱落，射线薄壁细胞与轴向管胞的胞间层有裂纹，汞压入总体积和孔隙率增大，有利于染液在木材中的渗透；得到冻融循环预处理优化工艺为浸水时间24h、冷冻时间16h 20min、解冻时间6h 41min、循环2次，在此工艺下处理材的染透率和上染率分别为54.10%和8.44%。王春灿[70]研究发现经过冻融循环处理后的杉木孔隙率提高了7.6%，孔隙增多扩大了木材染色的染色通道，使上染率提高了81.36%，染透率提高了138.21%，改善了杉木木材的染色性能。

木材冷冻处理能够改变木材的微观结构，提高渗透性，减小木材皱缩，有利于木材的防腐、阻燃、染色等后续加工，但该技术只适用于抽提物多的树种，而且最佳冷冻温度最好处于多数制冷设备能达到的−30～−20℃温度范围内，否则成本太高，很难规模化应用。同时要加强冷冻工艺的研究，制定优化的冷冻工艺参数及冷冻方法，开发木材冷冻与其他改性的联合处理技术，有效地利用各种技术的优势，提高木材的综合性能和附加值。

1.6.2 化学法

化学法是通过化学药剂，置换纹孔膜中的抽提物或降解纹孔膜，扩大纹孔膜塞缘之间的开口，使细胞的流体流动通道扩大，从而改善木材的渗透性，主要包括碱处理、漂白剂处理、溶剂浸提、离子液体处理、酸处理等。与传统物理法相比，化学法由于具有生产成本低、保持木材原有的良好力学性能、较彻底溶解抽提物等优点，在木材加工领域具有更好的发展前景。

(1) 碱处理技术

碱处理法主要利用碱液与部分抽提物如酯类、酚类、胶类以及脂类发生反应生成易溶于水的盐去除抽提物，并且碱处理对木材力学等方面的性能影响较小，因此碱处理法是工业中常用的一种改善木材渗透性的化学预处理方法。最常见的碱处理试剂是稀 NaOH 溶液，还有 $NaHCO_3$ 溶液、Na_2CO_3 溶液、石灰等。廖齐[71]得出用 8g/L NaOH 溶液，在 90～95℃温度下预处理 8h 后的杨木，染料纵向渗透深度提高 48%，横向渗透深度提高 43.7%，且染液渗透深度提高程度比热水浸提、H_2O_2 漂白的预处理方式要高。李志强等[72]于 121℃下探究了 H_2SO_4 和 NaOH 预处理对麻竹酶水解还原糖收率的影响，表明 NaOH 预处理能显著提高还原糖的得率。赵晨皓等[73]对乙烯废碱液预处理对松木化学组成及得率的影响进行研究，研究表明在单因素实验中，预处理条件为温度 60℃、时间 30min、用碱量 2%、浆浓为 10%时处理效果最佳，并在此条件下酸不溶木质素下降 3.34%。钟杨等[74]研究了 NaOH 预处理对杨木单板上染率和固色率的影响，结果表明浴比 1∶40、NaOH 浓度 2g/L、预处理温度 80℃、预处理时间 8h 时，上染率和固色率达到最大。陈星[75]研究发现随着 NaOH 浓度增大、抽提时间延长和抽提温度升高，木材的抽提物含量增加，但体积皱缩率也明显增大，NaOH 抽提处理与未处理材相比，最大上染率，纵向、径向和弦向染透率分别增大 1.6、10.6、30.6、37 倍。

(2) 漂白处理技术

木材内部的部分抽提物和木质素不仅带有呈还原性的发色基团，如碳氧双键 C═O、碳碳双键 C═C，而且还有羟基—OH、甲氧基—OCH_3、苯环共轭基等助色基团，使木材呈现不同颜色，同时木材在生长或储存过程中会受到外界条件影响发生光变色、生物变色和化学变色，使木材的不同部位呈现不同的颜色。木材本身的颜色将严重影响木材的染色效果，可能导致匀染性较差，色差较大，因此木材染色前一般需进行漂白处理。木材漂白通过漂白剂的氧化或还原反应，破坏木材的发色基团、助色基团及其与显色相关的组分，使其褪色即去除木材底色，因此漂白处理是当今木材加工行业尤其木材染色行业中常见的木材预处理方法。

木材漂白处理技术开始于 20 世纪 40 年代美国学者 H. O. Kauffinann 以过氧化氢为漂白剂的研究，随后日本发展迅速，成果较为显著。我国自 90 年代初开始研究木材漂白技术，随后在漂白剂的选择、漂白工艺、漂白机理等方面进行了探索研究，取得了一系列成果。

常用的漂白剂可分为氧化型和还原型两类，见表 1.4。

表 1.4 常用的漂白剂[77]

类型	种类		名称
氧化型	有机	氯化物	氯胺 T、氯胺 B
		过氧化物	过乙酸、过甲酸、过氧化苯甲酰、过氧化甲乙酮
	无机	氯化物	氯气、二氧化氯、次氯酸钙、次氯酸钠、亚氯酸钠
		过氧化物	过氧化氢、过氧化钠、过硼酸钠、过碳酸钠、臭氧
还原型	酸类		次磷酸、草酸、抗坏血酸
	氮化物		氨基脲、肼
	氢化物		硼氢化钠
	硫化物	有机	甲硫基丁氨酸、甲苯磺酸、半胱氨酸
		无机	亚硫酸氢钠、亚硫酸钠、二氧化硫、连二亚硫酸钠

氧化型漂白剂中的氯化物容易在漂白过程中产生 ClO_2、Cl_2 污染环境或因反应环境温度过高损伤木材纤维，过氧化物漂白剂均可在水中产生过氧化氢离子，过氧化氢较为温和且分解产物无毒无害，是一种理想的漂白剂。过氧化物的漂白机理如下：过氧化氢在碱性环境中发生式(1.4) 的异裂反应，产生的过氧化氢阴离子是漂白的有效成分，可与木质素侧链上的羰基、双键反应，使侧链断裂，也可将醌类化合物氧化成二元羧酸与芳香酸；同时还可发生式(1.5) 的均裂反应，产生可破坏显色/助色基团的氢氧自由基 HO·，HO·性质过于活泼，容易导致木材结构受损，常加入助剂抑制 HO·的产生。如尹素红等的研究结果表明在过氧化氢漂白实验中，稳定剂、漂白活化剂、螯合剂是必不可少的添加剂；2.5%～5%的硅酸钠、0.25%～1%的硫酸镁、1%～2.5%的柠檬酸、1.5%～2.5%的四乙酰乙二胺对于过氧化氢释放活性氧起到稳定或活化的作用，达到较好的漂白效果[76]。

异裂 $$H_2O_2 + OH^- \longrightarrow HO_2^- + H_2O \tag{1.4}$$

均裂 $$H_2O_2 \longrightarrow HO\cdot + \cdot OH \tag{1.5}$$

还原型漂白剂多为无机硫化物，其他种类的漂白剂价格昂贵，易返色，很少被用于木材漂白。无机硫化物在水中产生具有较强还原性的亚硫酸，可将醌基还原成氢醌、木质素 α/β 不饱和羟基或酮基还原为醇，最终实现漂白。

关于漂白试剂的选择和各种试剂的应用范围及助剂使用方法，马跃明和袁晓庚[78]进行了初步分析，指出无论采用氧化法还是还原法或其他方法，原则上应该最大限度地发挥漂白剂的作用，用尽可能少的药剂，取得尽可能好的漂白效果，降耗增益。邬瑞东等[79]得出氧化型漂白剂对北美鹅掌楸木材的漂白效果优于还原型漂白剂，且低浓度过氧化氢的漂白效果最好。

近年来，我国学者对不同树种的漂白工艺不断进行研究。陈桂华和王明刚[80]用 H_2O_2、NaClO、$Na_2S_2O_4$ 对杨木单板进行了漂白正交实验，得出 H_2O_2 为主漂剂。漂白工艺流程：待漂单板—主漂—清洗滤干—护漂—清洗—干燥—检验；主漂工艺参数：H_2O_2 浓度 3%、pH＝7、温度 50～60℃、时间 70min、浴比 10∶3、稳漂剂 Na_2SiO_3 浓度 0.3%～0.5%；护漂工艺参数：护漂剂浓度 1%、温度 25℃、时间 2h。章雪竹[81]研究结果表明：过氧化氢可大幅度提升改性速生杨木表面材色白度值，适宜作为改性速生杨木漂白的主漂白剂；氨水可以提升漂白效果；改性速生杨木最佳漂白工艺为：0.3%NaOH 抽提 12h，涂刷 30%过氧化氢和 25%氨水混合液，比例为过氧化氢∶氨水∶水＝1∶0.2∶1。许雅雅等[82]采用正交试验法研究了脱色剂类型（H_2O_2、TSBL、$NaHSO_3$）、处理剂质量分数、处理温度和 pH 值 4 个因素对漂白橡胶木、泡桐等变色木材白度、脱色深度和脱色效果的影响，结果表明漂白的最佳工艺为：质量分数 5% TSBL 脱色剂、50℃温度、pH 值 6；脱色剂质量分数对脱色效果有直接影响；脱色反应为吸热的氧化还原反应，脱色温度是合理范围内的高温；加压可有效增加脱色深度；pH 值对 TSBL 脱色剂的脱色反应起调控作用，在 pH<7 时能有效脱色。

木材漂白的反应环境多为水相环境，应将木材漂白与木材染色等改性结合，减少改性过程中的资源消耗和废水排放，降低改性成本，是重要的改性研究方向。

（3）溶剂浸提技术

有机溶剂可溶解部分侵填体/树胶，减少木材细胞壁被侵填体/树胶堵塞和木材纹孔膜微孔内的抽提物，增加流体渗透通道，从而改善木材的渗透性。苯、乙醇、水是常用的溶剂，如覃引鸾等[83]用苯-乙醇处理尾叶桉木材，溶解木材中的侵填体/树胶，打通导管壁上筛状纹孔，提高了木材的纵向渗透性。王晓倩[84]研究结果表明 80℃热水处理对杨木单板上染率有明显促进作用，处理 5h 后杨木单板上染率达到最大（44.88%），氧指数达到难燃材料等级（42%），同时水热处理提升了阻燃染色同步改性杨木的耐水洗和耐日晒牢度。溶剂浸提虽然能溶解部分抽提物，但溶解能力有限，因此木材渗透性的改善程度有限。溶剂浸提处理也可以阻碍木材的其他加工性能，如 Oliveira 等[85]研究指出冷热水浸渍处理使印度雪松木提取物总量分别减少 33%和 42%，较高浓度的总浸出物部分抑制了印度雪松木颗粒与硅酸盐水泥复合材料制备中基质-基质的相互作用，降低水泥/木材界面之间的黏附，同时降低了复合材料的密度值，增加了复合材料的溶胀性。

（4）酸处理技术

酸处理技术是通过浓酸或者稀酸（硫酸、磷酸、乙酸等）处理木质纤维，水解半纤维素，破坏木质素结构，增加孔隙率，改善渗透性，一般作为生物质材料转化为生物质能或制备纤维素的预处理，促进酶制剂与底物的有效结合，提高酶解糖化效率。浓酸初步应用于除去半纤维素或者将纤维素水解为葡萄糖，尽管浓酸能有效水解纤维素，但是它具有腐蚀性和危险性，需要使用耐腐蚀材料，并且会产生较多副产物，如糠醛、羟甲基糠醛等，因此这种方法逐渐被淘汰。稀酸能够水解半纤维素，保留木质素和纤维素的完整性，广泛适用于针叶树材、阔叶树材、草本类植物、农作物稻秆和废纸等原料。方新高等[86]用2% HCl浸渍处理橡胶木4h，苯醇抽出物、水抽出物和1% NaOH抽出物含量分别达到2%、13.8%和28.6%，抽出物的主要成分是单宁、色素、生物碱、蜡、脂肪、某些糖类、淀粉和果胶质、蛋白质、氨基酸、部分半纤维素和木质素、树脂、可溶性矿物成分，处理后的橡胶木具有较好的色泽和防霉性能，因此酸处理可以作为橡胶木的一种绿色环保防霉技术。吉喆[87]研究结果表明稀酸预处理可有效降解三倍体毛白杨、奇岗中的半纤维素，并脱除少量木质素，细胞角隅区域产生细胞间隙，增加木材孔隙率，促进液体在木材中的渗透。刘华敏等[88]指出稀酸预处理可以有效地将聚糖转化为单糖，但也会生成大量的副产物如糠醛、甲酸、乙酸和糖醛酸，同时纤维素发生降解，因此酸预处理技术不适宜于木材染色前的预处理。

1.6.3 生物法

生物法是借助酶、细菌及真菌等微生物对木材射线细胞或管胞具缘纹孔的纹孔膜等特定物质识别及降解，将其分解成小分子且易溶于水的物质，扩大木材细胞流动通道，改善木材渗透性的方法。

(1) 酶处理技术

酶处理是利用各种酶制剂来分解木材纹孔膜或纹孔塞，以增加木材细胞间隙。与其他处理方法相比，酶处理法具有专一性和高效催化活性等优点，而且用酶对木材纤维进行预处理，其加工条件比化学方法温和，耗能低，减少了酸、碱等化工原料的使用，不产生或少产生对环境有害的物质，从而减少污染，有利于环境保护，因此生物酶处理法是一种较理想的木材预处理方法。

(2) 细菌处理技术

细菌处理有2种方式，一种是水存处理，将木材贮存于水池，利用池水里的细菌分解或降解射线薄壁细胞或木材的纹孔膜，是生物处理中最简便的方法，也是目前研究较多的方法，研究最多的树种是云杉、冷杉、水杉等针叶材，池水温度、贮存时间及水中微生物数量等因素影响细菌的处理效果。另一种是把细菌直接接种在木材上，通过细菌侵蚀木材纹孔膜来扩大木材细胞液体流动通道。细菌对木材的侵蚀具有选择性，边材最容易被侵蚀，心材最难被侵蚀，湿心材除外，如张耀丽等[89]发现细菌存在于毛果冷杉湿心材部位管胞具缘纹孔的纹孔膜上，降解湿心材部位的部分射线薄壁细胞，偶尔也降解纹孔膜塞缘的微纤丝束。

（3）真菌处理技术

真菌处理提高木材渗透性时，在木材上接种真菌孢子，真菌通过细胞腔向木材内部移动，菌丝由木材细胞腔直接穿透细胞壁上的纹孔，或利用真菌分泌的酶，降解木材细胞壁纹孔膜，使纹孔膜遭受破坏或增大塞缘之间的孔径，从而改善木材细胞液体流通通道。真菌主要有木腐菌、木霉菌、变色菌和霉菌等。Panek 等[90]采用木霉菌等真菌处理云杉，木霉菌破坏了木材边材纹孔部位，边材流体渗透性显著提升，强度下降不明显，木霉菌对细胞壁及心材部位基本不产生破坏。木材受到真菌侵袭后，纹孔膜产生破坏，细胞壁降解严重，直接影响处理材强度，如上官蔚蔚[91]采用白腐菌腐朽长白落叶松后，木材细胞腔内出现菌丝，研究结果表明在 9 周之前白腐菌主要侵蚀木材细胞壁内的木质素，影响木材细胞壁的硬度，之后侵蚀纤维素和半纤维素，使木材弹性模量大幅下降。真菌处理在提高渗透性的同时，还可以达到漂白效果。由于白腐菌生长过程中会分泌出大量的 LiP 过氧化酶、MnP 过氧化酶等胞外氧化酶，该类酶在氧气作用下生成过氧化氢，可氧化木质素，发生 C_α-C_β 键、C_β-C_γ 键、烷基芳基醚键断裂、苯环开环裂解等一系列反应，分解木材中的显色物质，达到漂白的目的。

1.6.4 联合方法

物理法、化学法和生物法的原理均是从木材细观渗流控制因素出发，通过处理改变木材内部孔隙构造特征，增加处理材孔隙数量和细观渗流通道，但每种方法的改变途径不一样：化学法主要是通过化学试剂将木材中的抽提物溶解排出；生物法主要是降解木材的木质素、半纤维素，甚至是纤维素；物理法则是借助外力改变木材细胞结构，破坏组织构造。每种方法各有优缺点，比如化学法会产生大量的废水，生物法会损失纤维素和半纤维素，降低木材的强度和弹性模量，物理法会损害木材的完整性。目前还没有哪种方法能达到理想的预处理效果，因此，研究者们和企业家们纷纷采取几种方法联合运用，将几种物理法联合、物理和化学法联合、物理和生物法联合、化学和生物法联合等。胡极航[54]采用压缩空气微爆破-超临界苯醇处理联合工艺预处理单板后的染色效果比单一预处理效果要好得多，上染率和 K/S 分别提高了 177.02%和 36.80%。陈星将 NaOH 与冻融循环技术结合协同预处理杉木，在减少抽提物含量的同时，增加流体通道，提高木材渗透性，显著提升酸性染料染色杉木的上染率、染透率和耐光性能[75]。彭建民[92]利用离子液体［TEA］［HSO_4］协同超声波预处理桉木硫酸盐浆，促进了漂白剂在纤维中的渗透和漂白效率，提高了组分分离效率。

综上所述，木材的渗透性能受控于其复杂的多尺度微观孔隙结构，改善方法主要围绕木材微观结构变化进行，观察处理材测试吸液量间接表征渗透性改善效果，缺乏可视化的直观分析研究。今后应开展多技术联合测试，全面系统地表征木材微观孔隙结构，并将孔隙结构特征与木材显微构造特征结合起来，从多孔结构角度出发，加强流体渗透可视化研究，揭示木材微观渗透规律，实现细观渗透性能改善效果的全面表征。

1.7 活性染料在木材中染色效果的评价方法

目前木材渗透性评估的方法主要有气体浸注法和液体浸注法，由于气体浸注法具有气体易泄漏、难于控制与测量等缺陷，因而通常采用液体浸注法来评价木材的渗透性，主要有容积法和重量法。这两种方法是把木材浸注于水中，通过测量单位时间内流过木材中液体水的体积或重量表示渗透性。在活性染料对木材染色过程中，活性染料以水为载体，与水一起经木材渗透通道渗入木材内部，由于活性染料分子比水分子大得多，对木材的亲和力也与水分子不同，活性染料分子渗透进入木材内部微小通道要比水分子难得多，而且在渗透过程中涉及染料的聚集、化学吸附和解吸等化学现象，因此用容积法或重量法并不能真实地反映活性染料在木材中的渗透性。陈利虹等[93]的研究表明，活性染料上染木材的染色过程传质速率的快慢主要取决于染液小孔扩散中传质阻力的大小，传质阻力越大，木材渗透性越差，在相同时间内，染料在木材上沉积（固着）量越小，即活性染料在木材中的上染率和固色率越小；反之，上染率和固色率越大，因此活性染料在木材中的上染率和固色率更能真实地反映活性染料在木材中的渗透性。

参考文献

[1] 时翠兰，赵秀，崔宇佳，等．杨木染色中染料上染性的研究［J］. 林业科技，2013，38（2）：53-55.

[2] 李彦辰，王蓓蓓，赵雁．酸性和活性染料染色玉米秸秆水洗牢固度比较［J］. 家具，2017，38（6）：10-13.

[3] 王敬贤，沈隽，王建军，等．低盐和低碱活性红染料在柞木单板染色中的应用［J］. 浙江农林大学学报，2021，38（3）：605-612.

[4] Yousefi H，Nishino T，Faezipour M，et al. Direct fabrication of all-cellulose nanocomposite from cellulose microfibers using ionic liquid-based nanowelding［J］. Biomacromolecules，2011，12（11）：4080-4085.

[5] Zhang P，Wei Y X，Liu Y，et al. Heat-induced discoloration of chromophore structures in eucalyptus lingin［J］. Materials，2018，11（9）：1686.

[6] 李慧，吴袁泊，雷霞，等．溶剂抽提对柚木材色及光诱导变色的影响［J］. 中南林业科技大学学报，2020，40（3）：138-144.

[7] 孙海燕，贾茹，吴艳华，等．杉木无性系心材与边材微观结构特征快速检测 [J]. 光谱学与光谱分析，2020，40 (1)：184-188.

[8] 王永贵，岳金权．杨木横向碱浸渍扩散的研究 [J]. 南京林业大学学报（自然科学版），2014，38 (1)：103-109.

[9] Moon R J，Martini A，Nairn J，et al. Cellulose nanomaterials review：structure，properties and nanocomposites [J]. Chemical Society Reviews，2011，40 (7)：3941-3994.

[10] 曹墨盈，王民乐，程月明，等．毛白杨生长特性对染液导入的响应 [J]. 西南林业大学学报，2017，37 (1)：31-35.

[11] 李亚玲．基于蒸腾作用的速生杨活立木改性研究 [D]. 呼和浩特：内蒙古农业大学，2018.

[12] 于志明，赵立，李文军．木材染色过程中染液渗透机理的研究 [J]. 北京林业大学学报，2002，24 (1)：79-82.

[13] 王雪玉，吕文华．杉木增强-染色复合改性剂的制备工艺 [J]. 东北林业大学学报，2018，46 (4)：73-77.

[14] 傅忠君．聚乳酸纤维织物染色性能研究 [D]. 武汉：武汉理工大学，2008.

[15] 黄连香，王祥荣．板栗壳色素对锦纶织物的染色动力学 [J]. 印染助剂，2021，38 (7)：25-28.

[16] 常佳．木材微波预处理与超声波辅助染色的研究 [D]. 北京：中国林业科学研究院，2009.

[17] 吴臻，黄河浪，李珊，等．等离子体处理对杨木单板染色扩散的影响 [J]. 林业科技开发，2015，29 (5)：115-118.

[18] 周伟．毛用活性染料对氯化羊毛的染色机理及匀染性 [J]. 染整技术，2021，43 (5)：22-28.

[19] 沈志豪．红色系天然染料对蚕丝和棉织物的染色性能和功能性 [D]. 苏州：苏州大学，2020.

[20] 许建华，关艳锋，郑今欢．PLA 纤维的染色动力学和热力学研究 [J]. 浙江理工大学学报，2008，25 (6)：644-648.

[21] Sismanoglu T，Aroguz A Z. Adsorption kinetics of diazo-dye from aqueous solutions by using natural origin low-cost biosorbents [J] Desalination and Water Treatment，2015，54 (3)：736-743.

[22] 李永峰，刘一星，于海鹏，等．木材流体渗透理论与研究方法 [J]. 林业科学，2011，47 (2)：134-143.

[23] Klunker F，Danzi M，Ermanni P. Fiber deformation as a result of fluid injection：modeling and validation in the case of saturated permeability measurements in through thickness direction [J]. Journal of Composite Materials，2015，49 (9)：1091-1105.

[24] Jia X R，Hayashi K，Zhan J F，et al. The moisture transfer mechanism and influencing factors in wood during radio-frequency/vacuum drying [J]. European Journal of Wood and Wood Products，2016，74 (2)：203-210.

[25] 于洪亮．电子显微观察下木材染色机理的对比性研究 [J]. 林业实用技术，2014 (1)：62-63.

[26] 李俊玲．杨木染色日晒牢度影响因素研究及其染色机理初探 [D]. 杭州：浙江理工大学，2010.

[27] 吕晓慧．速生杨木材色改良及染色机理研究 [D]. 长沙：中南林业科技大学，2012.

[28] Olanrewaju O，Ige J，Omopariola S O. Alkaline hydrolysis of brilliant green in mixed cationic surfactant systems [J]. Central European Journal of Chemistry，2011，9 (1)：106-111.

[29] 鲍甫成，段新芳．人工林杉木木材解剖构造与染色效果相关性的研究 [J]. 林业科学，2000，46 (3)：93-101.

[30] 王哲，王喜明．木材多尺度孔隙结构及表征方法研究进展 [J]. 林业科学，2014，50 (10)：123-133.

[31] 卢翠香，江涛，刘媛，等．桉树木材渗透性的影响因子及其改善方法的研究进展［J］．西南林业大学学报，2017，37（5）：214-220.
[32] Wang Z Y，Zhao Z J，Qian J，et al. Effects of extractives on degradation characteristics and VOCs released during wood heat treatment［J］. Bioresources，2020，15（1）：211-226.
[33] 陆步云．通过测量渗透值和 ESEM 研究室外涂饰木材的老化［D］．南京：南京林业大学，2006.
[34] 喻胜飞，刘元，李贤军，等．活性红染料结构与杨木单板染色性能的关系［J］．中南林业科技大学学报，2015，35（4）：114-118.
[35] 赵清，钱星雨，闫小星，等．活性艳红染料对水曲柳染色优化研究［J］．家具，2017，38（4）：12-16.
[36] 李艳云，王金林，周宇，等．活性染料浸染大青杨单板的上染性研究［J］．中南林业科技大学学报，2013，33（4）：106-109.
[37] 胡极航，范文苗，李黎，等．北美糖槭单板染色工艺的优化［J］．东北林业大学学报，2016，44（8）：68-72.
[38] 程倩倩．非离子型 Gemini 表面活性剂的合成及应用［D］．苏州：苏州大学，2020.
[39] 张冬梅．染色杨木单板的耐光性影响因素研究［J］．林业机械与木工设备，2015，43（6）：18-21.
[40] 中南林业科技大学．科技木皮的生产方法：201710295182.3［P］. 2017-04-28.
[41] 何盛，陈玉和，吴再兴，等．木竹材料细观渗流研究进展［J］．林业工程学报，2020，5（2）：12-19.
[42] 李君，李坚，李龙．超临界 CO_2 流体处理对木材浸注性的影响［J］．西南林业大学学报，2011，31（5）：75-77.
[43] 董新艳．溶质在超临界 CO_2 及含改性剂的超临界 CO_2 中扩散系数及其构效关系研究［D］．杭州：浙江大学，2012.
[44] 中南林业科技大学．提高木材染色上染率的方法［P］：201710295182.3［P］. 2016-06-08.
[45] 邱墅．超声波预处理对杨木干燥特性的影响机制［D］．北京：北京林业大学，2017.
[46] 连琰，唐钰淇，周聪，等．酸性大红超声波辅助樟木染色研究［J］．广州化工，2017，45（16）：75-77.
[47] 刘佳慧，任佳奇，伊松林．超声波协同处理对桉木抽提物及尺寸稳定性的影响［J］．包装工程，2019，40（15）：104-109.
[48] 徐明．非木纤维超声辅助解离技术机理与应用研究［D］．北京：北京林业大学，2018.
[49] 杜晓莹．超声波辅助竹子酶解体系构建及其机理研究［D］．无锡：江南大学，2017.
[50] 张耀丽，蔡力平，徐永吉．蒸汽爆破后毛果冷杉湿心材的渗透性分析［J］．林业科学，2007，43（9）：53-56.
[51] 李艳．微爆破处理对杨木薄板渗透性及软化效果的影响［D］．北京：北京林业大学，2015.
[52] 郭月红．汽蒸—微爆破预处理对巨尾桉干燥特性的影响［D］．北京：北京林业大学，2015.
[53] 王海元，王天龙，李黎，等．微爆破对刺槐干燥速率和渗透性的影响［J］．林业机械与木工设备，2013，41（4）：26-28.
[54] 胡极航．单板预处理对其染色效果的影响及机理研究［D］．北京：北京林业大学，2016.
[55] 胡极航，刘君良．压缩空气微爆破预处理对橡胶木单板染色效果的影响［J］．木材工业，2019，33（5）：11-15.
[56] 肖辉．微波处理樟子松木材机理研究［D］．北京：中国林业科学研究院，2017.
[57] 周永东，傅峰，李贤军，等．微波处理对桉木应力及微观构造的影响［J］．北京林业大学学报，

2009，31（2）：146-150.

［58］ 熊令明，邢雪峰，林兰英，等．高场强微波处理对樟子松木材宏观裂纹的影响［J］. 木材工业，2020，34（6）：1-4.

［59］ 毛逸群，徐伟，詹先旭．微波预处理对杨木渗透性的影响［J］. 林产工业，2020，57（5）：7-10，20.

［60］ Bichot A，Lerosty M，Radoiu M，et al. Decoupling thermal and non-thermal effects of the microwaves for lignocellulosic biomass pretreatment［J］. Energy Conversion and Management，2020，203：1-13.

［61］ 徐恩光，林兰英，李善明，等．微波处理对樟子松木材化学组分含量影响［J］. 木材工业，2020，34（4）：31-37.

［62］ 徐恩光，林兰英，李善明，等．微波处理对樟子松木材等温吸湿特性的影响［J］. 木材科学与技术，2021，35（1）：20-25.

［63］ 胡嘉裕．基于微波处理技术杨木活性染料染色工艺研究［D］. 长沙：中南林业科技大学，2016.

［64］ Altgen D，Avramidis G，Viol W，et al. The effect of air plasma treatment at atmospheric pressure on thermally modified wood surfaces［J］. Wood Science and Technology，2016，50（6）：1227-1241.

［65］ 马东超，郭明辉．氮气射流低温等离子体处理对落叶松表面润湿性的影响［J］. 东北林业大学学报，2016，44（4）：69-73.

［66］ 浙江省林业科学研究院．一种提高竹木材染色性能的预处理方法：202010588011.1［P］. 2020-06-24.

［67］ 韩颖．冷冻技术在木材加工中的应用探讨［J］. 林业机械与木工设备，2020，48（8）：4-6.

［68］ Xu J，He S，Li J，et al. Effect of vacuum freeze-drying on enhancing liquid permeability of Moso bamboo［J］. BioResources，2018，13（2）：4159-4174.

［69］ 邓邵平，王春灿，林金国，等．响应面法优化木材冻融循环预处理工艺［J］. 森林与环境学报，2019，39（6）：647-653.

［70］ 王春灿．基于冻融循环预处理的人工林杉木木材染色性能研究［D］. 福州：福建农林大学，2018.

［71］ 廖齐．活性染料对木材染色工艺的研究［D］. 长沙：中南林业科技大学，2006.

［72］ 李志强，江泽慧，费本华，等．酸和碱预处理对麻竹酶水解糖化的影响［J］. 化工进展，2012，31（S1）：60-63.

［73］ 赵晨皓，毕研亮．乙烯废碱液预处理木材纤维原料的初步研究［J］. 黑龙江造纸，2014，42（2）：1-2.

［74］ 钟杨，喻胜飞，刘元，等．NaOH 预处理对杨木活性染料染色效果的影响［J］. 中南林业科技大学学报，2016，36（6）：103-106.

［75］ 陈星．NaOH-冻融循环预处理改善杉木木材染色性能的工艺研究［D］. 福州：福建农林大学，2019.

［76］ 尹素红，刘云，张军，等．过氧漂白影响因素的研究［J］. 北京轻工业学院学报，2001，19（1）：23-28.

［77］ 何啸宇，张子谷，王艳伟，等．我国木材漂白技术研究进展［J］. 中国人造板，2020，27（7）：1-5.

［78］ 马跃明，袁晓庚，吴芸．木材漂白药剂的选择及应用［J］. 林业科技，2001，26（1）：50-52.

［79］ 邬瑞东，吴智慧，黄琼涛，等．北美鹅掌楸漂白药剂的选择［J］. 林业科技开发，2014，28（3）：108-111.

［80］ 陈桂华，王明刚．杨木单板漂白工艺研究［J］．木材加工机械，2002，13（1）：3-6.
［81］ 章雪竹．家具用改性速生杨漂白与水性涂饰工艺研究［D］．北京：北京林业大学，2015.
［82］ 许雅雅，常德龙，胡伟华，等．变色木材高效脱色剂及脱色工艺参数优选［J］．东北林业大学学报，2018，46（12）：94-97.
［83］ 覃引鸾，卢翠香，李建章，等．不同处理方法改善桉木渗透性研究［J］．林产工业，2020，57（4）：10-13，24.
［84］ 王晓倩．杨木单板的阻燃染色同步改性机制及性能表征［D］．北京：北京林业大学，2020.
［85］ Oliveira C A B，Silva J V F，Bianchi N A，et al. Influence of indian cedar particle pretreatments on cement-wood composite properties［J］. Bioresources，2020，15（1）：1156-1164.
［86］ 方新高，潘炘．不同浸渍处理对橡胶木防霉菌性能的影响［J］．林业科技通讯，2020，（8）：22-26.
［87］ 吉喆．稀酸碱预处理过程中植物细胞壁解构研究［D］．北京：北京林业大学，2016.
［88］ 刘华敏，马明国，刘玉兰．预处理技术在生物质热化学转化中的应用［J］．化学进展，2014，26（1）：203-213.
［89］ 张耀丽，蔡力平，徐永吉．毛果冷杉湿心材的闭塞纹孔及细菌对木材结构的降解［J］．南京林业大学学报，2006，30（1）：53-56.
［90］ Panek M，Reinprecht L，Mamonov M. Trichodermaviride for improving spruce wood impregnability［J］. BioResources，2013，8（2）：1731-1746.
［91］ 上官蔚蔚．白腐对落叶松木材细观和微观力学性能的影响［J］．北京：中国林业科学研究院，2012.
［92］ 彭建民．离子液体协同超声波预处理对阔叶材硫酸盐浆组分分离纯化的影响［D］．济南：齐鲁工业大学，2020.
［93］ 陈利虹，刘志军，刘智．国内外木材染色技术研究与发展［J］．中国木材，2008（1）：30-34.

第2章

木材染色用活性染料数据库的构建

活性染料因色彩鲜艳、颜色丰富多样、高色牢度和耐光性，广泛应用于纺织行业纤维素纤维纺织品、蛋白质纤维纺织品及合成纤维纺织品的染色。目前木材染色用活性染料还未开发专用的染料，仍采用纺织品用活性染料[1]，但木材纤维与纺织纤维在组成、物理形态及孔道结构上具有较大的差别，而活性染料型号、品种众多，并非所有的活性染料都适宜木材纤维染色[2]，也并非所有在纺织纤维染色中表现优良性能的活性染料在木材染色中也表现优越，这给木材染色中活性染料的选择带来了很大困扰。本书从纺织行业最常用的X型、K型、KN型、M型活性染料中选用了23种红、黄、蓝三基色活性染料，构建了适合木材染色的活性染料数据库，研究了活性染料混合拼染对木材匀染性的影响。

2.1 构建活性染料数据库

数据库中包含了23种活性染料的结构特征、染色特性参数和应用特性。每一种活性染料列出染料名称和对应的C. I. 索引号、分子结构式、分子式、分子量、可见吸收光谱；上染木材的染色特性参数包括直接性 S 值、上染率 E 值、匀染因子LDE、反应性 R 值、固色率 F 值、浮色率、易洗涤因子WF，上染速率和固色速率曲线（上染率和固色率随时间的变化规律）；在木材中的应用特性包括是否适合木材染色、染色和固色温度范围、染色和固色pH值范围。

2.1.1 活性染料结构和 UV-Vis 吸收光谱

选用了纺织行业最常用的 X 型、K 型、KN 型、M 型活性染料中 23 种三基色活性染料，从文献［3］查得 23 种活性染料的分子结构。用蒸馏水将其配制成浓度为 0.05%的溶液，用紫外可见分光光度计测定每种染液的 UV-Vis 吸收光谱，这些染料的结构及其相应的 UV-Vis 吸收光谱列于表 2.1 中。

由表 2.1 可知，每种基色染料包括 X 型、K 型、KN 型、M 型（包括 B 型和 EF 型），活性红 X-3B、活性黄 X-R、活性蓝 X-BR 属于 X 型活性染料，含有 1 个二氯均三嗪活性基 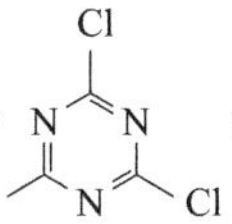 ；活性红 K-3B、活性黄 K-6G、活性蓝 K-3R 属于 K 型活性染料，含有 1 个一氯均三嗪活性基 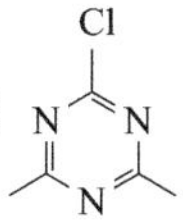 ；活性红 KN-3B、活性黄 KN-GR、活性蓝 KN-R 属于 KN 型活性染料，含有 1 个亚乙基砜活性基（或 β-硫酸酯基乙基砜基活性基）—$SO_2CH_2CH_2OSO_3Na$；活性红 M-2B、活性红 M-3BE、活性黄 M-5G、活性黄 M-3RE、活性蓝 M-BR、活性蓝 M-2GE、活性蓝 M-BE 属于 M 型活性染料，活性红 BH-3BS、活性红 BD-5B、活性黄 BH-3R、活性蓝 BD-G 属于 B 型活性染料（也称为 ME 型活性染料），活性红 EF-3B、活性黄 EF-3R、活性蓝 EF-3G 属于 EF 型活性染料，都是单侧含有 1 个一氯均三嗪 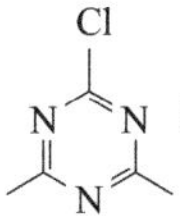 和 1 个亚乙基砜—$SO_2CH_2CH_2OSO_3Na$ 双活性基，只是它们的生产工艺不同。亚乙基砜基与连接基—NH—处于苯环的不同位置，如活性红 EF-3B 是活性红 M-3BE 的同分异构体，活性黄 EF-3R 是活性黄 M-3RE 的同分异构体，活性蓝 EF-3G 是 M-2GE 的同分异构体，呈现的颜色深度不同。

23 种染料的母体是 H 酸单偶氮类芳环或蒽醌类共轭体系发色体，连接基是—NH—，水溶性基团是—SO_3Na、—OH；但每种活性染料发色体共轭体系长度以及含芳环基团数目不同，连接在—NH—两端的基团不同，含有—SO_3Na、—OH 的数目不同，活性基—Cl、β-硫酸酯基乙基砜基的位置不同，使得活性染料的 UV-Vis 发光光谱图不同，从而呈现不同的颜色。这表明活性染料的色相、明度、彩度 3 个特征值与活性染料紫外可见吸收光谱中吸收带的最大吸收波长、吸光强度和范围具有相互对应关系，活性红染料的最大吸收光波长在 530nm 左右，活性黄染料的最大吸收光波长在 400nm 左右，活性蓝染料的最大吸收光波长在 590nm 左右。

表 2.1　活性染料的结构和 UV-Vis 吸收光谱

染料名称	染料索引号	分子结构式	分子式	分子量	UV-Vis 吸收光谱
活性红 X-3B	C. I. Reactive Red 2		$C_{19}H_{10}Cl_2N_6Na_2O_7S_2$	615.34	吸光度 1.0 0.8 0.6 0.4 0.2 0.0; 波长/nm 400 500 600 700 800; X-3B KN-3B K-3B M-2B M-3BE EF-3B; λ_{max}=530nm
活性红 K-3B	C. I. Reactive Red 3		$C_{25}H_{15}ClN_7Na_3O_{10}S_3$	773.54	
活性红 KN-3B	C. I. Reactive Red 180		$C_{29}H_{19}N_3Na_4O_{17}S_5$	933.24	
活性红 M-2B	C. I. Reactive red 194		$C_{27}H_{18}ClN_7Na_4O_{16}S_5$	983.56	
活性红 M-3BE	C. I. Reactive Red 195		$C_{31}H_{19}ClN_7Na_5O_{19}S_6$	1135.56	

续表

染料名称	染料索引号	分子结构式	分子式	分子量	UV-Vis 吸收光谱
活性红 EF-3B	C. I. Reactive Red 196	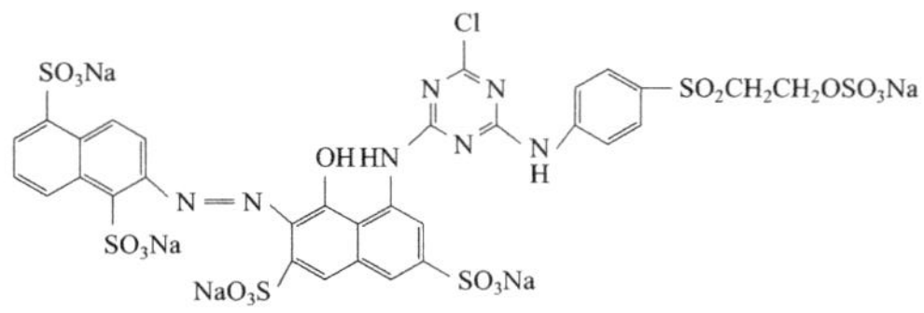	$C_{31}H_{19}ClN_7Na_5O_{19}S_6$	1135.56	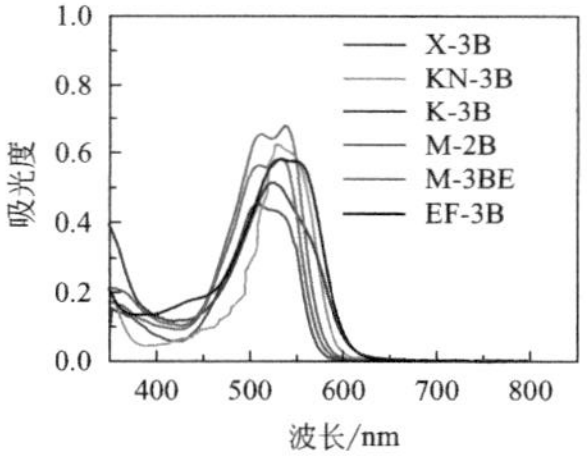 λ_{max}=530nm
活性红 BH-3BS	C. I. Reactive Red 195	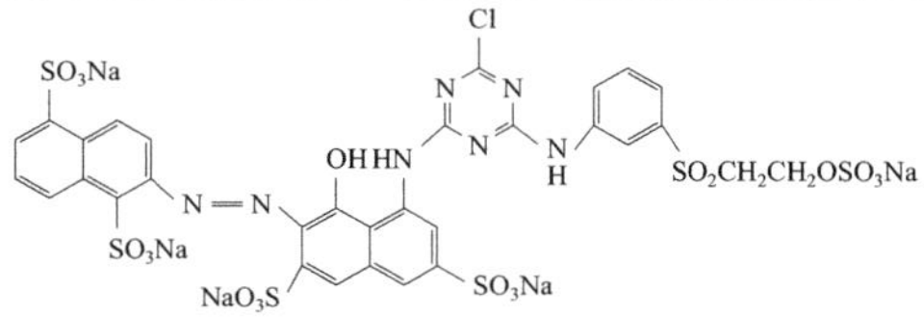	$C_{31}H_{19}ClN_7Na_5O_{19}S_6$	1135.56	同活性红 M-3BE，峰稍强
活性红 BD-5B	C. I. Reactive Red 194	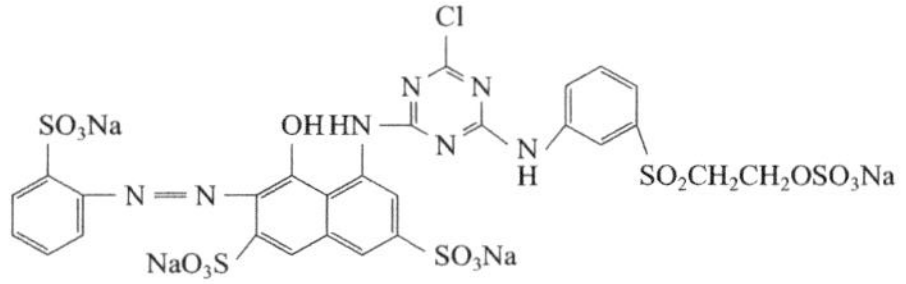	$C_{27}H_{18}ClN_7Na_4O_{16}S_5$	983.56	同活性红 M-2B，峰稍强
活性黄 X-R	C. I. Reactive Yellow 4	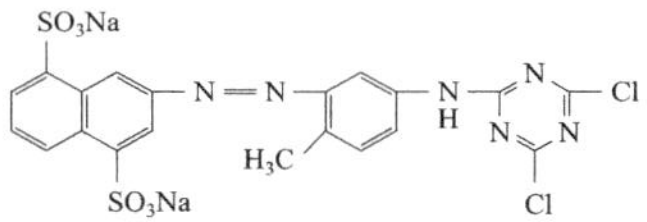	$C_{20}H_{12}Cl_2N_6Na_2O_6S_2$	613.36	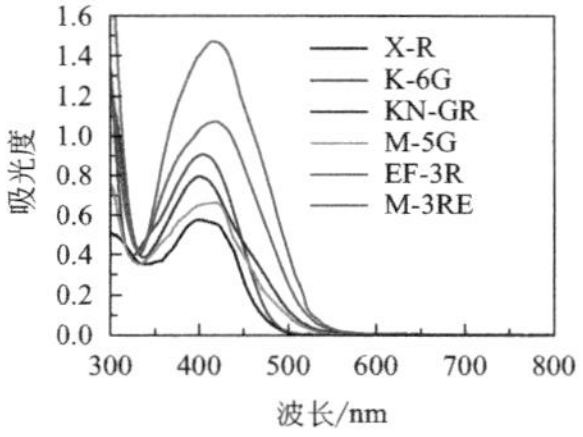 λ_{max}=400nm

续表

染料名称	染料索引号	分子结构式	分子式	分子量	UV-Vis 吸收光谱
活性黄 K-6G	C. I. Reactive Yellow 2	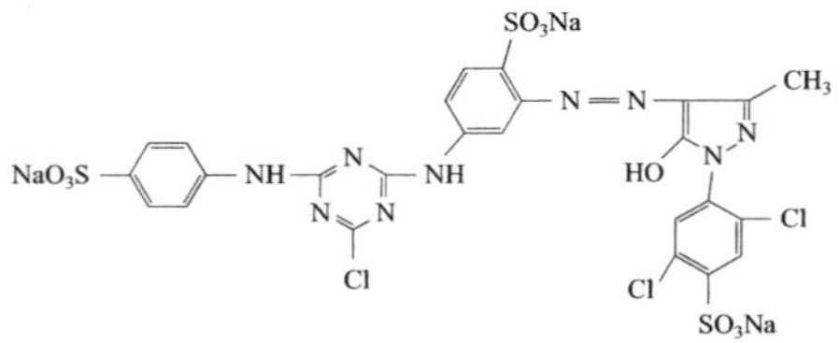	$C_{25}H_{15}Cl_3N_9Na_3O_{10}S_3$	872.54	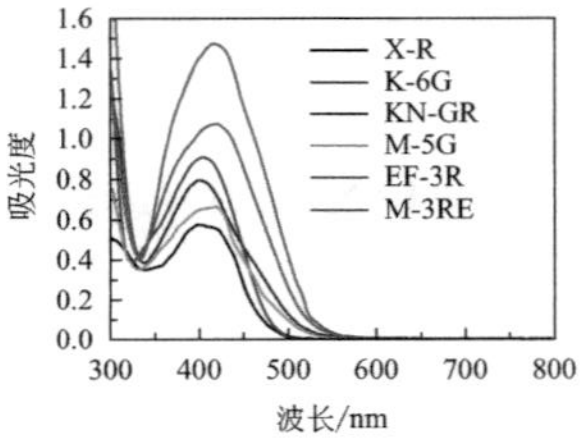 λ_{max}=400nm
活性黄 KN-GR	C. I. Reactive Yellow 15	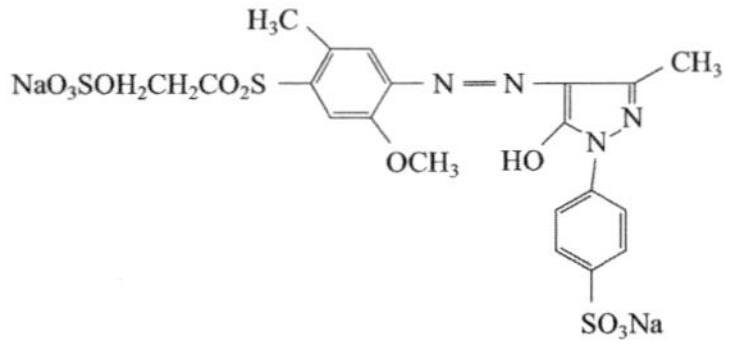	$C_{20}H_{20}N_4Na_2O_{11}S_3$	634.24	
活性黄 M-5G	C. I. Reactive Yellow 10	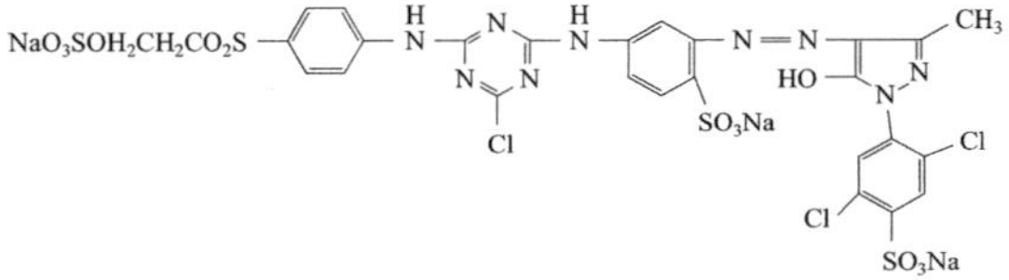	$C_{27}H_{18}Cl_3N_9Na_3O_{13}S_4$	979.56	
活性黄 M-3RE	C. I. Reactive Yellow 145	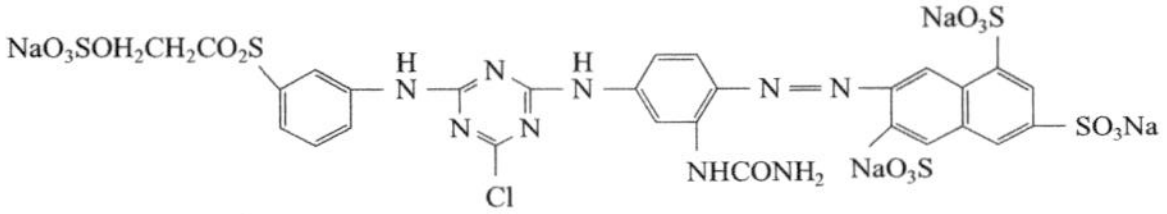	$C_{28}H_{20}ClN_9Na_4O_{16}S_5$	1025.56	

续表

染料名称	染料索引号	分子结构式	分子式	分子量	UV-Vis 吸收光谱
活性黄 EF-3R	C. I. Reactive Yellow 146	NaO3SOH2CH2CO2S; H N; N; N; N; Cl; H N; H2NOCHN; N=N; NaO3S; NaO3S; SO3Na	$C_{28}H_{20}ClN_9Na_4O_{16}S_5$	1025. 56	吸光度 1.6 1.4 1.2 1.0 0.8 0.6 0.4 0.2 0.0; 波长/nm 300 400 500 600 700 800; X-R K-6G KN-GR M-5G EF-3R M-3RE; λ_{max}=400nm
活性黄 BH-3R	C. I. Reactive Yellow 145	NaO3SOH2CH2CO2S; H N; N; N; N; Cl; H N; NHCONH2; N=N; NaO3S; NaO3S; SO3Na	$C_{28}H_{20}ClN_9Na_4O_{16}S_5$	1025. 56	同活性黄 M-3RE，峰稍强
活性蓝 X-BR	C. I. Reactive Blue 4	O; NH2; SO3Na; O; HN; NH; SO3Na; N; N; N; Cl; Cl	$C_{23}H_{12}Cl_2N_6Na_2O_8S_2$	681. 42	吸光度 1.0 0.8 0.6 0.4 0.2 0.0; 波长/nm 400 500 600 700 800; X-BR K-3R KN-R M-2GE EF-3G M-BE M-BR; λ_{max}=590nm
活性蓝 K-3R	C. I. Reactive Blue 49	O; NH2; SO3Na; O; HN; CH3; H3C; CH3; SO3Na; N H; N; N; N; Cl; NH; SO3Na	$C_{32}H_{23}ClN_7Na_3O_{11}S_3$	881. 56	

续表

染料名称	染料索引号	分子结构式	分子式	分子量	UV-Vis 吸收光谱
活性蓝 KN-R	C. I. Reactive Blue 19	O NH$_2$ SO$_3$Na O HN SO$_2$CH$_2$CH$_2$OSO$_3$Na	$C_{22}H_{16}N_2Na_2O_{11}S_3$	626.06	1.0 0.8 0.6 0.4 0.2 0.0 吸光度 400 500 600 700 800 波长/nm X-BR K-3R KN-R M-2GE EF-3G M-BE M-BR λ_{max}=590nm
活性蓝 M-BR	C. I. reactive blue 211	O NH$_2$ SO$_3$Na O HN Cl H N N N N NH SO$_3$Na SO$_2$CH$_2$CH$_2$OSO$_3$Na	$C_{31}H_{21}ClN_7Na_3O_{14}S_4$	947.50	
活性蓝 M-2GE	C. I. Reactive Blue 194	SO$_3$Na N=N NH$_2$ OH NaO$_3$S SO$_3$Na N=N SO$_3$Na Cl N N N N H N H SO$_2$CH$_2$CH$_2$OSO$_3$Na	$C_{33}H_{22}ClN_{10}Na_5O_{19}S_6$	1205.30	
活性蓝 EF-3G	C. I. Reactive Blue 195	NaO$_3$S N=N NH$_2$ OH NaO$_3$S SO$_3$Na N=N SO$_3$Na Cl N N N N H N H SO$_2$CH$_2$CH$_2$OSO$_3$Na	$C_{33}H_{22}ClN_{10}Na_5O_{19}S_6$	1205.30	
活性蓝 M-BE	C. I. Reactive Blue 222	SO$_3$Na SO$_3$Na N=N OH NH$_2$ NaO$_3$S SO$_3$Na N=N NaO$_3$S Cl N N N N H N H SO$_2$CH$_2$CH$_2$OSO$_3$Na	$C_{37}H_{23}ClN_{10}Na_6O_{22}S_7$	1356.50	
活性蓝 BD-G	C. I. Reactive Blue 194	SO$_3$Na N=N NH$_2$ OH NaO$_3$S SO$_3$Na N=N SO$_3$Na Cl N N N N H N H SO$_2$CH$_2$CH$_2$OSO$_3$Na	$C_{33}H_{22}ClN_{10}Na_5O_{19}S_6$	1205.30	同活性蓝 M-2GE,峰稍强

对于三基色活性染料中的每一色活性染料，由于各种染料共轭体系中芳环（苯环、萘环、杂环，属于 p-π 共轭体系）、—CH_2═CH_2—（属于 π-π 共轭体系）等数目不同，共轭体系上引入的吸电子基团—N═N—、—CN、—C═O—和供电子基团—OH、—NHR 等助色团不同，以及空间位阻的共同影响导致其最大吸收光波长不同，活性染料水溶液呈现的颜色不同。活性染料分子结构中共轭体系的长度越长，供、吸电子基团协调作用越大，空间位阻效应越小，活性染料的最大吸收波长产生深色位移。因此 8 种活性红染料的最大吸收光波长变化顺序为：活性红 X-3B（506nm）＜活性红 K-3B（526nm）＜活性红 KN-3B（530nm）＜活性红 M-2B（532nm）＜活性红 EF-3B（534nm）＜活性红 M-3BE（540nm），活性红 BH-3BS 和活性红 BD-5B 染料的最大吸收峰波长与活性红 M-3BE（540nm）相同；7 种活性黄染料的最大吸收光波长变化顺序为：活性黄 KN-GR（400nm）＜活性黄 X-R（401nm）＜活性黄 K-6G（404nm）＜活性黄 EF-3R（415nm）＜活性黄 M-5G（418nm）＜活性黄 M-3RE（420nm），活性黄 BH-3R 染料的最大吸收峰波长与活性黄 M-3RE（420nm）相同；8 种活性蓝染料的最大吸收光波长变化顺序为：活性蓝 X-BR（583nm）＜活性蓝 KN-R（585nm）＜活性蓝 K-3R（592nm）＜活性蓝 M-BE（596nm）＜活性蓝 M-2GE（598nm）＜活性蓝 EF-3G（602nm），活性蓝 BD-G 染料的最大吸收峰波长与活性蓝 M-2GE 相同（598nm），活性蓝 M-BR 染料的最大吸收峰波长与活性蓝 EF-3G（602nm）相同。吸光度变化顺序为：活性红 X-3B＜活性红 K-3B＜活性红 EF-3B＜活性红 M-2B＜活性红 KN-3B＜活性红 M-3BE＜活性红 BD-5B＜活性红 BH-3BS，活性黄 X-R＜活性黄 M-5G＜活性黄 KN-GR＜活性黄 K-6G＜活性黄 EF-3R＜活性黄 M-3RE＜活性黄 BH-3R，活性蓝 KN-R＜活性蓝 K-3R＜活性蓝 X-BR＜活性蓝 M-BR＜活性蓝 M-BE＜活性蓝 EF-3G＜活性蓝 M-2GE＜活性蓝 BD-G，活性蓝染液吸收带波长范围变化顺序为：活性蓝 M-BR＜活性蓝 M-BE＜活性蓝 EF-3G＜活性蓝 M-2GE＜活性蓝 KN-R＜活性蓝 K-3R＜活性蓝 X-BR，这是由于活性染料的吸光度、明度和彩度不仅跟活性染料共轭体系的长度有关，还跟活性染料共轭体系中的极性基团有关[4]。

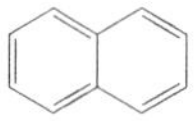

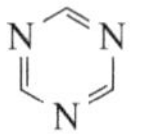

2.1.2 活性染料上染杨木单板的染色特性参数

由于木材结构与纺织纤维结构的不同，使得活性染料在两者中应用时的染色特性参数必不同，而特性参数值是混合拼染时染料选择的重要依据，因此，测定活性染料在木材中染色的特性参数具有重要的理论价值和应用价值。关于活性染料在纺织纤维中应用时的特性参数的报道较多[5-7]，而关于木材中染色特性参数的报道较少。本书选取纺织染色厂家和木材染色厂家常用的23种活性染料对杨木单板进行了竭染染色，采用UV-Vis分光光度法测量了不同型号活性染料的染色特性参数S、E、R、F、LDE、WF和浮色率，为选取适合木材染色用活性染料及染料混合拼染提供理论依据。

木材活性染料染色工艺示意图如图2.1所示。先将待染色杨木单板（长50mm×宽25mm×厚2mm）干燥至含水率8%左右，称量好待用；再将浴比为1∶40、浓度为0.5%（o. w. f，染料与木材质量比）的23种活性染液分别放入标有编号为（0）～(12）的不锈钢染缸中，向每个染缸中加入40g/L元明粉，在恒温振荡水浴锅中振荡均匀后，将称量好的待染色杨木单板试样放入（1）～(12）号染缸中，水浴锅以2℃/min的速度升温，升至60℃保持恒温染色，在不同染色时间段从染缸中分别提取染色木材试样。染色15min后取出（0）号（作为空白染液）和（1）号试样，30min后取出（2）号试样，每隔30min依次取（3）～(7）号试样；然后在（8）～(12）号染缸中分别加入20g/L纯碱，用8g/L NaOH碱液调节染浴的pH值为10，以1℃/min的速度升温，升至70℃保持恒温固色，在加纯碱后10min、30min、60min、90min依次取出（8）～(12）号试样，每个染缸中的染液备用。

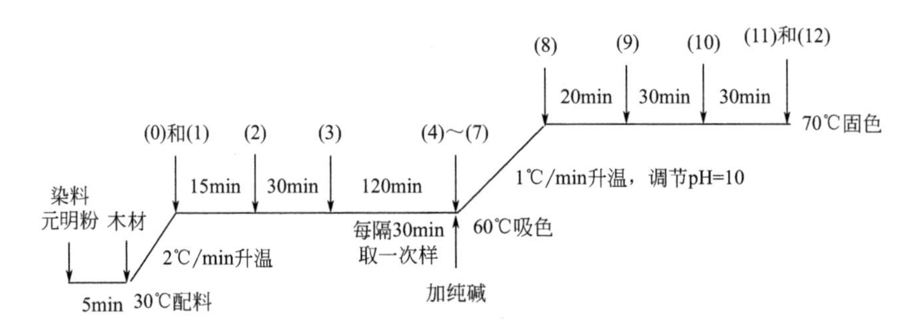

图2.1 木材活性染料染色工艺示意图

将不同阶段取出的染色木材试样做不同的处理：(1）～(7）和（12）号试样自然沥干，不进行皂洗和水洗，将沥干残液和对应的试样染色残液合并后用UV260 UV-Vis分光光度计测量其最大吸收光波长和对应的吸光度，用式(2.1)计算上染率；(8）～(11）号试样用1g/L LR-2净洗剂、浴比1∶40、90℃下皂洗10min，取出后用冷水清洗干净，将染色残液和皂洗液、水洗液合并后用UV-Vis分光光度计测量其最大吸收光波长和对应的吸光度，用式(2.2）计算固色率。

$$E=\left(1-\frac{A_nN_n}{A_0N_0}\right)\times 100\% \tag{2.1}$$

式中，E 是上染率（又称竭染率）；A_n 是染色残液的吸光度；N_n 是染色残液的稀释倍数；A_0 是空白染液的吸光度；N_0 是空白染液的稀释倍数。

$$F=\left(1-\frac{A_2N_2}{A_0N_0}\right)\times 100\% \tag{2.2}$$

式中，F 是固色率；A_2 是染色残液、皂洗液和水洗液合并后的染液吸光度；N_2 是染色残液、皂洗液和水洗液合并后的染液的稀释倍数。

S 值表示染料对木材纤维亲和力的大小，常用吸色时间 30min 时的上染率表示，(2) 号试样的上染率即为 S 值；R 表示活性染料与木材纤维反应性的高低，常用加碱 10min 后的固色率表示，(8) 号试样的固色率即为 R 值；(12) 号试样的上染率即为 E 值，(11) 号试样的固色率即为 F 值。在木材染色过程中，随着木材纤维对染料吸附量的剧增，极易造成上染不匀，由于 S 和 E 可分别作为碱剂加入前后两个吸附阶段中染料吸附而上染于纤维的平衡值，可用 S/E 的大小评价染料匀染性。活性染料染色时的浮色率用 $E-F$ 值表示，即活性染料染色后呈浮色状，吸附在纤维上的染料。浮色染料包括已吸附于纤维而未参与共价反应的染料、部分水解染料以及由 β-硫酸酯乙基砜基消除硫酸酯后得到的乙烯砜基染料，这些未固着的浮色会使染色木材具有较差的耐水（皂）洗色牢度和耐湿摩擦色牢度，通过水洗、皂煮，可以把绝大部分浮色洗除。易洗涤性即浮色清洗能力，与浮色率 ($E-F$) 成反比，与染料的直接性 S 也成反比，按式(2.3) 计算易洗涤因子 WF，从中可以定性地判别易洗涤性的好坏。

$$\mathrm{WF}=\frac{1}{S(E-F)} \tag{2.3}$$

23 种活性染料的染色特性参数如表 2.2 所示。

表 2.2 活性染料的特性参数

活性染料名称	直接性 $S/\%$	上染率 $E/\%$	匀染因子 LDE/%	反应性 $R/\%$	固色率 $F/\%$	浮色率 $(E-F)/\%$	易洗涤因子 WF/%
活性红 X-3B	11.65	18.32	63.6	12.82	15.51	2.81	3.05
活性红 K-3B	9.72	10.85	89.6	5.64	7.86	2.99	3.44
活性红 KN-3B	7.86	16.48	47.7	6.69	10.49	5.99	2.12
活性红 M-2B	6.75	22.94	29.4	18.92	22.26	0.68	21.79
活性红 M-3BE	6.25	24.82	25.2	20.12	24.43	0.39	41.0
活性红 EF-3B	3.82	23.34	16.4	18.77	22.95	0.39	67.12
活性红 BH-3BS	6.56	25.32	25.9	21.45	25.08	0.24	63.52
活性红 BD-5B	6.93	24.12	28.7	20.31	23.57	0.55	26.24
活性黄 X-R	9.24	15.51	59.6	12.42	12.82	2.69	4.02
活性黄 K-6G	8.72	10.02	87.0	5.28	7.16	2.86	4.01

续表

活性染料名称	直接性 S/%	上染率 E/%	匀染因子 LDE/%	反应性 R/%	固色率 F/%	浮色率 $(E-F)$/%	易洗涤因子 WF/%
活性黄 KN-GR	8.97	15.40	58.2	10.11	10.54	4.86	2.29
活性黄 M-5G	4.57	22.86	20.0	19.54	22.21	0.65	33.66
活性黄 M-3RE	4.41	23.99	18.4	20.33	23.66	0.33	68.71
活性黄 EF-3R	3.13	22.60	13.8	18.24	21.48	1.12	28.53
活性黄 BH-3R	4.86	24.85	19.6	21.83	24.36	0.49	41.99
活性蓝 X-BR	10.29	18.75	54.9	13.73	15.86	2.89	3.36
活性蓝 K-3R	9.61	11.09	86.7	5.68	8.00	3.09	3.37
活性蓝 KN-R	10.65	18.00	59.2	7.25	11.63	6.37	1.47
活性蓝 M-BR	3.89	22.14	17.6	20.07	21.37	0.77	33.39
活性蓝 M-2GE	4.65	24.86	18.7	20.74	24.11	0.75	28.67
活性蓝 EF-3G	2.97	23.54	12.6	18.78	21.57	1.97	17.09
活性蓝 M-BE	5.66	25.77	22.0	21.31	25.38	0.39	45.30
活性蓝 BD-G	4.93	25.76	19.1	21.85	25.31	0.45	45.08

从表 2.2 可知，8 种活性红染料 S 值的大小顺序为：活性红 X-3B>活性红 K-3B>活性红 KN-3B>活性红 BD-5B>活性红 M-2B>活性红 BH-3BS>活性红 M-3BE>活性红 EF-3B；7 种活性黄染料 S 值的大小顺序为：活性黄 X-R>活性黄 KN-GR>活性黄 K-6G>活性黄 BH-3R>活性黄 M-5G>活性黄 M-3RE>活性黄 EF-3R；8 种活性蓝染料 S 值的大小顺序为：活性蓝 KN-R>活性蓝 X-BR>活性蓝 K-3R>活性蓝 M-BE>活性蓝 BD-G>活性蓝 M-2GE>活性蓝 M-BR>活性蓝 EF-3G。这是因为 S 值是活性染料在杨木纤维中的直接上染性，活性染料的分子结构（包括分子大小、形状、亲水性和疏水性及离子基在分子中的分布）直接影响它在杨木纤维中的直接上染。8 种活性红染料的分子量大小为活性红 X-3B<活性红 K-3B<活性红 KN-3B<活性红 M-2B（=活性红 BD-5B）<活性红 M-3BE（=活性红 EF-3B=活性红 BH-3BS），含亲水性基团磺酸基的多少顺序为活性红 X-3B<活性红 K-3B<活性红 KN-3B（=活性红 M-2B=活性红 BD-5B）<活性红 M-3BE（=活性红 EF-3B=活性红 BH-3BS）。7 种活性黄染料的分子量大小为活性黄 X-R<活性黄 KN-GR<活性黄 K-6G<活性黄 M-5G<活性黄 M-3RE（=活性黄 EF-3R=活性黄 BH-3R），含亲水性基团磺酸基的多少顺序为活性黄 X-R（=活性黄 KN-GR）<活性黄 K-6G（=活性黄 M-5G）<活性黄 M-3RE（=活性黄 EF-3R=活性黄 BH-3R）。8 种活性蓝染料的分子量大小为活性蓝 KN-R<活性蓝 X-BR<活性蓝 K-3R<活性蓝 M-BR<活性蓝 M-2GE（=活

性蓝 EF-3G＝活性蓝 BD-G）＜活性蓝 M-BE，含亲水性基团磺酸基的多少顺序为活性蓝 X-BR（＝活性蓝 KN-R）＜活性蓝 K-3R（＝活性蓝 M-BR）＜活性蓝 M-2GE（＝活性蓝 EF-3G＝活性蓝 BD-G）＜活性蓝 M-BE。结果表明活性染料上染木材的直接性 S 值主要受染料分子量的影响，分子量越小，S 值越大。这可能是由于分子量越小的活性染料，在水中的溶解度越大，在染浴中的浓度最大，染料分子不断扩散至杨木纤维表面并被吸附所致。同时分子中含亲水性基团磺酸基的数目对活性染料在水中的溶解度有一定影响，磺酸基越多，在水中的溶解度越大，使得分子量大的活性黄 BH-3R 染料的 S 值高于活性黄 M-5G、活性蓝 M-BE 的 S 值高于活性蓝 M-BR。另外由于空间位阻效应的影响，使得 EF 型中的 β-硫酸酯基乙基砜基的水溶性要低于相应结构的 M 型或 B 型，导致 EF 型活性染料的 S 值最低。

R 值表示的是活性染料与杨木纤维反应能力的大小，与活性基的反应活性有关。8 种活性红染料 R 值比较：活性红 BH-3BS＞活性红 BD-5B＞活性红 M-3BE＞活性红 M-2B＞活性红 EF-3B＞活性红 X-3B＞活性红 KN-3B＞活性红 K-3B；7 种活性黄染料 R 值比较：活性黄 BH-3R＞活性黄 M-3RE＞活性黄 M-5G＞活性黄 EF-3R＞活性黄 X-R＞活性黄 KN-GR＞活性黄 K-6G；8 种活性蓝染料 R 值比较：活性蓝 BD-G＞活性蓝 M-BE＞活性蓝 M-2GE＞活性蓝 M-BR＞活性蓝 EF-3G＞活性蓝 X-BR＞活性蓝 KN-R＞活性蓝 K-3R。这是因为 M 型活性染料中含有 1 个一氯均三嗪和 1 个 β-硫酸酯基乙基砜基双活性基，都可以和杨木纤维发生亲核取代或亲核加成反应，同时由于一氯均三嗪和亚乙基砜基单侧异种双活性基间的电子交互作用，增强了键的极化，在两种活性基之间产生协同效应，提高了两个异种活性基的反应活泼性：砜基通过苯环的共轭效应使均三嗪环碳原子电子密度进一步降低，使均三嗪环上与氯原子相连的活化中心碳原子的正电荷性（δ_1^+）比单一一氯均三嗪环上对应碳原子的正电荷性高，更易发生 S_N2 亲核取代反应，提高了一氯均三嗪基与纤维的加成-消除取代反应速率；同时一氯均三嗪环的存在，使 β-硫酸酯基乙基砜基上 α、β 位上的正电荷性分别比对应的单一 β-硫酸酯基乙基砜基上的高（如图 2.2 所示），增强了砜基吸电子的能力，

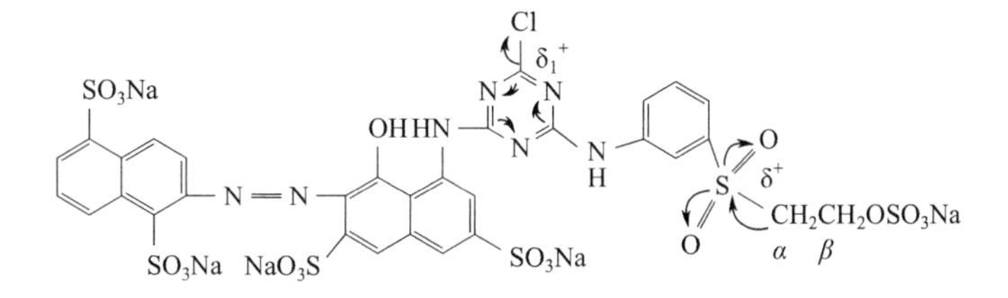

图 2.2　活性红 M-3BE 电子云转移方向

提高了β-硫酸酯基乙基砜基活性基的β-消除反应和随后发生的亲核加成反应速率；当一个活性基水解失去反应能力后，另一个活性基仍可与纤维发生反应，提高了染料与纤维的反应概率，因此M型活性染料的反应能力要优于其他三种型号的活性染料。EF型活性染料中β-硫酸酯基乙基砜基与苯环上的氨基处在共轭体系的对位位置，具有空间位阻效应，因而降低了砜基的吸电子能力，使其活泼性降低，其反应能力比相应结构的M型和B型要低。

对于X型、K型、KN型这三种具有单活性基的活性染料，X型活性基为二氯均三嗪，由于两个氯原子的强吸电子诱导效应，使均三嗪环上电子云密度最低，最易与杨木纤维发生反应，反应性最高；KN型活性基为β-硫酸酯基乙基砜基，反应性比一氯均三嗪要活泼得多；K型活性基为一氯均三嗪，均三嗪环空间阻碍较大，且受取代基亚氨基等供电子效应的影响，使其反应速率比亚乙基砜要低得多，反应性最低，因此活性染料的反应活性大小呈现M型（一氯均三嗪和亚乙基砜基）>X型（二氯均三嗪）>KN型（亚乙基砜基）>K型（一氯均三嗪）。

活性染料染色木材的上染率E值、固色率F值受活性染料活性基反应活性R值的影响最大，遵循M型>X型>KN型>K型的规律，其次受直接性S值的影响。8种活性红染料的E和F值比较：活性红BH-3BS>活性红M-3BE>活性红BD-5B>活性红EF-3B>活性红M-2B>活性红X-3B>活性红KN-3B>活性红K-3B；7种活性黄染料的E和F值比较：活性黄BH-3R>活性黄M-3RE>活性黄M-5G>活性黄EF-3R>活性黄X-R>活性黄KN-GR>活性黄K-6G；8种活性蓝染料的E和F值比较：活性蓝M-BE>活性蓝BD-G>活性蓝M-2GE>活性蓝EF-3G>活性蓝M-BR>活性蓝X-BR>活性蓝KN-R>活性蓝K-3R。在X、K、KN、M 4种类型活性染料中，直接性存在X型>K型>KN型>M型关系，而反应性存在M型>X型>KN型>K型。对于M型活性染料，固色时首先通过亚乙基砜基反应，而后通过一氯均三嗪反应，由于双活性基之间的协同效应，每种活性基的反应性都提高，虽然S值最小，但吸附到木材上的活性染料立即在碱的作用下发生固色反应，促进更多的染料吸附，大的反应性足以弥补小的直接性带来的负面效果，因而E、F值最大，且分子中的亚乙基砜基和一氯均三嗪存在互补性，解决了一氯均三嗪与纤维结合键耐酸稳定性差和亚乙基砜基与纤维结合键耐碱稳定性差的牢度问题。EF型活性染料中β-硫酸酯基乙基砜基（亚乙基砜基）与苯环上的氨基处在共轭系统的对位，因而降低了砜基的吸电子能力，使其活泼性降低，上染率、固色率比相应结构的活性染料低。X型活性染料反应性较高，直接性最高，直接性越高，会增加其在表面的吸附量，使其更容易向纤维内部扩散并反应固着，同时分子量小，染料能充分渗透到狭小的纤维内部微隙中进行固着，使 X 型活性染料的 E、F 仅次于 M 型活性染料。KN 型活性染料分子中的 β-硫酸酯基乙基砜基活性基（亲水性）在碱性条件下被转化为化学活性很强的乙烯砜基（疏水性），反应性比 K 型活性染料强得多，即使 S 值比 K 型的小，也使吸色大幅度加快，同时染料的反应性能强化，促使染料快速二次上染，因而 E、F 值比 K 型活性染料大，但 OH^- 使 KN 型活性染料的水解反应加剧，同时纤维素纤维与染料间形成的醚键（Cell-O-D）也不稳定，降低了染料的利用率，产生浮色。

2.1.3 活性染料上染杨木的上染速率和固色速率曲线

活性染料在杨木中的上染是依靠活性染料在杨木中的吸附、渗透实现的，由于每种活性染料与杨木纤维亲和力和反应性的不同，使得每种活性染料在杨木中的上染率和固色率不同，将每种活性染料的上染率和固色率随时间的关系分别绘制成上染速率曲线（图 2.3 所示）和固色速率曲线（图 2.4 所示）。

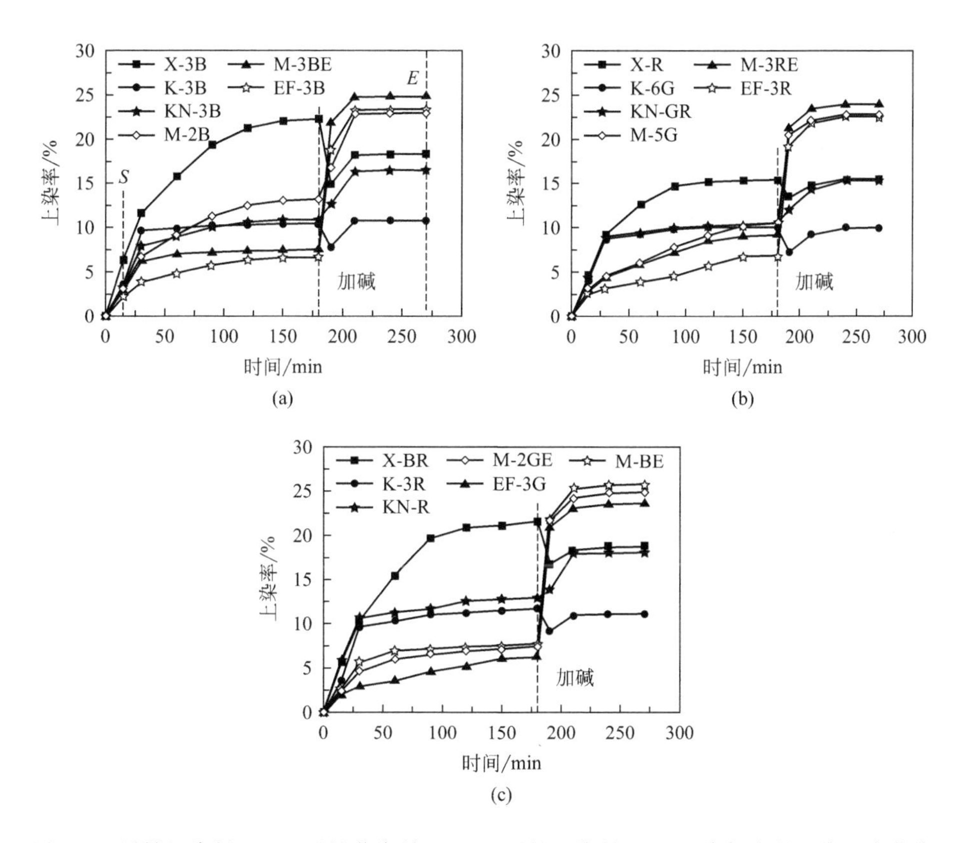

图 2.3 活性红染料（a）、活性黄染料（b）和活性蓝染料（c）上染杨木的上染速率曲线

由图 2.3 可知，所有类型活性染料在杨木中的上染率基本都在 25%以下。X 型和 K 型活性染料的上染率先随着时间的延长而增大，在加碱后 10min 内上染率立即降低，随后又增大；而 KN 型、M 型、EF 型活性染料的上染率都是随着时间的延长而增大。染色结束后，红色染料中活性红 M-3BE 的上染率最高，黄色染料中活性黄 M-3RE 的上染率最高，蓝色染料中活性蓝 M-BE 的上染率最高。这是因为 X 型和 K 型这两类染料分子中仅含均三嗪活性基，属盐控型染料，在元明粉作用下快速吸附，S 值较大，加入碱后，染浴体系的 pH 值增加，活性染料的吸附平衡被打破，染料在纤维上的解吸速率大于活性基与纤维的反应速率，使得上染率急剧下降；KN 型、M 型和 EF 型这 3 类活性染料分子中含有 β-硫酸酯基乙基砜基活性基，属碱控型染料，元明粉对染料的促染作用很弱，使得 S 值偏低，加碱后，β-硫酸酯基乙基砜基活性基转化为乙烯砜基，促染作用加剧，同时乙烯砜基的强吸电子能力使得它与纤维的反应加剧，从而上染率上升。

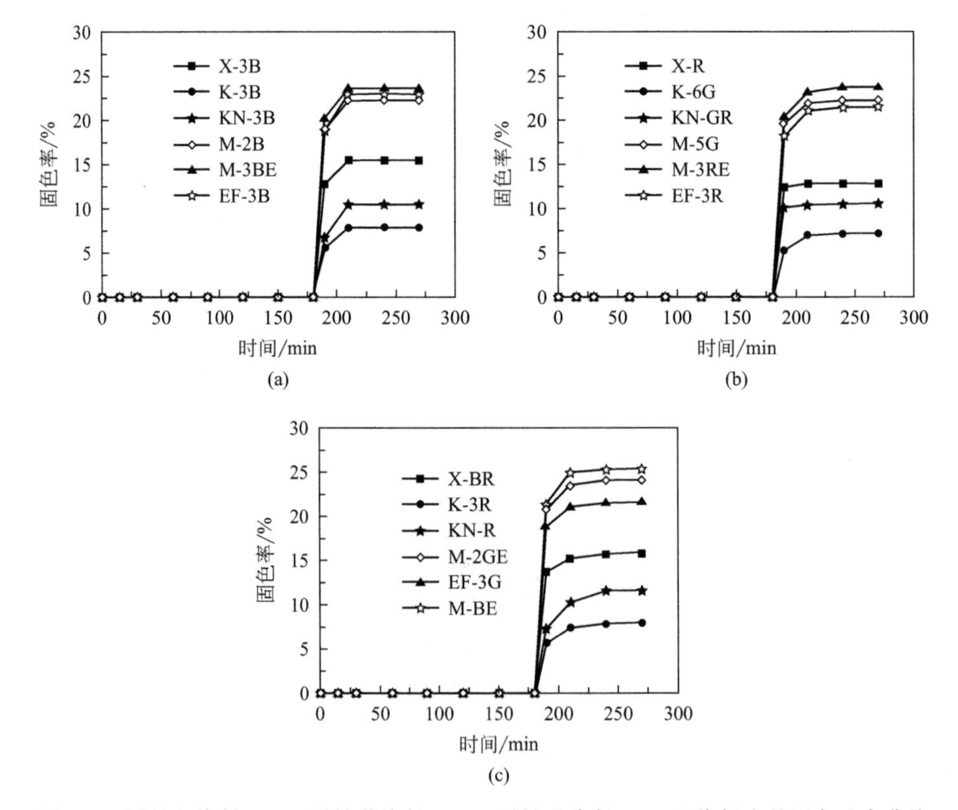

图 2.4　活性红染料（a）、活性黄染料（b）、活性蓝染料（c）上染杨木的固色速率曲线

从图 2.4 可知，所有类型活性染料在杨木中的固色率基本都在 25%以下，

且固色率都是随着时间的延长而增加，在固色 30min 后基本上反应完全，固色率保持不变；染色结束后，红色染料中活性红 M-3BE 的固色率最高，黄色染料中活性黄 M-3RE 的固色率最高，蓝色染料中活性蓝 M-BE 的固色率最高。

通过图 2.3 和图 2.4 活性染料半染时间 $t_{1/2}$（染色过程达到最终染色吸收平衡 C_∞一半所需的时间）的分析可知，所有活性染料的半染时间 18min<$t_{1/2}$<185min，由于染色过程包括吸色阶段和固色阶段，而吸色阶段时间 3h 并不是所有染料刚达到平衡的时间，因此 $t_{1/2}$并不能反映固色速率快慢，通过计算固色阶段的半染时间 $t_{1/2固}$（以吸色终点的浓度 $C_{吸终}$ 为起始浓度，固色平衡时的浓度 C_∞ 为终点浓度，浓度达到 $C_\infty - C_{吸终}$ 或 $C_{吸终} - C_\infty$ 的一半所需的时间），可得 4.8min<$t_{1/2固}$<16min，说明各种活性染料在杨木中的固色速率都较快，容易引起染色不均的现象。从图 2.3 和图 2.4 可知，活性染料的上染率和固色率遵循 M 型>X 型>KN 型>K 型的规律。

2.1.4 活性染料在木材中的应用特性

选用的 23 种活性染料中，3 种 X 型活性染料的 S 值较大，通过控制固色条件可提高 R、E 和 F 值，可用于木材染色；3 种 K 型活性染料的 S 值虽高，但 R、E、F 值太低，不适合木材染色；14 种 M 型活性染料（包括 B 型和 EF 型）的 R、E 和 F 值较大，可用于木材染色，为了达到匀染的效果，需要提高 M 型活性染料与木材的亲和力，改善木材的内部结构，同时需控制固色时的固色条件，防止固色过快引起染色不均；KN 型活性染料的 S 值较大，R、E、F 值适中，但在染色过程中会产生大量的浮色，不适合木材染色。

将适合木材染色的 X 型和 M 型活性染料对木材进行竭染染色，其染色固色条件列于表 2.3。从表 2.3 可知，X 型活性染料适用于木材低温竭染，上染率最大达到 25.36%，固色率最大达到 22.15%；M 型活性染料适用于木材中温竭染，上染率最大达到 34.58%，固色率最大达到 31.47%。

表 2.3 适合木材染色活性染料的应用特性

活性染料类型	染色温度/℃	固色温度/℃	固色 pH 值	上染率/%	固色率/%
X 型活性染料	20～50	40～50	8～10	15.51～25.36	12.82～22.15
M 型活性染料	60～90	60～80	9～10	22.14～34.58	21.37～31.47

综上所述，木材染色用活性染料数据库中包含了 23 种活性染料的结构式、UV-Vis 吸收光谱、染色特性参数、上染率和固色率曲线以及应用特性。

2.2 活性染料混合拼染对木材匀染性的影响

将红、蓝两基色不同活性染料按等质量复配成混合染液，对木材进行竭染染色，考察混合拼染对木材匀染性的影响，结果如表 2.4 所示。

表 2.4　红蓝染料混拼染色杨木的染色效果

序号	复配混拼的活性染料	上染率差值/%	匀染效果（木材上有无红蓝相间的颜色）
1	活性红 X-3B+活性蓝 BD-G	7.44	有
2	活性红 M-3BE+活性蓝 M-2GE	0.04	无
3	活性红 M-2B+活性蓝 BD-G	2.82	无
4	活性红 M-3BE+活性蓝 EF-3G	1.28	无
5	活性红 KN-3B+活性蓝 BD-G	8.28	有
6	活性红 X-3B+活性蓝 EF-3G	5.22	有
7	活性红 M-2B+活性蓝 EF-3G	0.60	无
8	活性红 EF-3B+活性蓝 BD-G	2.42	无
9	活性红 M-3BE+活性蓝 BD-G	0.94	无
10	活性红 X-3B+活性蓝 KN-R	0.32	无
11	活性红 X-3B+活性蓝 M-2GE	6.52	有
12	活性红 M-3BE+活性蓝 KN-R	6.82	有
13	活性红 EF-3B+活性蓝 M-2GE	1.52	无

从表 2.4 可知，同种类型的活性染料（如红、蓝基色都是 M 型）对木材染色的上染率差值很小，木材上无红蓝相间的颜色，匀染性好；不同类型的活性染料对木材染色的上染率差值大于 5.22%时，染色木材呈现红蓝相间的颜色，匀染性差，即活性染料混合拼染时，需选用上染率差值小于 5.22%的不同类型染料，才能达到较好的匀染效果。不同类型染料混染得到不同颜色的染色木材如图 2.5 所示，图 2.5 中从左至右显示的颜色依次为深紫色、浅紫色、绿色、深蓝色、黄色、红色。

将上述 13 种混合染料配制成 0.05%的染液，从混合染液的 UV-Vis 吸收光谱图（图 2.6 所示）可发现，在可见光区如果只有 1 个吸收峰，染色后不会出现红蓝相间的颜色，染料对木材的匀染性好；如果出现双峰，则染色木材容易呈现

图 2.5 不同颜色的染色木材

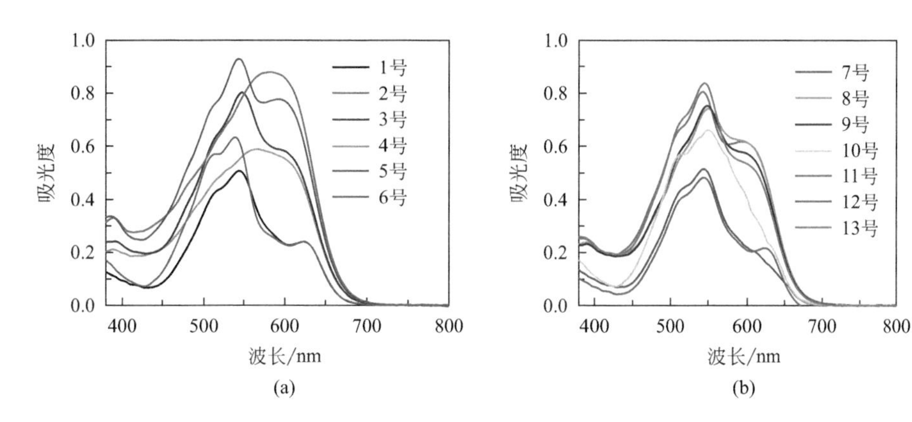

图 2.6 1 号～6 号（a）和 7 号～12 号（b）混合染液的 UV-Vis 吸收光谱

红蓝相间的颜色，匀染性差，因此，混合拼染时应选择 UV-Vis 吸收光谱在可见光区域只有 1 个吸收峰的混合染液。

综上所述，只有当多种染料的可见光谱具有 1 个吸收峰或其上染率差值<5.22%时，混合拼染才具有良好的配伍性。

参 考 文 献

[1] 李春生，王金林，王志同，等．杨木单板染色染料上染率研究 [J]. 中国人造板，2006（11）：9-13.

[2] 陈荣圻．再论染料工业如何由大做强 [J]. 染料与染色，2019，56（1）：12-22.

[3] 房宽峻，王建庆．染料应用手册 [M]. 2 版．北京：中国纺织出版社，2013.

[4] 喻胜飞，刘元，李贤军，等．活性蓝染料结构与杨木单板染色性能的关系 [J]. 中南林业科技大学学报，2015，35（2）：96-99，108.

[5] 陈跃文，吴祖望，胡旭灿，等．红色复合多活性基活性染料的结构与性能关系研究——染色特性参数 [J]. 染料与染色，2004，41（2）：97-101.

[6] 袁玉，韩振邦，姚金波．两种乙烯砜型活性染料对黏胶纤维染色研究 [J]. 针织工业，2016（5）：55-57.

[7] 王专．环境友好深色活性染料的设计、合成及性能研究 [D]. 大连：大连理工大学，2009.

第3章

木材染色前预处理技术

木材活性染料染色是活性染料溶液在木材表面润湿、扩散、吸附及染液向木材内部渗透并着色的过程，其中活性染料分子在木材中的移动和渗透非常重要，特别是对实木深度染色尤为重要。木材尺寸大，染色深度厚，渗透性是影响木材染色效果的重要因素，因此染料在木材中的渗透性就成了影响染色的重要因素，特别对木材内部染色的影响更大，渗透性越好，上染率越高。活性染料溶液从木材端面向木材内部渗透的主要路径是木材内的细胞壁毛细管系统（大毛细管和微毛细管）和纹孔系统。细胞壁中抽提物的含量与分布影响染液的渗透性。纹孔特别是具缘纹孔有纹孔塞，在木材生长过程中容易堵住纹孔口，发生闭塞，使染液在木材中的径向和弦向渗透能力很差，导致上染率偏低，染色不均匀，木材直接染色常会出现“染不透”“染不均”等现象，上染率一般都很低（$<25\%$），因此改善木材渗透性是解决木材染色效果不佳的关键之一。染色前对木材进行预处理，打通木材的渗透通道和纹孔结构，减少抽提物含量，改善木材的渗透性，从而使染色效果更佳。目前，木材活性染料染色前预处理技术有物理法、化学法和生物法。本书以速生材杨木为研究对象，系统地研究了水蒸气爆破、微波、超临界 CO_2 流体等物理预处理方法和 NaOH、H_2O_2 化学预处理方法以及果胶酶生物预处理方法的预处理工艺对实体木材染色效果的影响规律，获得了预处理的优化工艺，揭示了预处理改善木材染色性能的机理。

3.1 物理预处理方法对木材染色效果的影响

物理预处理方法具有效率高、效果好、无后续污染等优点，最为常见的方法

是超临界 CO_2 流体预处理、蒸汽爆破预处理、微波预处理，通过上述预处理可以有效地破坏木材纹孔膜、射线薄壁细胞等微观构造。目前已有相关研究探索了上述预处理方法在木材单板改性中的应用，但用于实木木材及活性染料染色的试验还较少，关于三种预处理方法效果的比较更为罕见。本书利用超临界萃取装置、蒸汽爆破试验台、高强微波预处理设备对杨木木材进行预处理，探讨了水蒸气爆破、超临界 CO_2 流体、微波这三种物理预处理方法对木材染色性能的影响，优化了微波预处理工艺，揭示了微波预处理改善染料在木材中渗透性的原因。

3.1.1 水蒸气爆破预处理技术

（1）试件制备

将尺寸为 2000mm×120mm×30mm（长×宽×厚）的人工林 I-69 新鲜杨木锯材按图 3.1 所示的方法加工成 310mm×110mm×30mm 四面光试件，再加工成 50mm×20mm×5mm 的四面光试件，干燥至含水率约为 10%。

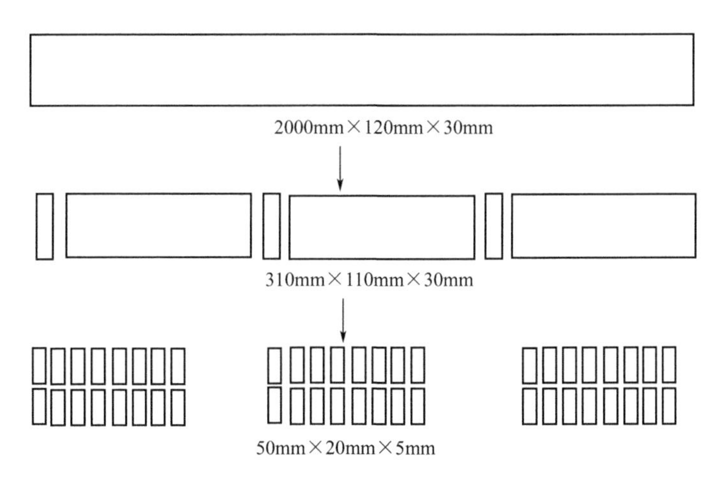

图 3.1 试样锯解示意图

（2）水蒸气爆破木材的方法

将试件置于 QBS-80 蒸汽爆破试验台的蒸汽爆破腔中；开启蒸汽发生器，设置蒸汽压力，将蒸汽通入爆破腔；在所需压力下维持 120s 后，瞬间点爆，释放压力。实验中考察的变量为爆破压力和每分钟的爆破次数。

（3）木材染色方法

蒸汽爆破处理后的试件置于染缸中，加入浓度 0.5%、浴比 1∶20（木材与染液质量比）的活性红 M-3BE 染液和 40g/L 促染剂 Na_2SO_4（元明粉），将染缸放入恒温水浴锅中加热至 80℃，染色 3h 后，再加入 20g/L 固色剂 Na_2CO_3（纯碱）固色0.5h，取出试件，再置于含有1g/L LR-2皂洗剂、浴比1∶40的皂洗液中90～95℃下皂洗0.5h（染色过程如图3.2所示），试件水洗、40℃干燥24h，得到染色杨木。收集染色残液、水洗液和皂洗残液，按式(2.1)和式(2.2)计算上染率和固色率。

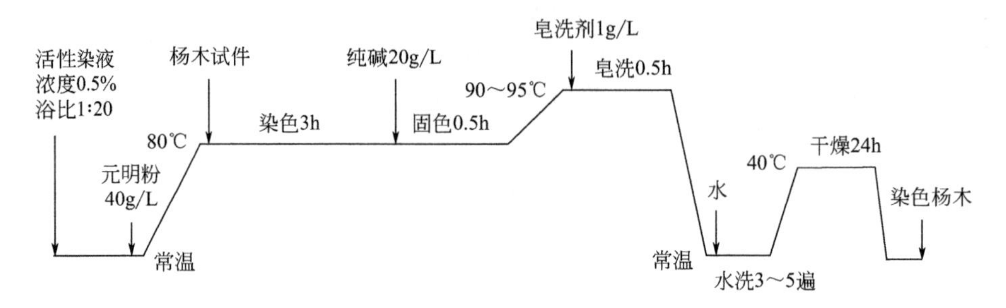

图3.2　木材活性染料染色过程示意图

（4）爆破压力对活性染料上染杨木上染率和固色率的影响

当杨木试件固定爆破次数6次时，考察0.2MPa、0.4MPa、0.6MPa、0.8MPa四个不同蒸汽爆破压力对杨木活性染料上染率和固色率的影响，每个实验压力重复爆破三次，测试结果取其平均值，结果如图3.3所示，对照组为未处理杨木试件染色结果。

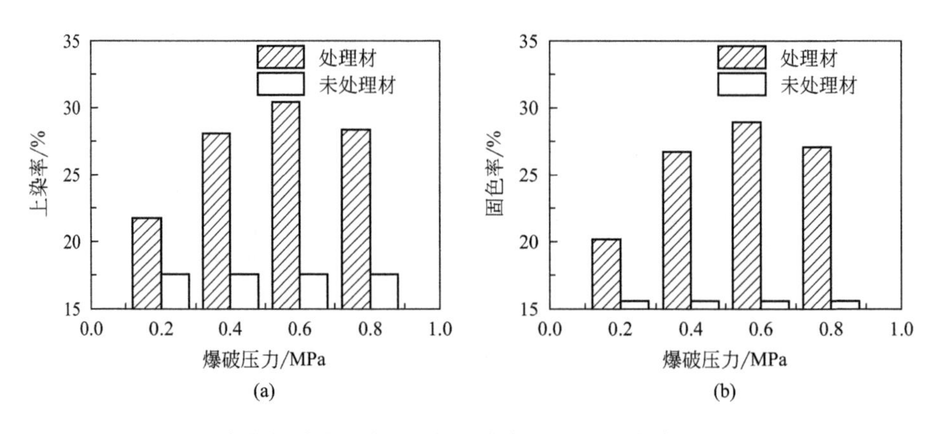

图3.3　水蒸气爆破压力对木材上染率（a）和固色率（b）的影响

由图3.3可以看出，爆破压力在0.2～0.8MPa范围内，上染率及固色率均随爆破压力的增加呈现先增加后降低的趋势，爆破压力0.6MPa时，处理材的上染率及固色率达到最大，分别为30.42%和28.95%，比未处理材17.60%的上染率和15.60%的固色率分别提高了72.84%和85.58%。这是因为蒸汽爆破压力（爆破罐内部的压力）决定了泄压时内外压力差的大小，从而影响了木材中水蒸气对木材内部冲击破坏的效果。随着爆破压力的增大，泄压时，木材内部及外表面的压力差也增大，木材中水蒸气对木材内部染液渗透通道的冲击力也就越大，木材的染色效果也就越好[1]。而当爆破压力继续增大时，木材中水蒸气的冲击力对木材的破坏较为严重，使得上染率及固色率反而下降，且当爆破压力增至 0.8MPa 后，杨木试件碎裂严重，因此较优爆破压力为 0.6MPa。

（5）爆破次数对活性染料上染杨木上染率和固色率的影响

当杨木试件固定爆破压力 0.6MPa 时，考察每分钟爆破 2 次、4 次、6 次、8 次四个不同蒸汽爆破次数对杨木活性染料上染率和固色率的影响，每个实验重复三次，测试结果取其平均值，结果如图 3.4 所示，对照组为未处理杨木试件染色结果。

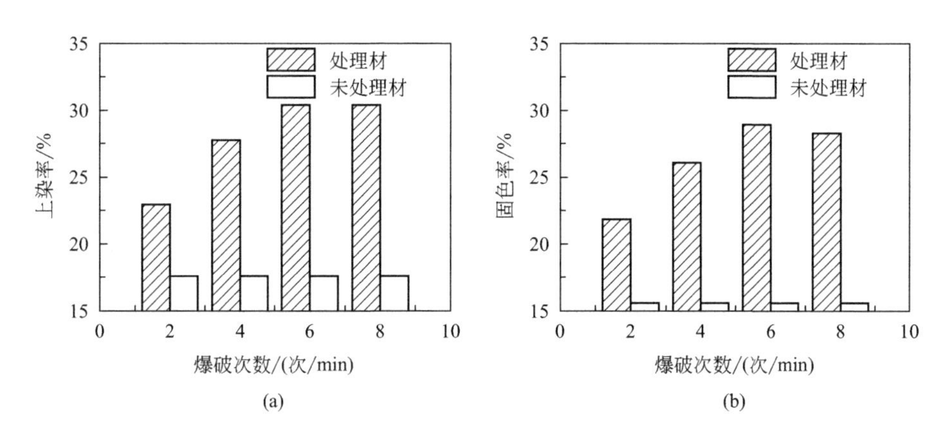

图 3.4　水蒸气爆破次数对木材上染率（a）和固色率（b）的影响

从图 3.4 可知，活性染料上染杨木的上染率、固色率随爆破次数的增加逐渐增大，当爆破次数达到 6 次/min 时，上染率和固色率分别达到 30.42% 和 28.95%，与未处理试件上染率 17.60%、固色率 15.60% 相比，分别提高了 72.84% 和 85.58%；当爆破次数继续增加至 8 次/min 时，杨木试件染色效果变化不明显。通过蒸汽爆破预处理来改善杨木的活性染料染色效果，主要是利用木材中的水蒸气在泄压时，通过木材内部及外表面的压力差对木材形成冲击力，对木材内部微观构造造成破坏，增加染液渗透通道。多次爆破处理也就意味着对纹孔膜等木材内部薄弱位置形成多次冲击，所能增加的染液渗透通道也就随着爆破次数的增加而增多。而当杨木试件经过 6 次左右的爆破处理后，木材含水率已经非常低，所能形成的冲击力也就较小，再加上杨木试件供水蒸气排出的通道已经增多，所以，再增加爆破次数，对杨木的染色效果的改善也就不明显了。因此，蒸汽爆破次数选择 6 次/min。

（6）多元回归分析

以上染率为因变量，蒸汽爆破压力、蒸汽爆破次数为自变量进行多元回归分析，其中以 0.01 为特别显著水平，0.05 为显著水平，0.1 为较显著水平，方差分析结果如表 3.1 所示，回归分析结果如表 3.2 所示。

表 3.1　蒸汽爆破处理方差分析结果

模型	平方和	自由度	均方	F	F 临界值
回归	55.60194	2	27.80097	5.635881636	0.052340572
残差	24.66426	5	4.932852		
总计	80.26620	7			

表 3.2　蒸汽爆破处理回归分析结果

项目	系数	标准误差	t 统计量	P 值
常量	14.546	3.941888	3.69011	0.014144
爆破压力	11.765	4.754882	2.474299	0.056233
爆破次数	1.1815	0.475488	2.484814	0.055513

通过计算可知，调整后 R^2 的判定系数为 0.569806917，拟合度较高，不被解释的变量较少。由表 3.1 可知，回归方程显著水平下的 F 临界值为 0.052340572，小于 0.1，说明蒸汽爆破压力、蒸汽爆破次数不同时为 0 时，被解释变量与解释变量全体的线性关系是较显著的，可建立线性方程。观察表 3.2 中 P 值，发现所有变量 P 值均小于较显著性水平，这些变量均可保留在方程中。通过计算，可得出上染率与爆破压力、爆破次数之间的回归方程如式(3.1)所示。

$$y=14.546+11.765x_1+1.1815x_2 \tag{3.1}$$

式中，y 为上染率；x_1 为爆破压力；x_2 为爆破次数。

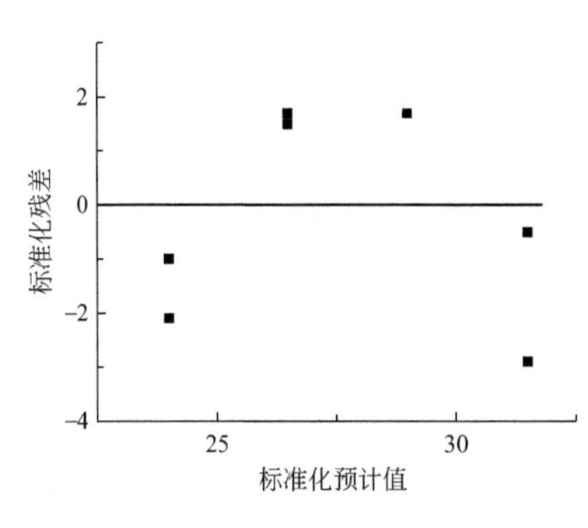

图 3.5　蒸汽爆破处理残差图

作残差图如图 3.5 所示。由图 3.5 可知，残差的绝对数值比较小，残差点都在以 0 为横轴的直线上下随机散布，回归的标准化残差随因变量 y 的变化并没有明显的规律性分布，说明选用的模型比较合适。

综上所述，新鲜杨木锯材在水蒸气爆破压力 0.6MPa、爆破 6 次/min 后染色，上染率和固色率分别为 30.42%和 28.95%，上染率 y 与爆破压力 x_1、爆破次数 x_2 之间的回归方程为：

$$y=14.546+11.765x_1+1.1815x_2$$

3.1.2 超临界流体预处理技术

按照3.1.1节（1）中木材试件制作的方法将尺寸为2000mm×120mm×30mm（长×宽×厚）的人工林I-69新鲜杨木锯材、桉木锯材按图3.1所示的方法加工成50mm×20mm×5mm的四面光试件，干燥至含水率为10%，置于HA121-50-01超临界CO_2萃取缸中；将温度为35～50℃、流量为20L/h的CO_2流体通入萃取缸中，至萃取缸内压力为5～30MPa，进行超临界CO_2流体萃取20～60min。萃取完成后以10MPa/min的速度快速泄压，降温回收CO_2试剂，并将木材取出，经清洗、烘干后得到预处理木材。将超临界CO_2处理后的木材试件置于染缸中，按照3.1.1节中的染色方法进行染色（如图3.2所示）。收集染色残液、水洗液和皂洗残液，按式(2.1)和式(2.2)计算上染率和固色率。实验中采用单因素实验法，分别分析处理压力、处理温度、处理时间、木材含水率、夹带剂5个因素对杨木、桉木上染率和固色率的影响，每个处理因素重复三次实验，结果取平均值，对照组为未处理木材试件染色结果。

（1）超临界CO_2处理压力对活性染料上染杨木上染率和固色率的影响

在处理温度35℃、处理时间30min的实验条件下，考察5MPa、10MPa、15MPa、20MPa、25MPa、30MPa 6个处理压力对杨木上染率和固色率的影响，结果如图3.6所示。从图3.6中可以看出，与未处理材相比，经过超临界CO_2处理后的杨木活性染料染色上染率及固色率均得到提高，且都随超临界CO_2处理压力的增加逐渐增大，由22.13%、20.93%提高至25.26%、23.91%，当压力达到15MPa后，上染率和固色率几乎不再变化，因此处理压力15MPa为较优压力。在加压-泄压的过程中，木材内外的压力差不停变化，容易打通流体在木材内渗透的通道——毛细管系统和纹孔膜[2]。因此，随着处理压力的增大，杨

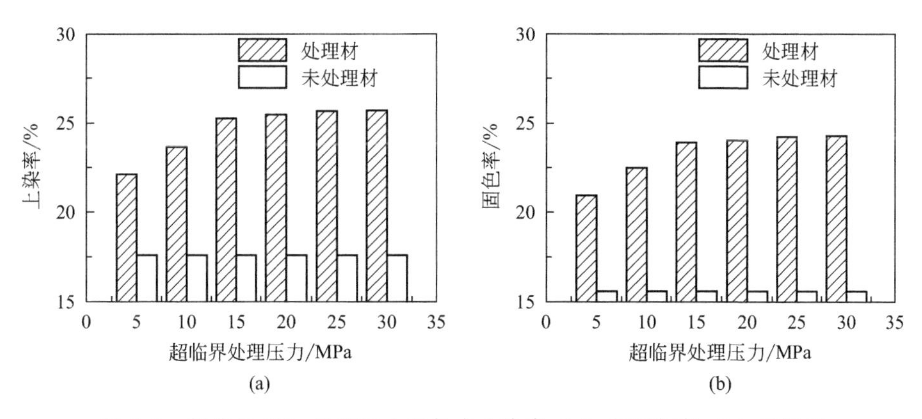

图3.6 超临界CO_2处理压力对杨木上染率（a）和固色率（b）的影响

木内部供染色渗透的通道也就越多，其最终染色效果也就越好。

（2）超临界 CO_2 处理温度对活性染料上染杨木上染率和固色率的影响

在处理压力为 15MPa、处理时间 30min 的实验条件下，考察 35℃、40℃、45℃、50℃处理温度对杨木上染率和固色率的影响，结果如图 3.7 所示。

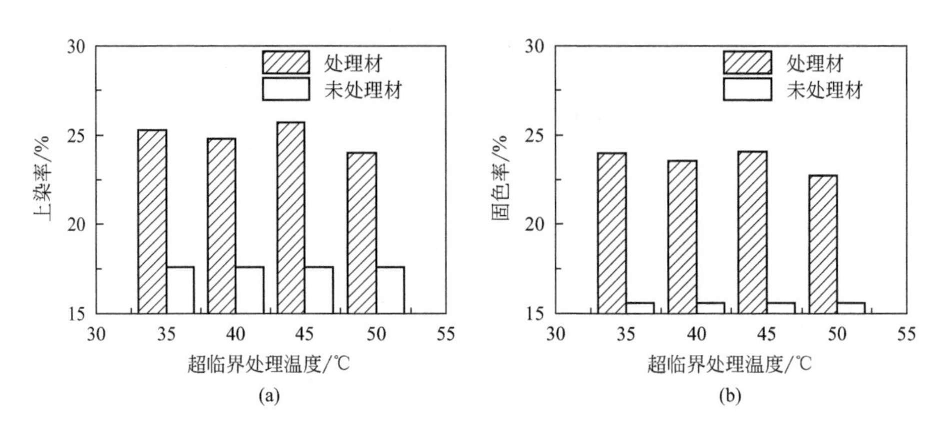

图 3.7 超临界 CO_2 处理温度对杨木上染率（a）和固色率（b）的影响

从图 3.7 中可以看出，与未处理材相比，经过超临界 CO_2 处理后的杨木活性染料染色上染率及固色率均得到提高，但不同处理温度下杨木的活性染料染色效果变化较小，在 35～50℃温度范围内呈现无规律的波动，说明超临界 CO_2 流体处理时，温度的变化对木材的浸注性改变不明显，杨木的上染率和固色率差异不大，同时温度较低时能耗较小，且超过超临界 CO_2 的临界温度 32℃，因此超临界 CO_2 流体处理温度选择 35℃。

（3）超临界 CO_2 处理时间对活性染料上染杨木上染率和固色率的影响

在处理压力 15MPa、处理温度 35℃ 的实验条件下，考察 20min、30min、40min、50min、60min 5 个处理时间对杨木上染率和固色率的影响，结果如图 3.8 所示。

从图 3.8 可知，与未处理材相比，经过超临界 CO_2 处理后的杨木活性染料染色上染率及固色率均得到提高，且随着超临界 CO_2 流体处理时间从 20min 延长至 30min，上染率和固色率分别从 23.79%、22.41% 提高到 25.26%、23.91%，但当超临界 CO_2 流体处理时间超过 30min 后，随着处理时间的延长，上染率和固色率几乎不再变化。这是因为超临界 CO_2 流体是一种非极性流体介质，它具有能溶解非极性、弱极性物质的液体性质，同时超临界 CO_2 流体的极性较低，对木材中极性较强的抽提物溶解能力很低，且杨木木材的抽提物含量较少，在处理 30min 左右，其内部的绝大部分抽提物可能已经被萃取出来，此时再延长处理时间，对杨木渗透性的改变已经很小了。所以随着处理时间的延长，

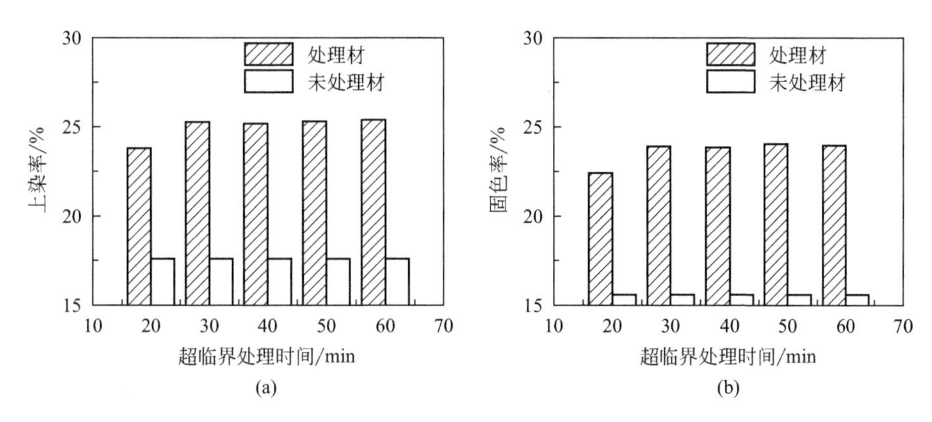

图 3.8 超临界 CO_2 处理时间对杨木上染率（a）和固色率（b）的影响

对杨木染色效果的改变也就不显著了。因此超临界 CO_2 流体较优处理时间为 30min。

（4）超临界 CO_2 处理前木材初含水率对活性染料上染杨木、桉木上染率和固色率的影响

将木材试件的初含水率调节至 10%～100%，在上述超临界 CO_2 流体处理优选条件下：处理压力 15MPa、处理温度 35℃、处理时间 30min，考察预处理时木材初含水率对活性染料上染杨木、桉木的上染率和固色率的影响，结果如图 3.9 所示。从图 3.9 可知，活性染料上染杨木、桉木的上染率和固色率随着超临界 CO_2 处理前木材初含水率的增加而增加，当杨木初含水率增加至 80%以后，上染率和固色率不再增加；当桉木初含水率增加至 90%以后，上染率和固色率不再增加。这是因为木材初含水率调高以后，木材才能很好润胀，在压力作用下，打通流体在木材中流通的通道——毛细管系统和纹孔系统，便于染料在预处理木材中流动，从而提高上染率和固色率，因此超临界 CO_2 流体处理前，杨木

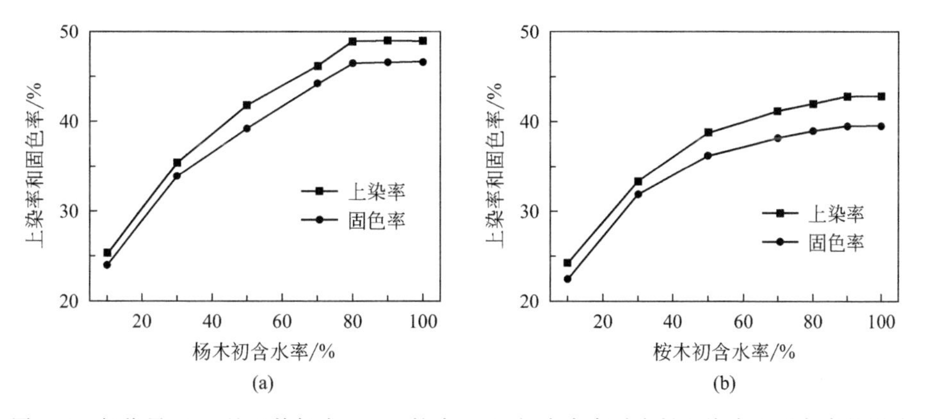

图 3.9 超临界 CO_2 处理前杨木（a）、桉木（b）初含水率对木材上染率和固色率的影响

试件的初含水率调至80%，桉木试件的初含水率调至90%。

(5) 超临界CO_2处理夹带剂对活性染料上染杨木、桉木上染率和固色率的影响

在上述优化条件下，将丙酮、乙醇或N,N-二甲基十六烷基胺按一定比例混合后的夹带剂溶液装入夹带剂罐中，以15mL/min的流量通入萃取缸，分别考察夹带剂对杨木和桉木上染率和固色率的影响，结果如图3.10所示，其中1号全部由乙醇组成，2号全部由丙酮组成，3号全部由N,N-二甲基十六烷基胺组成，4号由丙酮和乙醇组成（$V_{丙酮}:V_{乙醇}=50:50$），5号～8号溶液是丙酮、乙醇和N,N-二甲基十六烷基胺按不同体积比例组成，丙酮：乙醇：N,N-二甲基十六烷基胺的体积比分别为40：55：5、60：35：5、60：32：8、60：30：10。

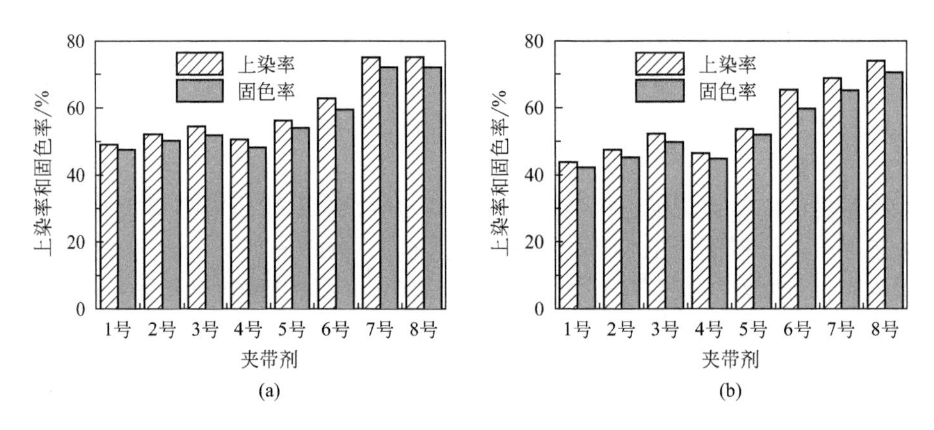

图3.10 夹带剂对杨木（a）、桉木（b）上染率和固色率的影响

由图3.10中1号、2号、3号夹带剂的对比分析可知，丙酮、乙醇和N,N-二甲基十六烷基胺这三种试剂对上染率和固色率的影响大小为：乙醇<丙酮<N,N-二甲基十六烷基胺。这是因为超临界CO_2流体萃取法应用到木材抽提物萃取中，目的是利用超临界CO_2流体的低黏度、高扩散系数和良好的溶解性，而由于木材中抽提物种类较多，既含有醇、酮、酯、酸、酚、烯烃等极性物质，还含有烷烃等非极性或弱极性物质，为提高超临界CO_2非极性流体的极性，目前的做法是在超临界CO_2流体中增加夹带剂，以提取木材中更多的抽提物，即上染率提高的程度很大程度上取决于超临界CO_2流体中夹带剂对木材内抽提物的溶解能力[3]。乙醇具有极强的极性，对木材内抽提物中的极性物质具有良好的溶解性及选择性，但对烷烃等非极性或弱极性物质的溶解能力较差，同时整个体系呈酸性，不能去除抽提物中的酸性物质，使得预处理效果不理想；丙酮是中等极性的夹带剂，对极性和非极性物质都有较好的溶解能力，但还不能极大地提

高超临界 CO_2 的极性，不能有效溶解出木材内所有抽提物；N,N-二甲基十六烷基胺是一种阳离子型表面活性剂，属于 Lewis 碱，能和超临界 CO_2 流体溶解的酸性抽提物发生反应，但也不能极大地提高超临界 CO_2 的极性，上染率和固色率提高不显著。

丙酮、乙醇和 N,N-二甲基十六烷基胺之间的体积比不同，使夹带剂的极性及 pH 值不同，溶解和去除纹孔中抽提物的能力不同，打开的纹孔孔径不同，因而染液在木材纹孔中渗透和扩散性不同，导致出现不同的上染率和固色率。4 号是含有一半丙酮和一半乙醇的混合夹带剂，上染率和固色率只比 1 号夹带剂稍高一点，比 2 号和 3 号都低，也就是丙酮和乙醇的混合试剂并不能改变超临界 CO_2 的极性，不能改善木材的上染率和固色率。5 号和 6 号都含有 5%的 N,N-二甲基十六烷基胺，但丙酮和乙醇的比例不一样，5 号丙酮的含量低于乙醇，而 6 号丙酮的含量高于乙醇，从图 3.10 的结果可知，丙酮含量高于乙醇的混合夹带剂效果更好，因此在确定 60%丙酮含量的基础上，调节乙醇和 N,N-二甲基十六烷基胺的含量，从 6 号到 8 号，N,N-二甲基十六烷基胺的含量逐渐提高，杨木和桉木的上染率和固色率随之提高，杨木的上染率和固色率在 60∶32∶8（7 号）混合夹带剂中达到最大，其后不再随 N,N-二甲基十六烷基胺含量的提高而增加，杨木最大的上染率达到 75%，固色率达到 72%，与不加夹带剂时的上染率 48%和固色率 44%相比，分别要提高 56%和 64%；桉木的上染率和固色率在 60∶30∶10（8 号）混合夹带剂中达到最大，桉木最大的上染率达到 74.2%，固色率达到 70.4%，与不加夹带剂时的上染率 42%和固色率 38%相比，分别要提高 77%和 85%。这是因为在超临界装置内木材已经在水中溶胀，本身携带水，在超临界 CO_2-H_2O-乙醇-丙酮四元溶剂体系中，既有极性夹带剂分子与极性抽提物分子的极性力、氢键或其他化学力的相互作用，又有非极性夹带剂与非极性抽提物分子之间的范德华力等相互作用，同时夹带剂中的叔胺等 Lewis 碱能和抽提物中的酸性物质反应。因此混合夹带剂不仅能明显提高超临界 CO_2 的极性，对木材中的不同抽提物都具有良好的溶解性和选择性，还能通过反应去除抽提物中的酸性物质，这几种作用综合的结果使木材内抽提物溶解于超临界 CO_2 流体中较彻底，同时通过快速泄压，利用压力的波动进一步打通毛细管系统和纹孔系统，把溶解的抽提物快速带出，使木材毛细管系统和纹孔系统变得畅通，活性染料在木材内的上染率和固色率大幅提高。

综上所述，初含水率 80%的杨木或 90%的桉木在超临界 CO_2 流体温度 35℃、压力 15MPa、夹带剂丙酮∶乙醇∶N,N-二甲基十六烷基胺的体积比 60∶32∶8（杨木）或 60∶30∶10（桉木）中预处理 30min 后染色，上染率和固色率分别为：杨木 75%和 72%、桉木 74.2%和 70.4%。

3.1.3 微波预处理技术

按照 3.1.1 节中木材试件制作的方法将人工林 I-69 新鲜杨木锯材按图 3.1 所示的方法加工成 50mm×20mm×5mm 的四面光试件，将试件含水率调节至指定值，用双组分防水耐高温环氧树脂及铝箔纸封闭试件端面，放入自封袋中固化 24h，置于 MDF-N40 高强微波预处理设备中，进行微波预处理。将微波预处理后的木材试件置于染缸中，按照 3.1.1 节中的染色方法进行染色（如图 3.2 所示）。收集染色残液、水洗液和皂洗残液，按式(2.1) 和式(2.2) 计算上染率和固色率。实验中采用单因素实验法，分别分析木材初含水率、微波辐射时间（以木材经过 1m 长谐振腔的总时间计）、微波辐射功率三个因素对杨木上染率和固色率的影响，每个处理因素重复三次实验，结果取平均值，对照组为未处理杨木试件染色结果。

(1) 微波预处理前木材初含水率对活性染料上染杨木上染率和固色率的影响

固定微波辐射时间 60s、辐射功率 12kW，比较微波预处理前木材初含水率分别为 25%、45%、65%、85%、100%时对活性染料上染杨木的上染率和固色率，结果如图 3.11 所示，对照组为未处理杨木试件染色结果。

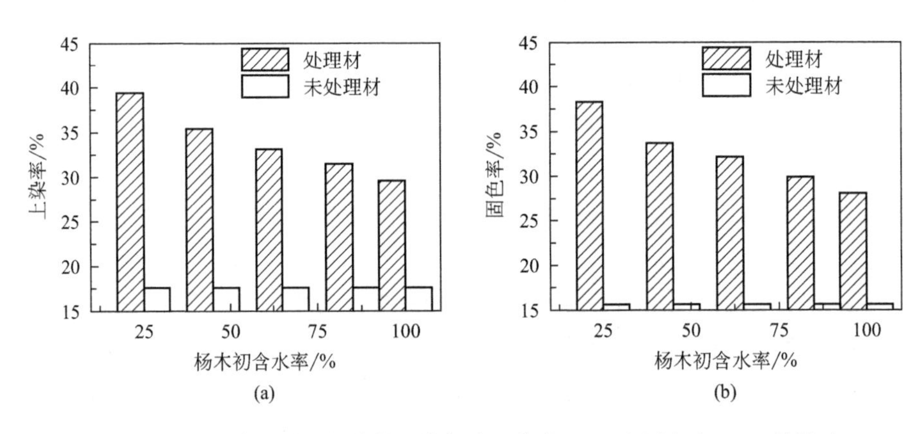

图 3.11 初含水率对活性染料上染杨木上染率 (a) 和固色率 (b) 的影响

从图 3.11 可知，木材初含水率由 25%上升至 100%时，上染率由 39.44%降低到 29.58%，固色率由 38.31%降至 28.03%，即杨木的活性染料上染率和固色率随木材初含水率的增加而变小。这是因为当木材含水率较低时，水分全部蒸发所需的热量较少，能在很短时间内形成大量水蒸气，对木材内部产生有效的冲击[4]。而当木材含水率较高时，在微波处理过程中水分汽化所吸收的热量较多，可能仅有部分水分汽化形成蒸汽，不能对木材薄弱部位产生有效的冲击。由于当木材初含水率过低时，微波辐射处理会对仪器造成损坏，所以未在实验中加入含水率更低的试件，但从理论上分析，当木材中含水率过低时，水分完全蒸发时所产生的水蒸气也较少，不能很好地改善木材的渗透性。在木材含水率接近纤维饱和点时，微波处理对其渗透性的改善效果最佳，其活性染料染色效果也较优，因此最优木材初含水率为 25%。

（2）微波辐射时间对活性染料上染杨木上染率和固色率的影响

固定木材初含水率 25%、辐射功率 12kW，比较微波辐射时间分别为 30s、45s、60s、75s、90s 时对活性染料上染杨木的上染率和固色率，结果如图 3.12 所示。从图 3.12 中可以看出，活性染料上染杨木的上染率和固色率随微波辐射时间的延长而增大，辐射时间 90s 时，上染率和固色率达到 38.85% 和 37.06%，与未处理木材的上染率 17.6% 和固色率 15.6% 相比，分别提高了 120.74% 和 137.56%。这是因为木材中水分汽化所需能量由微波辐射提供，微波辐射时间越长，单位体积的杨木获得的微波能量越多，木材中水分汽化越充分，形成的蒸气压越大，对木材微观结构破坏越多[5]，可供染液渗透的通道也更充足，从而使得杨木活性染料上染率和固色率得到提升，但微波时间继续延长，则木材试件表面容易出现裂缝等，因此微波辐射时间 90s 为宜。

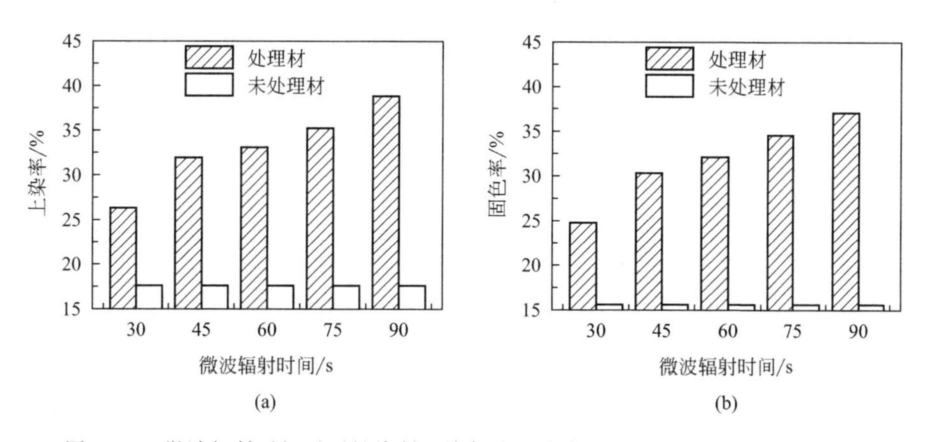

图 3.12 微波辐射时间对活性染料上染杨木上染率（a）和固色率（b）的影响

（3）微波辐射功率对活性染料上染杨木上染率和固色率的影响

固定木材初含水率 25%、辐射时间 90s，比较微波辐射功率分别为 6kW、9kW、12kW、15kW、18kW 时活性染料上染杨木的上染率和固色率，结果如图 3.13 所示。

从图 3.13 中可以看出，活性染料上染杨木的上染率和固色率随微波辐射功率的增大而增加，当辐射功率达到 18kW 时，上染率和固色率最大为 39.2% 和 37.2%，与未处理木材的上染率 17.6% 和固色率 15.6% 相比，分别提高了

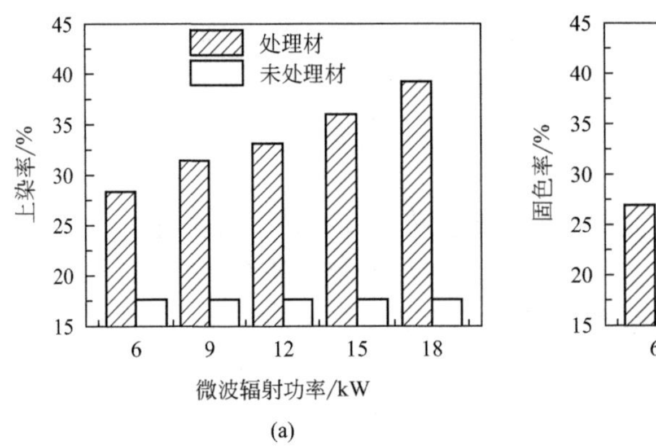

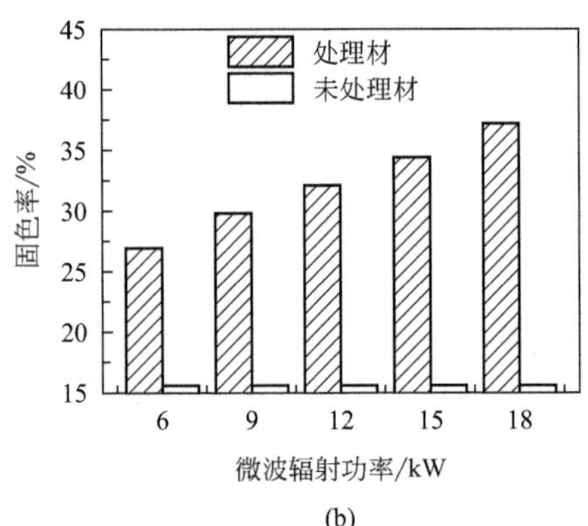

图 3.13 微波辐射功率对活性染料上染杨木上染率（a）和固色率（b）的影响

122.73%和 138.46%。这是因为微波辐射功率的大小，决定了单位时间所能提供热量的多少，也就决定了木材中水分汽化的速度。微波辐射功率越大，木材中水分汽化速度越快，单位时间内产生的蒸汽越多，形成的蒸气压越大，对木材中的细胞壁、管孔、纹孔等的作用越显著，产生更多的微观孔隙，染液的渗透量也就随之增大[6]，从而提高木材活性染料上染率。但当辐射功率为 18kW 时，木材已经产生翘曲，表面出现裂缝，因此，微波辐射功率宜采用 18kW。

（4）微波预处理的优化工艺

通过上述单因素实验可知，木材初含水率、微波辐射时间、微波辐射功率均对活性染料上染杨木的上染率和固色率有影响，因此选取木材初含水率、微波辐射时间、微波辐射功率为正交实验因素，每因素采用 3 水平，将 100mm×30mm×30mm 的四面光杨木试件按表 3.3 的条件设计 $L_9(3^4)$ 正交实验。将试件进行不同的处理后染色：1～3 号试件不做封端处理，进行全向染色；4～6 号试件用双组分防水耐高温环氧树脂封闭其纵向两个面，放入自封袋中固化 24h 后进行横向染色（纵向封端）；7～9 号试件用双组分防水耐高温环氧树脂封闭其横向四个面，放入自封袋中固化 24h 后进行纵向染色（横向封端）。

表 3.3 微波预处理正交实验因素水平表

因素	木材初含水率/%			微波辐射时间/s			微波辐射功率/kW		
水平	25	45	65	50	70	90	12	15	18

① 全向染色正交实验结果分析

1～3 号杨木试件全向染色的上染率取其平均值，正交实验结果如表 3.4 所示。

表 3.4 杨木全向染色正交实验上染率结果及极差分析

试验编号		木材初含水率/%	微波辐射时间/s	微波辐射功率/kW	上染率/%
1		25	50	12	38.87
2		25	70	15	43.35
3		25	90	18	43.89
4		45	70	12	37.56
5		45	90	15	37.41
6		45	50	18	37.37
7		65	90	12	36.03
8		65	50	15	35.10
9		65	70	18	35.07
全向上染率/%	$K1$	42.037	37.113	37.487	
	$K2$	37.447	38.660	38.620	
	$K3$	35.400	39.110	38.777	
	R	6.637	1.997	1.290	

从表 3.4 中各因素的 R 值可发现，A 因素（木材初含水率）的极差最大（6.637%），B 因素（微波辐射时间）的极差次之（1.997%），C 因素（微波辐射功率）的极差最小（1.290%）。因此，微波预处理对杨木上染率的影响因素排序：木材初含水率＞微波辐射时间＞微波辐射功率。其中：A 因素在水平 1（25%）时，杨木上染率最大，随着木材初含水率的增大，杨木上染率呈下降趋势；B 因素在水平 3（90s）时，杨木上染率最大，随着辐射时间的增长，杨木上染率增大；C 因素在水平 3（18kW）时，杨木上染率最大，随着辐射功率的增大，杨木上染率增大，较优方案为 $A_1B_3C_3$，实验序号为 3 号实验。

1～3 号杨木试件微波预处理正交实验的全向染色上染率与各因素的变化趋势见图 3.14，方差分析结果见表 3.5。

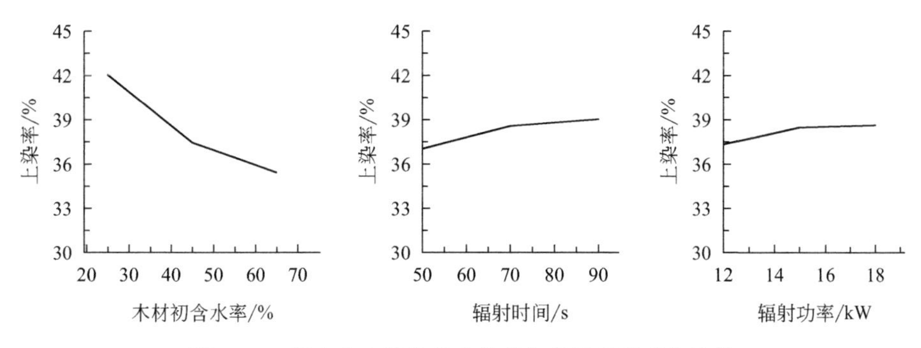

图 3.14 杨木全向染色的上染率与各因素的变化趋势

由图 3.14 可以得出，微波处理后杨木试件的上染率与未处理材上染率17.6%相比，提高率为 149.38%。木材初含水率从 25%上升至 65%，杨木的上染率整体呈下降趋势，但初含水率由 25%上升到 45%时，杨木上染率均值降低了 4.59%，初含水率由 45%上升到 65%时，杨木的上染率均值只降低了2.07%，即在木材初含水率 45%前后，杨木上染率的下降趋势不同，前者下降幅度大，后者下降幅度小。辐射时间由 50s 延长至 70s 时，杨木的上染率均值提高了 1.547%，辐射时间由 70s 延长至 90s 时，杨木上染率的均值仅提高了0.45%，即在辐射时间 70s 前后，杨木上染率的上升趋势不同，前者上升幅度大，后者上升幅度小。辐射功率由 12kW 增大至 15kW 时，杨木上染率提高了1.133%，当辐射功率继续增大至 18kW 时，上染率仅提高 0.157%，这可能是因为，正交实验中选取的木材含水率、辐射时间及辐射功率是经过单因素实验初步优选过的，在这个条件下，辐射时间为 70s 和辐射功率为 15kW 时木材中水分汽化较充分，所以当辐射时间继续延长，或辐射功率继续增大时，杨木上染率提高不明显。

表 3.5 杨木全向染色的上染率方差分析

因素	偏差平方和	自由度	F 比	F 临界值	显著性
木材初含水率	69.302	2	11.090	9.000	显著
微波辐射时间	6.581	2	1.053	9.000	不显著
微波辐射功率	2.973	2	0.476	9.000	不显著
误差	6.25	2			

从表 3.5 的方差分析结果可知，木材初含水率对杨木染色上染率影响显著，微波辐射时间、辐射功率的差异对杨木染色上染率影响均不显著。

② 横向染色（纵向封端）正交实验结果分析

4~6 号杨木试件横向染色的上染率取其平均值，正交实验结果如表 3.6 所示。

表 3.6 杨木横向染色正交实验上染率结果及极差分析

试验编号	木材初含水率/%	微波辐射时间/s	微波辐射功率/kW	横向上染率/%
1	25	50	12	31.33
2	25	70	15	36.45
3	25	90	18	36.95
4	45	70	12	30.82
5	45	90	15	30.82
6	45	50	18	30.29

续表

试验编号		木材初含水率/%	微波辐射时间/s	微波辐射功率/kW	横向上染率/%
7		65	90	12	30.2
8		65	50	15	29.17
9		65	70	18	29.38
横向上染率/%	$K1$	34.910	30.263	30.783	
	$K2$	30.643	32.217	32.147	
	$K3$	29.583	32.657	32.207	
	R	5.327	2.394	1.424	

从表3.6可知，各因素的R值变化规律：A因素（木材初含水率）的极差最大（5.327%），B因素（微波辐射时间）的极差次之（2.394%），C因素（微波辐射功率）的极差最小（1.424%）。因此，微波处理对杨木横向上染率的影响因素排序：木材初含水率>微波辐射时间>微波辐射功率。从$K1$、$K2$、$K3$变化值可知：A因素（木材初含水率）在水平1（25%）时，杨木横向上染率最大，随着木材初含水率的增大，杨木横向上染率呈下降趋势；B因素（微波辐射时间）在水平3（90s）时，杨木横向上染率最大，随着辐射时间的增长，杨木横向上染率增大；C因素（微波辐射功率）在水平3（18kW）时，杨木横向上染率最大，随着辐射功率的增大，杨木横向上染率增大。因此最优方案为$A_1B_3C_3$。

4～6号杨木试件微波预处理正交实验的横向染色上染率与各因素的变化趋势见图3.15，方差分析结果见表3.7。

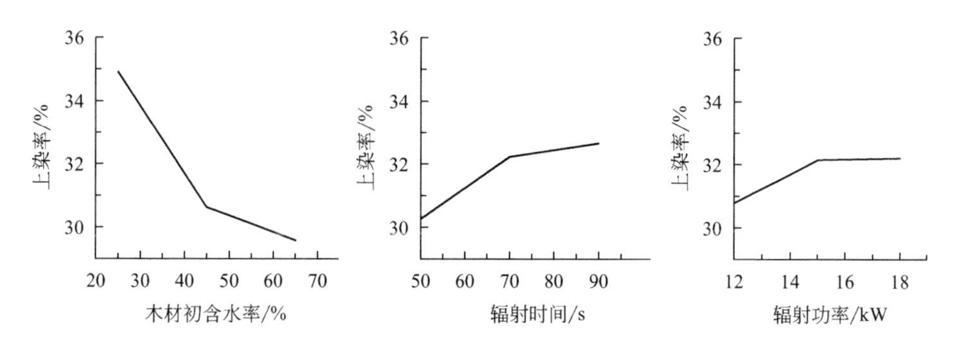

图3.15 杨木横向染色的上染率与各因素的变化趋势

由图3.15可以得出，与未处理材14.19%的横向上染率相比，微波处理后的横向上染率均增大，最大提高率为160.39%，可见微波处理有利于杨木试件的横向渗透。当木材初含水率由25%上升到45%时，杨木横向上染率降低了4.267%，继续上升到65%时，杨木横向上染率仅降低1.06%。当辐射时间由50s延长至70s时，杨木横向上染率提高了1.954%，继续延长至90s时，杨木横向上染率仅提高0.44%。当辐射功率由12kW增大至15kW时，杨木横向上染率提高了1.364%，继续增大至18kW时，横向上染率仅提高0.06%。

表3.7 杨木横向上染率方差分析

因素	偏差平方和	自由度	*F*比	*F*临界值	显著性
木材初含水率	47.701	2	7.334	9.000	不显著
微波辐射时间	9.737	2	1.497	9.000	不显著
微波辐射功率	3.888	2	0.598	9.000	不显著
误差	6.50	2			

从表3.7的方差分析结果可知，木材初含水率、微波辐射时间、微波辐射功率的差异对杨木染色横向上染率影响均不显著。

③ 纵向染色（横向封端）正交实验结果分析

7～9号杨木试件纵向染色的上染率取其平均值，正交实验结果如表3.8所示。

表3.8 杨木纵向染色正交实验上染率结果及极差分析

试验编号		木材初含水率/%	微波辐射时间/s	微波辐射功率/kW	纵向上染率/%
1		25	50	12	28.17
2		25	70	15	30.52
3		25	90	18	31.15
4		45	70	12	28.18
5		45	90	15	28.23
6		45	50	18	28.44
7		65	90	12	28.01
8		65	50	15	26.27
9		65	70	18	26.77
纵向上染率/%	*K*1	29.947	27.627	28.120	
	*K*2	28.283	28.490	28.340	
	*K*3	27.017	29.130	28.787	
	R	2.930	1.503	0.667	

从表3.8可知，各因素的*R*值：A因素（木材初含水率）的极差最大（2.930%），B因素（微波辐射时间）的极差次之（1.503%），C因素（微波辐

射功率）的极差最小（0.667%）。因此，微波处理对杨木纵向上染率的影响因素排序：木材初含水率>微波辐射时间>微波辐射功率。比较 $K1$、$K2$ 和 $K3$ 值可知，A 因素（木材初含水率）在水平 1（25%）时，杨木纵向上染率最大，随着木材初含水率的增大，杨木纵向上染率呈下降趋势；B 因素（微波辐射时间）在水平 3（90s）时，杨木纵向上染率最大，随着辐射时间的增长，杨木纵向上染率增大；C 因素（微波辐射功率）在水平 3（18kW）时，杨木纵向上染率最大，随着辐射功率的增大，杨木纵向上染率增大。因此最优方案为 $A_1B_3C_3$。

7～9 号杨木试件微波预处理正交实验的纵向染色上染率与各因素的变化趋势见图 3.16，方差分析结果见表 3.9。

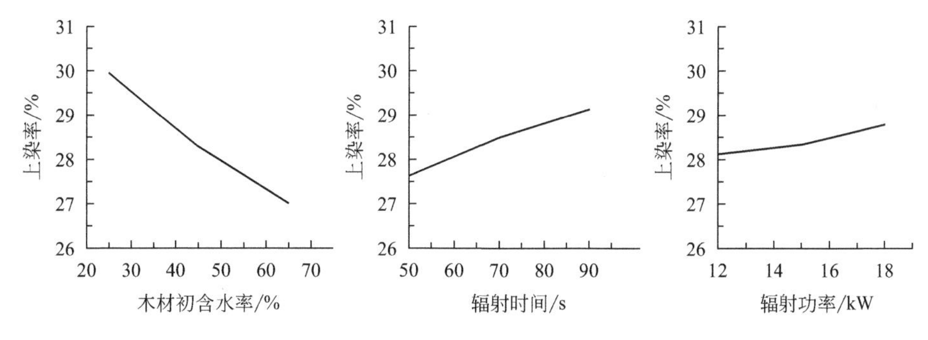

图 3.16　杨木纵向染色的上染率与各因素的变化趋势

未处理材的纵向上染率为 15.83%。由图 3.16 可以得出，微波处理后的各组杨木试件的纵向上染率均值都增大，最大提升率为 96.84%，可见微波处理有利于杨木试件的纵向渗透，但与木材横向上染率的提升率相比，纵向改善效果较不明显，这与微波处理时利用横向封端，使得水蒸气在横向通道上冲击较大相一致。当木材初含水率由 25% 上升到 45% 时，杨木的纵向上染率均值降低了 1.664%，当木材初含水率由 45% 上升到 65% 时，杨木的纵向上染率均值仅降低 1.266%。当辐射时间由 50s 延长至 70s 时，杨木的纵向上染率均值提高了 0.863%，当辐射时间由 70s 延长至 90s 时，杨木的纵向上染率均值提高了 0.64%。当辐射功率由 12kW 增大至 15kW 时，杨木纵向上染率提高了 0.22%，当辐射功率继续增大至 18kW 时，纵向上染率提高了 0.447%。

表 3.9　杨木纵向上染率方差分析

因素	偏差平方和	自由度	F 比	F 临界值	显著性
木材初含水率	12.956	2	5.247	9.000	不显著
微波辐射时间	3.415	2	1.383	9.000	不显著
微波辐射功率	0.692	2	0.280	9.000	不显著
误差	2.47	2			

从表 3.9 方差分析结果可知，木材初含水率、微波辐射时间、微波辐射功率的差异对杨木纵向上染率影响均不显著。

综上所述，新鲜杨木微波预处理的最优工艺：木材初含水率 25%、微波辐射时间 90s、微波辐射功率 18kW。在优化处理工艺下，杨木全向、横向和纵向上染率分别为 43.89%、36.95% 和 31.15%，与未处理材相比，分别提高 149.38%、160.39%和 96.84%。微波处理对杨木上染率的影响因素排序为木材初含水率＞微波辐射时间＞微波辐射功率；木材初含水率对杨木全向活性染料上染率影响显著，对杨木横向、纵向上染率影响不显著；微波辐射时间和辐射功率对杨木全向上染率、横向上染率、纵向上染率影响均不显著。

(5) 微波预处理改善木材渗透性的机理分析

① 扫描电镜（SEM）分析

选用未经处理的杨木、经微波预处理的杨木试件，将其加工成 10mm×10mm 的小块，水煮 2h 后，利用切片机加工出厚度为 80μm 的样品。将双面导电胶纸粘贴在样品座上，再用镊子将烘干后的样品转移到样品座上，利用离子溅射镀膜机对样品进行表面镀膜，取出样品放入美国 FEI 公司生产的 QUANTA 450 扫描电子显微镜的载物台上，设置好各个参数后对样品进行观测，选择合适的放大倍数，保存电镜照片。

图 3.17 是未处理材（a）及微波处理材（b）的横切面 SEM 图。

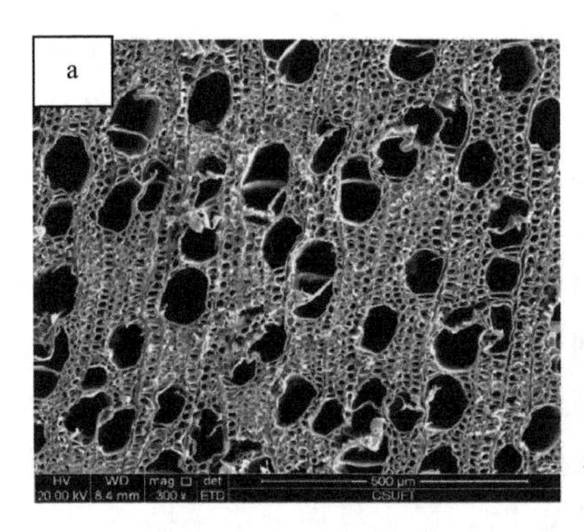

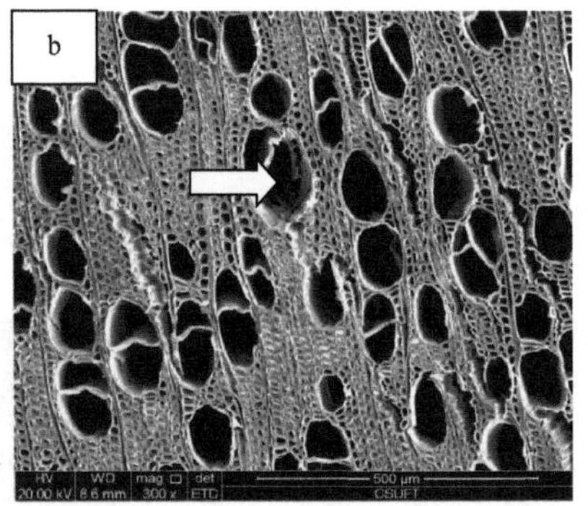

图 3.17　未处理材（a）及微波处理材（b）横切面 SEM 图

由图 3.17 可以看出，未处理材（a）的横切面表面清晰、完整，管孔及细胞的形态正常。微波处理材（b）细胞和管孔发生变形，胞间层空隙变小，细胞变得密实，管孔尺寸变大、破裂，甚至沿径向撕裂（如图中箭头所示）。染液在大毛细管系统中沿着导管腔、纤维管胞移动[6,7]，微波处理后，导管腔尺寸更大、裂缝更多，也更利于染液的渗透。

图 3.18 是未处理材（a）及微波处理材（b）的径切面单纹孔 SEM 图。从

(a) 可以看出，未处理材纹孔的大小基本一致，圆形或者椭圆形形状自然。微波处理后［图 (b) 所示］大部分纹孔膜脱落，并伴随部分裂纹产生（如图中箭头所示）。

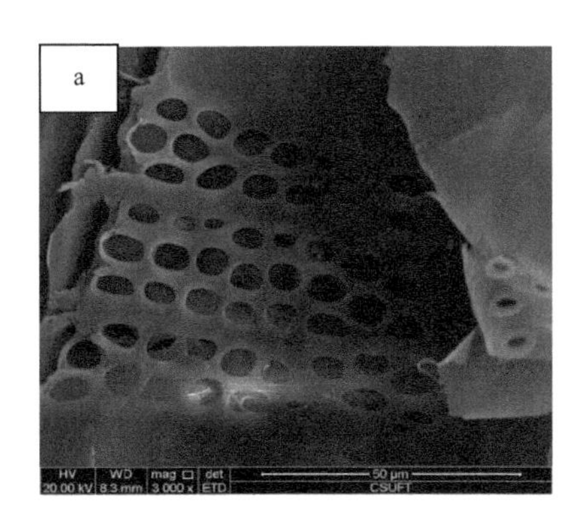

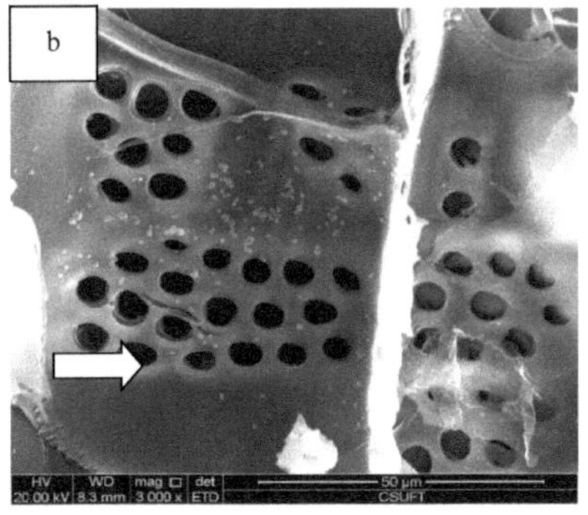

图 3.18　未处理材 (a) 及微波处理材 (b) 的径切面单纹孔 SEM 图

图 3.19 是未处理材 (a) 及微波处理材 (b) 的径切面具缘纹孔 SEM 图。

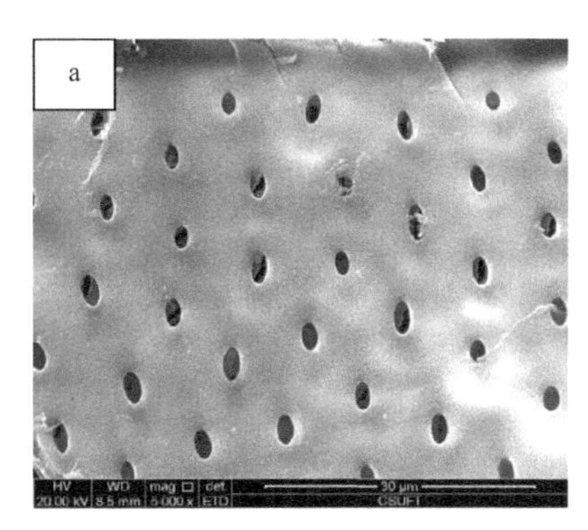

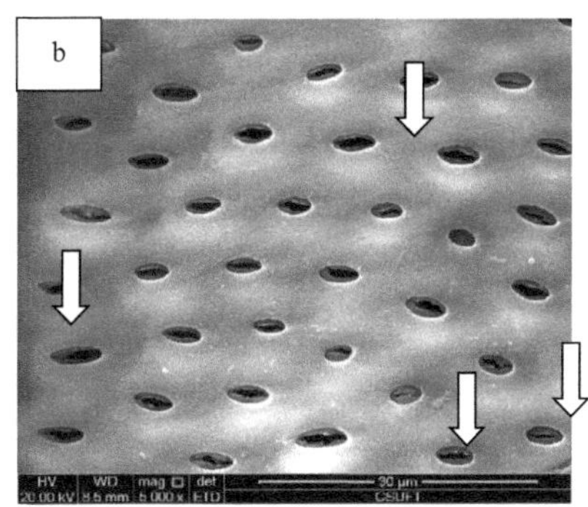

图 3.19　未处理材 (a) 及微波处理材 (b) 的径切面具缘纹孔 SEM 图

从图 3.19(a) 可以看出，未处理材纹孔较完整，纹孔塞大部分都比较完整。微波处理后［图 (b) 所示］，大部分纹孔的纹孔塞由中心处破裂开来，甚至完全脱落，纹孔膜破损（如图中箭头所示）。纹孔膜上微孔越多越大，染液沿导管间及导管与木射线间的渗透所受到的阻碍也将越小。通过对大毛细管系统及微毛细管系统的改变，染液在纵向及横向的渗透、传输效果均能得到有效提高，从而改善木材染色的上染率及固色率。

② 红外光谱 (FTIR) 分析

将未经处理的杨木、经微波预处理的杨木及染色后的杨木在干燥箱中烘干，用植物粉碎机粉碎至粉末，取粒度小于 200 目的粉末再次烘干。取少量粉末样品，按 1∶100 比例加入 KBr 混合均匀，研磨，压片，采用日本 SHIMADU 公司的 RAffinity-1 型傅里叶变换红外光谱仪进行红外光谱分析（以纯 KBr 片为背景扫描，测定范围为 400～4000cm^{-1}）。

图 3.20 是不同处理的杨木样品和活性红 M-3BE 染料的红外光谱图。表 3.10 列出了主要吸收波长的吸收峰归属。

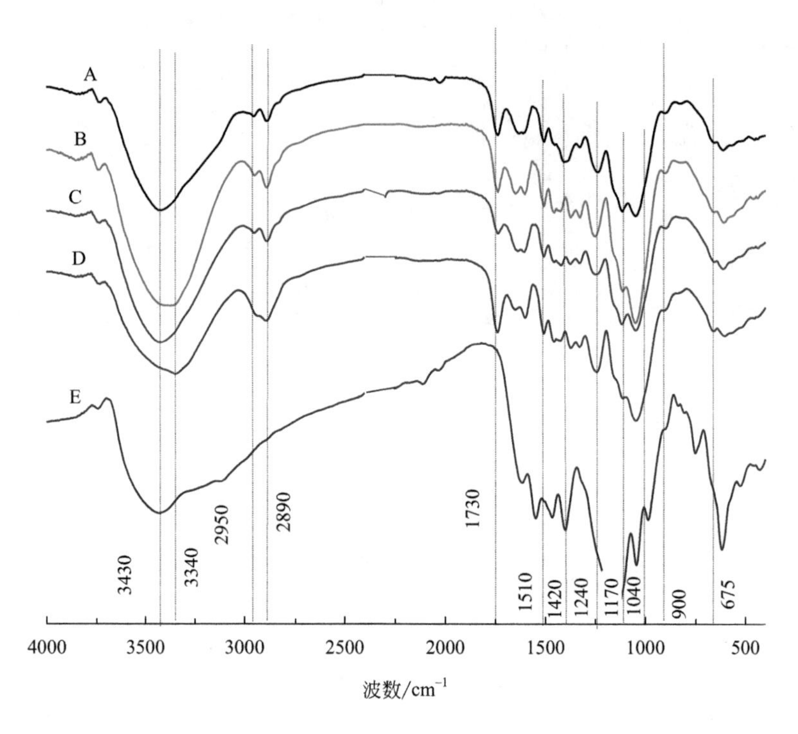

图 3.20　不同处理的杨木样品和活性染料的红外光谱图

A—仅经过微波处理的杨木；B—经过微波处理后再进行染色的杨木；C—未经任何预处理直接染色的杨木；D—未经任何处理的杨木；E—活性红 M-3BE 染料

表 3.10　主要红外光谱峰归属

波数/cm^{-1}	吸收峰归属
3200～3600	O—H 伸缩振动(木质素中的酚羟基、纤维素及半纤维素中的醇羟基)
2850～2970	甲基、亚甲基 C—H 伸缩振动(纤维素、半纤维素中的 CH_3、CH_2)
1730	木聚糖乙酰基 C═O 伸缩振动(半纤维素)
1625	与苯环共轭的 C═C 伸缩振动(木质素)
1560	羧酸盐阴离子—COO—伸缩振动(木质素)
1510	苯环的碳骨架振动(木质素)
1420	C—H 弯曲振动(木质素、聚糖中的 CH_2)；苯环的碳骨架振动(木质素)
1378	C—H 面内弯曲振动(纤维素、半纤维素)

续表

波数/cm^{-1}	吸收峰归属
1240	苯环—氧键伸缩振动、木聚糖乙酰基的CO—OR伸缩振动(木质素)
1170	C—O—C伸缩振动(纤维素、半纤维素)
1040	脂肪醚中的C—O伸缩振动
900	β-D-葡萄糖糖苷键振动(纤维素、半纤维素)
675	O—H面外弯曲振动

从图3.20中A线和D线及表3.10可以看出，杨木的O—H伸缩振动峰在微波处理后由3340cm^{-1}（D线）变为3430cm^{-1}（A线），同时振动峰宽度变窄，说明微波处理会降低木材中的缔合羟基；2950cm^{-1}附近的C—H伸缩振动峰、1650cm^{-1}附近与苯环共轭的—C═O伸缩振动峰、1460cm^{-1}附近的C—H弯曲振动及苯环的碳骨架振动峰、900cm^{-1}附近的β-D-葡萄糖糖苷键振动峰在微波处理后强度减弱，1040cm^{-1}附近的脂肪醚中的C—O伸缩振动峰强度增强，说明在微波处理过程中由于纤维素和半纤维素发生脱水反应而失去大量羟基基团，形成C—O键[8]。1560cm^{-1}、1510cm^{-1}附近的苯环的碳骨架振动峰减弱原因可能是木质素发生了部分降解。

比较图3.20中C、D、E线可知，杨木染色后出现了活性染料上的某些基团的吸收峰，如1625cm^{-1}处—C═C—伸缩振动，还有一些基团的吸收峰位置或强度发生了改变，如1510cm^{-1}处—N═N—的伸缩振动强度变大，1378cm^{-1}处和1170cm^{-1}处—O═S═O—的不对称和对称伸缩振动分别移至1320cm^{-1}及1120cm^{-1}，染色杨木中在3350cm^{-1}处为—OH的伸缩振动峰比杨木中的低，也不见活性染料在3450cm^{-1}处的游离—OH，说明染色杨木中的—OH都以缔合的形式存在；染色杨木中在1035cm^{-1}和1060cm^{-1}处—C—O—H的吸收峰比杨木的低，而在1170cm^{-1}和1100cm^{-1}附近—C—O—C—的吸收峰增强，这证明了活性染料与杨木中的—OH发生了共价键结合反应。

比较图3.20中B、C线可知，O—H伸缩振动峰在微波处理后由3340cm^{-1}变为3430cm^{-1}，同时振动峰宽度变窄，2950cm^{-1}附近C—H伸缩振动峰、1650cm^{-1}附近与苯环共轭的C═O伸缩振动峰、1420cm^{-1}附近C—H弯曲振动及苯环碳骨架振动峰、900cm^{-1}附近β-D-葡萄糖糖苷键振动峰在微波处理后强度减弱，1040cm^{-1}附近脂肪醚中C—O伸缩振动峰强度增强，1560cm^{-1}、1510cm^{-1}附近苯环的碳骨架振动峰减弱，这与未处理材及微波处理材红外光谱分析相一致。同时微波-染色材（B线）在1170cm^{-1}和1100cm^{-1}附近—C—O—C—的吸收峰增强，这说明微波处理后再染色，更多的染料分子与木材纤维分子发生了化学反应，形成稳定的共价键结合。FTIR分析结果进一步证实：微波预处理木材活性染料染色效果优于未处理木材活性染料染色效果，这与前文的染色实验结果相吻合。

③ X射线衍射（XRD）分析

将未经处理的杨木、经微波预处理的杨木及染色后的杨木在干燥箱中烘干，用植物粉碎机粉碎至粉末，取粒度小于200目的粉末再次烘干。取少量粉末样品，采用北京普析通用仪器有限责任公司的XD-2型X-射线粉末衍射仪测定经不同处理的杨木纤维素结晶度。X射线衍射分析中，扫描范围为5°～70°，扫描速度为4(°)/min，采样步宽为0.01°，铜靶辐射射线波长为0.154nm，辐射管电压36kV，辐射管电流20mA。

因为非结晶区和结晶区的面积难以测定，所以结晶度的测试一般采用经验法，本试验中木材纤维素相对结晶度的计算选用Segal法，根据X射线衍射图及分峰结果，找到衍射曲线上$2\theta=22°$（002面）附近的衍射极大峰值和$2\theta=18°$（101面）附近的波谷峰值并记录，按式(3.2)计算其结晶指数。

$$\mathrm{CRI}=\frac{I_{002}-I_{\mathrm{amorph}}}{I_{002}}\times 100\% \tag{3.2}$$

式中，CRI为结晶指数；I_{002}为主结晶峰002的最大衍射强度；I_{amorph}为$2\theta=18°$附近的非结晶背景衍射的散射强度。

图3.21是杨木微波预处理前后的XRD图，从图中可以看出二者的衍射图形曲线基本一致，纤维素002晶面衍射峰位置都在22°附近，说明微波处理没有改变杨木002晶面衍射峰的位置。

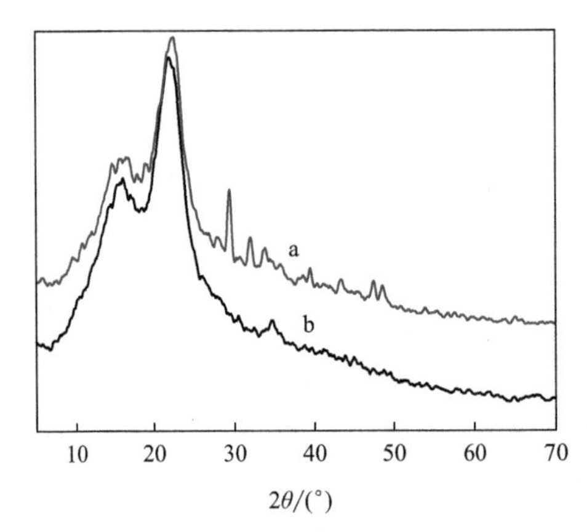

图3.21　杨木微波预处理前后的XRD图

a—预处理前；b—预处理后

根据式(3.2)，计算得到图3.21中未处理材及微波预处理材的结晶指数分别为60.95%和66.1%，微波处理材的结晶指数略大于未处理材。其原因可能是：在微波处理过程中，纤维素准结晶无定形区内纤维素分子链之间的羟基发生“架桥”反应，脱出水分，产生醚键，使得无定形区内微纤丝的排列更加有序，向结晶区靠拢并取向，从而使得木材结晶指数增大，这与红外光谱分析结果相一致。

图3.22是微波处理后的杨木及微波处理后再染色杨木的XRD图。

从图3.22中可知，微波预处理杨木与微波预处理后再染色杨木的衍射图形曲线基本一致，纤维素002晶面衍射峰的位置都在22°附近，说明微波处理没有改变杨木 002 晶面衍射峰的位置。根据式(3.2)，计算得到图 3.22 中微波预处理材及染色木材的结晶指数分别为 66.1%和 66.35%，微波处理材的结晶指数与染色木材的结晶指数差异微小，说明染色处理没有改变木材纤维素的结晶度。

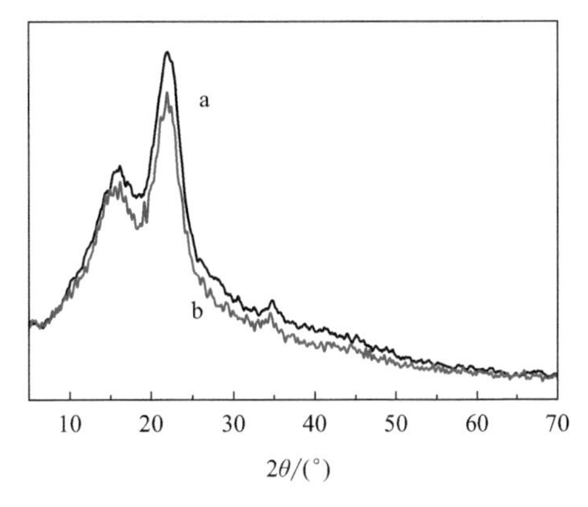

图 3.22 微波预处理杨木与微波预处理后再染色杨木的 XRD 图

a—微波预处理杨木；b—微波预处理后再染色的杨木

④ 热重（TG-DTG）分析

将未经处理的杨木、经微波预处理的杨木及染色后的杨木在干燥箱中烘干，用植物粉碎机粉碎至粉末，取粒度小于 200 目的粉末再次烘干。取少量粉末样品，采用德国 NETZSCH 公司 STA449F3 型热重分析仪测定其热稳定性能。热重分析中，在高纯氮气氛下进行热解实验，每次实验过程中试样量控制在 5.5mg 左右，粒径为过 200 目筛左右，以减少传热不均和二次气固反应对热解反应过程的影响，升温速率为 10℃/min，热解温度为 25～800℃。系统自动采集数据，处理得到热失重数据和热失重微分数据。

图 3.23 是微波预处理前后及微波预处理后再染色杨木的 TG-DTG 曲线图。

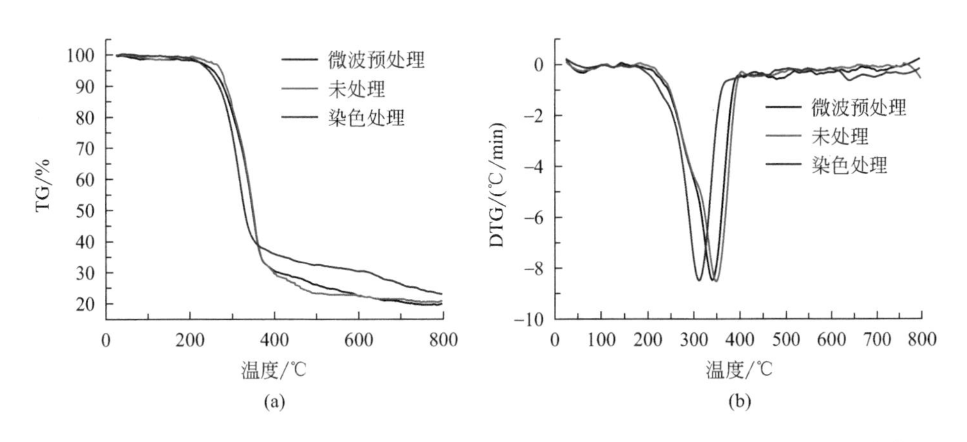

图 3.23 微波预处理前后与微波预处理后再染色杨木的 TG（a）和 DTG（b）曲线

从图 3.23 可知，未处理杨木的热解失重过程大致可分为四个阶段：第一阶段为 30～150℃，此阶段是木材的干燥阶段，对应的是木材中的水分蒸发，失重不明显；第二阶段主要是 150～275℃，是木材发生解聚和玻璃化转变的过程；第三阶段为 275～375℃，对应的是木材中半纤维素、纤维素、木质素的分解，此阶段反应剧烈，生成大量的分解产物；375℃后为第四阶段，此时主要是剩余木质素的热解及挥发组分的逸出的后续过程。图 3.23 中未处理杨木热解起始点为 297.8℃，剩余质量为 97.87%；热解拐点为 354.5℃，剩余质量为 47.2%；热解终点为 378.2℃，剩余质量为 26.06%；残留质量为 20.8%。杨木微波预处理后，TG 曲线大致相同，但热解起点、拐点和终点温度降低，相应的剩余质量稍有不同：微波预处理杨木热解起始点为 297.3℃，剩余质量为 97.56%；热解拐点为 346.1℃，剩余质量为 52%；热解终点为 371.1℃，剩余质量为 28.27%；残留质量为 20.12%。这可能是因为微波辐射过程中，半纤维素发生降解，使得木材中半纤维素含量降低或结构不稳定，所以导致热解拐点左移，同时微波辐射使杨木的纤维结晶度增大，热稳定性变好，使微波预处理杨木在热解拐点、热解终点时的剩余质量都大于未处理杨木。

对比微波预处理杨木、染色杨木的 TG 和 DTG 曲线，可发现微波预处理后再染色杨木的热解起始点为 275.1℃，剩余质量为 98.78%；热解拐点为 316.9℃，剩余质量为 60.39%；热解终点为 343.1℃，剩余质量为 37.3%；残留质量为 23.08%。热解起点、拐点和终点温度降低，失重率降低，这可能是因为活性染料与杨木形成的 C—O—C 键比杨木木粉中原来煅烧阶段的物质容易分解，同时活性染料与木材之间形成的共价键使得木材结构更稳定，热稳定性更好。

综上所述，微波预处理后杨木的胞间层空隙变小，管孔尺寸变大、发生破裂（或者沿径向撕裂），纹孔的纹孔塞由中心处被撕开，甚至完全脱落，纹孔膜破损，活性染料可更顺利地进入木材内部，并与木材的化学成分更好地结合在一起，微波预处理后的染色木材结晶指数变大，活性染料的特征峰振动强度变大，并发生峰值移位，热解起点温度、拐点温度和终点温度降低，热解残余质量变大，热稳定性增强。

3.2 NaOH 化学预处理木材技术

流体在木材内的渗透性能主要取决于木材中有效纹孔膜中微孔的大小和数量、细胞腔和细胞壁中抽提物的含量与分布[9]。木材中含有众多种类的抽提物（内含物）如酯类、酚类、异构体、蜡状物和萜类化合物等化学成分，由其形成的结壳物质沉积包裹在细胞壁或者细胞腔内壁，造成木材微毛细管系统堵塞。减少抽提物（特别是 NaOH 抽提物）含量，改善木材本身结构特性是提高活性染料在木材中渗透性的关键[10]，因此木材在染色前，一般先用化学试剂对其进行预处理，这不仅可以改变木材的纹孔结构和数量，而且可以去除抽提物。抽提物的脱除意味着木材更易被活性染料染液渗透，可实现深度染色。

用 NaOH 溶液对木材进行浸渍处理的 NaOH 预处理法由于具有对抽提物溶解较彻底、加工成本低、对木材力学性能损害小且废水易处理的优点，是目前较常见的化学预处理方法。目前的研究仅针对 NaOH 预处理对浸渍液在木材中渗透性的影响[11-13]，但活性染料组成、分子结构、与木材的反应行为和浸渍液不同。本书先用 NaOH 预处理杨木（桉木），再用活性红 M-3BE 染料对预处理后的杨木或用活性蓝 M-2GE 染料对预处理后的桉木染色，以活性染料上染木材时的上染率 E 和固色率 F 作为 NaOH 预处理改善木材渗透性的评价指标，通过单因素和响应曲面试验优化相结合的方法探讨了 NaOH 预处理杨木（桉木）的工艺参数对抽提物含量、活性染料在木材中渗透性及染色木材色差的影响，并利用 FTIR、GC-MS 对 NaOH 预处理杨木的抽提物进行鉴定，采用 SEM、TG-DSC、XRD、FTIR 等对 NaOH 预处理杨木前后以及经活性染料对其染色后的染色杨木进行了相关的表征。

3.2.1 实验方法

（1）木材 NaOH 预处理方法

将 6～10 年生、密度 4.7～5.0g/cm^3 的气干材（杨木、桉木）制作成 100mm×50mm×5mm（长×宽×厚）试件，置于 70～80℃烘箱中烘干，放在浴比（木材与 NaOH 溶液的质量比）为 1∶20～1∶120、温度为 40～100℃、NaOH 溶液浓度为 1～6g/L 的环境下预处理 2～10h，经水洗、干燥后得到 NaOH 预处理木材。

（2）木材染色方法

将 NaOH 预处理后的木材试件置于染缸中，按照 3.1.1 节中的染色方法进行染色（如图 3.2 所示）。收集染色残液、水洗液和皂洗残液，按式(2.1）和式(2.2）计算上染率和固色率。

（3）木材 NaOH 抽提物的提取方法

将 NaOH 预处理木材后的抽提液用量筒量取 100mL 于锥形瓶中，加入 50mL 甲醇-乙醇-苯混合萃取液（$V_{甲醇}:V_{乙醇}:V_{苯}=1:1:1$，混合均匀无油状液滴）于锥形瓶中混合均匀，移至分液漏斗中静置 1h 分液，取上层萃取液用 0.45μm 的微孔滤膜过滤，滤液用质量为 M_0 的烧杯收集，用于抽提物的 GC-MS 分析；取 10mL 混合萃取液清洗分液漏斗，洗液倒入上述烧杯中，放入 0.1MPa、40℃真空干燥箱中干燥至绝干，粉末称重记为 M_1，用于抽提物的 FTIR 分析，并按式(3.3）计算木材 NaOH 抽提物的质量分数 W_B。

$$W_B=\frac{M_1-M_0}{M_木}\times100\%\qquad(3.3)$$

式中　W_B——NaOH 抽提物的质量分数；

M_0——干燥后烧杯质量，g；

M_1——干燥后烧杯和木材抽提物总质量，g；

$M_木$——干燥后木材质量，g。

(4) 染色木材色差的测定方法

经染色后干燥的木材板材，用 WSC-S 型测色色差计测量色差，得到 L^*、a^*、b^*、ΔE^* 值来分析染色均匀性。Lab 色彩空间是由国际照明委员会（CIE）于 1976 年制定的，用 L^*、a^*、b^* 三个互相垂直的坐标轴来表示一个色彩空间：L^* 轴表示明度（亮度），黑在底端，L^* 值为 0，白在顶端，L^* 值为 100；a^* 轴是红-绿轴色品指数，$+a^*$ 表示品红色，$-a^*$ 表示绿色；b^* 表示黄-蓝轴色品指数，$+b^*$ 表示黄色，$-b^*$ 表示蓝色。由式(3.4) 或式(3.5) 计算总色差 ΔE^* 值。

$$\Delta E^*=\sqrt{(\Delta L^*)^2+(\Delta a^*)^2+(\Delta b^*)^2}\qquad(3.4)$$

$$\Delta E^*=\sqrt{E_1^*-E_0^*}\qquad(3.5)$$

式中　ΔE^*——总色差；

ΔL^*——样品与标准样品明度差异；

Δa^*——样品与标准样品红绿色品差异；

Δb^*——样品与标准样品黄蓝色品差异；

E_1^*——样品色差；

E_0^*——标准样品色差。

色差值与人肉眼视觉感官关系如表 3.11 所示，色差越小，人的视觉感官越弱，可用色差值评价木材匀染性的高低。

表 3.11　色差值与人肉眼视觉感觉关系

色差(NBS)	人的视觉感觉	色差(NBS)	人的视觉感觉
0～0.5	痕迹	>3.0～6.0	可识别
>0.5～1.5	轻微	>6.0～12.0	大
>1.5～3.0	可观察	12.0 以上	非常大

3.2.2 NaOH 预处理工艺参数对活性染料在杨木中渗透性的影响

(1) 浴比的影响

固定预处理温度为 80℃，预处理时间为 6h，NaOH 浓度为 4g/L，探讨不同浴比对木材抽提物质量分数、活性染料在木材中的渗透性（以上染率和固色率为评价指标）、染色木材表面 L^*、a^*、b^* 值及总色差 ΔE^* 值（NaOH 预处理前后染色木材的色差）的影响规律，结果分别见图 3.24 和表 3.12。

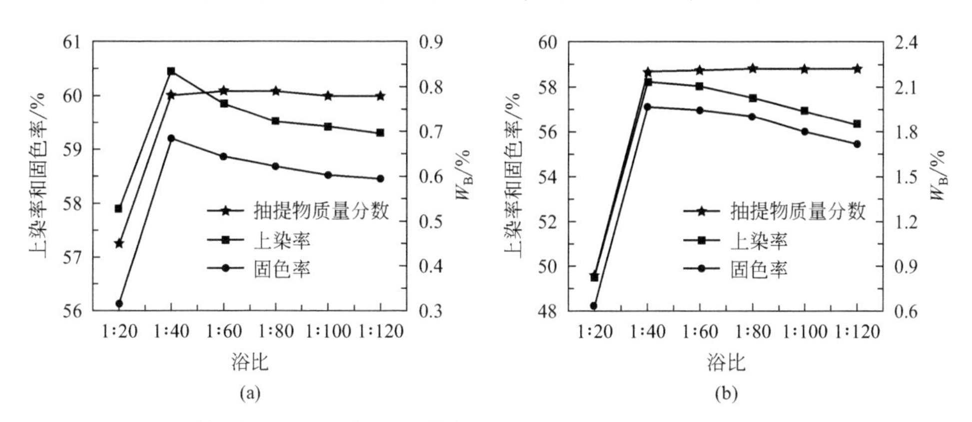

图 3.24　浴比对杨木（a）、桉木（b）抽提物质量分数及活性染料在木材中渗透性的影响

由图 3.24 可知，杨木和桉木在 NaOH 溶液中溶解的抽提物质量分数先随着浴比的增加而增加，当浴比增加至 1∶40 后，几乎不再随着浴比的增加而变化，杨木抽提物质量分数始终保持在 0.78%左右，桉木抽提物质量分数始终保持在 2.2%左右。随着浴比从 1∶20 增加到 1∶120，上染率和固色率呈现先增后降的趋势，浴比为 1∶40 时，杨木和桉木的上染率和固色率都达到最大：在杨木中的上染率和固色率分别为 60.46%和 59.24%，在桉木中的上染率和固色率分别为 58.21%和 57.14%。这是因为浴比较低时，木材不能完全浸没在 NaOH 溶液中，导致木材内 NaOH 浓度极低，溶出的抽提物也较少；当浴比达到 1∶40 后，最大限度地溶出了木材中阻塞流体通道的抽提物，木材的渗透性最好[14]；随着浴比继续增大，NaOH 占据原由抽提物占据的主要渗透通道，使得染料分子向木材内的渗透过程较缓慢[15]，且 NaOH 对纤维素分子与染料分子之间形成的共价键有一定的水解作用，处理效果反而变差。

表 3.12　浴比对染色杨木和桉木木材颜色和色差的影响

浴比	杨木颜色和色差					桉木颜色和色差				
	L^*	a^*	b^*	E_1^*	ΔE^*	L^*	a^*	b^*	E_1^*	ΔE^*
1∶20	20.35	−82.33	12.77	99.91	34.06	16.81	−28.73	0.48	114.49	48.64
1∶40	40.73	−20.31	4.67	64.71	1.14	35.52	−32.53	6.08	68.82	7.42
1∶60	37.67	−32.53	6.08	68.82	2.97	33.10	−33.82	3.46	69.96	8.56
1∶80	35.52	−19.49	−5.61	73.44	7.59	32.71	−19.49	−5.61	72.02	10.62
1∶100	32.24	−26.82	2.13	83.07	17.22	31.07	−62.72	−0.01	73.44	12.04
1∶120	25.55	−55.46	−4.25	83.89	18.40	22.83	−35.48	−5.96	77.10	15.17

从表 3.12 可以看出，随着浴比的升高，染色杨木和桉木的明度 L^* 值呈现先增后降的趋势，ΔE^* 值则先降后增，在 1∶40 时明度最大，色差最小，匀染性最好；与未经 NaOH 预处理直接染色木材（杨木：$L_0^*=41.82$、$a_0^*=-17.96$、$b_0^*=-0.09$、$E_0^*=65.85$，桉木：$L_0^*=45.4$、$a_0^*=-19.59$、$b_0^*=2.28$、$E_0^*=61.4$）相比，L^* 值都比 L_0^* 值小，a^* 都是负值且大都比 a_0^* 更小，b^* 值有正有负，比 b_0^* 值有大有小，表明 NaOH 预处理后染色杨木和桉木的亮度比未经 NaOH 预处理直接染色木材的低，颜色更偏绿色，对黄蓝色的影响无规律。

综合图 3.24 和表 3.12 结果，同时考虑浴比增加将使木材 NaOH 预处理后废水的排放量急剧增加，因此浴比宜选用 1∶40。

（2）预处理温度的影响

固定浴比为 1∶40，预处理时间为 6h，NaOH 浓度为 4g/L，探讨了不同预处理温度对木材抽提物质量分数、活性染料在木材中的渗透性、染色木材表面的 L^*、a^*、b^* 值及总色差 ΔE^* 值的影响规律，结果分别见图 3.25 和表 3.13。

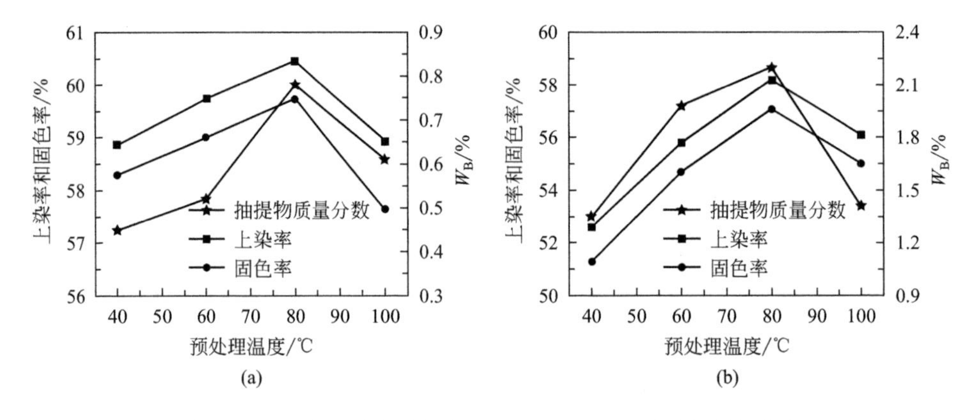

图 3.25　预处理温度对杨木（a）、桉木（b）抽提物质量分数及活性染料在木材中渗透性的影响

由图 3.25 可以看出，在预处理温度 40～100℃内，杨木和桉木 NaOH 抽提物质量分数、上染率和固色率都随温度呈现先上升后下降的趋势，预处理温度为 80℃时，得到杨木和桉木抽提物最多，渗透性最好，活性染料在木材中的上染率和固色率最大，染色效果最佳。这是由于预处理温度较低，达不到木材内部抽提物的溶解温度，不能使抽提物及时溶解，随着温度升高，NaOH 向木材内部渗透速率增大、部分水溶性的抽提物溶解度增加以及能溶于 NaOH 的抽提物的溶解能力增强，当预处理温度升至 80℃后，高温可能使木材内部失去大量的结合水，从而使木材内部框架结构发生变形甚至坍塌，且大量 NaOH 占据染料分子渗透通道。

表 3.13　预处理温度对染色杨木和桉木木材颜色和色差的影响

预处理温度/℃	杨木颜色和色差					桉木颜色和色差				
	L^*	a^*	b^*	E_1^*	ΔE^*	L^*	a^*	b^*	E_1^*	ΔE^*
40	33.10	−33.82	3.46	73.44	7.59	38.07	−62.72	−0.01	95.46	34.06
60	35.71	−19.49	−5.61	72.02	6.17	35.52	−82.33	12.77	87.05	25.65
80	40.73	−20.31	4.67	64.71	1.14	24.35	−55.46	−4.25	76.57	15.17
100	32.24	−26.82	2.13	73.07	7.22	23.55	−32.53	6.08	68.82	7.42

从表 3.13 可以看出，随着预处理温度的升高，染色杨木的 L^* 值呈现先增后降的趋势，ΔE^* 值先降后增，80℃时明度最大，色差最小，匀染性最好；而染色桉木的 L^* 值和 ΔE^* 值都呈现一直降低的趋势，80℃时的明度和色差适中；与未经 NaOH 预处理直接染色木材相比，L^* 值都比 L_0^* 值小，a^* 都是负值且比 a_0^* 更小，b^* 值有正有负，比 b_0^* 值有大有小，表明 NaOH 预处理后染色杨木和桉木的亮度比未处理的低，颜色更偏绿色，对黄蓝色的影响无规律。当预处理温度为 80℃以后，木材容易发生褶皱变形，因此木材 NaOH 预处理温度宜选用 80℃。

（3）预处理时间的影响

由于流体在固液两相之间的传输以及抽提物的溶出等过程均需要一定量的时间，因此固定浴比为 1∶40，预处理温度为 80℃，NaOH 浓度为 4g/L，探讨了不同预处理时间对木材抽提物质量分数、活性染料在木材中的渗透性、染色木材表面的 L^*、a^*、b^* 值及总色差 ΔE^* 值的影响规律，结果分别见图 3.26 和表 3.14。

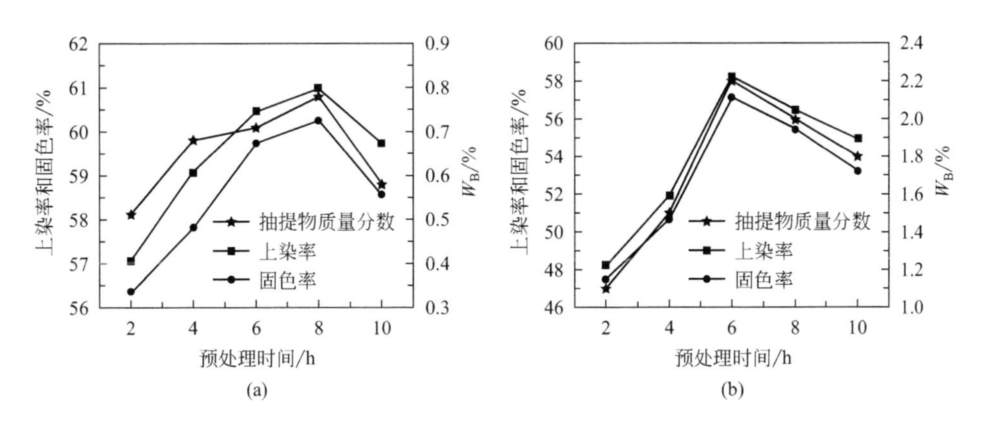

图 3.26　预处理时间对杨木（a）、桉木（b）抽提物质量分数及活性染料在木材中渗透性的影响

由图 3.26 可知，随着预处理时间从 2h 延长至 10h，杨木和桉木抽提物质量

分数、上染率和固色率随时间呈现先上升后下降的趋势；杨木 NaOH 预处理时间 8h 时，溶出的抽提物最多，上染率和固色率最大，染色效果最佳；桉木则是 NaOH 预处理时间达到 6h 时，溶出的抽提物最多，上染率和固色率最大。这是因为 NaOH 不断地通过相界面进入木材内部，溶解抽提物，减小流体传输阻力，逐渐打通流体传质通道，当预处理时间达到最佳时间后，NaOH 替代抽提物占据染料分子传质通道，传质阻力变大且一定浓度 NaOH 对纤维素分子与染料分子形成的共价键具有一定的水解作用，导致 NaOH 处理效果逐渐变差。

表 3.14 预处理时间对染色杨木和桉木木材颜色和色差的影响

预处理时间/h	杨木颜色和色差					桉木颜色和色差				
	L^*	a^*	b^*	E_1^*	ΔE^*	L^*	a^*	b^*	E_1^*	ΔE^*
2	16.02	−30.11	−3.67	107.50	41.65	29.09	−19.34	−3.92	78.73	17.33
4	23.39	−85.24	4.59	98.78	32.93	31.58	−31.99	3.41	73.36	11.96
6	34.34	−76.52	18.26	82.70	16.85	39.52	−39.74	7.21	65.54	4.14
8	42.34	−23.67	16.23	59.79	6.06	39.52	−29.51	2.11	66.28	4.88
10	26.29	−44.62	1.43	80.58	14.73	37.64	−42.93	5.58	68.41	7.01

从表 3.14 可以看出，随着预处理时间的延长，染色杨木和桉木的明度 L^* 值先增后降，杨木在预处理时间 8h 时明度最亮，桉木在 6～8h 时明度最亮；ΔE^* 值先降后升，杨木在预处理时间 8h 时色差最小，而桉木则在 6h 时色差最小，匀染性最好；a^* 都是负值，b^* 值有正有负，表明染色后的杨木和桉木颜色普遍偏绿色，对黄蓝色的显示则没有明显的规律。因此杨木宜用 NaOH 预处理 8h，桉木宜预处理 6h。

(4) NaOH 浓度的影响

由于在不同的 NaOH 溶液浓度（C_{NaOH}）下，OH^- 的扩散速率不同且其对抽提物的溶解作用的能力也不同，因此固定浴比为 1∶40，预处理温度为 80℃，预处理时间杨木 8h、桉木 6h，探讨了不同 NaOH 溶液浓度对木材抽提物质量分数、活性染料在木材中的渗透性、染色木材表面的 L^*、a^*、b^* 值及总色差 ΔE^* 值的影响规律，结果分别见图 3.27 和表 3.15。

由图 3.27 可知，随着 C_{NaOH} 从 1g/L 增加到 6g/L，杨木和桉木抽提物质量分数、上染率和固色率呈现先上升后下降的趋势，杨木在 2g/L 时溶出的抽提物最多，浸提效果最好，抽提物质量分数达 1.13%，且上染率和固色率最大，分别为 61.63%和 60.62%；桉木在 3g/L 时溶出的抽提物最多，最高达 3.4%，上染率和固色率最大达 60.5%和 59.3%。这是由于随着 C_{NaOH} 增大，NaOH 的扩散速率不断增大，且 NaOH 溶解抽提物的能力不断增强，当 C_{NaOH} 太大时，浓

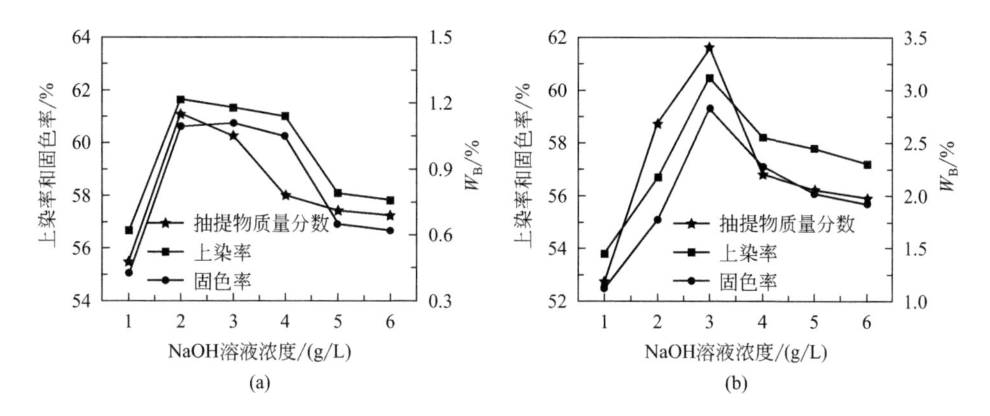

图 3.27 NaOH 溶液浓度对杨木（a）、桉木（b）抽提物质量分数及活性染料在木材中渗透性的影响

差极化现象越显著，传质阻力变大，而且 NaOH 对木材内部传质通道的破坏作用增强，反而使处理效果变差。

表 3.15 NaOH 溶液浓度对染色杨木和桉木木材颜色和色差的影响

C_{NaOH} /(g/L)	杨木颜色和色差					桉木颜色和色差				
	L^*	a^*	b^*	E_1^*	ΔE^*	L^*	a^*	b^*	E_1^*	ΔE^*
1	40.01	−26.05	−0.11	66.72	0.87	17.90	−28.73	0.48	104.20	42.80
2	40.40	−20.08	−0.94	67.16	1.31	26.57	−61.07	1.31	85.22	23.82
3	37.91	−16.98	2.36	68.62	2.77	32.57	−31.08	16.55	69.25	7.85
4	37.37	−20.74	−1.70	70.15	4.30	23.71	−28.86	−8.61	85.03	23.63
5	36.64	−14.95	0.58	70.78	4.93	20.75	−51.22	0.83	87.40	26.00
6	35.12	−15.89	1.85	71.52	5.67	19.80	−54.57	12.41	92.41	31.01

从表 3.15 可以看出，随着 C_{NaOH} 的增大，染色杨木的 L^* 值先增后降，ΔE^* 值一直增加，在 C_{NaOH} 为 2g/L 时明度最亮，色差值为 1.31；染色桉木的 L^* 值先增后降，ΔE^* 值先降后升，在 C_{NaOH} 为 3g/L 时明度最亮，色差值最小为 7.85。因此 NaOH 预处理杨木的浓度为 2g/L，处理桉木的浓度为 3g/L。

综上所述，通过单因素法得到 NaOH 预处理杨木的较优工艺：浴比 1∶40，预处理温度 80℃，预处理时间 8h，NaOH 浓度 2g/L，在此工艺条件下，溶出的抽提物质量分数为 1.13%，活性染料在杨木上的上染率和固色率分别达到 61.63%和 60.62%，与未处理杨木活性染料染色时的上染率 34.58%和固色率 34.17%相比，分别提高了 78.22%和 77.41%，且染色均匀。NaOH 预处理桉木的较优工艺：浴比 1∶40，预处理温度 80℃，预处理时间 6h，NaOH 浓度 3g/L，在此工艺条件下，溶出的抽提物质量分数为3.4%，活性染料在桉木上的上染率和固色率分别达到60.5%和59.3%，与未处理杨木活性染料染色时的上染率25.89%和固色率24.17%相比，分别提高了133.68%和145.35%，且染色均匀。

3.2.3 NaOH预处理木材的优化工艺

为了进一步优化NaOH预处理杨木工艺，根据单因素实验所得的工艺条件，将浴比（A）、预处理时间（B）、预处理温度（C）、NaOH浓度（D）等四个对NaOH预处理杨木有较大影响的因素作为考察对象进行响应面优化设计实验，各个因素各取3个水平，采用响应面优化设计试验法4^3进一步研究NaOH预处理杨木的影响和相互作用，并进行结果分析。响应曲面因素与水平表见表3.16。

表3.16 NaOH预处理杨木的响应曲面因素与水平表

因素	浴比(A)			预处理时间(B)/h			预处理温度(C)/℃			NaOH浓度(D)/(g/L)		
编码值	−1	0	1	−1	0	1	−1	0	1	−1	0	1
水平	1∶30	1∶40	1∶50	7	8	9	70	80	90	1	2	3

将响应面因素水平输入Design Expert8.0中Box-Behnken中心复合设计，基于单因素实验可知上染率和固色率变化趋势相同，因此仅以活性染料在杨木中的上染率为响应值，探讨NaOH预处理的最优工艺，实验设计方案及对应的实验结果如表3.17所示。

表3.17 NaOH预处理杨木的响应面实验方案及实验结果

实验号	浴比A	预处理时间B/h	预处理温度C/℃	NaOH浓度D/(g/L)	上染率E/%
1	1.00	0.00	0.00	1.00	60.78
2	−1.00	0.00	0.00	1.00	62.31
3	0.00	0.00	0.00	0.00	63.42
4	0.00	0.00	0.00	0.00	63.27
5	0.00	0.00	1.00	1.00	62.16
6	1.00	−1.00	0.00	0.00	59.94
7	−1.00	0.00	0.00	−1.00	61.23
8	0.00	−1.00	1.00	0.00	63.00
9	0.00	−1.00	0.00	1.00	59.57

续表

实验号	浴比 A	预处理时间 B/h	预处理温度 C/℃	NaOH 浓度 D/(g/L)	上染率 E/%
10	−1.00	−1.00	0.00	0.00	59.83
11	0.00	0.00	−1.00	1.00	64.22
12	1.00	1.00	0.00	0.00	62.27
13	0.00	0.00	−1.00	−1.00	62.43
14	0.00	0.00	0.00	0.00	63.58
15	1.00	0.00	−1.00	0.00	62.03
16	0.00	−1.00	−1.00	0.00	63.95
17	−1.00	1.00	0.00	0.00	60.89
18	−1.00	0.00	−1.00	0.00	62.55
19	0.00	1.00	1.00	0.00	62.77
20	0.00	1.00	−1.00	0.00	62.98
21	0.00	−1.00	0.00	−1.00	61.29
22	0.00	0.00	1.00	−1.00	62.66
23	0.00	0.00	0.00	0.00	63.19
24	0.00	1.00	0.00	1.00	61.66
25	0.00	1.00	0.00	−1.00	62.43
26	0.00	0.00	0.00	0.00	63.39
27	1.00	0.00	1.00	0.00	62.59
28	1.00	0.00	0.00	−1.00	59.77
29	−1.00	0.00	1.00	0.00	63.66

利用 Design Expert8.0 软件对表 3.17 中数据进行多元线性分析和回归拟合，得到各个实验因素与上染率 E 的回归方程如式(3.6) 所示：

$$E=63.37-0.26A+0.45B-0.11C+0.074D+0.32AB-0.14AC-0.018AD+0.19BC+0.24BD-0.57CD-1.41A^2-0.99B^2+0.81C^2-1.08D^2 \tag{3.6}$$

表 3.18 是 NaOH 预处理回归方程的方差分析结果。由表 3.18 可知，该模型的 P 为 0.0074，$P<0.05$，说明该实验模型显著；模型校正决定系数 $R^2_{adj}=38.12/39.76=0.9587$，说明此模型的预测能力很好，实验误差小，可以解释 95.87%的响应值变化。因此，可以用此模型对杨木活性染料染色的上染率 E 进行分析预测。此模型的 A^2、B^2、D^2 达到 1%的极显著水平，C^2 达到 5%的显著水平，各因素对杨木活性染料染色上染率的影响程度依次为 C>B>D>A，即预处理温度>预处理时间>NaOH 浓度>浴比。

表 3.18 NaOH 预处理回归方程方差分析结果

来源	平方和	自由度	均方	F 值	P 值	显著性
模型	38.12	14	2.72	3.96	0.0074	显著
A	0.023	1	0.023	0.034	0.8562	
B	0.15	1	0.15	0.21	0.6531	
C	2.45	1	2.45	3.56	0.0802	
D	0.071	1	0.071	0.1	0.7533	
AB	0.4	1	0.4	0.59	0.4568	
AC	0.076	1	0.076	0.11	0.7452	
AD	2.33	1	2.33	3.39	0.0869	
BC	0.14	1	0.14	0.20	0.6624	
BD	0.23	1	0.23	0.33	0.5760	
CD	1.31	1	1.31	1.90	0.1892	
A^2	14.63	1	14.63	21.25	0.0004	显著
B^2	6.23	1	6.23	9.05	0.0094	显著
C^2	4.18	1	4.18	6.07	0.0273	显著
D^2	9.08	1	9.08	13.19	0.0027	显著
残差	9.64	14	0.69			
失拟项	8.38	9	0.93	3.69	0.0820	不显著
绝对误差	1.26	5	0.25			
总和	39.76	28				

由回归方程所作的不同因子交互作用对上染率的响应面及等高线如图 3.28 所示，其中（a)～(f) 分别表示浴比、预处理时间、预处理温度、NaOH 浓度之间的两个因素对上染率 E 的响应曲面图。由图 3.28(a)、(b)、(c) 可知，浴比与其他三个因素之间具有较强的交互作用，随着浴比的增大，3D 曲面呈明显上升趋势，并在 1∶40 左右时响应面达到最高点，同时又是等高线最小椭圆的中心点。

由图 3.28(a)、(d)、(e) 可知，预处理时间也与其他三个因素之间具有较强的交互作用，随着预处理时间的延长，3D 曲面的变化趋势与浴比随其他因素的变化趋势一致，在 8h 左右时响应面达到最高点；由图 3.28(c)、(e)、(f) 可知，NaOH 浓度与其他三个因素的交互作用没有上两个因素与其他因素之间的交互作用强，但也遵循上两个因素的变化规律，即在 NaOH 浓度为 2g/L 时响应面达到最高点；由图 3.28(c)、(d)、(f) 可知，预处理温度与其他三个因素的交互作用也没有浴比和预处理时间这两个因素与其他因素之间的交互作用强，但随

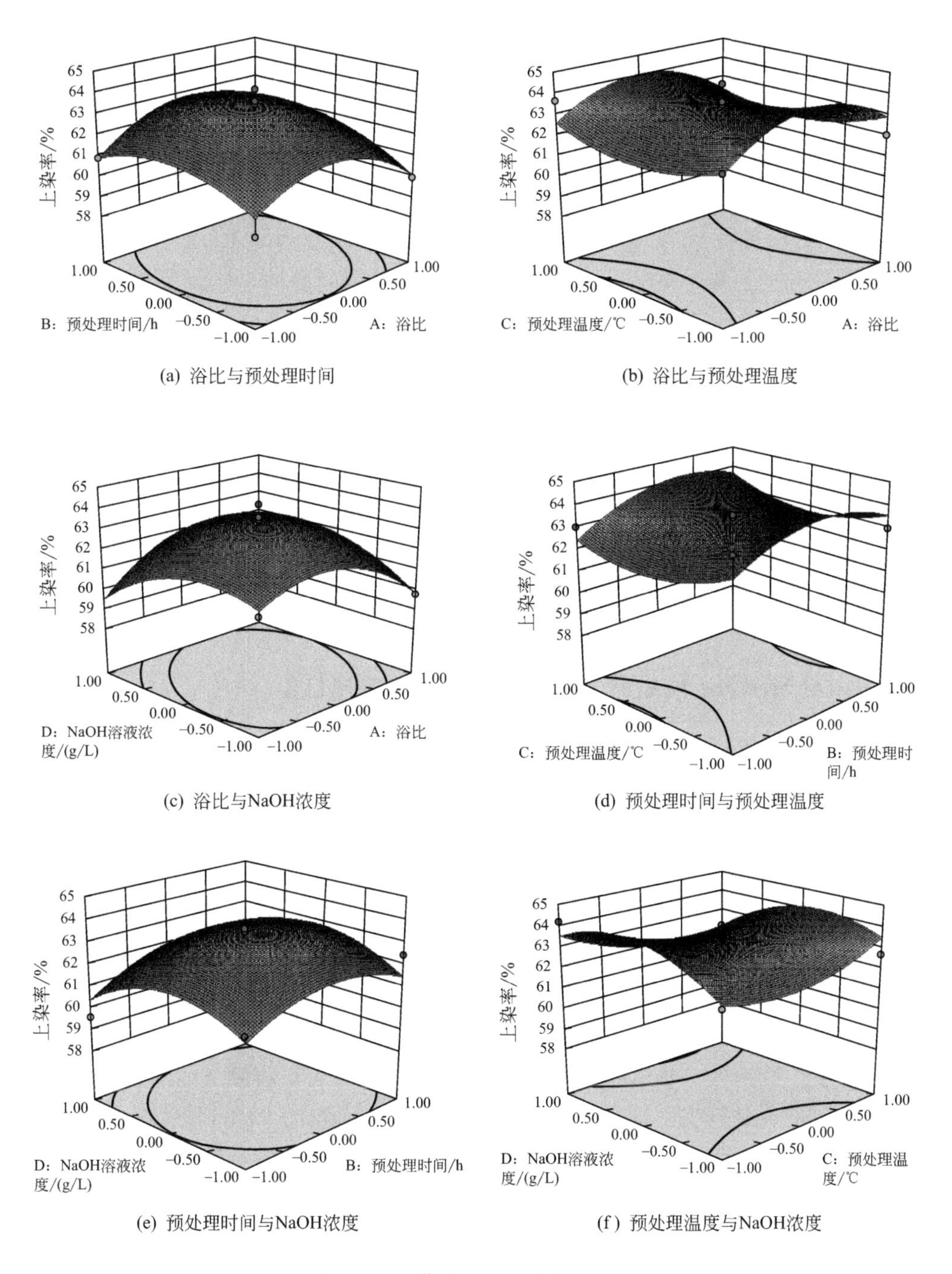

图 3.28 不同因子交互作用对活性染料在 NaOH 预处理后杨木中上染率 E 的响应面及等高线图

着预处理温度的升高，3D曲面的变化逐渐由陡变缓，且在80℃左右时响应面出现拐点，上染率 E 值在62%附近。

分析回归方程得到的最大响应值（E）和交互作用分析响应曲面图得到的最大响应值，经过优化得到最佳实验条件，A、B、C、D对应的编码值A为0.047，B为−0.11，C为0.45，D为−0.083，即NaOH预处理杨木的最佳处理工艺：浴比1∶40.47，预处理时间7.89h，预处理温度84.5℃，NaOH浓度1.917g/L。活性染料上染经此工艺预处理后的杨木，上染率 E 值可达到63.40%。为验证模型可靠性，将响应曲面优化得到的最佳预处理工艺条件进行验证实验，考虑到可操作性，将实验条件修改为浴比1∶40.5，预处理温度85℃，预处理时间7.9h，NaOH浓度1.92g/L。在此条件下5次平行实验得到的实际平均上染率 E 值为63.42%，与理论模拟值63.40%相差0.02%。因此，响应曲面法优化模型对优化NaOH预处理杨木得到的工艺参数是可行的。

综上所述，通过单因素和响应曲面法得到NaOH预处理杨木的最佳工艺：浴比1∶40.5，预处理温度85℃，预处理时间7.9h，NaOH浓度1.92g/L，经过此工艺处理后活性染料上染杨木的 E 和 F 分别达到63.42%和62.57%，与未处理材相比分别提高86.34%和83.06%。

3.2.4 NaOH预处理改善木材渗透性的机理

（1）NaOH预处理杨木的抽提物成分分析

将3.2.1节（2）中得到的NaOH预处理杨木后的抽提物进行FTIR和气相色谱-质谱（GC-MS）分析，分别如图3.29和图3.30所示。

由图3.29可以看出，3391cm^{-1}为—OH伸缩振动峰，3040cm^{-1}为—C═C—中C—H伸缩振动峰，2501cm^{-1}为—CH_2伸缩振动峰；1578cm^{-1}以及1455cm^{-1}为—C═C—伸缩振动峰或芳环的骨架振动峰或—COO—的不对称和对称伸缩峰，874cm^{-1}为—CH_2弯曲振动峰，698cm^{-1}为Ar—H面外弯曲振动，表明NaOH抽提物中可能有树胶、酯类以及不饱和油脂类物质。

由图3.30可知，杨木NaOH抽提物经色谱分离可以得到44个峰，可以鉴定出其中的35种抽提物成分，占色谱峰总流出峰面积的90.86%。其中酯类物质有4种，占物质总量的12.53%；酮类物质1种，占物质总量的15.69%；醇类4种，占物质总量的7.48%；烯烃类3种，占物质总量的6.76%；脂肪烷烃类20种，占物质总量的42.43%；酚类1种，占物质总量的11.84%，其他物质2种，占物质总量的3.27%。

按照面积归一化法对图3.30中的35种色谱峰进行定量分析，计算每种组分占NaOH总抽提物质量的含量，其化学成分及相对含量如表3.19所示。

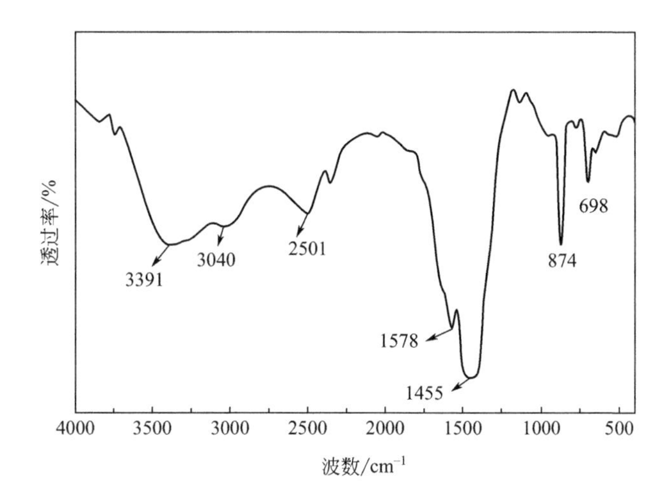

图 3.29 杨木 NaOH 抽提物的 FTIR 谱图

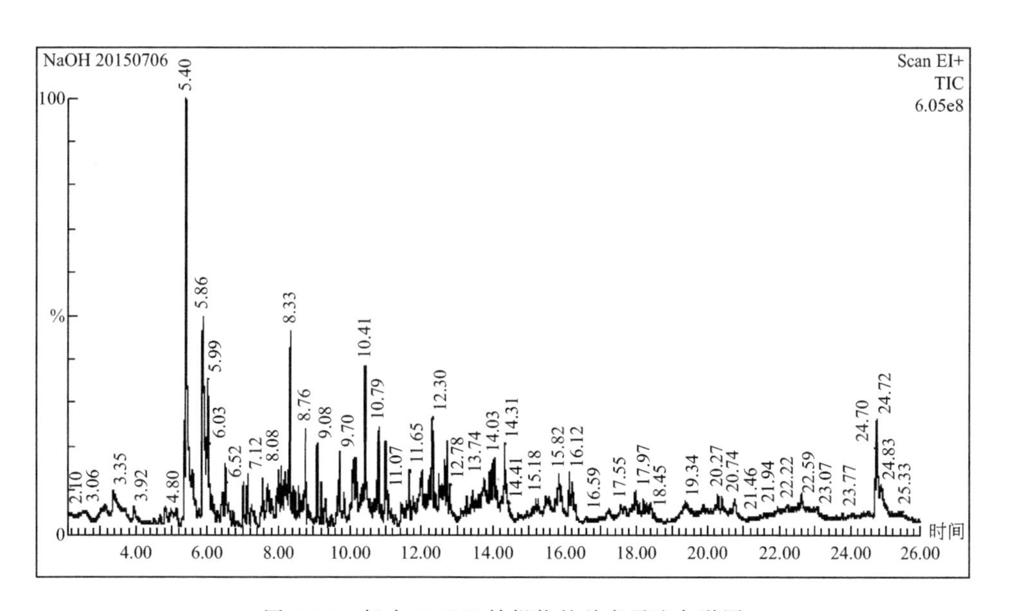

图 3.30 杨木 NaOH 抽提物的总离子流色谱图

表 3.19 杨木 NaOH 抽提物的化学成分

峰号	保留时间/min	相对含量/%	化合物名称	分子式
1	5.40	15.69	(4*aS*,7*R*)-1,4*a*-二甲基-7-丙-1-烯-2-基-3,4,5,6,7,8-六氢萘-2-酮	$C_{15}H_{24}O$
2	5.58	0.96	2,2,10-三甲基十二烷	$C_{15}H_{32}$
3	5.86	11.84	2,4-二叔丁基苯酚	$C_{14}H_{22}O$
4	6.03	5.87	十六烷	$C_{16}H_{34}$

续表

峰号	保留时间/min	相对含量/%	化合物名称	分子式
5	6.52	2.36	雪松醇	$C_{15}H_{26}O$
6	7.12	1.23	十九烷	$C_{19}H_{40}$
7	7.57	1.09	二十七烷	$C_{27}H_{56}$
8	8.08	1.68	正十八烷	$C_{18}H_{38}$
9	8.29	1.24	2,3,5,8-四甲基癸烷	$C_{14}H_{30}$
10	8.33	2.76	3,8-二甲基十一烷	$C_{13}H_{28}$
11	8.47	0.86	2,6,10-三甲基十二烷	$C_{15}H_{32}$
12	8.76	2.68	2,6,11-三甲基十二烷	$C_{15}H_{32}$
13	9.08	1.83	1-十九烯	$C_{19}H_{38}$
14	9.30	0.94	邻苯二甲酸二异辛酯	$C_{24}H_{38}O_4$
15	9.70	1.18	3-甲基十九烷	$C_{20}H_{42}$
16	9.83	0.98	2,6,10,15-四甲基十七烷	$C_{21}H_{44}$
17	10.16	2.58	邻苯二甲酸丁基异壬基酯	$C_{21}H_{32}O_4$
18	10.41	6.83	2-甲基二十烷	$C_{21}H_{44}$
19	10.79	3.56	2-甲基十九烷	$C_{20}H_{42}$
20	10.97	0.56	十三醇	$C_{13}H_{28}O$
21	11.07	1.74	树脂 *p*-PhenylSil(硅化物)	$C_{23}H_{26}O_2Si$
22	11.65	1.89	3-甲基二十烷	$C_{21}H_{44}$
23	12.30	2.69	十八醇	$C_{18}H_{38}O$
24	12.78	1.31	10-二十一烯	$C_{21}H_{42}$
25	14.03	3.12	二十八烷	$C_{28}H_{58}$
26	14.31	3.62	1-二十二烯	$C_{22}H_{44}$
27	14.41	1.24	2,6,11,15-四甲基十六烷	$C_{20}H_{42}$
28	15.82	2.38	10-甲基十九烷	$C_{20}H_{42}$
29	15.89	0.82	10-甲基二十烷	$C_{21}H_{44}$
30	16.12	1.87	2-已基-1-癸醇	$C_{16}H_{34}O$
31	17.55	1.08	正三十一烷	$C_{31}H_{64}$
32	19.45	0.98	3-甲基二十一烷	$C_{22}H_{46}$
33	20.30	1.59	硫酸(2-乙基已基)十三酯	$C_{21}H_{44}SO_4$
34	20.74	2.38	2,4-二甲基苯甲醛	$C_9H_{10}O$
35	24.70	6.57	(2*E*)-2-丁二酸(1-庚十四烷基)酯	$C_{25}H_{45}O_4$

由表 3.19 可知，NaOH 杨木抽提物化学成分中相对含量较高的前 16 种物质为：(4*aS*,7*R*)-1,4*a*-二甲基-7-丙-1-烯-2-基-3,4,5,6,7,8-六氢萘-2-酮（15.69%），2,4-二叔丁基苯酚（11.84%），2-甲基二十烷（6.83%），(2*E*)-2-丁二酸(1-庚十四烷基）酯（6.57%），十六烷（5.87%），1-二十二烯（3.62%），2-甲基十九烷（3.56%），二十八烷（3.12%），3,8-二甲基十一烷（2.76%），十八醇（2.69%），2,6,11-三甲基十二烷（2.68%），邻苯二甲酸丁基异壬基酯（2.58%），10-甲基十九烷（2.38%），2,4-二甲基苯甲醛（2.38%），雪松醇（2.36%），3-甲基二十烷（1.89%）。

（2）NaOH 预处理杨木的 SEM 分析

图 3.31 为不同处理杨木的 SEM 图。由图 3.31 可知，未经 NaOH 预处理杨

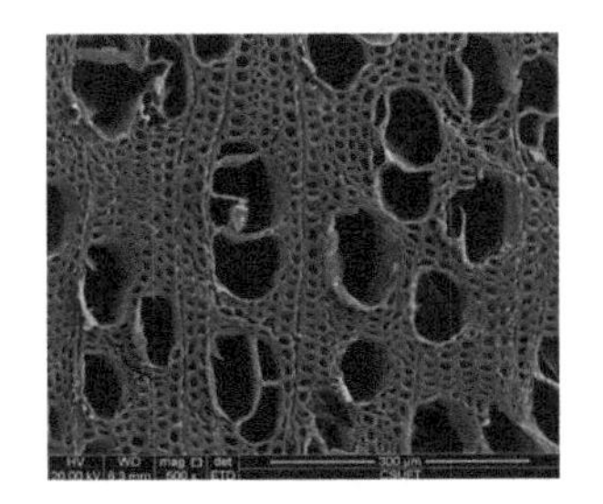
(a) 未经NaOH预处理杨木横切面

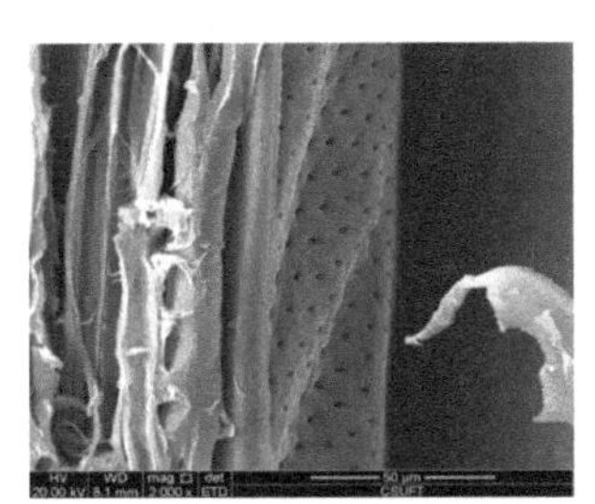
(b) 未经NaOH预处理杨木纵切面

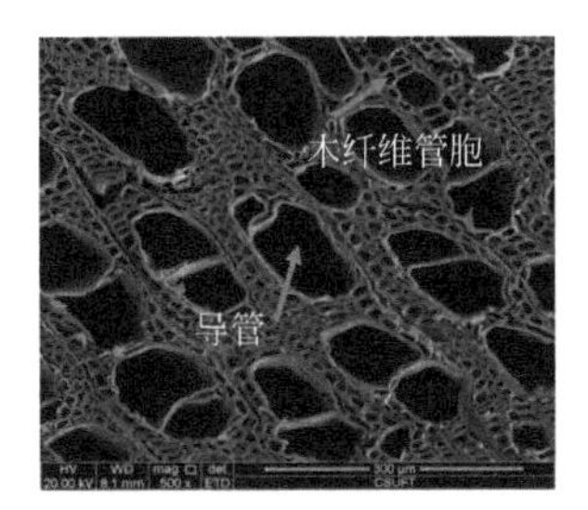

(c) 染色杨木1横切面

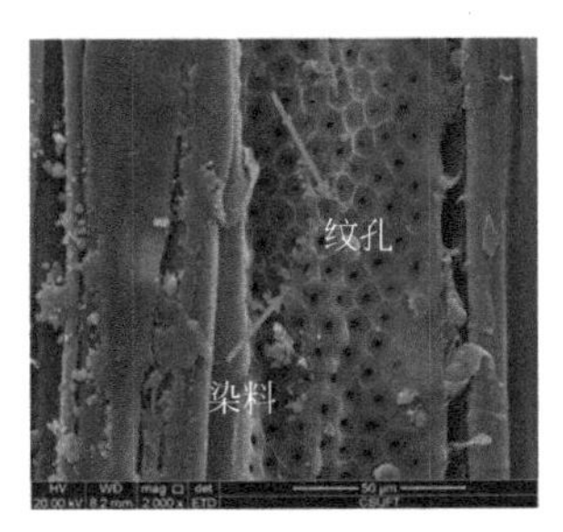

(d) 染色杨木1纵切面

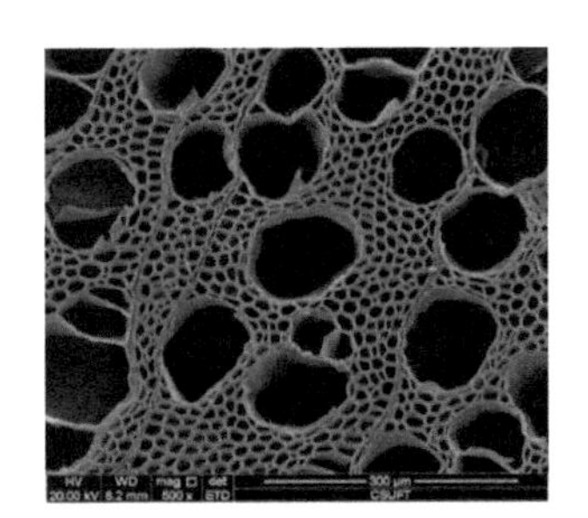
(e) 经NaOH预处理杨木横切面

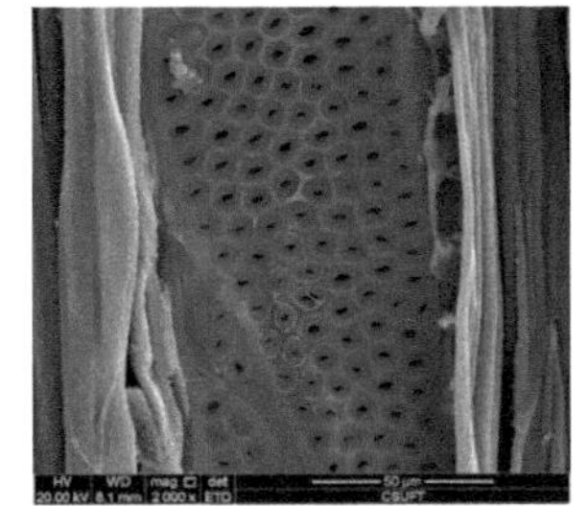
(f) 经NaOH预处理杨木纵切面

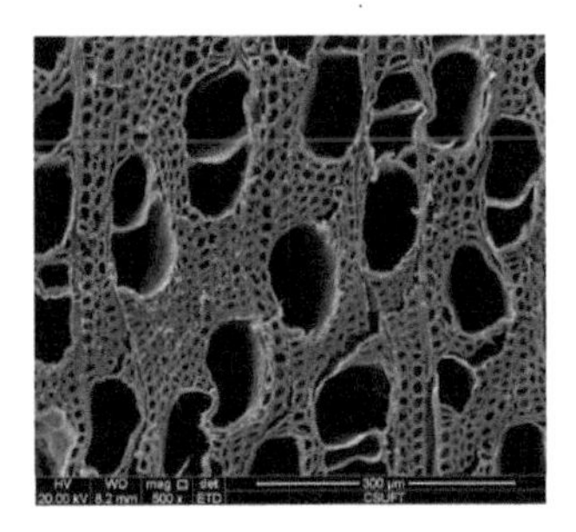
(g) 染色杨木2横切面

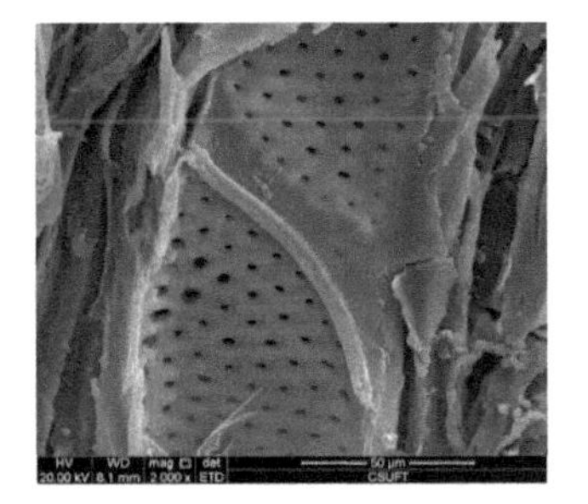
(h) 染色杨木2纵切面

图 3.31 不同处理杨木的横切面和纵切面 SEM 图

木（杨木原材）横切面的导管被木纤维管胞隔开，导管壁内切面表面不光滑（黏附一些木材抽提物），木纤维管胞呈现收缩状［图（a）所示］，经 NaOH 处理杨木材的横切面导管壁内切面表面较光滑，且导管大，木纤维管胞开度增大，两者之间的间隙也增大［图（e）所示］，但杨木不管有没有 NaOH 预处理，经活性染料染色后，导管与木纤维管胞开度以及两者之间的间隙均减小［图（c）和（g）所示］；在纵切面方面，可看见杨木原材的 SEM 中导管壁上分布着互列纹孔，但大多数纹孔被纹孔膜遮盖，处于封闭或半封闭状态［图（b）所示］，而杨木经 NaOH 处理，纹孔膜大量被溶解、纹孔张开度大为提高［图（f）所示］，未经 NaOH 预处理杨木经活性红 M-3BE 直接染色后，部分纹孔开度略增大，染料仅零星地分布在导管内壁［图（d）所示］，但在由 NaOH 预处理再经染色的染色杨木 2 中，染料却能在导管内壁上形成一层均匀的薄膜且有部分纹孔重新被堵塞［图（h）所示］，因此 NaOH 溶液能够较大程度地打通被阻塞的传质通道，使染液在木材中的扩散、渗透顺畅。

（3）NaOH 预处理杨木的 XRD 分析

图 3.32 为不同处理杨木的 XRD 谱图。在图 3.32 中，4 个样品在 $2\theta=15°$ 和 $2\theta=22.5°$ 均有杨木的标准特征峰，木材经过活性染料染色后，在 $2\theta=31.9°$ 和 $2\theta=33.8°$ 出现新特征峰（活性染料的特征峰），如图 3.32 中（c）、（d）曲线所示，但与曲线（c）相比，曲线（d）在该两处的特征峰强度均较大、样品的结晶度较高，材料的力学性能增强，因为经 NaOH 处理后染料分子更容易进入木材内部，在木材内部进行沉积、吸附以及在木材内部与木质素发生化学反应而结合在一起，因此木材经 NaOH 预处理后再进行染色，能够显著增加速生材的内在强度。

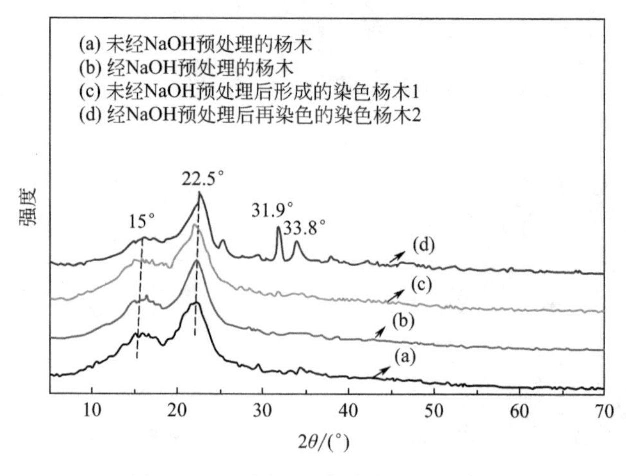

图 3.32 不同处理杨木的 XRD 谱图

(4) NaOH 预处理杨木的 FTIR 分析

图 3.33 为不同处理杨木的 FTIR 谱图。由图 3.33 可以看出，与曲线（a)、(b) 相比，曲线（c)、(d) 在 $3430cm^{-1}$处—OH 的吸收峰、$615cm^{-1}$处 Ar—H 面外弯曲振动峰的吸收强度有明显增强，这是由于活性染料与木纤维发生化学结合后，样品中苯环与羟基数量增加；与曲线（a)、(c) 相比，曲线（b)、(d) 在 $1740cm^{-1}$处酯羰基吸收峰、$1640cm^{-1}$处—OH 的弯曲振动吸收峰、$1520cm^{-1}$处 C═C 的伸缩振动吸收峰、$1250cm^{-1}$处羧基的伸缩振动吸收峰及 $1050cm^{-1}$处糖类 C—O 峰的吸收强度有明显下降，因为杨木经 NaOH 处理，大量的酯类、低碳糖、不饱和油脂以及羧酸等抽提物因水解而去除，同时自由水含量有所降低，因此 NaOH 预处理不仅能改善杨木的渗透性，而且能提高木材在防腐、防蛀等方面的性能。

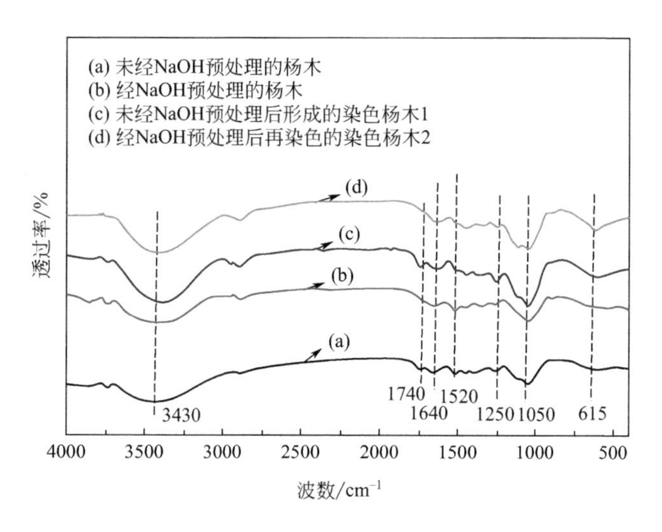

图 3.33 不同处理杨木的 FTIR 谱图

(5) NaOH 预处理杨木的 TG-DSC 分析

图 3.34 为不同处理杨木的 TG-DSC 图。从图 3.34(a) 知，未经 NaOH 处理材在 20～700℃的过程质量损失基本可以划分为 3 段：a. 20～264℃，此过程样品的质量损失率为 10%～15%，此段主要为抽提物、部分纤维素和半纤维素的热解及水分汽化过程，样品在 39.8℃处有一微弱吸热峰，为水分汽化的吸热峰；b. 264～391℃，在该过程中样品中半纤维素、纤维素和部分木质素发生热解反应生成小分子物质逸出而带走大量的热，因此该段为放热过程且质量损失率达到 55%～60%；c. 391～700℃，该过程样品的质量损失量较小，此处主要为木质素的热解部分产生了木炭和少量低沸点的酚类、乙酸。杨木经 NaOH 预处理后，水分汽化的吸热峰稍有右移，且第 3 段热解温度明显降低［图（b）所

示]，原因可能是 NaOH 处理杨木后，材料的比表面能增大，导致水分汽化热增大，且 NaOH 对木质素有一定降解作用。杨木经活性红 M-3BE 染色后，第 3 段吸热峰温度升高［图（c）和（d）所示］，这是因为杨木渗透性的提高，活性染料更容易与木质素发生结合，材料的热稳定性提高，因此经 NaOH 预处理再经活性染料染色后，杨木的热稳定性有了较好的改善。

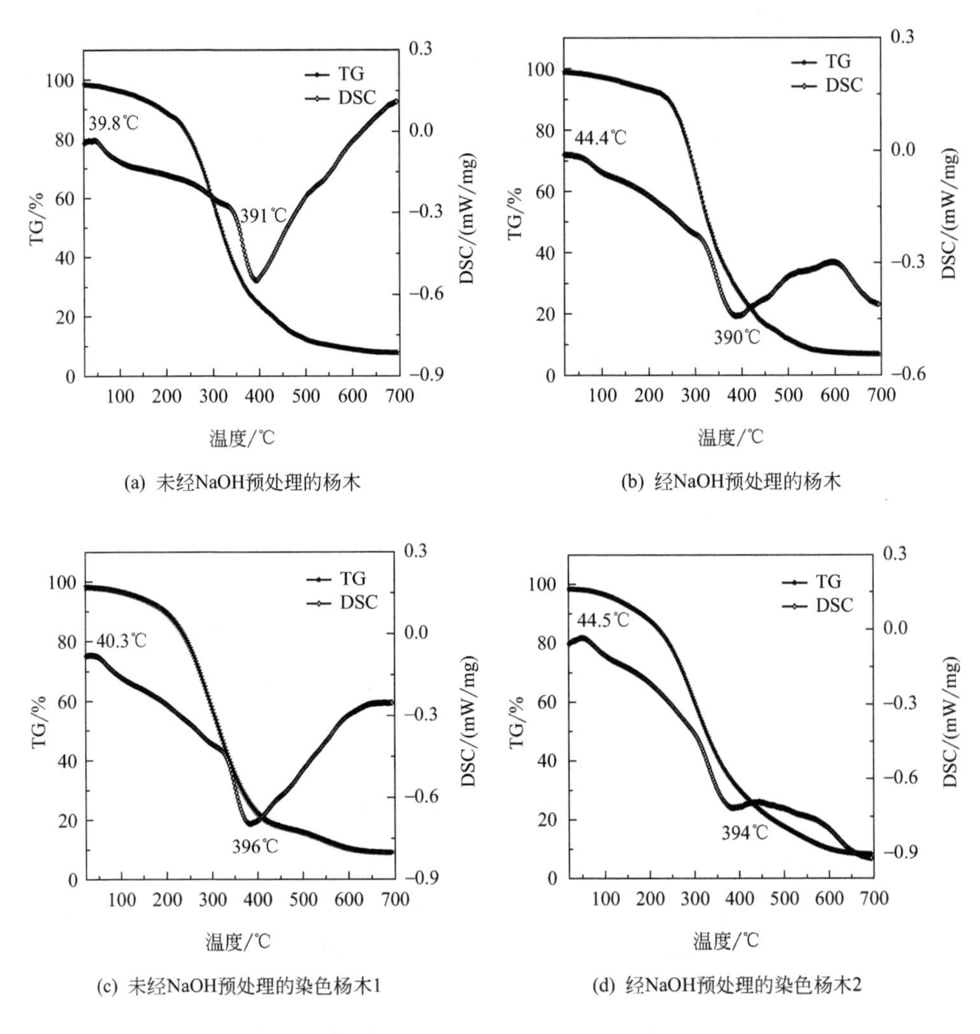

图 3.34　不同处理杨木的 TG-DSC 图

综上所述，杨木经 NaOH 预处理后改善活性染料在木材中上染率的机理为：杨木中的主要抽提物（$4aS,7R$）-1，$4a$-二甲基-7-丙-1-烯-2-基-3，4，5，6，7，8-六氢萘-2-酮等 16 种物质被去除，打通纹孔，增大木材内部导管与导管及导管与木纤维细胞之间的间隙，改善木材的渗透通道，提高活性染料在木材中的渗透性能，使染料分子更容易进入木材内部与木材发生反应，降低木材的自由水量，同时提高木材的热稳定性以及增加其致密度。

3.2.5 表面活性剂在 NaOH 预处理木材技术中的应用

表面活性剂分子中同时含有亲水（憎油）性的极性基团和亲油（憎水或疏水）性的非极性基团，从而使表面活性剂既具有亲水又具有亲油的双亲性。在表（界）面上，表面活性剂分子发生吸附，形成定向的、具有一定强度的吸附层，使溶剂分子进入溶液内部，溶液表面层的极性分子数减少，使得表面层分子与内部分子的静电作用降低，表面层分子受到的指向内部的拉力降低，从而使溶液的表面张力降低，改变体系的表面化学性质。表面活性剂溶解在水中时，疏水基有逃离水的趋势，在水溶液中可自组织形成各种头基朝外、烷烃尾链包裹在内（通常称为正相结构）的分子有序聚集体，包括球状胶束、棒状甚至线型（蠕虫）胶束、囊泡、层状结构等，这些分子有序组合体表现出多种多样的应用功能：起泡、消泡、乳化、破乳、分散、凝絮、润湿、铺展、渗透、润滑、抗静电以及杀菌等。在木材的 NaOH 预处理阶段，采用表面活性剂增加木材的润湿性，本书探讨了阴离子表面活性剂十二烷基苯磺酸钠（LAS）、阳离子表面活性剂十六烷基三甲基溴化铵（CTAB）、非离子表面活性剂壬基酚聚氧乙烯醚（OP-10）、两性离子表面活性剂十二烷基二甲基甜菜碱（BS-12）及双子型表面活性剂双十二烷基二甲基溴化铵（DDAB）对 NaOH 溶液在杨木中渗透性的影响，以期找到能适宜的表面活性剂类型及适宜的加入量。

本节采用的木材试件为 30mm×50mm×1.5mm（长×宽×厚）的杨木单板，NaOH 预处理工艺：NaOH 浓度 1.92g/L、浴比 1∶40、温度 80℃、时间 8h，表面活性剂在预处理阶段加入。染料：活性黄 M-3RE 染料。染色方法与 3.1.1 节（3）中一致，考察预处理阶段 CTAB、LAS、OP-10、BS-12、DDAB 5 种不同类型及加入量的表面活性剂对 NaOH 抽提物、NaOH 预处理后的杨木单板染色的上染率、固色率、颜色 L^*、a^*、b^* 值和总色差 ΔE^* 值的影响，结果如图 3.35 和表 3.20 所示，其中（a）～（e）分别是 CTAB、LAS、OP-10、BS-12、DDAB 对 NaOH 抽提物和杨木单板染色的上染率、固色率的影响结果。

从图 3.35(a) 可知，杨木 NaOH 抽提物质量分数、上染率和固色率先随着 CTAB 加入量的增加而增加，后又随着 CTAB 加入量的增加而减小，在加入 1.0%（每升溶液中含有 CTAB 的质量）时，抽提物质量分数、上染率和固色率最大，抽提物质量分数达到 3.08%，上染率为 65.76%，固色率为 61.76%，比不加表面活性剂时的上染率（53.90%）提高了 22%、固色率（50.72%）提高了 21.77%。这是因为 CTAB 是一种阳离子型表面活性剂，能够有效地降低

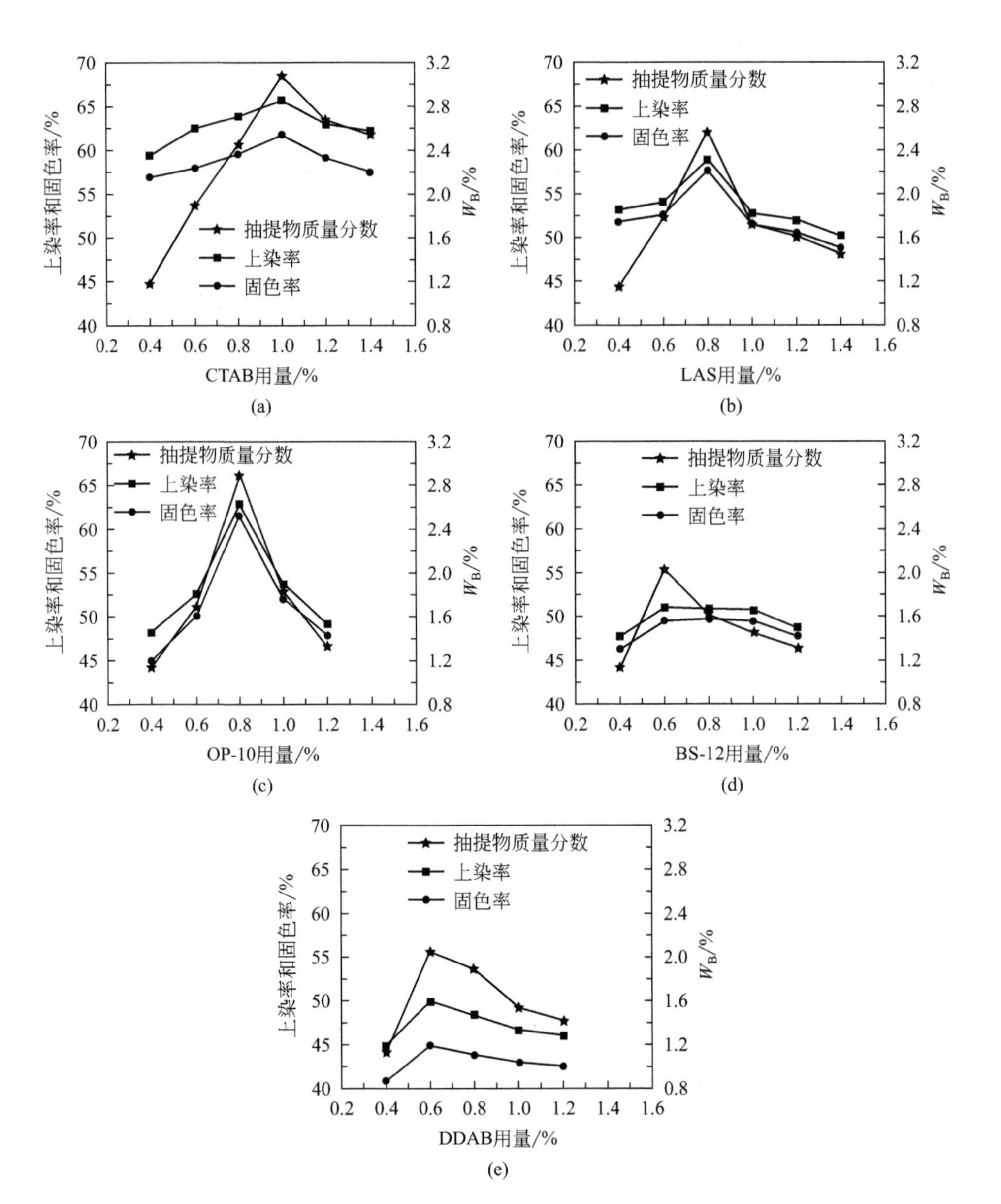

图 3.35　NaOH 预处理杨木时不同表面活性剂对杨木抽提物质量分数、上染率和固色率的影响

NaOH 溶液的表面张力，增加溶液对木材的润湿性能，同时 CTAB 分子结构（$H_3C-(CH_2)_{15}-\overset{+}{N}(CH_3)_3\ Br^-$）中的阳性基团与木材流动通道中的阴性基团结合使其溶出，使抽提物质量分数大幅增加，染料分子更易上染木材纤维；随着 CTAB 用量的进一步增加，NaOH 占据木材主要渗透通道，反而阻碍了抽提物的溶出，导致

上染率和固色率降低。

从图 3.35(b) 可知，杨木 NaOH 抽提物质量分数、上染率和固色率先随着 LAS 加入量的增加而增加，加入 0.8%时，抽提物质量分数达到 2.56%，上染率为 58.84%，固色率为 57.72%，后又随着 LAS 加入量的增加而减小。这是因为 LAS 是一种阴离子型表面活性剂，能够降低 NaOH 溶液的表面张力，增加溶液对木材的润湿性能，使 NaOH 处理效果变好，但 LAS 分子结构

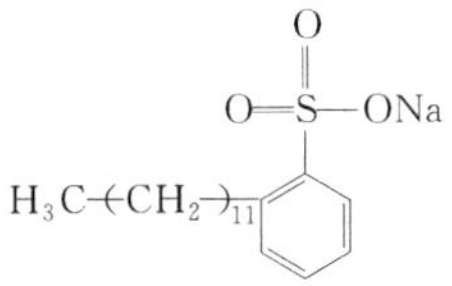

O
O═S—ONa

($H_3C{-}(CH_2)_{11}$) 中所带的磺酸根负电荷会与木材纤维的负电荷产生较大的斥力作用，随着加入量的增加，斥力增大，阻碍 NaOH 溶液吸附到木材纤维上，降低 NaOH 溶液在木材中的渗透，不能溶出抽提物，降低其处理效果，使上染率低于经 CTAB 处理后的木材。

从图 3.35(c) 可知，杨木 NaOH 抽提物质量分数、上染率和固色率随 OP-10 加入量的增加呈现先增后降的趋势，加入 0.8%时，抽提物质量分数、上染率和固色率最大，抽提物质量分数达到 2.89%，上染率为 62.87%，固色率为 61.76%，比不加表面活性剂时的上染率提高了 16.64%、固色率提高了 21.77%。这是因为 OP-10 是一种非离子表面活性剂，分子结构式为

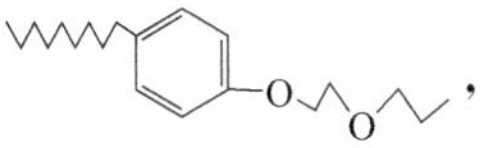

O O ，在溶液中不电离，亲水基由一定数量的含氧基团构成，稳定性更好，水溶性的抽提物溶解度增加，活性黄上染率、固色率增加。当 OP-10 达到其临界胶束浓度以后，亲水基被水包裹在胶团内部，直链烷烃亲油基吸附在木材-溶液界面，对溶液表面张力的影响降低，亲水性降低，因而不利于抽提物的溶出，从而导致上染率和固色率的下降。

从图 3.35(d) 可知，杨木 NaOH 抽提物质量分数、上染率和固色率随 BS-12 加入量的增加呈现先增后降的趋势，加入 0.6%时，抽提物质量分数、上染率和固色率最大，抽提物质量分数达到 2.03%，上染率为 51.04%，固色率为 49.48%，比不加表面活性剂时的上染率降低了 5.31%、固色率降低了 2.44%。

BS-12 是十二烷基二甲基胺乙内酯，分子结构式为 O O^- N^+ ，是一种两性表面活性剂，一方面亲水基中的正电荷与木材中的阴性基团结合，增加木材的润湿性，溶出更多的抽提物；另一方面亲水基中的负电荷又与木材中的阴性基团产生斥力作用，拒绝 NaOH 分子的靠近，综合作用导致上染率和固色率比未加表

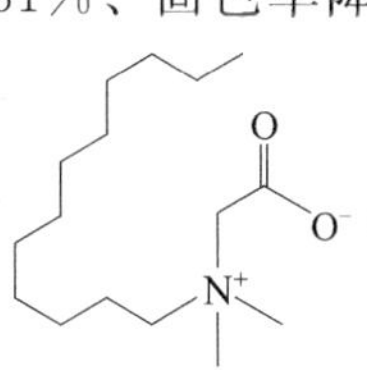

面活性剂的要低。

从图 3.35(e) 可知，杨木 NaOH 抽提物质量分数、上染率和固色率随 DDAB 加入量的增加呈现先增后降的趋势，加入 0.6%时，抽提物质量分数、上染率和固色率最大，抽提物质量分数达到 2.05%，上染率为 49.94%，固色率为 44.97%，比不加表面活性剂时的上染率降低了 7.35%、固色率降低了 11.34%。DDAB 是双十二烷基二甲基溴化铵，分子结构式为 $H_3C\text{-}(CH_2)_{11}\text{-}N^+(CH_3)_2\text{-}(CH_2)_{11}\text{-}CH_3\ Br^-$，是一种阳离子双子型表面活性剂，由于其结构的特殊性，一方面亲水基中的季铵盐正电荷增加木材的润湿性，与木材中的阴性基团快速结合，溶出更多的抽提物；另一方面 DDAB 具有很强的表面吸附能力和胶束生成能力，使得 DDAB 在加入量 0.6%时已达到临界胶束浓度，加速 NaOH 的渗透，使更多的 NaOH 代替抽提物占据传质通道，浓差极化现象越来越明显，传质阻力变大，NaOH 对木材内部传质通道的破坏作用增强，反而使处理效果变差，从而导致上染率和固色率的降低。

表 3.20　NaOH 预处理杨木时不同类型表面活性剂对染色杨木 L^*、a^*、b^* 值及 ΔE^* 值的影响

表面活性剂名称	表面活性剂用量/%	L^*	a^*	b^*	ΔE^*
未加表面活性剂	0.0	52.56	63.79	249.7	0.0
CTAB	0.4	47.64	59.42	241.0	1.1
	0.6	46.61	63.16	246.2	3.4
	0.8	50.87	69.29	252.3	7.9
	1.0	49.19	56.19	253.3	3.5
	1.2	50.92	59.06	254.2	0.3
LAS	0.4	71.37	35.47	206.0	39.1
	0.6	70.58	−18.64	202.9	44.0
	0.8	70.50	34.79	198.1	46.8
	1.0	69.08	37.53	206.7	37.8
	1.2	64.64	43.75	219.4	23.7
OP-10	0.4	70.24	36.28	196.5	48.1
	0.6	69.67	37.68	209.2	35.4
	0.8	71.13	34.77	190.5	54.4
	1.0	71.68	37.56	206.2	38.5
	1.2	67.29	39.32	210.4	33.7

续表

表面活性剂名称	表面活性剂用量/%	L^*	a^*	b^*	ΔE^*
BS-12	0.4	67.03	42.34	260.3	2.3
	0.6	61.42	46.50	254.2	2.5
	0.8	60.46	44.99	256.1	2.9
	1.0	62.83	45.01	255.7	3.2
	1.2	65.98	41.49	261.0	3.6
DDAB	0.4	77.04	22.22	247.5	22.0
	0.6	73.26	24.65	247.1	21.4
	0.8	70.49	22.55	248.8	19.4
	1.0	73.35	25.14	253.5	15.0
	1.2	64.57	33.80	250.7	14.5

从表3.20可知，与未加入表面活性剂NaOH预处理后的染色杨木相比，加入CTAB的染色杨木L^*值降低，表明明度降低，黄颜色没有原来鲜艳；a^*值都为正值，与63.79比有大有小，则颜色普遍偏红，与原来的颜色相比偏红程度有大有小；b^*值都是正值，而且数值很大，则颜色普遍呈黄色，且随着CTAB用量的增加，b^*值增大，黄色加深；总色差ΔE^*值随CTAB用量的增加呈现先上升后下降的趋势，在CTAB用量为0.8%时色差最大，匀染性效果最差，CTAB用量为1.2%时色差最小，匀染性效果最好；CTAB用量为1.0%时色差值为3.5，是人眼可识别到的范围，匀染性效果适中。经加入LAS的染色杨木L^*值升高，表明明度增大，黄颜色鲜艳明亮；a^*值都比63.79小，甚至有负值，则颜色偏红没那么明显，甚至偏绿；b^*值都小于249.7，则呈现的黄色要浅；总色差ΔE^*值随LAS用量的增加呈现先上升后下降的趋势，在LAS用量为0.8%时色差最大，LAS用量为1.2%时ΔE^*值最小，最小的ΔE^*值都达到23.7，匀染性效果差，表明添加LAS并不能达到匀染的效果。加入OP-10的染色杨木L^*值升高，表明明度增大，黄颜色鲜艳明亮；a^*值都是正值，但都小于63.79，则颜色偏红没那么明显；b^*值较大，但都小于249.7，则呈现的黄颜色要浅；ΔE^*值都较大，表明NaOH预处理时加入OP-10会导致匀染性变差。加入BS-12的染色杨木L^*值升高，表明明度增大，黄颜色鲜艳明亮；a^*值都是正值，但都小于63.79，则颜色偏红没那么明显；b^*值都大于249.7，则呈现的黄颜色要深；ΔE^*值都较小，表明NaOH预处理时加入BS-12会使染色杨木具有好的匀染性。加入DDAB的染色杨木L^*值升高，表明明度增大，黄颜色鲜艳明亮；a^*值都是正值，但都小于63.79，则颜色偏红没那么明显；b^*值都接近249.7，则呈现的黄颜色深浅相近；ΔE^*值都较大，表明NaOH预处理时加

入 DDAB 会使染色杨木的匀染性变差，呈现明显的色差。

综上所述，CTAB、LAS、OP-10、BS-12、DDAB 等 5 种表面活性剂都会对杨木 NaOH 预处理过程产生影响，从而影响活性染料对杨木的染色效果。能提高活性染料上染杨木上染率和固色率的表面活性剂是 CTAB、OP-10 和 LAS，且提高幅度为 CTAB＞OP-10＞LAS，BS-12 和 DDAB 反而降低了活性染料上染杨木的上染率和固色率。当 CTAB 加入量为 1.0％时，上染率和固色率比不加表面活性剂时分别提高了 22％和 21.77％，且色泽均匀。

3.2.6 乙醇在 NaOH 预处理木材技术中的应用

NaOH 预处理杨木时加入不同比例的乙醇对木材抽提物质量分数、上染率和固色率的影响见图 3.36，对染色木材 L^*、a^*、b^* 值和总色差 ΔE^* 值的影响见表 3.21。

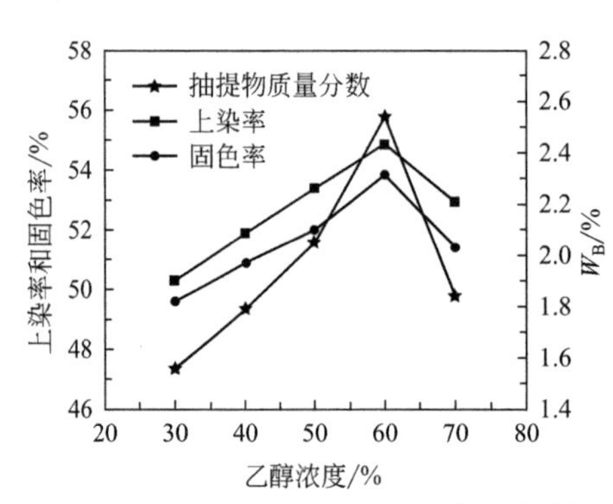

图 3.36 乙醇对 NaOH 预处理杨木的抽提物质量分数、上染率和固色率的影响

从图 3.36 可知，随着溶剂体系中乙醇浓度（乙醇占总溶液的体积分数）从 30％增加到 70％，杨木 NaOH 抽提物质量分数、上染率和固色率呈现先增后降的趋势，当乙醇浓度 60％时，抽提物质量分数、上染率和固色率最大，抽提物质量分数达到 2.54％，上染率为 54.89％，固色率为 53.84％，比不加乙醇时的上染率增加了 1.84％、固色率增加了 6.15％。这是因为乙醇的极性比水大，根据相似相溶原理，能加大木材中的醇、酯等极性抽提物的溶解，加速 NaOH 的渗透，溶解出更多的 NaOH 抽提物；随着乙醇用量的增加，阻碍了木材中大部分烷烃、酮、酚等非极性或极性不强抽提物的溶解，木材渗透通道不畅通，导致上染率和固色率下降。

表 3.21 NaOH 预处理杨木时乙醇浓度对染色杨木 L^*、a^*、b^* 值及 ΔE^* 值的影响

乙醇浓度/%	L^*	a^*	b^*	ΔE^*
0	52.56	63.79	249.7	0.0
30	66.02	31.45	253.8	12.3
40	52.51	54.60	251.4	8.1
50	56.42	48.56	248.4	8.0
60	47.06	59.25	242.8	9.7
70	48.33	61.94	240.4	12.5

从表 3.21 可知，NaOH 预处理体系中加入乙醇后的染色杨木与未加乙醇的染色杨木相比，L^* 的变化与乙醇浓度有关，乙醇浓度不大于 50%时，L^* 值比 52.56 大，表明明度增大，黄颜色鲜艳明亮，当乙醇浓度不小于 60%时，L^* 值比 52.56 小，表明明度降低；a^* 值都是正值，但都小于 63.79，且随着乙醇浓度增加，a^* 越接近 63.79；b^* 值变化也与乙醇浓度有关，乙醇浓度不大于 40%时，b^* 值比 249.7 大，则黄颜色加深，当乙醇浓度不小于 50%时，b^* 值比 249.7 小，则黄颜色变浅。随着乙醇浓度从 30%增加到 70%，L^* 值和 b^* 值逐渐降低，a^* 值逐渐增大，总色差 ΔE^* 值呈现先降后升的趋势，在乙醇浓度为 50%时达到最小，但总色差值都很大，表明 NaOH 预处理木材时加入乙醇并不能使木材匀染。

综上所述，NaOH 预处理木材时，加入 60%乙醇虽然能提高木材的上染率和固色率，但上染率提高幅度较小，仅提高 1.84%，且降低了木材的匀染性，容易使活性染料上染不均匀，因此 NaOH 预处理时体系中不能加入乙醇。

3.3 H_2O_2 漂白处理技术

木材内部的部分抽提物和木质素带有呈还原性的发色基团，使木材呈现不同的颜色，同时木材在生长或储存过程中会受到外界条件影响发生光变色、生物变色和化学变色，使木材的不同部位呈现不同的颜色，木材本身的颜色将严重影响活性染料在木材中的染色效果，可能会使匀染性较差，色差较大，因此木材染色前一般需进行漂白处理[16]。H_2O_2 具有强氧化性，能够氧化发色基团、去除木材底色，改善活性染料在木材中的染色效果。本书先用 H_2O_2 漂白处理杨木，再用活性红 M-3BE 染料对预处理后的杨木染色，以活性染料上染木材时的上染率 E 和固色率 F 作为 H_2O_2 漂白处理改善木材渗透性的评价指标，通过单因素和响应曲面试验优化相结合的方法探讨了 H_2O_2 漂白处理杨木的工艺参数对活性染料在 H_2O_2 漂白处理杨木中渗透性的影响，并利用 FTIR、GC-MS 对 H_2O_2 漂白处理杨木的抽提物进行鉴定，采用 SEM、TG-DSC、XRD、FTIR 等对 H_2O_2 漂白处理杨木前后以及经活性染料对其染色后的染色杨木进行了相关的表征。

3.3.1 H_2O_2 漂白处理木材的方法

将 6～10 年生、密度 4.7～5.0g/cm^{3}的气干材杨木制作成 100mm×50mm×

5mm（长×宽×厚）试件，置于70～80℃烘箱中烘干，放在浴比（木材与H_2O_2溶液的质量比）为1∶20～1∶100、温度为40～100℃、H_2O_2溶液浓度为2%～8%（质量分数）的环境下漂白处理2～10h，经水洗、干燥后得到H_2O_2漂白处理杨木。将H_2O_2漂白处理的杨木试件置于染缸中，按照3.1.1节中的木材染色方法进行染色。

3.3.2 H_2O_2漂白处理工艺参数对活性染料在杨木中渗透性的影响

研究了H_2O_2漂白过程中浴比、处理温度、处理时间、H_2O_2浓度等工艺参数对活性染料上染漂白处理后杨木渗透性（以上染率E和固色率F作为评价指标）的影响规律，结果如图3.37所示。

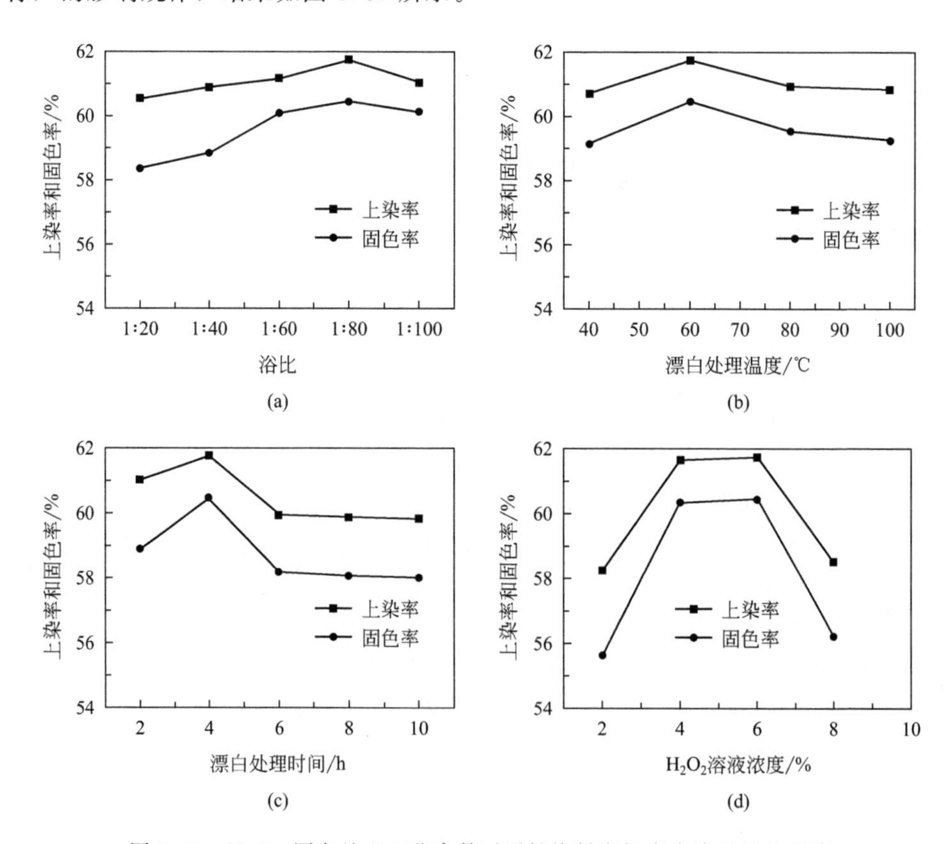

图3.37 H_2O_2漂白处理工艺参数对活性染料在杨木中渗透性的影响

由图3.37(a)可知，固定漂白处理时间4h、H_2O_2浓度4%、漂白处理温度60℃的条件下，E和F先随着浴比的增大而增加，而后又逐渐减小，在浴比为

1∶80 时，E 和 F 达到最大值。这是因为浴比较低时，水分向木材内部不断地渗透，导致木材内 H_2O_2 浓度极低，H_2O_2 的降解能力较弱；当浴比达到 1∶.80 后，随着浴比的增大，H_2O_2 占据原由抽提物占据的渗透通道，即 H_2O_2 在杨木内部的残余量增大，在染色过程中 H_2O_2 与染料分子发生氧化降解作用，染色效果变差，因此 H_2O_2 漂白处理的浴比为 1∶80。

由图 3.37(b) 可知，在固定浴比 1∶80、漂白处理时间 4h、H_2O_2 浓度 4% 的前提下，E 和 F 都是先随着温度的升高而增大，当漂白处理温度达 60℃后，又随着漂白处理温度的升高而降低。刚开始由于温度升高，H_2O_2 向木材内部渗透速率增大，对还原性抽提物的氧化分解能力和木质素的降解能力均增强，当漂白处理温度超过 60℃后，随着温度的升高，H_2O_2 受热大量分解生成 H_2O 和 O_2，表现为 H_2O_2 漂白效果变差，因此漂白处理温度为 60℃。

由图 3.37(c) 可知，在固定浴比 1∶80、漂白处理温度 60℃、H_2O_2 浓度为 4%的条件下，随着漂白处理时间的延长，E 与 F 的值均增大，即 H_2O_2 漂白处理杨木过程的效果变好。当漂白处理时间 4h 时处理效果达到最佳，这是由于流体在相间的传输以及抽提物的降解等过程均需要一定量的时间，4h 时 H_2O_2 不断地通过相界面进入木材内部，溶解抽提物和降解木质素，减小流体传输阻力，逐渐打通流体传质通道；当漂白处理时间＞4h 后，随时间延长，H_2O_2 漂白效果变差，可能原因是 H_2O_2 在杨木内部的残余量增大，随即对活性染料分子的氧化、降解能力增强。因此漂白处理时间为 4h。

基于浴比 1∶80、漂白处理温度 60℃、漂白处理时间 4h 的前提下，由图 3.37(d) 可知，E 和 F 先随着 H_2O_2 溶液浓度的增加而增加，H_2O_2 浓度达到 6%时，H_2O_2 漂白处理效果达到最佳，上染率 E 为 61.74%，固色率 F 为 60.46%，H_2O_2 浓度超过 6%时，E 和 F 反而下降。这是由于随着 H_2O_2 浓度增大，H_2O_2 刚开始扩散、渗透速率增大，漂白效果逐渐增强，当 H_2O_2 浓度大于 6%，浓度继续增大，H_2O_2 分解速率加快，大量 H_2O_2 被分解成 H_2O 和 O_2，H_2O_2 漂白效果变差。因此 H_2O_2 浓度为 6%。

3.3.3 H_2O_2 漂白处理木材的优化工艺

基于单因素实验数据，确定 H_2O_2 漂白处理杨木的较佳工艺：浴比 1∶80，漂白处理温度 60℃，漂白处理时间 4h，H_2O_2 浓度 6%。为了进一步优化 H_2O_2 漂白处理杨木工艺，根据单因素实验所得的工艺条件，在各单因素较优水平区间内再取 2 个水平 (4^3)，如表 3.22 所示。

表 3.22　H_2O_2 漂白处理杨木的响应曲面因素与水平表

因素	浴比 A			漂白处理时间 B/h			漂白处理温度 C/℃			H_2O_2 浓度 D/%		
编码值	−1	0	1	−1	0	1	−1	0	1	−1	0	1
水平	1∶70	1∶80	1∶90	3	4	5	50	60	70	5	6	7

将响应面因素水平输入 Design Expert8.0 中 Box-Behnken 进行中心复合设计，以活性染料在杨木中的上染率 E 为响应值，探讨 H_2O_2 漂白处理的最优工艺，实验设计方案及对应的实验结果如表 3.23 所示。

表 3.23　H_2O_2 漂白处理杨木的响应面实验方案及实验结果

实验号	浴比 A	漂白处理时间 B	漂白处理温度 C	H_2O_2 浓度 D	上染率 E/%
1	1.00	0.00	0.00	1.00	59.87
2	−1.00	0.00	0.00	1.00	60.85
3	0.00	0.00	0.00	0.00	60.35
4	0.00	0.00	0.00	0.00	61.73
5	0.00	0.00	1.00	1.00	59.50
6	1.00	−1.00	0.00	0.00	60.26
7	−1.00	0.00	0.00	−1.00	60.56
8	0.00	−1.00	1.00	0.00	59.46
9	0.00	−1.00	0.00	1.00	60.26
10	−1.00	−1.00	0.00	0.00	60.58
11	0.00	0.00	−1.00	1.00	58.96
12	1.00	1.00	0.00	0.00	61.42
13	0.00	0.00	−1.00	−1.00	58.84
14	0.00	0.00	0.00	0.00	60.15
15	1.00	0.00	−1.00	0.00	59.76
16	0.00	−1.00	−1.00	0.00	59.93
17	−1.00	1.00	0.00	0.00	59.48
18	−1.00	0.00	−1.00	0.00	60.87
19	0.00	1.00	1.00	0.00	61.47
20	0.00	1.00	−1.00	0.00	59.95
21	0.00	−1.00	0.00	−1.00	59.79
22	0.00	0.00	1.00	−1.00	60.99
23	0.00	0.00	0.00	0.00	58.74
24	0.00	1.00	0.00	1.00	59.26
25	0.00	1.00	0.00	−1.00	61.32
26	0.00	0.00	0.00	0.00	60.94
27	1.00	0.00	1.00	0.00	60.89
28	1.00	0.00	0.00	−1.00	61.46
29	−1.00	0.00	1.00	0.00	61.38

利用 Design Expert8.0 软件对表 3.23 中数据进行多元线性分析和回归拟合，得到各个实验因素与上染率 E 的回归方程如式(3.7) 所示：

$$E=61.49-0.005A+0.092B+0.32C+0.44D+0.56AB-0.10AC-0.28AD+0.120BC-0.63BD-0.39CD-0.39A^2-0.53B^2-0.36C^2-0.52D^2 \quad (3.7)$$

表 3.24 是 H_2O_2 漂白处理回归方程的方差分析结果。

表 3.24　H_2O_2 漂白处理回归方程方差分析结果

来源	平方和	自由度	均方	F 值	P 值	显著性
模型	18.84	14	1.35	10.05	<0.0001	显著
A	0.49	1	0.49	3.68	0.0758	
B	1.34	1	1.34	10.01	0.0069	显著
C	8.33×10^{-6}	1	8.33×10^{-6}	6.23×10^{-5}	0.9938	
D	2.33	1	2.33	17.43	0.0009	显著
AB	0.036	1	0.036	0.27	0.6116	
AC	0.042	1	0.042	0.31	0.5841	
AD	0.30	1	0.30	2.26	0.1549	
BC	0.01	1	0.01	0.075	0.7886	
BD	0.031	1	0.031	0.23	0.6398	
CD	0.59	1	0.59	4.43	0.0538	
A^2	1.00	1	1.00	7.46	0.0162	显著
B^2	1.82	1	1.82	13.60	0.0024	显著
C^2	12.85	1	12.85	96.00	<0.0001	显著
D^2	1.79	1	1.79	13.35	0.0026	显著
残差	1.87	14	0.13			
失拟项	1.8	10	0.18	9.48	0.0621	不显著
绝对误差	0.076	4	0.019			
总和	20.71	28				

由表 3.24 可知，该模型的 $P<0.0001$，说明该实验模型显著；模型校正决定系数 $R^2_{adj}=18.84/20.71=0.9097$，说明此模型预测能力好，可以解释 90.97%的响应值变化，因此可以用此模型对杨木活性染料染色的 E 进行分析预测。此模型的 B、D、B^2、C^2、D^2 达到 1%的极显著水平，A^2 达到 5%的显著水平。各因素对活性染料 E 的影响程度依次为 D>B>A>C，即 H_2O_2 浓度>漂白处理时间>浴比>漂白处理温度。

由回归方程所作的不同因子交互作用对上染率的响应面及等高线如图 3.38 所示。图 3.38(a)～(f) 分别表示浴比、漂白处理时间、漂白处理温度、H_2O_2

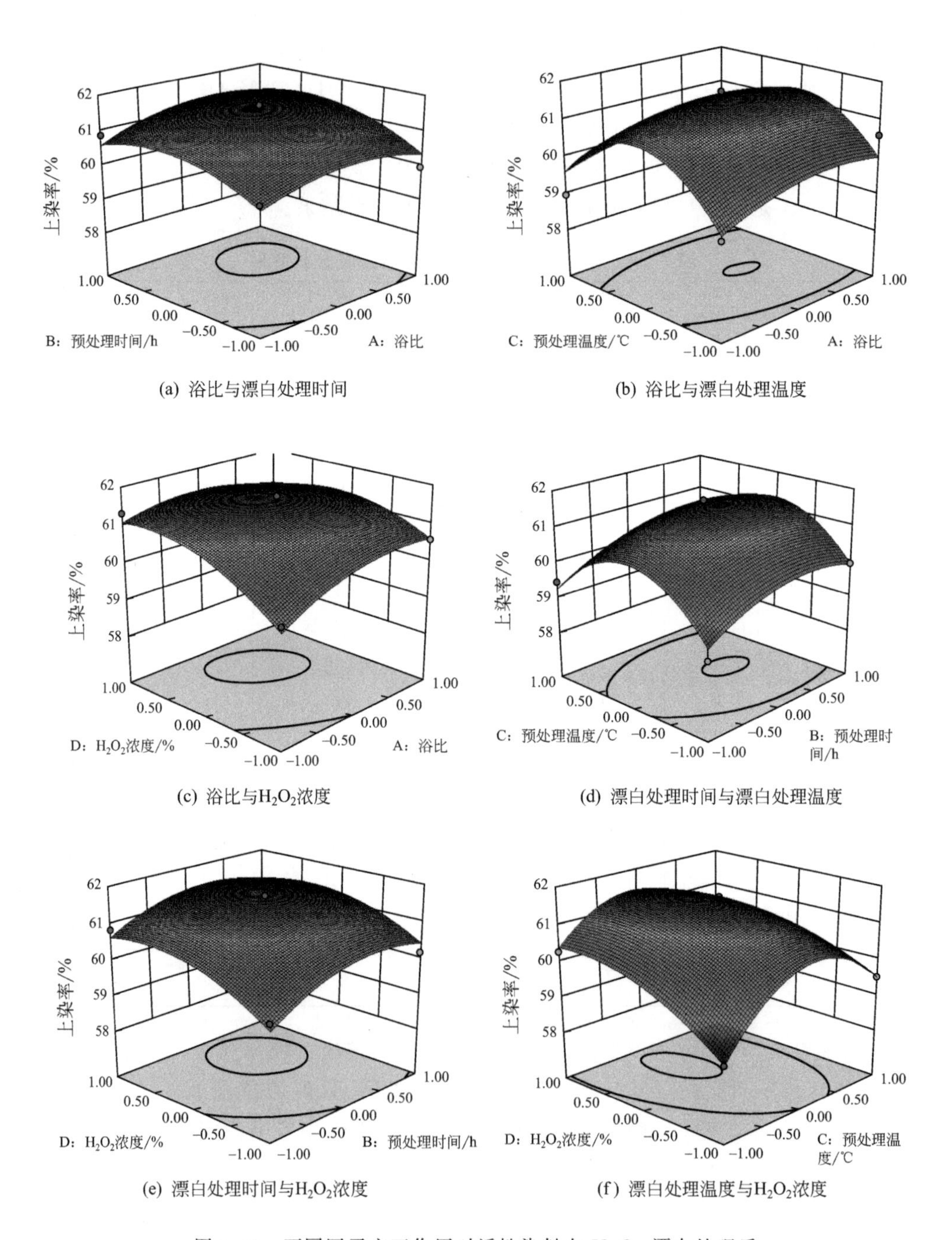

图 3.38 不同因子交互作用对活性染料在 H_2O_2 漂白处理后杨木中上染率 E 的响应面及等高线图

浓度之间的两个因素对上染率 E 的响应曲面图。由图 3.38 可知，4 个因素之间具有较强的交互作用，在浴比为 1∶80、漂白处理温度为 60℃、漂白处理时间为 4.5h、H_2O_2 浓度为 6.5%时，3D 曲面存在明显的峰值。

以最大响应值（E）为目标，经过优化得到最佳实验条件，A，B，C，D 分别对应的编码值为 A=0.2，B=0.33，C=0，D=0.44，即 H_2O_2 漂白处理杨木的最佳工艺条件：浴比为 1∶82，漂白处理温度为 60℃，漂白处理时间为 4.33h，H_2O_2 浓度为 6.44%。此条件下，上染率 E 可达到 61.46%。为验证模型可靠性，将响应曲面优化得到的最佳漂白处理工艺条件进行验证实验。在最佳条件下 5 次平行实验得到的实际平均上染率 E 为 61.75%，与理论值 61.46%相差 0.29%，且与未处理杨木活性染料染色时的上染率 E、固色率 F 相比分别提高 78.57%和 76.70%。因此，响应曲面法优化模型对优化 H_2O_2 漂白处理杨木得到的工艺参数是可行的。

综上所述，通过单因素和响应曲面法得到 H_2O_2 漂白处理杨木的优化工艺：浴比 1∶82，漂白处理温度 60℃，漂白处理时间 4.33h，H_2O_2 浓度 6.44%。经过此工艺处理后活性染料在杨木上的 E 和 F 分别达到 61.75%和 60.38%，与未处理材相比分别提高 78.57%和 76.70%。

3.3.4 H_2O_2 漂白处理改善木材渗透性的机理

（1）H_2O_2 漂白处理杨木的抽提物成分分析

按照 3.2.1 节中经 NaOH 预处理后木材抽提物的提取方法提取杨木经 H_2O_2 漂白处理后的抽提物，将得到的 H_2O_2 漂白处理杨木的抽提物进行 FTIR 和 GC-MS 分析，分别如图 3.39 和图 3.40 所示。

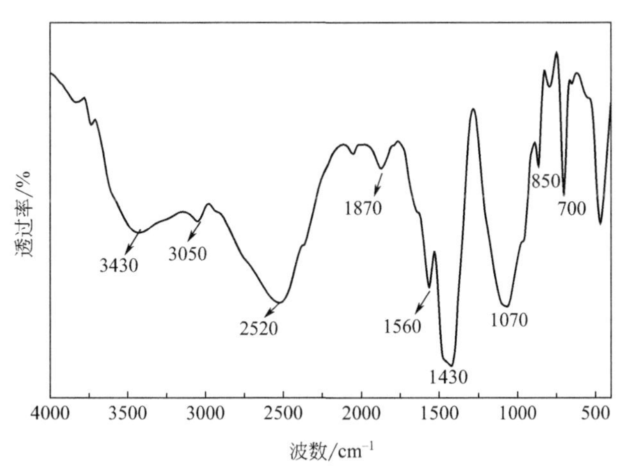

图 3.39 杨木 H_2O_2 漂白抽提物的 FTIR 谱图

由图 3.39 可以看出，3430cm^{-1}为—OH 伸缩振动峰，3050cm^{-1}为—C═C—中 C—H 伸缩振动峰，2520cm^{-1}为—CH_2 伸缩振动吸收峰，1870cm^{-1}为愈疮木酚型中的芳香烃在 2，5 和 6 位上平面之外的 C—H 振动峰，1560cm^{-1}以及 1430cm^{-1}为 C═C 伸缩振动峰或芳环的骨架振动峰或—COO—的不对称和对称伸缩峰，1070cm^{-1}为 C—O 键伸缩振动峰，850cm^{-1}为—CH_2 弯曲振动峰，700cm^{-1}为 Ar—H 面外弯曲振动，表明 H_2O_2 不仅能氧化不饱和的树胶、油脂等，增大其在水中的溶解度，还对木质素有部分降解作用。

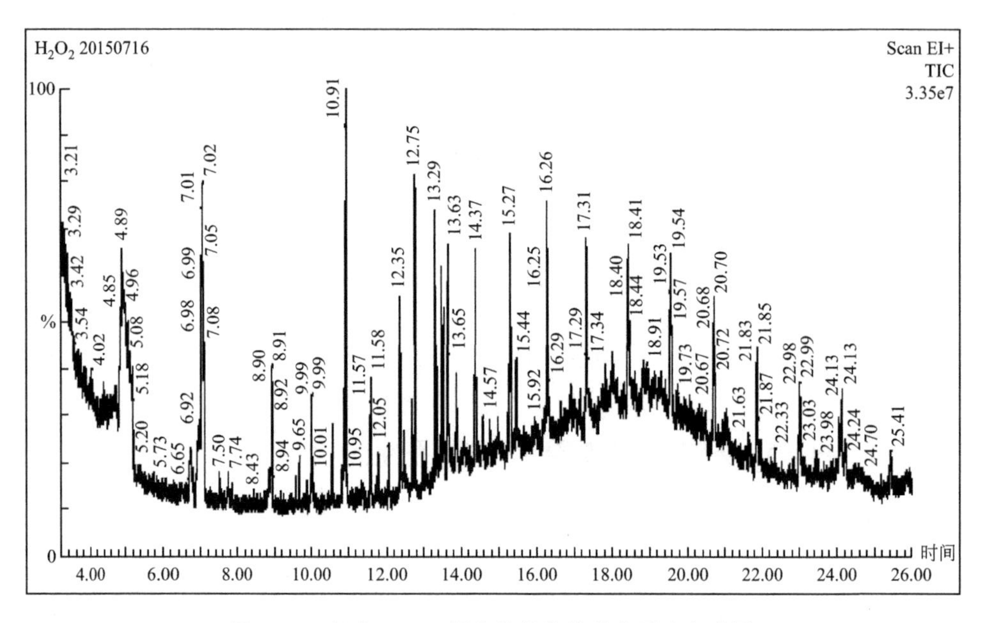

图 3.40　杨木 H_2O_2 漂白抽提物的总离子流色谱图

由图 3.40 可知，H_2O_2 杨木抽提物经色谱分离可以得到 60 余个峰，但仅可以鉴定出其中 20 种抽提物成分，占色谱峰总流出峰面积的 48.65%。其中酯类物质有 7 种，占物质总量的 34.03%；醇类 2 种，占物质总量的 5.99%；烯烃类 1 种，占物质总量的 5.86%；脂肪烷烃类 8 种，占物质总量的 47.3%；其他物质 2 种，占物质总量的 6.82%。

按照面积归一化法对图 3.40 中的 20 种色谱峰进行定量分析，计算每种组分占总抽提物质量的含量，其化学成分及相对含量如表 3.25 所示。由表 3.25 可知，H_2O_2 杨木抽提物化学成分中含量较高的前 13 种物质为：十四甲基环七硅氧烷（11.36%）、十三酸甲酯（8.87%）、2-甲基十九烷（6.33%）、邻苯二甲酸二异丁酯（6.29%）、2，6，10，15-四甲基十七烷（6.23%）、1-环己基壬烯（5.86%）、正三十一烷（5.86%）、2,6-二甲基十七烷（5.61%）、*N*,*N*-二甲基癸酰胺（5.11%）、2-甲基二十烷（4.97%）、3*a*,4,5,6,7,7*a*-六氢-4,7,7*a*-三甲基-2-(4*H*)-苯并呋喃羧酸甲酯（4.55%）、十九烷（4.41%）、硫酸己基十五烷基酯（4.01%）。

表 3.25 杨木 H_2O_2 漂白抽提物的化学成分

峰号	保留时间/min	相对含量/%	化合物名称	分子式
1	7.05	11.36	十四甲基环七硅氧烷	$C_{14}H_{42}O_7Si_7$
2	9.99	6.29	邻苯二甲酸二异丁酯	$C_{16}H_{22}O_4$
3	10.91	8.87	十三酸甲酯	$C_{14}H_{28}O_2$
4	11.57	3.17	癸酸乙酯	$C_{12}H_{24}O_2$
5	12.35	5.86	1-环己基壬烯	$C_{15}H_{28}$
6	12.75	4.55	3*a*,4,5,6,7,7*a*-六氢-4,7,7*a*-三甲基-2-(4*H*)-苯并呋喃羧酸甲酯	$C_{13}H_{20}O_3$
7	13.27	3.69	乙酸月桂酯	$C_{14}H_{28}O_2$
8	13.51	2.53	2,6,10-三甲基十二烷	$C_{15}H_{32}$
9	13.63	5.11	*N*,*N*-二甲基癸酰胺	$C_{12}H_{25}NO$
10	14.37	3.45	硫酸(2-异丁基)十一烷基酯	$C_{15}H_{32}SO_4$
11	15.27	4.01	硫酸己基十五烷基酯	$C_{21}H_{44}SO_4$
12	16.26	5.61	2,6-二甲基十七烷	$C_{19}H_{40}$
13	17.31	4.41	十九烷	$C_{19}H_{40}$
14	18.41	6.33	2-甲基十九烷	$C_{20}H_{42}$
15	19.54	3.19	2-甲基-2 乙基十三醇	$C_{16}H_{34}O$
16	20.70	6.23	2,6,10,15-四甲基十七烷	$C_{21}H_{44}$
17	21.85	4.97	2-甲基二十烷	$C_{21}H_{44}$
18	22.99	2.80	2-己基-1-癸醇	$C_{16}H_{34}O$
19	24.13	5.86	正三十一烷	$C_{31}H_{64}$
20	25.41	1.71	2,4-二甲基苯甲酸	$C_9H_{10}O_2$

（2）H_2O_2 漂白处理杨木的 SEM 分析

图 3.41 是 H_2O_2 漂白处理前后的杨木及其染色杨木的 SEM 图片。由图 3.41 可知，在 500 倍扫描电子显微镜下，杨木横切面中未处理材的导管被木纤维管胞隔开，且纤维管胞呈紧密形式排布、导管壁内切面含有少量抽提物［图（a）所示］，经 H_2O_2 处理后，杨木横切面导管壁内切面较光滑且开度扩大，同时木纤维管胞之间间隙增大，传质阻力大为减小［图（e）所示］，但 H_2O_2 处理材经活性染料染色后导管壁内切面的光滑度降低［图（g）所示］。在纵切面方向（2000 倍），在未处理材中可看到导管壁上的纹孔呈“互列”状排列，但大多数纹孔处于封闭或半封闭状态［图（b）所示］，但杨木经 H_2O_2 处理后，纹孔

膜大量被破坏、纹孔开度增大［如图（f）所示］，由图（d）与图（h）的比较可知，图（d）中染料仅零散地分布在导管内壁，而图（h）中染料却能均匀地分布于导管内壁。实验表明 H_2O_2 漂白处理可以疏通传质通道、减少传质阻力，使得染料分子更容易在木材内部渗透。

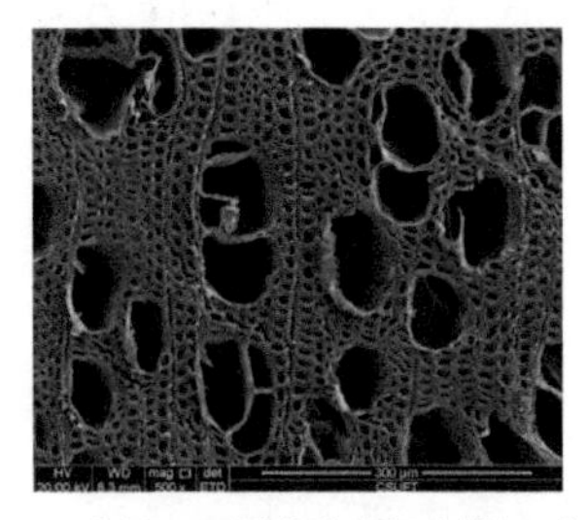

(a) 未经H_2O_2漂白处理杨木横切面

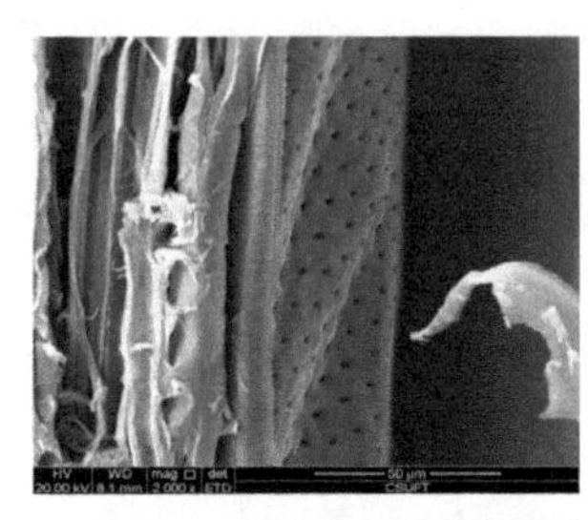

(b) 未经H_2O_2漂白处理杨木纵切面

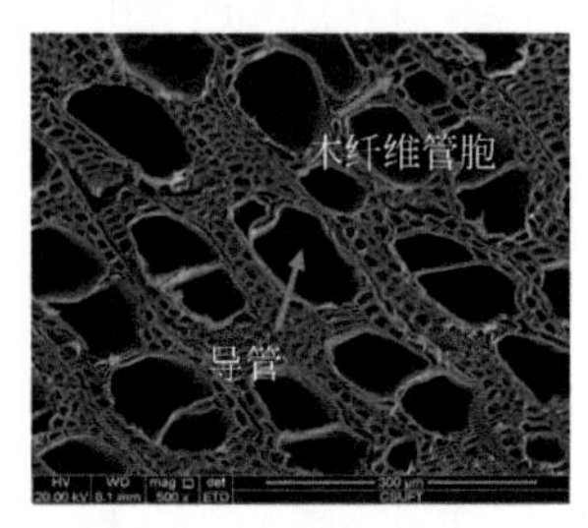

(c) 染色杨木1横切面

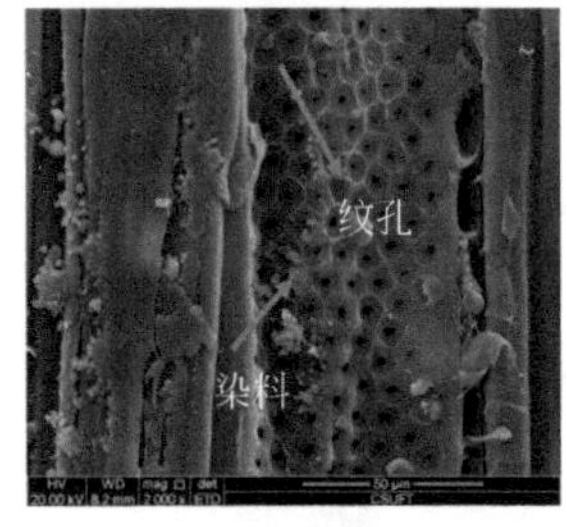

(d) 染色杨木1纵切面

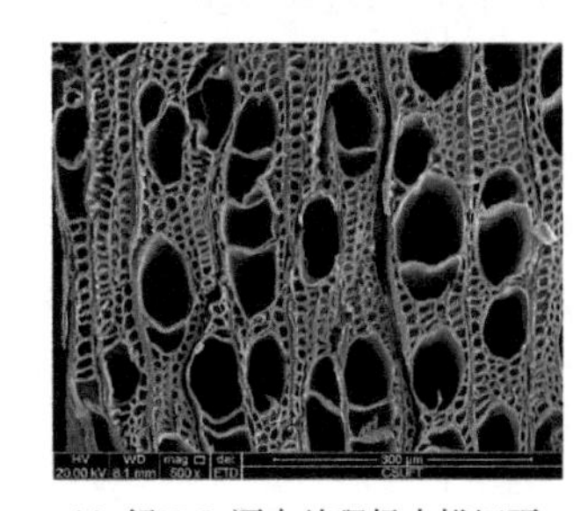

(e) 经H_2O_2漂白处理杨木横切面

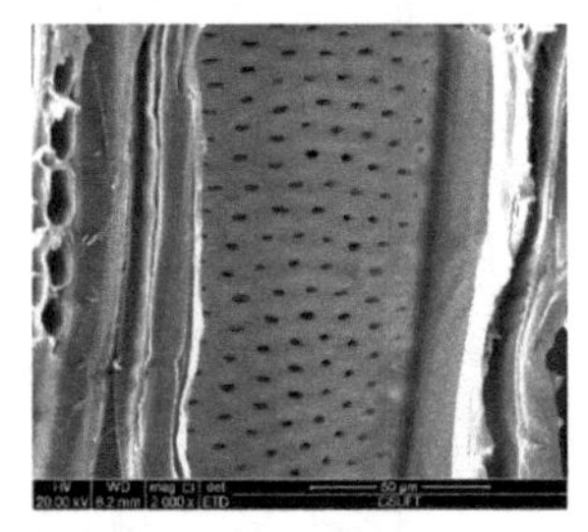

(f) 经H_2O_2漂白处理杨木纵切面

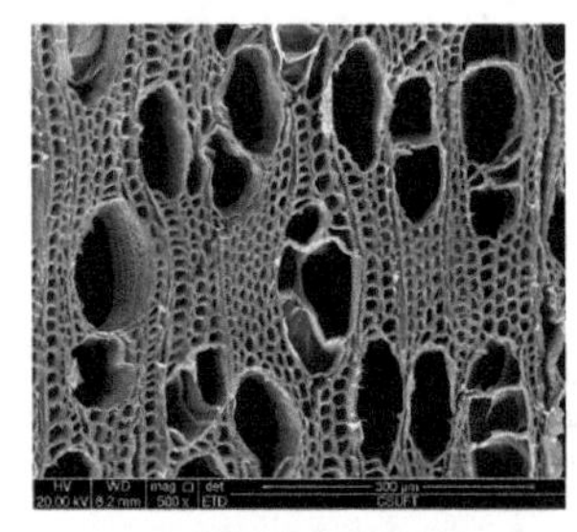

(g) 染色杨木3横切面

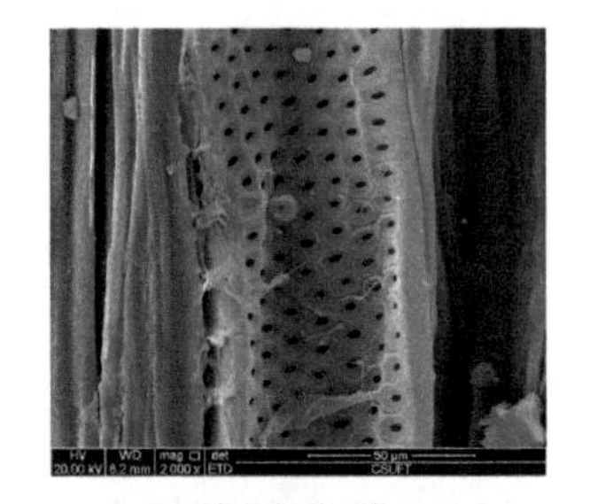

(h) 染色杨木3纵切面

图 3.41　H_2O_2 漂白处理前后的杨木及其染色杨木的 SEM 图

(3) H_2O_2 漂白处理杨木的 XRD 分析

图 3.42 为 H_2O_2 漂白处理杨木前后及其染色杨木样品的 XRD 图。从图 3.42 可以看出，4 个样品在 $2\theta=15°$ 和 $2\theta=22.5°$ 均有杨木的标准特征峰，木材经过活性染料染色后，在 $2\theta=31.9°$ 和 $2\theta=33.8°$ 出现活性染料的新特征峰［如图 3.42 中（c）、（d）曲线所示］。与曲线（c）相比，曲线（d）在该两处的特征峰强度均增强，表明样品的结晶度变大即材料的力学性能增强，这是因为经

H_2O_2 漂白处理后木材渗透性变好，染料分子更容易进入木材内部，在木材内部沉积、吸附以及反应，因此杨木经 H_2O_2 漂白处理不仅可以去除基材底色（如杨木本身的黄色、色斑等），染色处理还可以提高速生材的内在强度。

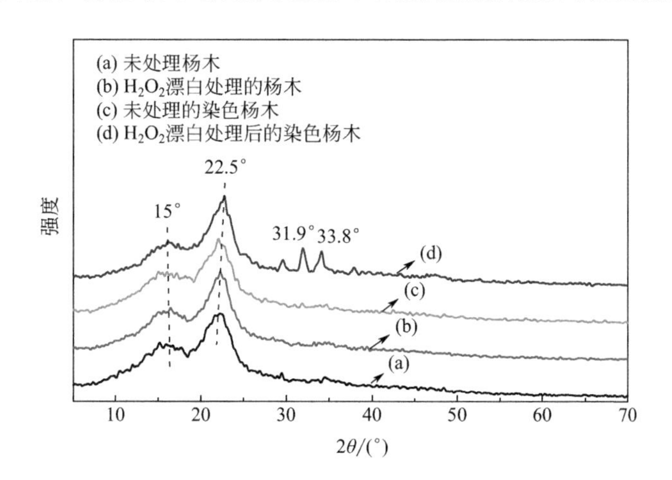

图 3.42　H_2O_2 漂白处理杨木前后及其染色杨木样品的 XRD

（4）H_2O_2 漂白处理杨木的 FTIR 分析

图 3.43 为 H_2O_2 漂白处理杨木前后及其染色杨木样品的 FTIR 谱图。由图 3.43 可以看出，与曲线（a）、（b）相比，曲线（c）、（d）在 631cm^{-1}（Ar—H 面外弯曲振动）吸收强度有明显增强，是由于活性染料与木纤维发生化学结合后，样品中苯环数量增加；同时与曲线（a）、（c）相比，曲线（b）、（d）在 1740cm^{-1}（酯羰基）、1640cm^{-1}（羟基）、1244cm^{-1}（羧基）及 1060cm^{-1}（糖类 C—O）吸收强度有明显下降，原因是 H_2O_2 不仅可以将木质素、还原性抽提

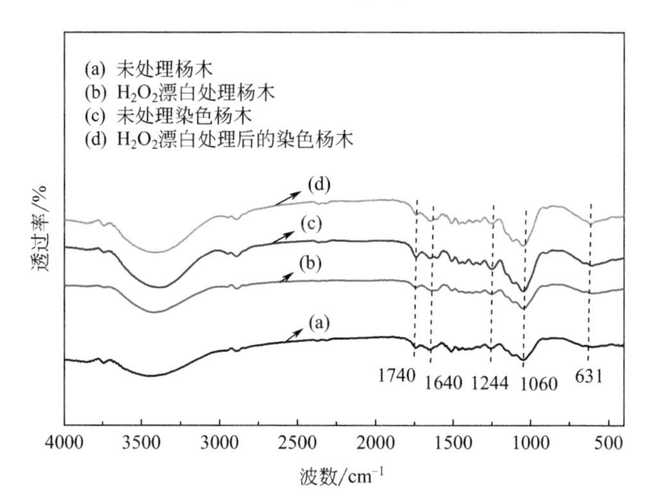

图 3.43　H_2O_2 漂白处理杨木前后及其染色杨木样品的 FTIR 谱图

物等氧化而溶入水中，且经 H_2O_2 漂白处理后染料分子更容易进入木材内部与木纤维分子中—OH 发生自由基反应，使得羟基数目减少，同时 H_2O_2 能够促进某些酯类水解，增大其在水中溶解度，因此 H_2O_2 漂白处理不仅能去除木材底色，还能改善木材渗透性。

（5）H_2O_2 漂白处理杨木的 TG-DSC 分析

图 3.44 是 H_2O_2 漂白处理杨木前后及其染色杨木样品的 TG-DSC 图。从图 3.44(a) 知，未经 H_2O_2 漂白处理的木材在 20～700℃的升温过程中质量损失与 3.2.4 节中未经 NaOH 预处理木材的相同；杨木被 H_2O_2 漂白处理后，水分汽化吸热峰稍有右移［如从图（a）中的 39.8℃右移到图（b）中的 48℃，如从图（c）中的 40.3℃右移到图（d）中的 44.4℃］，可能原因是 H_2O_2 漂白处理后杨木的极性增大，水分汽化热增大；杨木经 H_2O_2 漂白处理后，热解吸热峰温度降低［如从图（a）中的 391℃降低到图（b）中的 378℃，如从图（c）中的

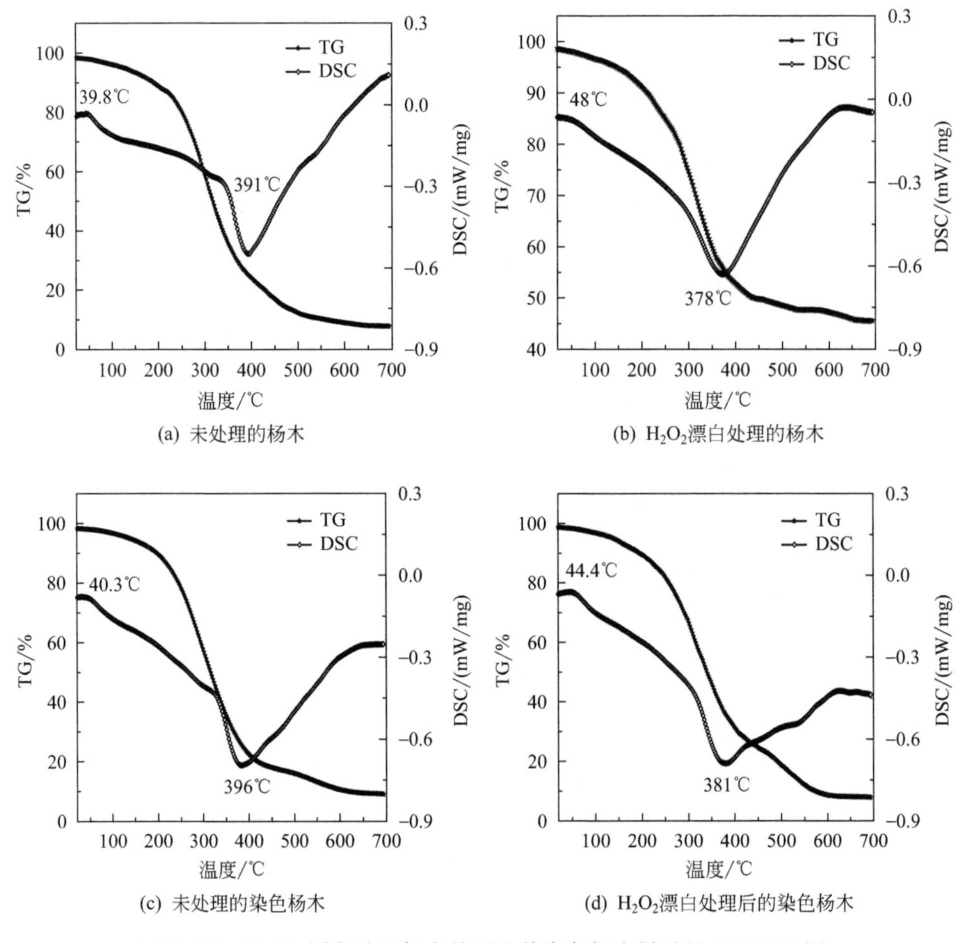

(a) 未处理的杨木

(b) H_2O_2漂白处理的杨木

(c) 未处理的染色杨木

(d) H_2O_2漂白处理后的染色杨木

图 3.44 H_2O_2 漂白处理杨木前后及其染色杨木样品的 TG-DSC 图

396℃降低到图（d）中的 381℃]，这是因为杨木经 H_2O_2 处理后，木质素被分解，导致纤维素与半纤维素之间的结合力降低、间隙度增大，纤维素与半纤维素的热解变得更加容易；杨木经活性染料染色处理后，热解吸收峰温度有升高［如从图（a）中的 391℃升高到图（c）中的 396℃，从图（b）中的 378℃升高到图（d）中的 381℃]，这是因为杨木渗透性的提高，活性染料更容易与木质素发生结合，从而使得材料热稳定性提高的缘故，但是染色处理提高杨木热稳定性的程度没有 H_2O_2 漂白处理降低杨木热稳定性的程度大，因此杨木经 H_2O_2 漂白处理及活性染料染色处理后，热解吸收峰温度从 391℃降低到 381℃，杨木热稳定性降低。

综上所述，H_2O_2 漂白处理杨木改善木材渗透性的机理为：H_2O_2 能将杨木中的主要抽提物十四甲基环七硅氧烷等 13 种物质氧化、降解而去除，降解部分木质素，消除木材底色，溶解部分纹孔膜，打通纹孔，增大木纤维之间的间隙，打通木材的渗透通道，改善木材的渗透性和扩散性，使染料分子更容易进入木材内部与木质素发生反应，提高活性染料在木材中的上染率和固色率，提高木材的结晶度，但由于木质素的分解，杨木的热稳定性降低。

3.4 果胶酶生物预处理技术

果胶广泛存在于木材的细胞初生壁和胞间层中，在纤维细胞胞间层中，果胶质与纤维素、半纤维素、木质素等相互交联，形成复杂的化学键，使细胞壁紧密地结合在一起，阻碍了染液在木材中的渗透。果胶酶是一种复合酶，它能有效地降解木材中的果胶质，转变为可溶性果胶，使果胶呈游离状态，并随之使表面的其他杂质脱落。用酶对木材纤维进行预处理，其加工条件比化学方法温和，耗能低，减少了酸、碱等化工原料的使用，不产生或少产生对环境有害的物质，从而减少污染，有利于环境保护。本书先用果胶酶预处理杨木，再用活性红 M-3BE 染料对预处理后的杨木染色，以活性染料上染木材时的上染率 E 和固色率 F 作为果胶酶预处理改善木材渗透性的评价指标，通过单因素和响应曲面试验优化相结合的方法探讨了果胶酶预处理杨木的工艺参数对活性染料在果胶酶预处理杨木中渗透性的影响，并利用 FTIR、GC-MS 对果胶酶预处理杨木的抽提物进行鉴定，采用 SEM、TG-DSC、XRD、FTIR 等对果胶酶预处理杨木前后以及经活性染料对其染色后的染色杨木进行了相关的表征。

3.4.1 果胶酶预处理木材的方法

将6～10年生、密度4.7～5.0g/cm^{3}的气干材杨木制作成100mm×50mm×5mm（长×宽×厚）试件，置于70～80℃烘箱中烘干，放在浴比（木材与果胶酶的质量比）为1∶20～1∶100、温度为20～80℃、酶用量2.0～10g/L、pH为3～7的环境下预处理2～6h，经水洗、干燥后得到果胶酶预处理杨木。将果胶酶预处理的杨木试件置于染缸中，按照3.1.1节中的染色方法进行染色。

3.4.2 果胶酶预处理工艺参数对活性染料在杨木中渗透性的影响

研究了果胶酶预处理浴比、预处理温度、预处理时间、果胶酶用量、pH值等工艺参数对活性染料在杨木中渗透性（以上染率E和固色率F为评价指标）的影响规律，结果如图3.45所示。

由图3.45(a) 可知，在固定预处理时间4h、酶用量4g/L、预处理温度60℃及pH为5的条件下，E和F先随着浴比的增大而减小，然后又变化不明显，这是因为酶具有专一性，且酶以微元蛋白颗粒形式分散在水中，而在未处理状况下木材内部渗透通道由多种抽提物占据，渗透过程较缓慢；且随着浴比增大，溶液中微元蛋白的数量增多，大量水通过渗透系统进入木材内部，同时随着浴比增加，酶微元蛋白体被截留并在木材表面形成一层高浓度的微元蛋白层，阻碍了酶微元蛋白体由液相主体向木材表面的扩散作用。基于浴比太小，处理过程中木材不能完全浸于溶液中，处理不均匀，而浴比太大，处理效果不佳，因此浴比取1∶20较为适宜。

由图3.45(b) 可知，在固定浴比1∶20、预处理时间4h、酶用量4g/L、pH为5的条件下，E和F都是先随预处理温度的升高而增大，当温度达60℃后，又随预处理温度的升高而降低。这是因为酶的高效催化性需要适宜的温度，刚开始由于温度升高，果胶酶的渗透速率增大、催化活性增强，果胶酶的降解能力不断增强，当预处理温度超过60℃后，高温破坏了酶的内部空间结构，导致酶逐渐失活，酶的催化活性变差，因此果胶酶预处理温度60℃较为适宜。

由图3.45(c) 可知，在固定浴比1∶20、预处理温度60℃、酶用量4g/L及pH为5的条件下，E与F的值先随着果胶酶预处理时间的延长而增大，时间4h时达到最大值，后又随着预处理时间的延长而降低。这是因为预处理时间小于4h时，果胶酶微元蛋白体不断地通过相界面进入木材内部，溶解果胶质，打开纹孔，减小流体传输阻力，提高流体在杨木内横向渗透性；当预处理时间超过

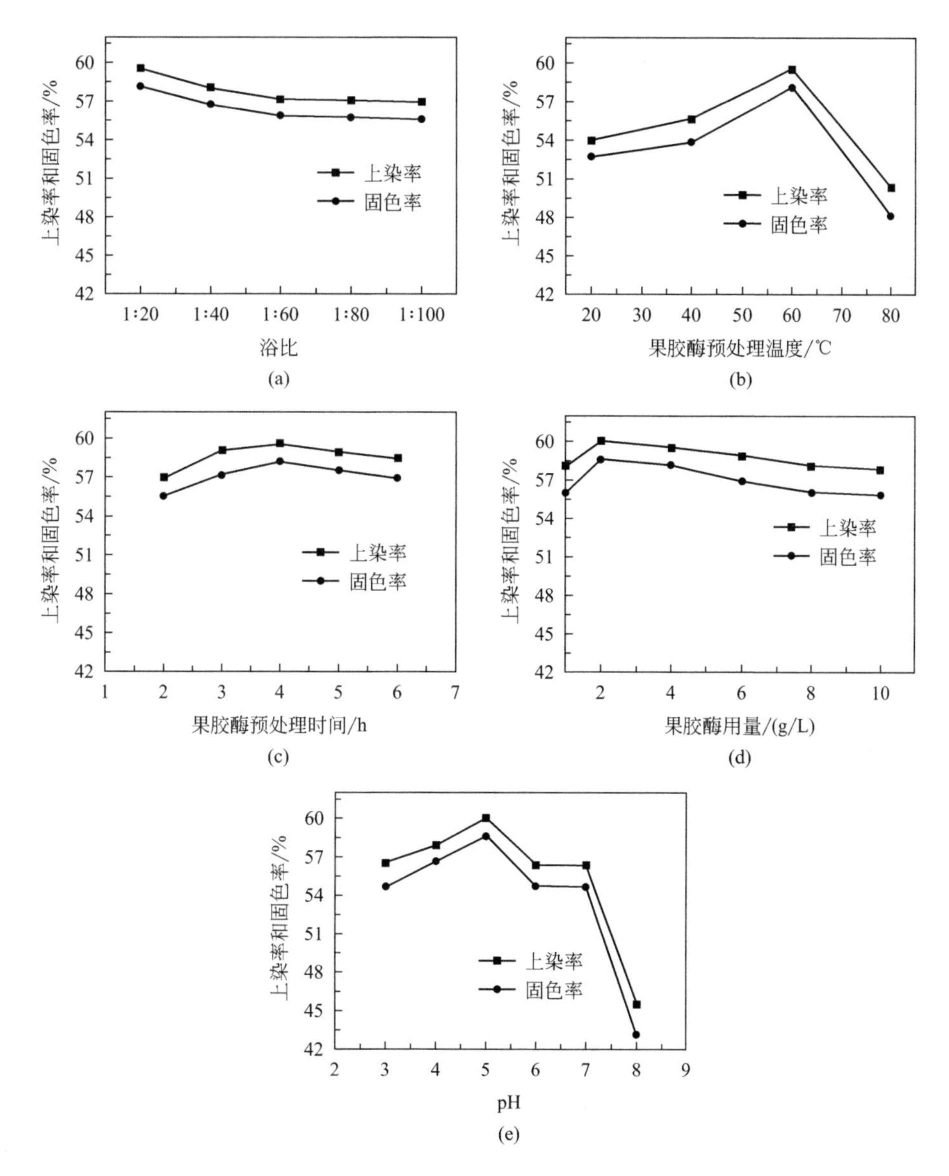

图 3.45 果胶酶预处理工艺参数对活性染料在杨木中渗透性的影响

4h 后，由于大量果胶酶微元蛋白体残留在木材内部，重新堵塞纹孔，妨碍流体在杨木体内的渗透作用，因此果胶酶预处理时间为 4h。

由图 3.45(d) 可知，在固定浴比 1∶20、预处理温度 60℃、预处理时间 4h 及 pH 为 5 的条件下，E 和 F 值先随着酶用量的增大而增加，2g/L 时达到最大值，后又随着酶用量的增加而减小。原因可能是酶用量小于 2g/L 时，太少的量不足以溶解木材中的果胶质，随着酶用量的增加，生物降解果胶质的量增加，提高了染料在木材中的渗透性，酶用量超过 2g/L 后，由于果胶酶在水中的溶解度有限，且大多数以高分子胶体蛋白体的形式存在于木材中，阻碍了木材的渗透通道，反而使上染率和固色率下降，因此果胶酶用量为 2g/L。

由于酶的催化活性，需要适宜 pH 值，pH 值过高（强碱性环境）或过低（强酸性环境）均会影响酶分子的空间结构，致使酶因絮凝、沉淀而失活。由图 3.46(e) 可知，在固定浴比为 1∶20、预处理温度 60℃、预处理时间 4h 及酶用量为 2g/L 的条件下，pH 值从 3 变化到 8，E 和 F 均先随 pH 值的增大而增大，pH 值为 5 时达到最大值，此时上染率 E 和固色率 F 分别为 60.05%和 58.62%，后随 pH 值增大而降低，pH 值到 6 后基本保持不变，而当 pH>7 后上染率和固色率急剧降低，因此 5 是果胶酶活性最佳的 pH 值。

3.4.3 果胶酶预处理木材的优化工艺

在单因素实验基础上确定果胶酶预处理杨木的较优工艺：浴比 1∶20，预处理温度 60℃，预处理时间 4h，酶用量 2g/L，pH 值为 5。为了进一步优化果胶酶预处理杨木工艺，在确定的各单因素较优水平区间内再取 2 个水平（5^3），响应曲面因素与水平表如表 3.26 所示。

表 3.26 果胶酶预处理杨木的响应曲面因素与水平表

因素	编码值			水平		
浴比 A	−1	0	1	1∶10	1∶20	1∶30
预处理温度 B/℃	−1	0	1	50	60	70
预处理时间 C/h	−1	0	1	3	4	5
pH 值 D	−1	0	1	4	5	6
果胶酶用量 E/(g/L)	−1	0	1	1	2	3

将响应面因素水平输入 Design Expert8.0 中 Box-Behnken 进行中心复合设计，以活性染料在杨木中的上染率 E 为响应值，探讨果胶酶预处理的最优工艺，实验设计方案及对应的实验结果如表 3.27 所示。

表 3.27 果胶酶预处理杨木的响应面实验方案及实验结果

实验号	浴比 A	预处理温度 B	预处理时间 C	pH 值 D	果胶酶用量 E	上染率 E/%
1	−1.00	−1.00	0.00	0.00	0.00	57.86
2	1.00	−1.00	0.00	0.00	0.00	58.71
3	−1.00	1.00	0.00	0.00	0.00	58.25
4	1.00	1.00	0.00	0.00	0.00	57.01

续表

实验号	浴比 A	预处理温度 B	预处理时间 C	pH 值 D	果胶酶用量 E	上染率 E/%
5	0.00	0.00	−1.00	−1.00	0.00	57.55
6	0.00	0.00	1.00	−1.00	0.00	56.86
7	0.00	0.00	−1.00	1.00	0.00	58.23
8	0.00	0.00	1.00	1.00	0.00	58.86
9	0.00	−1.00	0.00	0.00	−1.00	57.69
10	0.00	1.00	0.00	0.00	−1.00	57.74
11	0.00	−1.00	0.00	0.00	1.00	57.86
12	0.00	1.00	0.00	0.00	1.00	58.11
13	−1.00	0.00	−1.00	0.00	0.00	58.84
14	1.00	0.00	−1.00	0.00	0.00	58.41
15	−1.00	0.00	1.00	0.00	0.00	59.17
16	1.00	0.00	1.00	0.00	0.00	58.84
17	0.00	0.00	0.00	−1.00	−1.00	58.08
18	0.00	0.00	0.00	1.00	−1.00	59.08
19	0.00	0.00	0.00	−1.00	1.00	58.08
20	0.00	0.00	0.00	1.00	1.00	58.59
21	0.00	−1.00	−1.00	0.00	0.00	57.63
22	0.00	1.00	−1.00	0.00	0.00	58.16
23	0.00	−1.00	1.00	0.00	0.00	57.89
24	0.00	1.00	1.00	0.00	0.00	58.19
25	−1.00	0.00	0.00	−1.00	0.00	58.46
26	1.00	0.00	0.00	−1.00	0.00	58.19
27	−1.00	0.00	0.00	1.00	0.00	58.83
28	1.00	0.00	0.00	1.00	0.00	58.48
29	0.00	0.00	−1.00	0.00	−1.00	58.59
30	0.00	0.00	1.00	0.00	−1.00	58.35
31	0.00	0.00	−1.00	0.00	1.00	58.51
32	0.00	0.00	1.00	0.00	1.00	58.45
33	−1.00	0.00	0.00	0.00	−1.00	58.58
34	1.00	0.00	0.00	0.00	−1.00	58.89
35	−1.00	0.00	0.00	0.00	1.00	58.76
36	1.00	0.00	0.00	0.00	1.00	58.92
37	0.00	−1.00	0.00	−1.00	0.00	56.54

续表

实验号	浴比 A	预处理温度 B	预处理时间 C	pH 值 D	果胶酶用量 E	上染率 E/%
38	0.00	1.00	0.00	−1.00	0.00	56.32
39	0.00	−1.00	0.00	1.00	0.00	56.62
40	0.00	1.00	0.00	1.00	0.00	58.17
41	0.00	0.00	0.00	0.00	0.00	59.29
42	0.00	0.00	0.00	0.00	0.00	59.51
43	0.00	0.00	0.00	0.00	0.00	59.24
44	0.00	0.00	0.00	0.00	0.00	59.18
45	0.00	0.00	0.00	0.00	0.00	59.47
46	0.00	0.00	0.00	0.00	0.00	59.39

利用 Design Expert8.0 软件对表 3.27 中数据进行多元线性分析和回归拟合，得到各个实验因素与上染率 E 的回归方程如式(3.8) 所示：

$$E=59.35-0.081A+0.072B+0.043C+0.42D+0.018E-0.52AB+0.025AC-0.02AD-0.037AE-0.057BC+0.44BD+0.05BE+0.33CD+0.045CE-0.12DE-0.12A^2-1.24B^2-0.431C^2-0.89D^2-0.28E^2 \quad (3.8)$$

表 3.28 是果胶酶预处理回归方程的方差分析结果。由表 3.28 回归方程方差分析可知，该模型 $P<0.0001$，说明该模型显著；模型校正决定系数 $R^2_{adj}=23.17/24.73=0.9369$，说明此模型的预测能力很好，实验误差小，可以解释 93.69%的响应值变化，因此，可以用此模型对活性染料上染杨木 E 进行分析预测。此模型的 D、B^2、D^2 达到 1%的极显著水平，AB、BD、C^2、E^2 达到 5%的显著水平。各因素对活性染料上染杨木 E 影响的大小程度为 D>A>B>C>E，即 pH 值>浴比>预处理温度>预处理时间>果胶酶用量。

表 3.28　果胶酶预处理回归方程方差分析结果

来源	平方和	自由度	均方	F 值	P 值	显著性
模型	23.17	20	1.16	8.16	<0.0001	显著
A	0.11	1	0.11	0.74	0.2578	
B	0.083	1	0.083	0.58	0.4527	
C	0.03	1	0.03	0.21	0.6511	
D	2.87	1	2.87	20.23	0.0001	极显著
E	4.90×10^{-3}	1	4.90×10^{-3}	0.035	0.8541	
AB	1.09	1	1.09	7.69	0.0103	显著
AC	2.50×10^{-3}	1	2.50×10^{-3}	0.018	0.8955	

续表

来源	平方和	自由度	均方	F 值	P 值	显著性
AD	1.60×10^{-3}	1	1.60×10^{-3}	0.011	0.9163	
AE	5.63×10^{-3}	1	5.63×10^{-3}	0.04	0.8439	
BC	0.013	1	0.013	0.093	0.7628	
BD	0.78	1	0.78	5.52	0.0271	显著
BE	0.01	1	0.01	0.07	0.7929	
CD	0.44	1	0.44	3.07	0.0921	
CE	8.10×10^{-3}	1	8.10×10^{-3}	0.057	0.8132	
DE	0.06	1	0.06	0.42	0.5215	
A^2	0.13	1	0.13	0.92	0.3469	
B^2	13.49	1	13.49	94.97	<0.0001	极显著
C^2	1.60	1	1.60	11.26	0.0025	显著
D^2	6.97	1	6.97	49.11	<0.0001	极显著
E^2	0.70	1	0.70	4.90	0.0363	显著
残差	3.55	25	0.14			
失拟项	3.46	20	0.17	10.05	0.0890	不显著
绝对误差	0.086	5	0.017			
总和	24.73	50				

由回归方程所作的不同因子交互作用对上染率的响应面及等高线如图 3.46 所示。图 3.46(a)～(j) 分别表示浴比与预处理温度、浴比与预处理时间、浴比与 pH 值、浴比与果胶酶用量、预处理温度与预处理时间、预处理温度与 pH 值、预处理温度与果胶酶用量、预处理时间与 pH 值、预处理时间与果胶酶用量、pH 值与果胶酶用量对果胶酶处理后杨木活性染料染色上染率 E 的响应曲面图。由图 3.46 可知，5 个因素之间具有较强的交互作用，在浴比为 1∶20 左右，预处理温度为 60℃左右，预处理时间为 4h 左右，果胶酶用量为 2g/L 左右，pH 值为 5 左右时，3D 曲面存在明显的峰值。

对所得回归方程进行分析得到最大的响应值（上染率 E）时，A，B，C，D，E 分别对应的编码值为 A＝－0.098，B＝0.295，C＝0.133，D＝0.343，E＝0.057，即果胶酶生物预处理杨木的最佳预处理工艺条件：浴比 1∶19，预处理温度 62.95℃，预处理时间 4.133h，pH 值 5.343，果胶酶用量 2.057g/L。在此条件下，上染率 E 的模拟值可达到 59.47%。

为验证模型可靠性，将响应曲面优化得到的最佳预处理工艺进行实验验证，考虑到可操作性，修改实验条件：浴比 1∶19，预处理温度 63℃，预处理时间

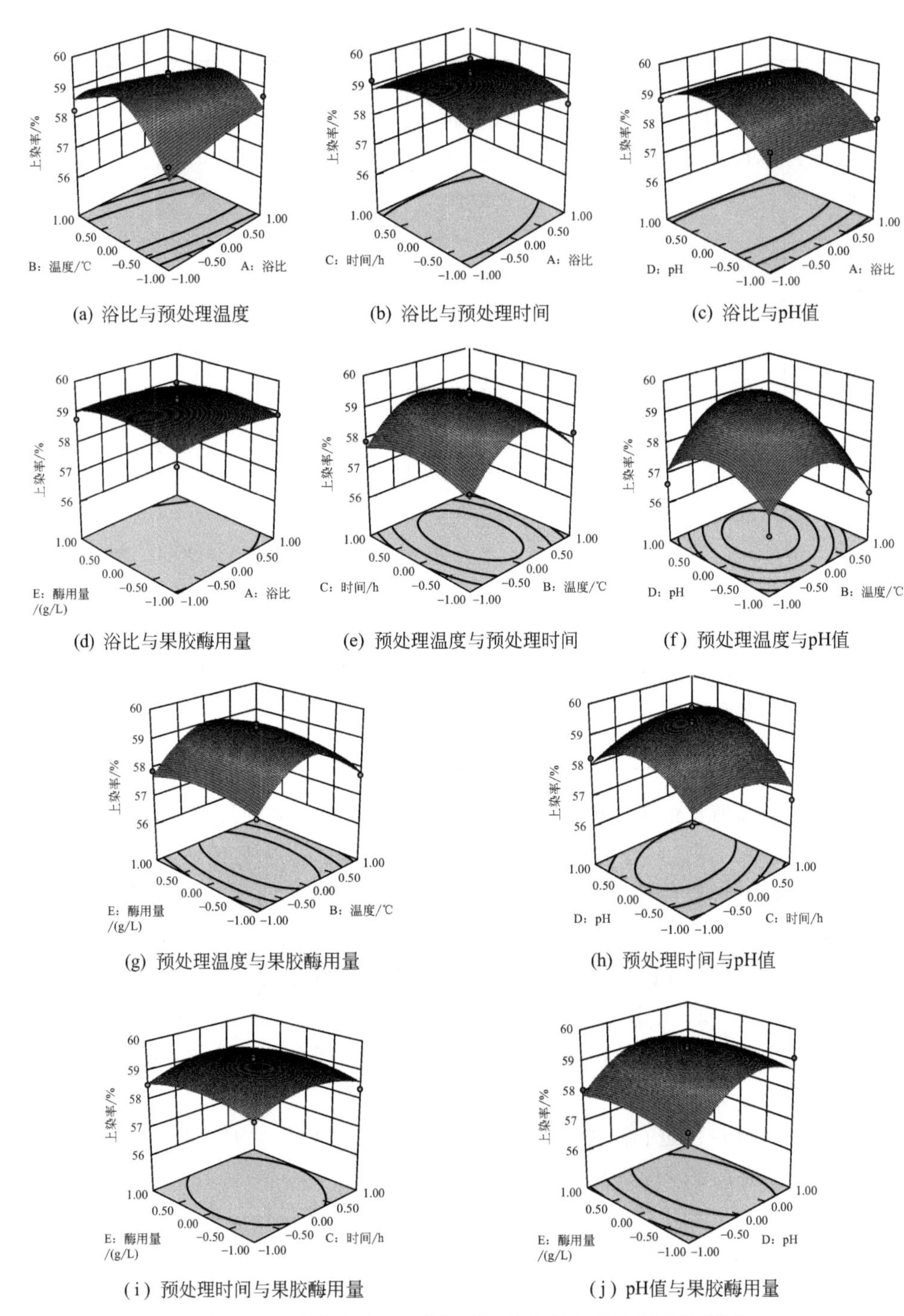

(a) 浴比与预处理温度　(b) 浴比与预处理时间　(c) 浴比与pH值

(d) 浴比与果胶酶用量　(e) 预处理温度与预处理时间　(f) 预处理温度与pH值

(g) 预处理温度与果胶酶用量　(h) 预处理时间与pH值

(i) 预处理时间与果胶酶用量　(j) pH值与果胶酶用量

图 3.46　不同因子交互作用对活性染料在果胶酶预处理后杨木中上染率 E 的响应面及等高线图

4h，pH 值 5.3，果胶酶用量 2.0g/L。在此条件下 5 次平行实验得到的实际上染率 E 的平均值为 60.38%，与理论模拟值相差 0.91%，固色率 F 为 59.16%，与未处理杨木活性染料染色的上染率 E 和固色率 F 相比，分别提高 74.61%和 73.13%。因此，响应曲面法优化模型对优化果胶酶预处理杨木得到的工艺参数是可行的。

综上所述，通过单因素和响应曲面法得到果胶酶预处理杨木的优化工艺：浴比 1∶19.2，预处理温度 61℃，预处理时间 4h，pH 值 5.4，果胶酶用量 2.0g/L。经过此工艺处理后活性染料在杨木上的 E 和 F 分别达到 61.38%和 59.16%，与未处理材相比，分别提高了 77.50%和 73.13%。

3.4.4 果胶酶预处理改善木材渗透性的机理

（1）果胶酶预处理杨木的抽提物成分分析

杨木果胶酶抽提物的提取方法与木材 NaOH 抽提物的提取方法相同，将得到的果胶酶预处理杨木后的抽提物进行 FTIR 和 GC-MS 分析，分别如图 3.47 和图 3.48 所示。

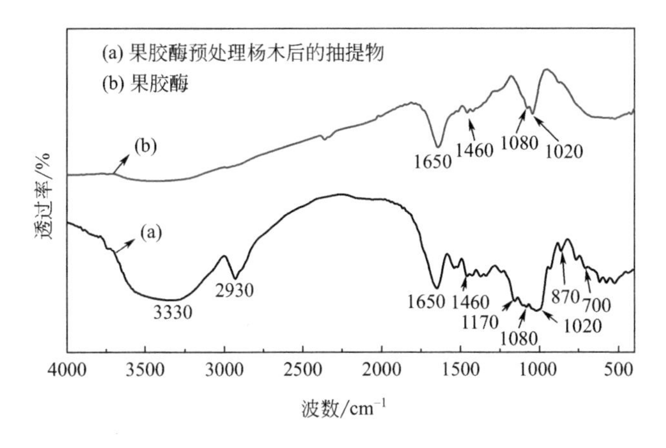

图 3.47 果胶酶预处理杨木抽提物的 FTIR 谱图

由图 3.47 可以看出，果胶酶及其抽提物中都在 $1650cm^{-1}$ 和 $1460cm^{-1}$ 处有—COO—的不对称和对称伸缩峰，$1080cm^{-1}$ 处有 C—O 键伸缩振动峰，$1020cm^{-1}$ 处有羟甲基 C—O 键伸缩振动峰，表明果胶酶及其抽提物具有相似的结构；图中 (a) 线 $3330cm^{-1}$ 为—OH 宽而强的伸缩振动峰，$2930cm^{-1}$ 为—C═C—中 C—H 伸缩振动峰，$1170cm^{-1}$ 处有芳烃中 C—H 键伸缩振动峰，$870cm^{-1}$ 为—CH_2 弯曲振动峰，$700cm^{-1}$ 有 Ar—H 面外弯曲振动，表明果胶酶能溶解杨木的果胶质，还对木质素有部分降解作用。

由图 3.48 可知，杨木果胶酶抽提物经色谱分离可以得到 40 多个峰，可以鉴定出其中的 22 种抽提物成分，占色谱峰总流出峰面积的 82.46%。其中酯类物质有 14 种，占物质总量的 67.92%；脂肪烷烃类 7 种，占物质总量的 28.38%；其他物质 1 种，占总物质含量的 3.7%。

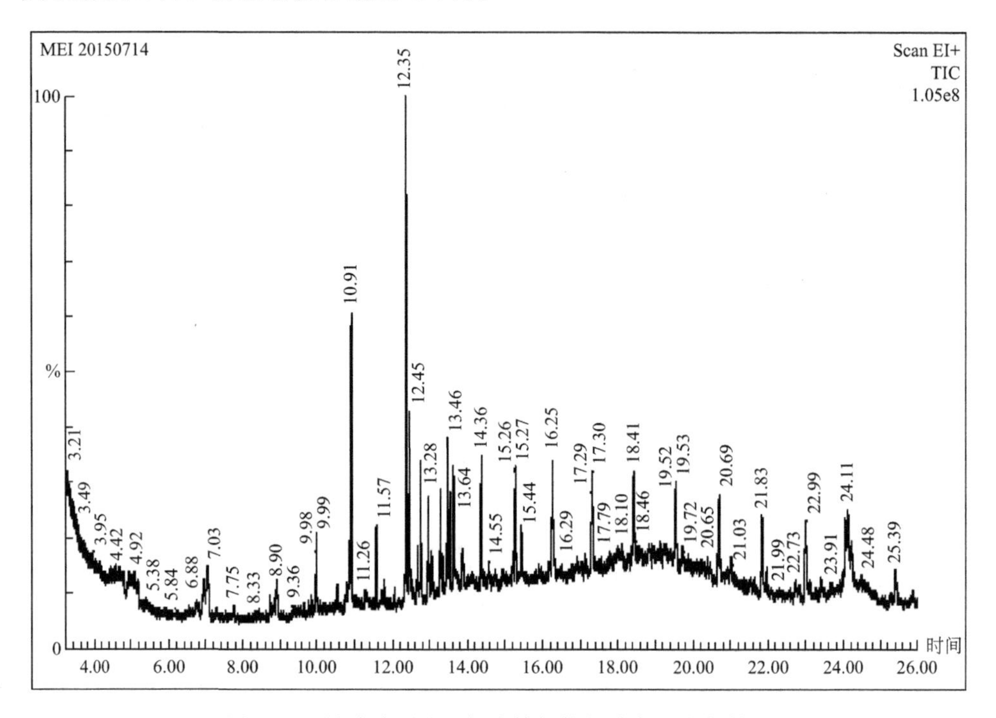

图 3.48　果胶酶预处理杨木抽提物的总离子流色谱图

按照面积归一化法对图 3.48 中的 22 种色谱峰进行定量分析，计算每种组分占总抽提物质量的百分含量，其化学成分及相对含量如表 3.29 所示。由表 3.29 可知，果胶酶杨木抽提物化学成分中含量较高的前 13 种物质为：(*E*)-十八碳-9,12-二烯酸甲酯（15.47%），棕榈酸甲酯（10.41%），穿心莲内酯（6.85%），乙酸十七酯（6.52%），二十七烷（5.88%），2,6,10-三甲基十四烷（5.35%），2-甲基十九烷（4.82%），3*a*,4,5,6,7,7*a*-六氢-4,7,7*a*-三甲基-2-(4*H*)-苯并呋喃羧酸甲酯（4.40%），硫酸丁基十二烷基酯（3.85%），(*Z*)-十八碳-9,12-二烯酸甲酯（3.71%），硫酸己基十五烷基酯（3.70%），*N*,*N*-二甲基癸酰胺（3.70%），十五烷（3.66%）。

表 3.29　果胶酶预处理杨木抽提物的化学成分

峰号	保留时间/min	相对含量/%	化合物名称	分子式
1	9.98	2.93	邻苯二甲酸二异丁酯	$C_{16}H_{22}O_4$
2	10.87	1.38	邻苯二甲酸二丁酯	$C_{16}H_{22}O_4$

续表

峰号	保留时间/min	相对含量/%	化合物名称	分子式
3	10.91	10.41	棕榈酸甲酯	$C_{17}H_{34}O_2$
4	11.57	3.29	癸酸乙酯	$C_{12}H_{24}O_2$
5	12.35	15.47	(*E*)-十八碳-9,12-二烯酸甲酯	$C_{19}H_{34}O_2$
6	12.45	3.71	(*Z*)-十八碳-9,12-二烯酸甲酯	$C_{19}H_{34}O_2$
7	12.66	1.09	硫酸戊基十二烷基酯	$C_{17}H_{36}SO_4$
8	12.74	0.84	硬脂酸甲酯	$C_{19}H_{38}O_2$
9	13.28	4.40	3*a*,4,5,6,7,7*a*-六氢-4,7,7*a*-三甲基-2-(4*H*)-苯并呋喃羧酸甲酯	$C_{13}H_{20}O_3$
10	13.46	6.52	乙酸十七酯	$C_{19}H_{38}O_2$
11	13.52	1.67	十六烷	$C_{16}H_{34}$
12	13.63	3.70	*N*,*N*-二甲基癸酰胺	$C_{12}H_{25}NO$
13	14.36	3.66	十五烷	$C_{15}H_{32}$
14	15.26	4.82	2-甲基十九烷	$C_{20}H_{42}$
15	16.25	5.88	二十七烷	$C_{27}H_{56}$
16	17.30	5.35	2,6,10-三甲基十四烷	$C_{17}H_{36}$
17	18.41	3.85	硫酸丁基十二烷基酯	$C_{16}H_{34}SO_4$
18	19.53	3.62	2-甲基二十烷	$C_{21}H_{44}$
19	20.69	3.48	硫酸戊基十三烷基酯	$C_{18}H_{38}SO_4$
20	21.83	3.38	2-甲基十八烷	$C_{19}H_{40}$
21	22.99	3.70	硫酸己基十五烷基酯	$C_{21}H_{44}SO_4$
22	24.11	6.85	穿心莲内酯	$C_{20}H_{30}O_5$

(2) 果胶酶预处理杨木的 SEM 分析

图 3.49 是果胶酶预处理前后的杨木及其染色杨木的 SEM 图片。由图 3.49 可知，在扫描电子显微镜下，杨木横切面（500 倍）中未预处理材的导管被木纤维管胞包围，纤维管胞排列较紧凑，导管壁内切面不光滑即含有抽提物［图（a）所示］。经果胶酶处理后，杨木横向导管壁内切面变得光滑，然而木纤维管胞之间间隙几乎不变［图（e）所示］，可能原因为果胶主要存在于导管壁内切面或者是果胶酶微元蛋白粒度较大，较难进入木纤维管胞，因此果胶酶对木纤维管胞的作用不太明显。果胶酶处理材经活性染料染色后导管壁内切面的光滑度降低［图（g）所示］。在纵切面（2000 倍）方面，可看见杨木原材的 SEM 中导管壁上分布着互列纹孔，但大多数纹孔被纹孔膜遮盖，处于封闭或半封闭状态［图（b）所示］。杨木经果胶酶处理后，部分纹孔膜被溶解、纹孔张开度略有增大［图

(f) 所示]。在未处理杨木直接经活性红 M-3BE 染色后的染色杨木 1 中，染料仅零星地分布在导管内壁 [图 (d) 所示]，但在由果胶酶预处理再经染色的染色杨木 4 中，染料却在导管内壁形成一层均匀的薄膜 [图 (h) 所示]，因此，实验表明果胶酶处理对改善杨木的渗透性具有一定的作用。

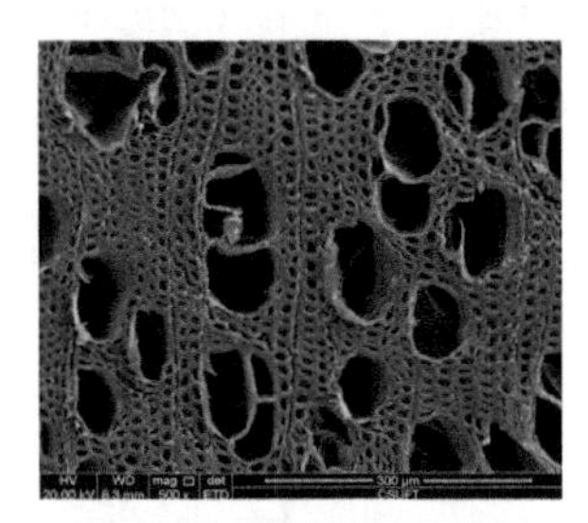
(a) 未经果胶酶预处理杨木横切面

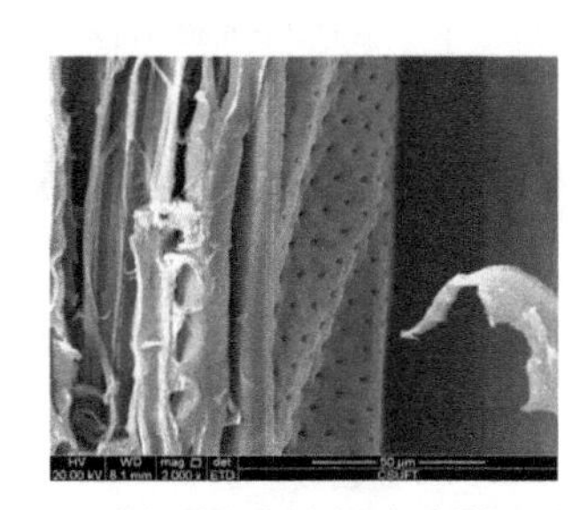
(b) 未经果胶酶预处理杨木纵切面

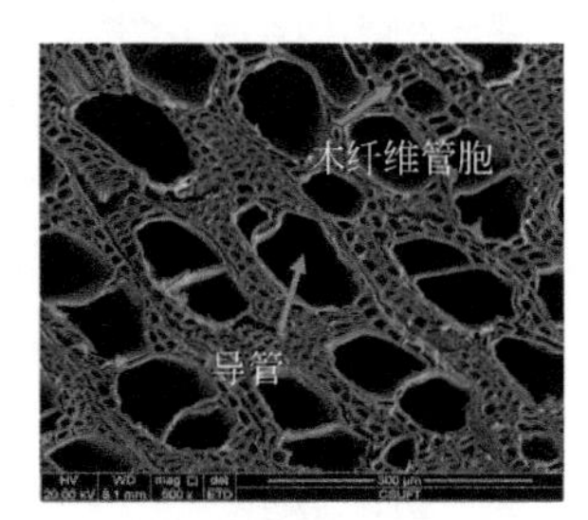

(c) 染色杨木1横切面

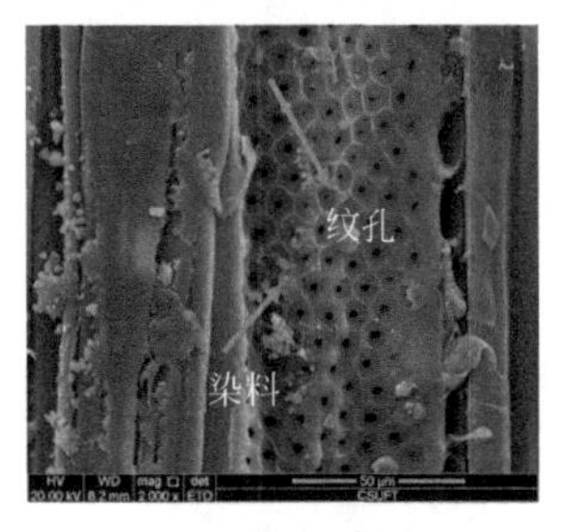

(d) 染色杨木1纵切面

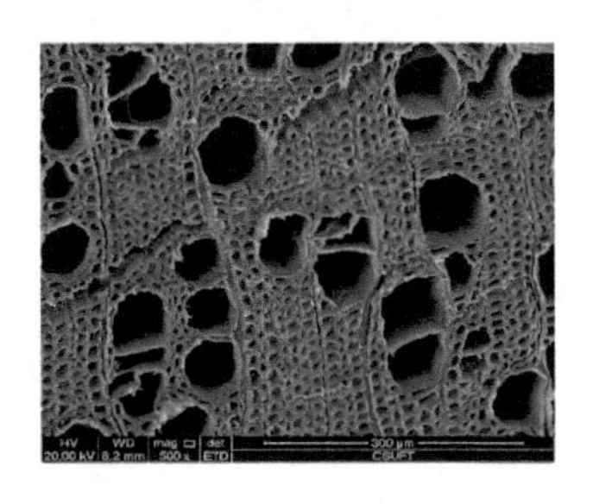
(e) 经果胶酶预处理杨木横切面

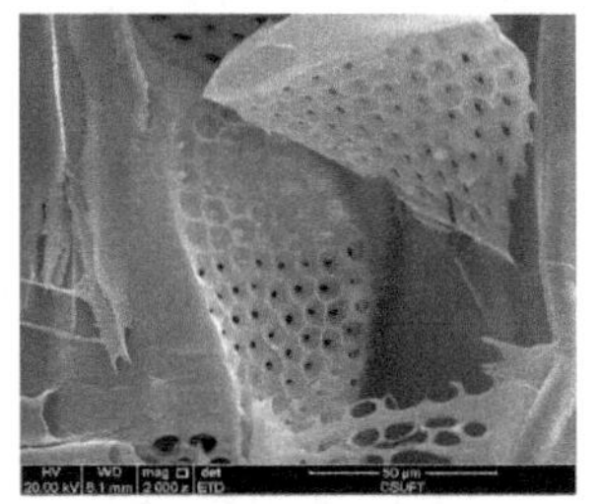
(f) 经果胶酶预处理杨木纵切面

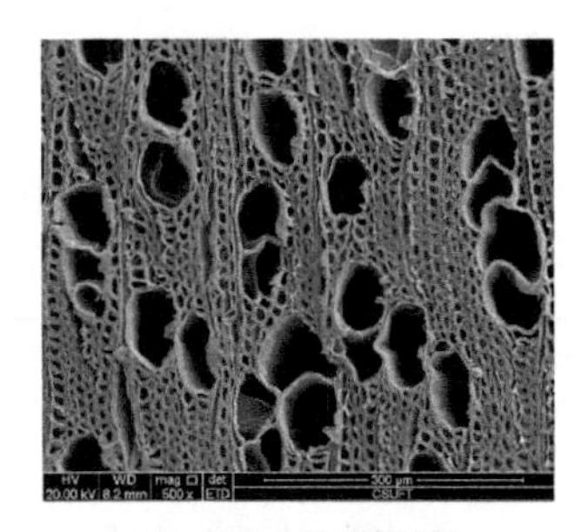
(g) 染色杨木4横切面

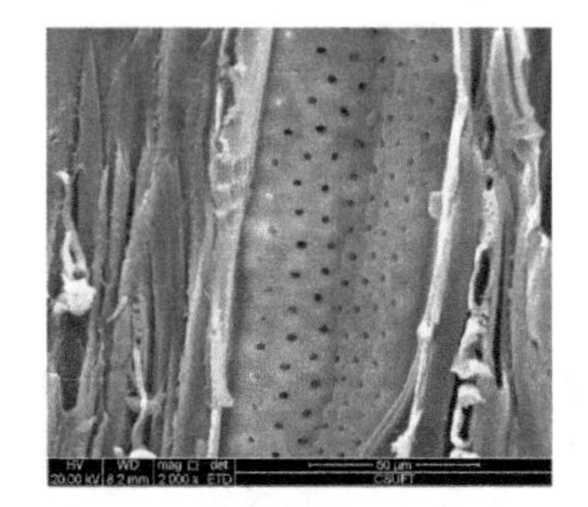
(h) 染色杨木4纵切面

图 3.49 果胶酶预处理前后的杨木及其染色杨木的 SEM 图

(3) 果胶酶预处理杨木的 XRD 分析

图 3.50 为果胶酶预处理杨木前后及其染色杨木样品的 XRD 图。由图 3.50 可知，$2\theta=15°$和 $2\theta=22.5°$是 4 个样品共同标准特征峰，此两处为杨木的特征峰，但木材经过活性染料染色后，在 $2\theta=31.9°$和 $2\theta=34°$出现活性染料的新特征峰 [如 (c)、(d) 曲线所示]，但与曲线 (c) 相比，曲线 (d) 在该两处的特征峰强度均增强，表明样品的结晶度变大即材料的力学性能增强，这是因为经果

胶酶预处理后木材渗透性变好，染料分子更容易进入木材内部，在木材内部沉积、吸附以及反应，此外曲线（d）在 $2\theta=37.9°$与 $2\theta=67°$有两处特征峰，可能是因为杨木经果胶酶处理再由活性染料染色后，果胶酶的特征峰变得显著。

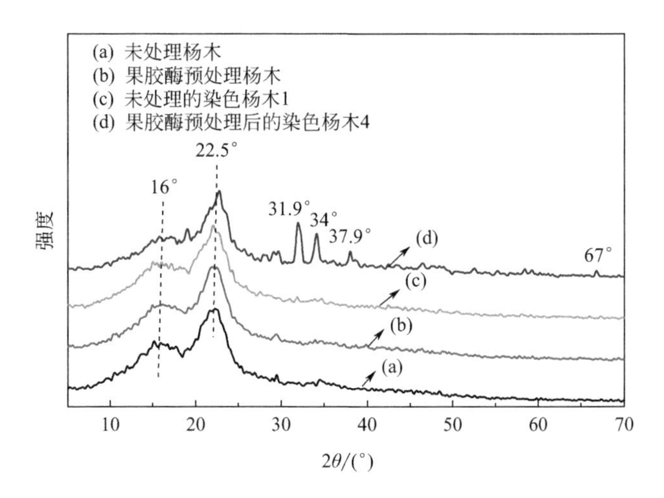

图 3.50　果胶酶预处理杨木前后及其染色杨木样品的 XRD 谱图

（4）果胶酶预处理杨木的 FTIR 分析

图 3.51 为果胶酶预处理杨木前后及其染色杨木样品的 FTIR 谱图。由图 3.51 可以看出，与曲线（a）、（b）相比，曲线（c）、（d）在 3404cm^{-1}（—OH）、615cm^{-1}（Ar—H 面外弯曲振动）吸收强度有明显增强，是因为活性染料与木纤维发生化学结合后，导致样品中苯环与羟基数量增加；与曲线（a）、（c）相比，果胶酶预处理后杨木在 1742cm^{-1}（酯羰基 C═O）、1513cm^{-1}（C═C）及

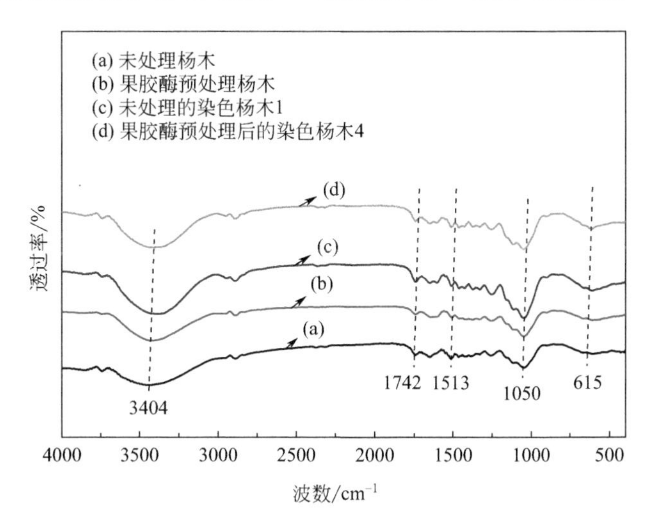

图 3.51　果胶酶预处理杨木前后及其染色杨木样品的 FTIR 谱图

1050cm⁻¹（糖类 C—O）吸收强度略有下降［曲线（b）、（d）所示］，表明杨木经果胶酶处理后，部分的酯类、低碳糖、不饱和油脂以及羧酸等抽提物可溶入水中，因此杨木经过果胶酶处理和活性染料染色后在防腐、防蛀等方面的性能可得到改善。

（5）果胶酶预处理杨木的 TG-DSC 分析

图 3.52 是果胶酶预处理杨木前后及其染色杨木样品的 TG-DSC 图。从图 3.52(a) 可知，未处理材在 20～700℃的升温过程中的质量损失与 3.2.4 节中未经 NaOH 预处理的木材相同，包括 20～264℃范围内自由水受热汽化、部分纤维素及半纤维素的热解损失；264～391℃范围内半纤维素、纤维素和少量木质素热解损失；391～700℃范围内木质素热解损失。杨木被果胶酶预处理后，水分汽化吸热峰稍有右移［如图（a）中的 39.8℃右移到图（b）中的 41℃，如从图（c）

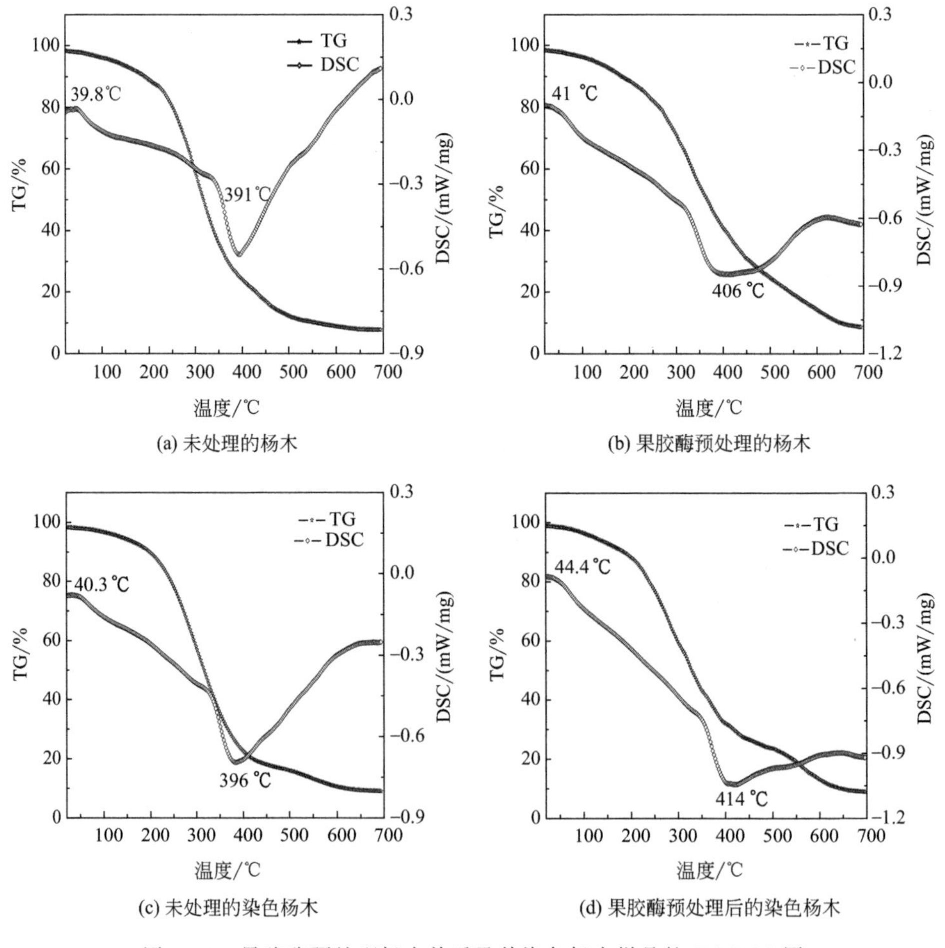

(a) 未处理的杨木

(b) 果胶酶预处理的杨木

(c) 未处理的染色杨木

(d) 果胶酶预处理后的染色杨木

图 3.52 果胶酶预处理杨木前后及其染色杨木样品的 TG-DSC 图

中的40.3℃右移到图（d）中的44.4℃]，可能原因是果胶酶处理杨木后，木材的表面能增大，使水分汽化热增大；杨木经果胶酶预处理后，热解吸热峰温度升高[如从图（a）中的391℃升高到图（b）中的406℃，从图（c）中的396℃升高到图（d）中的414℃]，这可能是由果胶酶预处理杨木后，杨木的结晶度增加所致；杨木经活性染料染色后，热解吸收峰温度也升高[如从图（a）中的391℃升高到图（c）中的396℃，如从图（b）中的406℃升高到图（d）中的414℃]，这是由于果胶酶处理提高了杨木的渗透性，活性染料更容易与木质素发生结合，使其分子增大，热稳定性增强。因此杨木经果胶酶预处理再经活性染料染色后，热解吸收峰温度从391℃升高到414℃，其热稳定性提高。

综上所述，果胶酶预处理改善杨木渗透性的机理为：果胶酶生物预处理能降解并去除杨木中的酯类、低碳糖、不饱和油脂以及羧酸等抽提物，打通纹孔，改善木材的渗透通道，从而使染料分子更容易进入木材内部与木纤维发生化学结合作用，提高木材热稳定性及致密性。

3.5 联合处理技术

3.5.1 NaOH、H_2O_2 和果胶酶预处理技术对杨木染色效果的对比分析

分别按照3.2.3节中NaOH预处理杨木的优化工艺、3.3.3节中 H_2O_2 漂白处理杨木的优化工艺、3.4.3节中果胶酶预处理杨木的优化工艺预处理规格为100mm×50mm×5mm（长×宽×厚）的杨木锯板，再将其用活性红M-3BE染料染色，三种预处理技术对杨木上染率和固色率的影响结果如图3.53所示，对染色杨木外观的影响结果如图3.54所示。

由图3.53可知，木材经NaOH预处理、H_2O_2 漂白处理、果胶酶预处理3种预处理技术处理后，上染率和固色率都比未处理材大得多。活性红M-3BE染料在三种预处理杨木中的上染率 E、固色率 F 相比未处理材，分别提高了86.34%、78.57%和77.50%，83.06%、76.70%和73.13%。因此3种预处理技术都能改善活性染料M-3BE在杨木中的渗透性，但改善程度不一样，改善程度大小为NaOH预处理＞H_2O_2 漂白处理＞果胶酶预处理。

从图3.54可知，未处理材染色的颜色较浅，木材纹路清晰可见，但木板上的瑕疵也清晰可见。三种预处理技术处理后的染色材颜色较深，能遮盖木材本身

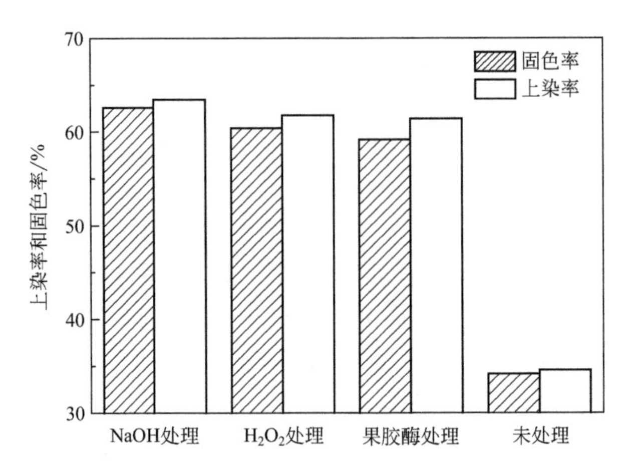

图 3.53 三种预处理技术对活性染料上染杨木后上染率和固色率的影响

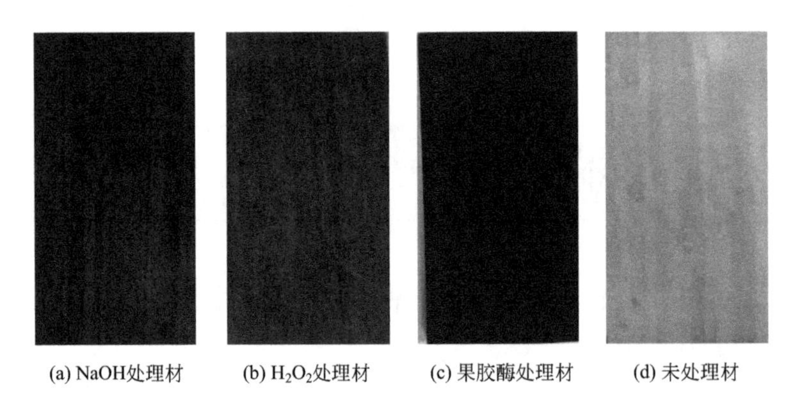

图 3.54 三种预处理技术对活性染料 M-3BE 染色杨木外观的影响

的不同颜色，同时显现木材自身纹路，从匀染性来看，H_2O_2 漂白处理＞NaOH 预处理＞果胶酶预处理。

3.5.2 NaOH 预处理和 H_2O_2 漂白处理的联合处理技术对杨木染色效果的影响

NaOH 预处理能有效提高活性染料在杨木中的渗透性，但匀染性较差，H_2O_2 漂白处理能使染色木材呈现较好的匀染性，因此采取 H_2O_2 漂白和 NaOH 联合处理工艺进行杨木预处理，既能促进活性染料在木材中的上染，又能得到匀染性好的染色木材。按 NaOH 溶液最佳预处理工艺（浴比 1∶40.5，预处理温度 85℃，预处理时间 7.9h，NaOH 浓度 1.92g/L）、H_2O_2 漂白处理最佳工艺

（浴比 1∶82，预处理温度 60℃，预处理时间 4.33h，H_2O_2 浓度 6.44%）进行组合，工艺一是先将木材进行 NaOH 预处理，再进行 H_2O_2 漂白处理，即 NaOH＋H_2O_2 处理工艺。工艺二是先将木材进行 H_2O_2 漂白处理，再进行 NaOH 预处理，即 H_2O_2＋NaOH 处理工艺。杨木经此两种工艺条件处理后，活性染料对其染色的上染率分别为 66.1% 和 64.4%，固色率分别为 64.9% 和 63.2%，ΔE^* 值分别为 4.68 和 3.52，因此 NaOH＋H_2O_2 的联合处理技术能极大改善活性染料在杨木中的渗透性，且染色均匀。

图 3.55 是杨木锯材联合预处理前后的外观对比图，从图 3.55 可知，杨木锯材联合预处理后，木材呈现白色，消除了原木材上的颜色差别，有利于杨木均匀染色。

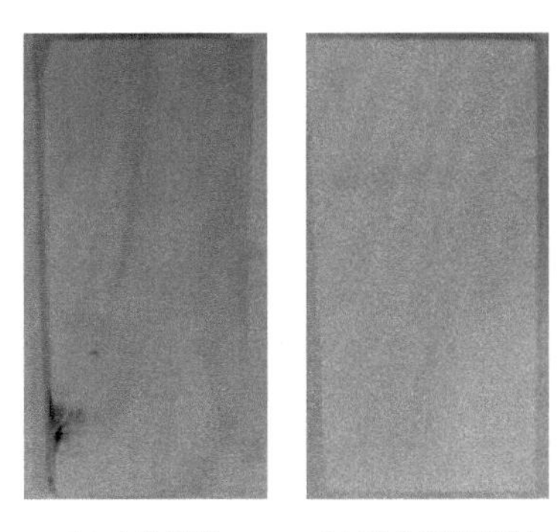

(a) 未处理材　　(b) 联合预处理材

图 3.55　杨木锯材联合预处理前后外观对比图

参考文献

[1] 夏金尉．蒸汽爆破处理开启落叶松细胞通道及应用的研究 [D]．南京：南京林业大学，2012.

[2] 张静雯，刘洪海，杨琳．超临界 CO_2 流体在木材干燥中的应用 [J]．世界林业研究，2019，32 (6)：37-42.

[3] 肖忠平，卢晓宁，陆继圣．超临界 CO_2 流体的夹带剂对木材渗透性的影响 [J]．福建林学院学报，2009，29 (2)：178-182.

[4] 刘志军．木材微波干燥特性的研究 [D]．北京：北京林业大学，2006.

[5] 徐康．微波预处理杨木浸渍密实化与高温热处理改性研究 [D]．长沙：中南林业科技大学，2014.

[6] 江涛，周志芳，王清文．高强度微波辐射对落叶松木材渗透性的影响 [J]．林业科学，2006，42 (11)：87-92.

[7] 鲍甫成，赵有科，吕建雄．杉木和马尾松木材渗透性与微细结构的关系研究 [J]．北京林业大学学报，2003，2 (1)：1-5.

[8] 卫小亮．TEMPO 体系催化氧化木质素及其产物性能的研究 [D]．南京：南京林业大学，2013.

[9] 王金满，刘一星，戴澄月．抽提物对木材渗透性影响的研究 [J]．东北林业大学学报，1991，19 (3)：41-47.

[10] Simao J P F, Egas A P V, Carvalho M G, et al. Heterogeneous studies in pulping of wood: modelling mass transfer of alkali [J]. Chemical Engineering Journal, 2008, 139 (3): 615-621.

[11] 成佳琪，陈元彩，成家杨．泡桐产生物乙醇稀酸预处理过程的研究 [J]. 林产化学与工业，2013，33 (3): 110-114.

[12] 王永贵，岳金权．杨木 NaOH 浸渍渗透特性研究 [J]. 中国造纸，2013，32 (10): 21-27.

[13] 饶森，余丽萍．预处理对毛竹流体渗透性的影响 [J]. 林业机械与木工设备，2013，41 (8): 26-29.

[14] 卢丹，齐锦秋，罗建勋，等．香椿木材物理力学性质及抽提物含量研究 [J]. 湖南林业科技，2015，42 (2): 58-60，79.

[15] 李青青，张旭，于志明，等．预处理对木材单板染色性能影响的研究 [J]. 中国人造板，2006 (10): 24-26.

[16] 范智才，朱同林，彭万喜，等．抽提对巨尾桉木材漂白性影响研究 [J]. 浙江林业科技，2007，27 (1): 16-19.

第4章

木材活性染料染色技术

木材活性染料染色是活性染料随水溶液通过木材毛细管通道，透过木材细胞壁扩散后，沉降在纤维表面上，使得木材着色。利用活性染料的反应性活性基团与木材纤维中的亲水性基团羟基—OH、羧基—COOH 等发生化学反应通过化学键结合，增加染色木材的色牢度[1]，是实现人工林速生材颜色调控并达到高效利用的重要途径，通过染色、模拟木纹等技术加工，可以改变木材颜色，消除木材心边材、早晚材和涡旋纹之间的色差，掩盖天然缺陷，明显提高木材的装饰性和附加值，有效地解决天然珍稀树种木材的供需矛盾。因此，近二十几年来，木质材料的染色技术备受重视，染色工艺研究不断推进，其产品染色木在家具制造、室内装饰等领域得到了广泛的应用。

4.1 国内外木材染色技术的研究现状

染色是一种古老的装饰工艺，中国、印度和埃及早在史前就用某些天然染料（如紫胶虫、墨鱼汁、果汁、鲜花、朱砂、石青等）来染色，且主要用于纺织行业。木材染色技术国外开展较早且技术较成熟，1857 年英国威廉·亨利·柏琴（W. H. Perkin）第一次合成有机染料——苯胺紫并投入工业化生产，有机合成染料在木材染色中的使用始于 1913 年的苯胺紫立木染色；1936 年日本西田博太郎使用直接染料、酸性染料、碱性染料和植物染料这四类染料对不同树种的木材进行染色，发现热水浴染色法在渗透性和染色效果等方面优于冷水浴染色法，而且不同树种木材的染色难易程度不同；现代木材染色技术始于 1950 年美国的 R. M. Cox 和 E. G. Millary 共同提出的木材染色简单工艺，随后美国的合成染料企业成功地使用"不褪色的染料"对木材进行了染色，引起了各国科研工作者开始对木材染色技术进行大量的探索。日本大川勇等在1964年发现自然浸渍法对大尺寸木材试件染色时无法使试件内部均匀上染，而自然蒸煮法可实现大尺寸木材内部均匀上染。布村昭夫1966年发现了木材的纵向发生渗透，而对于横向几乎没有任何的渗透，且染液浓度、染色温度和染色时间对渗透性都有一定的影响。横田德郎1968年发现染料的横向渗透沿着导管间，导管和木纤维间，木纤维间，导管、木纤维和薄壁组织间依靠纹孔相通的管道系统，以及细胞壁与细胞内腔间存在的局部沟通管道进行。20世纪70年代，意大利率先生产出染色单板，随后英国和意大利两国开发出仿珍贵树种木材色泽、纹理和图案的人造薄木制造技术，意大利公司首先将人造薄木商品化，日本及西欧等国家也紧随其后开始生产人造薄木。到目前为止，意大利、英国和日本等国家对木材染色的生产已经基本上实现了工业化，形成了自己独有的专利技术。

我国木材染色技术的研究始于20世纪中叶后期，比国外晚，但发展迅速。近二十年来，我国科研工作者和木材加工企业深入研究木材染色技术，取得了不少的科研成果。段新芳出版专著介绍了木材颜色调控技术[2]，随后孙芳利、陈玉和、彭万喜、段新芳、刘元、于志明、郭明辉等均综述介绍了国内外木材染色技术的研究情况。20世纪90年代末，我国一些知名的木材加工企业（如维德木业、光大木材等）开始生产染色单板。20世纪90年代～21世纪初期，对酸性染料上染木材的染色技术进行了大量的研究，得到了酸性染料木材染色工艺，酸性染料能较好地与木质素发生反应并上染，使木材表面颜色发生变化，但不能上染纤维素和半纤维素[3]。随着20世纪中期活性染料以其自身独特的优点（鲜艳的颜色、简便的使用、齐全的色谱、低廉的成本和优良的色牢度）成为纺织行业染料家族中的主力，木材染色技术近十几年来开始转向活性染料染色。邓洪等[4]采用活性染料对速生杨木单板进行染色试验，得出了染色工艺如染液浓度、促染剂元明粉、染色时间、染色温度、固色剂碳酸钠等因素对上染率、耐水色牢度和花纹等染色效果的影响规律；李志勇[5]研究了樟子松单板活性染料染色技术，分析染色工艺参数对上染率、染色前后单板表面色差和染料染着量的影响规律，确定活性染料樟子松单板染色的最佳工艺参数；李滨[6]得出影响杨木染色上染率和耐光性的工艺因子大小顺序不同，硫酸铝钾、聚乙二醇、壳聚糖等3种耐光性助剂都能提高杨木的耐光性，其中壳聚糖处理效果最好。单板染色可采取常压操作，也可采取真空操作，如李杉等[7]采用真空染色的方法对椴木和水曲柳单板进行染色处理。要实现大尺寸木材的深度染色，常压操作渗透不到内部，通常采取真空操作或加压-真空操作。常德龙等[8]采用真空浸注染色的方法对泡桐、杨木和杉木3种速生材进行了深度染色；罗武生等[9]介绍了一种科技木皮的生产方法，采取真空-加压-真空的方式可染色150mm直径的原木。染色体系中加入助染剂可提高染料在木材中的染色效果，如邓邵平等[10]研究了碳酸钠、平平加和双氰胺等3种助染剂对杨木单板耐水色牢度的影响规律；段新芳等[11]通过壳聚糖处理桦木，酸性染料分子中的磺酸基能与壳聚糖分子上的氨基形成离子键合，使壳聚糖分子变成木材组分和酸性染料分子之间的“桥梁”，不仅对木质素有助染效果，而且还能使原本不能被酸性染料上染的综纤维素、纤维素和半纤维素变得具有良好的上染性；喻胜飞等得出阳离子型表面活性剂或非离子型表面活性剂的一种或多种可促进活性染料在木材中的上染[12]，在染色体系中添加 *N*-烷基甜菜碱两性离子表面活性剂或 *N*-烷基甜菜碱两性离子表面活性剂和非离子型表面活性剂的混合物可实现木材的深度染色[13]。

尽管我国研究人员和企业开发出不少染色木品种，但大多是薄木和单板染色木，木材染色技术相对落后，对于尺寸较大、较厚的实木染色存在匀染性差、上染率低、透染不够、色牢度低等染色效果差和染料利用率低的问题，使得高档家具所需的染色木方或木板仍然要以昂贵的价格从意大利等国进口。本书选用杨木为主要材料进行染色试验，利用紫外-可见分光光度计探明了常压染色、真空-加压-真空染色、无盐溶剂染色等染色方法对木材染色效果的影响规律，分别获得了三种染色的优化工艺，有效解决速生材染色技术中存在的染色深度浅、色牢度差等问题，为木材染色技术开辟新的途径。

4.2 木材常压染色技术

木材常压染色是染色体系在常压条件下进行，依靠染液浓度、染色温度、染色时间、促染剂、助染剂、固色剂等提高活性染料在木材中的润湿性，加快活性染料在木材纤维中的扩散速度和固色反应速度，降低在机械、能源和生产周期等方面的费用，节约成本，降低能耗，提高染料的利用率，减少印染废水的排放，利于清洁化生产。

4.2.1 木材常压染色工艺流程

将 $NaOH+H_2O_2$ 联合预处理后的木材试件（50mm×20mm×5mm）置于染色罐中，以浴比（1∶10）～(1∶50) 加入预先配制好的一定浓度的活性染液和促染剂元明粉溶液，染色罐以 2℃/min 的升温速度升至 50～90℃，在恒定温度下吸色上染 1～5h，完成木材活性染料染色过程。然后，调节染色罐中的温度为

50～90℃中的某一温度，在恒定温度下往染色罐中加入一定浓度的纯碱固色剂，用碱液调节染液的pH值为8～12，固色反应10～90min，取出木材，沥干，完成木材活性染料固色过程。将沥干后的染色木材放入浴比1∶40、温度90℃、由1g/L洗衣粉和20g/L硅酸钠配制成的皂煮液中皂煮15min，取出木材，沥干，完成皂洗过程。将沥干的皂洗木材以浴比1∶40常温水洗3次后，40℃鼓风干燥箱中干燥至含水率为8%左右，得到常压染色材。具体工艺流程如图4.1所示。

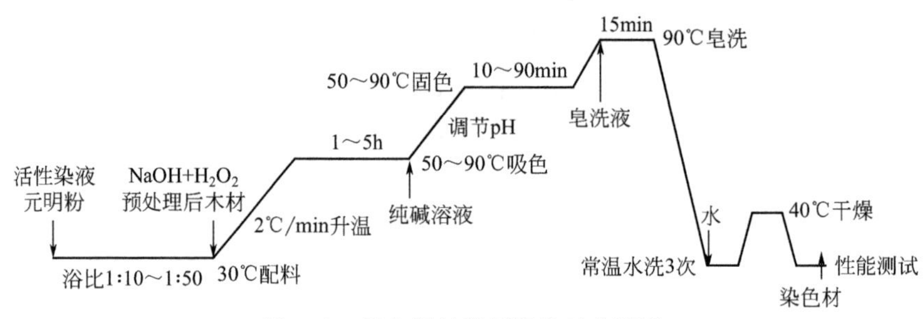

图4.1　杨木锯材常压染色工艺流程

4.2.2　染色材性能测试方法

分别收集固色完成后的染色残液、皂洗完成后的皂洗残液和水洗后的水洗液，按式(2.1)和式(2.2)计算上染率E和固色率F，按照式(3.4)或式(3.5)计算总色差ΔE^*值，按GB/T 3921—2008《纺织品　色牢度试验　耐皂洗色牢度》测试染色木材的耐皂洗色牢度，按GB/T 3920—2008《纺织品　色牢度试验　耐摩擦色牢度》测试染色木材的耐干、湿摩擦色牢度，按GB/T 8427—2019《纺织品　色牢度试验　耐人造光色牢度：氙弧》测试染色木材的耐光色牢度，按ISO 105 C01—05《织物耐水洗色牢度测试方法》测试染色木材的耐水洗色牢度。色差值与灰卡等级关系见表4.1，色差值越小，灰卡等级越高，色牢度越高。

表4.1　色差值与灰卡等级的关系

灰卡等级	色差	容差
5	0	0.2
4～5	0.8	±0.2
4	1.7	±0.3
3～4	2.5	±0.35
3	3.4	±0.4
2～3	4.8	±0.5
2	6.8	±0.6
1～2	9.6	±0.7
1	13.6	±1.0

4.2.3 木材常压染色优化工艺

木材在常压条件下染色，探讨了染料种类、染料浓度、浴比、元明粉用量、染色温度、染色时间、纯碱用量、固色温度、固色时间、固色 pH 值等 10 个常压染色工艺参数对活性染料上染木材时上染率 E 和固色率 F 的影响，结果如图 4.2 所示。

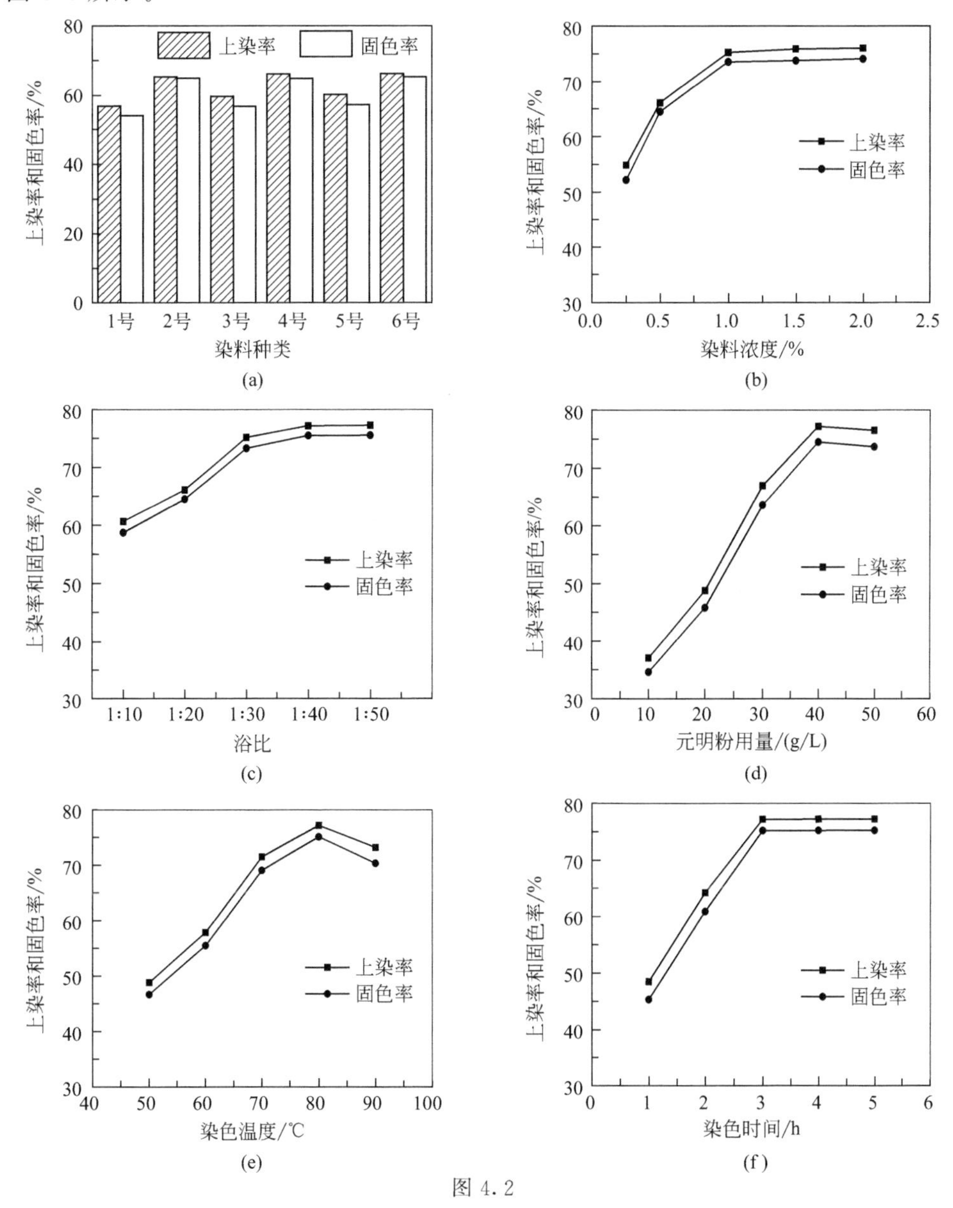

图 4.2

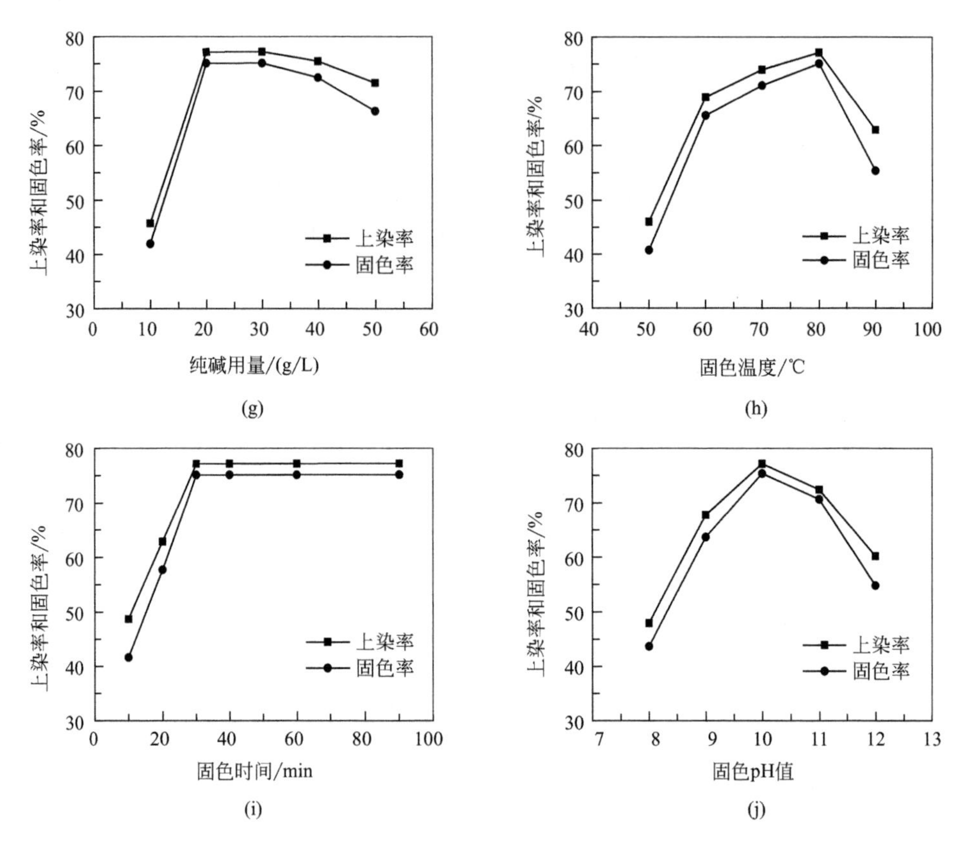

图 4.2 常压染色工艺参数对活性染料上染木材时上染率和固色率的影响

图 4.2(a) 是在固定浴比 1∶20、元明粉 40g/L、染色温度 80℃、染色时间 3h、固色剂纯碱 20g/L、固色温度 80℃、固色时间 0.5h 的条件下，浓度为 0.5%（质量分数）的活性黄 X-R（记为 1 号染料）、活性黄 M-3RE（2 号）、活性蓝 X-BR（3 号）、活性蓝 M-2GE（4 号）、活性红 X-3B（5 号）、活性红 M-3BE（6 号）六种活性染料对木材 *E* 和 *F* 的影响。从图 4.2(a) 可知，不同种类的活性染料上染木材时的 *E* 和 *F* 是不同的，*E* 和 *F* 遵循的规律为活性红 M-3BE＞活性蓝 M-2GE＞活性黄 M-3RE＞活性红 X-3B＞活性蓝 X-BR＞活性黄 X-R，M 型活性染料的 *E* 和 *F* 普遍高于 X 型，这是由于 M 型活性染料存在一氯均三嗪 和亚乙基砜基—$SO_2CH_2CH_2OSO_3Na$ 双活性基团，其反应性远大于 1 个二氯均三嗪 活性基。

图 4.2(b) 是在上述条件下，不同浓度的活性红 M-3BE 染料对木材 E 和 F 的影响。从图 4.2(b) 可知，活性染料浓度在 0.25%～2.0%范围内，E 和 F 先随着活性染料浓度的增加而增加，1.0%以后基本无变化，其中 0.25%～0.5%范围内增幅最大，0.5%～1.0%范围内增幅变小。尽管浓度从 0.5%增加到 1.0%后，E 和 F 会增加，但染料利用率降低，增加了木材染色废水中染料的含量，将给废水处理带来很大的困难，因此活性染料的浓度选择 0.5%为宜。

图 4.2(c) 是不同浴比对 0.5%活性红 M-3BE 染料上染木材时 E 和 F 的影响。从图 4.2(c) 可知，浴比在 1∶10～1∶50 范围内，E 和 F 随着浴比的增加而增加，1∶40 以后不再增加，这是因为浴比增大，活性染料的溶解度增大，有利于染料在木材中的渗透，增大到一定程度后，活性染料已完全溶解，不再引起上染率和固色率的变化，因此适宜浴比为 1∶40。

由于纤维素侧链羟基的水解和电离，使水溶液中木材纤维素表面带有一定数量的负电荷，活性染料中带有 RSO_3^{2-}、OH^- 等负电荷，当接近木材界面时，会受到木材一定的电荷斥力作用，只有那些由于分子碰撞，在瞬时间里具有更高动能，足以克服这种斥力的染料阴离子才能突破障碍在木材界面发生吸附。在染浴里加入元明粉（无水硫酸钠、Na_2SO_4），染液中增加了额外的 Na^+ 和 SO_4^{2-}，Na^+ 受木材纤维电荷的吸引，在 Na^+ 的遮蔽作用下，染料阴离子接近木材表面所受斥力便大为减弱，能降低或克服木材上染过程中木材纤维电荷对染料色素离子的库仑斥力，提高活性染料在木材上的直接性，起到促染作用。图 4.2(d) 是在固定活性红 M-3BE 染料溶液浓度 0.5%、浴比 1∶40、染色温度 80℃、染色时间 3h、固色剂纯碱 20g/L、固色温度 80℃下固色 0.5h 的条件下，元明粉不同用量对活性染料上染木材 E 和 F 的影响。从图 4.2(d) 可知，元明粉在 10～40g/L 范围内，E 和 F 随着元明粉用量的增加而增加，当用量达到 40g/L 时，E 和 F 达到最大，再增加元明粉用量对 E 和 F 已无明显影响。如果元明粉一次加入，将迅速提高溶液的离子强度，使上染速度迅速提高，染液中的染料会很快进入木材表面，造成表芯色差很大，以至影响到染料的扩散和移染，同时过高的元明粉浓度，会引起染料在溶液中发生聚集或沉淀，不利于染料的利用。实验表明，分三次加入元明粉，可以很好地控制上染速度，使染料在木材中均匀扩散和移染，从而减少表芯色差。因此元明粉加入量为 40g/L，且按染色时间平均分三批加入。

图 4.2(e) 是在保持其他实验条件不变的情况下，染色温度对木材活性染料 E 和 F 的影响。由图 4.2(e) 可知，在 50～90℃染色温度范围内，E 和 F 随着染色温度的升高而增大，当染色温度达到 80℃时，E 和 F 达到最大值，继续升高温度，E 和 F 反而有所降低。这是因为随着染色温度的提高，活性染料在木材中的扩散速率和吸附速率增大，直接性和上染速率增加；当温度超过 80℃，

染料的水解速率增大，大于染料的固色反应速率，反而降低了染料的上染率；另外染色温度过高，造成反应速度过快，木材的匀染性和透染性变差，存在木材表芯色差现象，因此木材染色温度控制在80℃为宜。

因木材锯材具有一定的厚度，被木材表面吸附的染料通过扩散和渗透进入木材内部，这种过程需要一定的时间。图4.2(f)是在保持其他实验条件不变的情况下，染色时间对木材活性染料E和F的影响。由图4.2(f)可知，在1～5h染色时间范围内，E和F先随着染色时间的延长而增大，当染色时间达到3h时，E和F达到最大值，继续延长时间，E和F不再发生变化。同时发现染色时间过短，木材很难透染，因此染色时间3h最佳。

木材活性染料染色一般用纯碱固色剂进行固色，其原理是在碱性条件下木材纤维素解离成Cell-O^-阴离子，与活性染料发生亲核反应生成醚键（Cell-O-D），使活性染料固着在木材上。图4.2(g)是纯碱用量对木材活性染料E和F的影响结果，从图4.2(g)可以看出，在纯碱用量10～50g/L范围内，E和F先随着纯碱用量的增加而增加，后随着纯碱用量的增加而降低，在纯碱用量为20g/L时，E和F达到最大。这是因为纯碱用量为20g/L时，可控制染液pH值在10左右，此时活性染料活性基与纤维素Cell-O^-阴离子的固色反应速率远远大于与溶液中OH^-离子的亲核反应速率，反应条件最佳，E和F达到最大。纯碱用量低于20g/L，此时溶液中的碱液浓度低，达不到固色反应所需要的pH值，固色反应程度较低，固色率较低。纯碱用量高于20g/L时，pH值不断增大，虽然可以提高染料与木材纤维素的反应速率，但染液中的OH^-也能与活性染料发生亲核反应，生成水解染料，不仅降低了活性染料的固色率，容易产生浮色，而且水解染料不能与木材发生反应，对纤维的亲和力很小，需要强烈皂洗和水洗去浮色，更加重了水的消耗和环境的污染。同时大量纯碱的使用，使得印染废水中含有大量的盐类物质，不利于废水的生物处理，这加剧了印染废水处理的难度和成本。因此纯碱用量以加入20g/L为宜。

图4.2(h)是在保持其他实验条件不变的情况下，固色温度对木材活性染料E和F的影响。由图4.2(h)可知，在50～90℃固色温度范围内，E和F先随着染色温度的升高而增大，当固色温度达到80℃时，E和F达到最大值，继续升高温度，E和F反而降低。这是因为随着固色温度的升高，活性染料与木材纤维的固色反应速率加快，固色反应更彻底。当温度超过80℃，活性染料的水解速率大于活性染料与木材纤维的固色反应速率，导致E和F降低，因此木材固色温度控制在80℃为宜。

图4.2(i)是固色时间对木材活性染料E和F的影响结果。从图4.2(i)可知，在10～90min固色时间范围内，E和F先随着固色时间的延长而增大，30min后达到最大值，继续延长固色时间，E和F不再发生变化。由此可知活

性染料与木材纤维的固色反应速率很快，固色时间 30min 最佳。

图 4.2(j) 是固色 pH 值对木材活性染料 E 和 F 的影响结果。从图 4.2(j) 可知，pH 值在 8～12 范围内，E 和 F 先随着 pH 值的升高而增加，当 pH 值为 10 时 E 和 F 最大，继续增加 pH 值，E 和 F 反而降低。这是因为在碱性条件下，活性染料与木材纤维中的 Cell-O^- 阴离子、溶液中的 OH^- 都会发生亲核取代反应，前者的反应性比后者强，当 pH 值高到一定程度后，Cell-O^- 阴离子对 OH^- 离子的浓度比值会减小，因此表现为 E 和 F 随着 pH 值的增加而增大。当 pH 值增大到 10 以后，OH^- 浓度增大，此时活性染料的水解反应速率高于活性染料与木材纤维的固色反应速率，木材上产生大量的浮色，反而使 E 和 F 降低，因此固色 pH 值应控制在 10 左右。

综上所述，杨木锯材用活性红 M-3BE 染料常压染色的较优工艺为：染料浓度 0.5%、浴比 1∶40、元明粉用量 40g/L、染色温度 80℃、染色时间 3h、固色剂纯碱用量 20g/L、固色温度 80℃、固色时间 30min、固色 pH 值为 10，在此条件下，上染率 E 达到 77.2%，固色率 F 达到 75.2%。在此条件下活性黄 X-R、活性黄 M-3RE、活性蓝 X-BR、活性蓝 M-2GE、活性红 X-3B 染料的 E 和 F 都低于活性红 M-3BE 染料（如表 4.2 所示），但比图 4.2(a) 中的值要大，此工艺与图 4.2(a) 中测试数据的工艺相比，仅仅是浴比从 1∶20 变化到 1∶40，因此对于 6 种染料来说，此工艺较优。同时表 4.2 也列出了此工艺条件下活性染料上染木材后得到的常压染色材的耐皂洗色牢度、耐摩擦色牢度和耐人造光色牢度的结果。从表 4.2 可知，6 种染色材的耐人造光色牢度都为 3 级，耐皂洗色牢度不论是原样变色还是白布沾色都达到 3 级或 3 级以上，M 型活性染料中，活性蓝 M-2GE 和活性黄 M-3RE 的耐皂洗色牢度要高于活性红 M-3RE。6 种染色材的耐湿摩擦色牢度都达到 3 级，耐干摩擦色牢度都达到 3 级或 3 级以上。

表 4.2　6 种活性染料以纯碱为固色剂的常压染色效果表

染料	上染率/%	固色率/%	耐人造光色牢度：氙弧	耐皂洗色牢度		耐摩擦色牢度	
				原样变色	白布沾色	干摩	湿摩
活性红 X-3B	70.3	65.9	3	3～3.5	3	3～3.5	3
活性红 M-3BE	77.2	75.2	3	3	3	3	3
活性蓝 X-BR	68.6	63.7	3	3	3	3	3
活性蓝 M-2GE	72.5	70.8	3	3.5～4	3～3.5	3～3.5	3
活性黄 X-R	65.9	61.3	3	3～3.5	3	3～3.5	3
活性黄 M-3RE	71.1	68.7	3	3.5～4	3～3.5	3～3.5	3

4.2.4 表面活性剂在木材常压染色技术中的应用

染料与表面活性剂的相互作用越来越受关注，在纺织染色、胶团催化、胶团增色、拍照、印刷墨汁以及一些化学研究（生物化学、分析化学、光感等）起着非常重要的作用。纤维染色是一种多分子体系的拆散和吸附自组合过程，其中表面活性剂起了重要作用，是纤维、染料和表面活性剂为主的三元体系的相互作用。表面活性剂不仅仅单分子参加作用，还以胶束、单分子膜、双分子膜、囊泡和铸膜等多种形式作用，不仅在染液中与染料发生作用，也可以定位吸附在纤维上，并形成纤维-染料-表面活性剂三元络合物，还与渗透到木材表面及木材内部结构上的染料发生作用。其具体作用主要表现在以下几个方面。第一，提高染料的溶解度。有些使染料以单分子状分散于水中，即真正溶解；有些虽然不能使染料以单分子状均匀分散在水中，但也接近于溶解状态，即助剂增溶状态；有些则是使染料溶解于囊泡的内部水池中，也能较快释放和均匀分散在水中，类似于增溶状态，因此表面活性剂可提高染料在水中的分散稳定性，具有明显的增溶作用。第二，在木材中的润湿作用。在染液中，表面活性剂先吸附到木材纤维表面，从而改变了木材的表面特性，同时表面活性剂使染液性质发生变化，当表面活性剂浓度在临界胶束浓度以下时，溶液表面张力总是随浓度增加而降低，因而对固体表面的润湿性能随表面活性剂浓度增加而增加[14]。第三，匀染作用。由于木材表面先被表面活性剂吸附，染料只能较缓慢地被纤维吸附在未吸附的位置上，起到缓染作用，避免初染时上染速率太快造成染色不匀，同时染料吸附上纤维后，通过表面活性剂与染料分子间的相互作用，使深色部分的染料向浅色部分移动，最后达到匀染[15]。第四，分散和防沾色作用。通过表面活性剂与染料的互相作用将染料分散在染浴中，使其先与木材纤维结合，使纤维上与染料反应的基团封闭，形成“阻染效应”，防止水解染料再次沾染到木材上面，同时阻止被分散的染料粒子再聚结，保证染料在染浴中分散稳定。

表面活性剂作为染色功能助剂，利用其对染料的增溶、助溶作用和对纤维的润湿、匀染、防沾色作用等降低纤维的结晶度，增大纤维的自由体积，加快染料在纤维中的扩散速率，达到提高染色效果的目的。随着表面活性剂产业的不断发展，越来越多的新型表面活性剂被应用到活性染料染色过程中。表面活性剂分子结构决定其性能，大量的研究表明表面活性剂结构与水溶液表面张力和表面吸附性能有着密切的联系，如亲、疏水性基团的比例对于表面活性剂临界胶束浓度的影响，亲、疏水性基团的位置对表面活性剂润湿、净洗、乳化分散等性能的影响，非离子表面活性剂环氧乙烷的加成数对浊点的影响，等等。这些研究成果主要针对活性染料上染纺织纤维时的情况，表面活性剂结构影响活性染料在木材中的上染率和固色率等染色效果的研究还寥寥无几。本节采用木材试件为30mm×50mm×1.5mm（长×宽×厚）的杨木单板，经过NaOH最佳预处理工艺（NaOH浓度1.92g/L、浴比1∶40.5、温度85℃、时间7.9h）和H_2O_2最佳漂白工艺（浴比1∶82，预处理温度60℃，预处理时间4.3h，H_2O_2浓度6.4%）后，在其他条件与4.2.3节中的条件相同情况下，仅在浴比1∶20、元明粉40g/L、0.5%活性黄M-3RE染浴中，分别添加CTAB、LAS、OP-10、BS-12、DDAB，探讨了5种表面活性剂含量对木材上染率、固色率和总色差的影响，以期找到适宜的表面活性剂类型及适宜的加入量，提高染料利用率和染色木材的染色效果。

（1）CTAB的影响

CTAB用量对活性黄M-3RE染液增溶作用、上染杨木锯材上染率E和固色率F的影响如图4.3所示，对染色木材L^*、a^*、b^*值及总色差ΔE^*值的影响如表4.3所示。

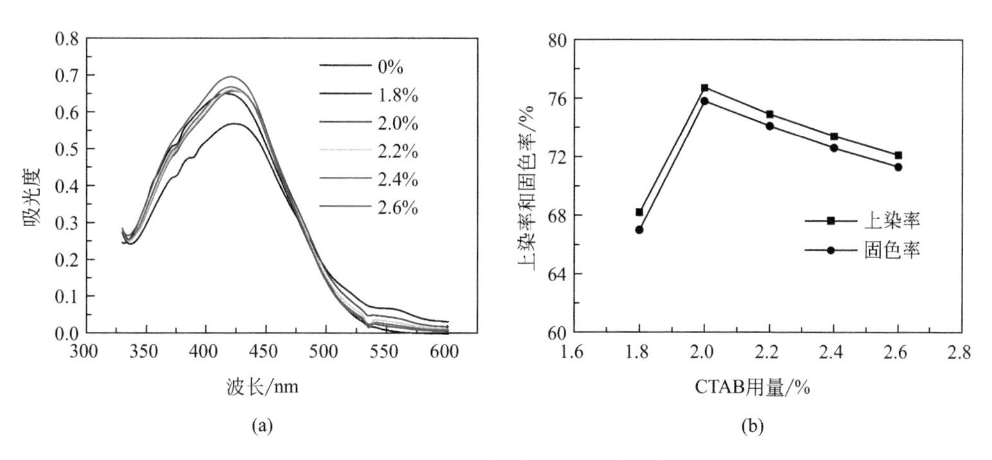

图4.3 CTAB用量对活性黄染液的增溶作用（a）、上染杨木锯材上染率和固色率（b）的影响

从图4.3(b)可知，E和F先随着CTAB用量的增加而增加，后又随着CTAB加入量的增加而减小，加入2.0%时，E和F达到最大，E为76.7%，F为75.8%，比不加表面活性剂时E（76.1%）增加了0.79%，F（73.1%）增加了3.7%。从（a）图可知，染液中加入CTAB在可见光区域波长421nm处，吸光度先降低后增加，说明浓度在1.8%以下时，CTAB对染液无增溶作用，浓度在2.0%以上时，CTAB具有增溶作用，而且随着CTAB用量的增加，吸光度表现逐渐增加的规律，表明增溶作用越来越强。另外，染色前不加CTAB的染液表面张力γ为38.16mN/m，加入2.0%CTAB后降低到14.37mN/m。从染色前染液体系表面张力的变化也可知染液中加入2.0%CTAB后，亲水性增强，染色时活性染料更容易在杨木表面和内部润湿。染色后不加CTAB和加入2.0%

CTAB 的染液中 γ 分别变为 39.08mN/m、12.87mN/m，表明染色过程中会溶出不同的物质，使体系的 γ 不同，含有 2.0%CTAB 的染液染色时染料进入木材内部的量越多，染液中染料的浓度降低，故 E 提高。但由于 CTAB 中的阳离子与染料和木材中的阴离子基团同时存在作用，降低染料的竞争力，染料进入木材传质通道的量少，同时 CTAB 与染料形成大基团，无法进入木材内部，导致 E 的提高幅度不高。

表 4.3　染色时加入 CTAB 对染色杨木 L^*、a^*、b^* 值及 ΔE^* 值的影响

CTAB 用量/%	L^*	a^*	b^*	ΔE^*
0	52.56	73.09	249.7	0
1.8	59.92	49.57	214.0	27.1
2.0	56.17	43.66	206.5	35.0
2.2	58.98	43.35	211.3	30.9
2.4	59.96	−81.20	211.5	19.8
2.6	59.68	44.14	208.8	33.3

从表 4.3 可知，经加入 CTAB 的染液处理后的木材 L^* 值升高，表明明度越大，黄颜色越鲜艳；$+b^*$ 值降低，黄色变浅；总色差 ΔE^* 值较大，匀染性较差，这可能是 CTAB 与染料分子作用后形成络合物，从而影响了染色性能。

(2) LAS 的影响

LAS 用量对活性黄 M-3RE 染液增溶作用、上染杨木锯材上染率 E 和固色率 F 的影响如图 4.4 所示，对染色木材 L^*、a^*、b^* 值及总色差 ΔE^* 值的影响如表 4.4 所示。

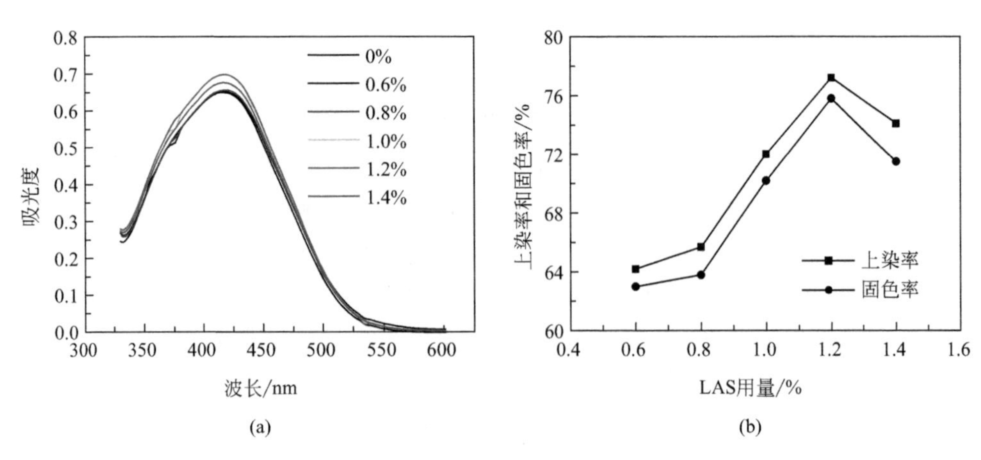

图 4.4　LAS 用量对活性黄染液的增溶作用 (a)、上染杨木锯材上染率和固色率 (b) 的影响

从图 4.4(b) 可知，E 和 F 先随着 LAS 用量的增加而增加，后又随着 LAS 加入量的增加而减小，加入 1.2%时，E 和 F 达到最大，E 为 77.2%，F 为 75.8%，比不加表面活性剂时 E（76.1%）增加了 1.4%，F（73.1%）增加了 3.7%。从（a）图可知，染液中加入 LAS 在可见光区域波长 418nm 处，吸光度增加，说明 LAS 对染液有增溶作用，而且随着 LAS 用量的增加，吸光度表现先增加后降低的规律，表明增溶作用的规律是先增加后降低，在 LAS 用量 1.2%时达到最大值。另外，染色前不加 LAS 的染液 γ 为 38.16mN/m，加入 1.2% LAS 后降低到 19.54mN/m，说明染液中加入 1.2%LAS 后，亲水性增强，染色时活性染料更容易在杨木表面和内部润湿；染色后不加助剂和加入 1.2%LAS 的染液中 γ 分别变为 39.08mN/m、19.16mN/m，表明染色过程中会溶出不同的物质，使体系的 γ 不同。染液的亲水性好，染色时染料进入木材内部的量越多，染液中染料的浓度降低，故 E 提高。

表 4.4　染色时加入 LAS 对染色杨木 L^*、a^*、b^* 值及 ΔE^* 值的影响

LAS 用量/%	L^*	a^*	b^*	ΔE^*
0	52.56	73.09	249.70	0
0.6	72.33	37.00	248.24	33.8
0.8	72.63	31.13	252.73	30.2
1.0	72.28	43.04	254.42	27.7
1.2	72.72	32.34	257.39	31.1
1.4	72.74	32.74	248.41	34.0

从表 4.4 可知，经含有 LAS 染液处理后的木材 L^* 值升高，表明黄颜色越鲜艳；在 LAS 用量为 0.6%～1.4%内，染色杨木单板总色差 ΔE^* 值随 LAS 用量呈现先下降后上升的趋势，1.0%时色差最小，但 ΔE^* 值还是在 12.0 以上，因此 LAS 匀染效果较差，不能改善染色材的色差。

（3）OP-10 的影响

OP-10 用量对活性黄 M-3RE 染液增溶作用、上染杨木锯材上染率 E 和固色率 F 的影响如图 4.5 所示，对染色木材 L^*、a^*、b^* 值及总色差 ΔE^* 值的影响如表 4.5 所示。

从图 4.5(b) 可知，E 和 F 随着 OP-10 用量的增加先增加后减小，加入 1.0%时，E 和 F 达到最大，E 为 78.0%，F 为 76.0%，比不加表面活性剂时 E（76.1%）增加了 2.5%，F（73.1%）增加了 4.0%。从（a）图可知，染液中加入 OP-10 在可见光区域波长 417nm 处，吸光度增加，说明 OP-10 对染液有增溶作用，而且随着 OP-10 用量的增加，吸光度表现先增加后下降的规律，表

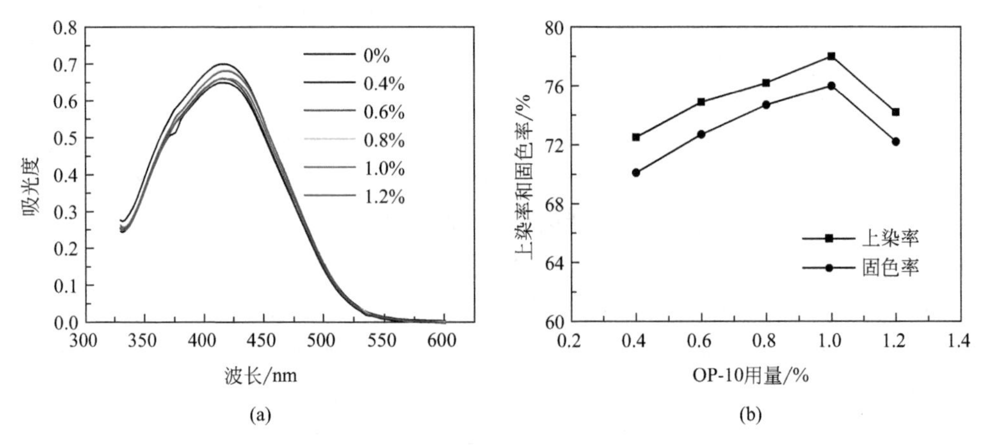

图 4.5 OP-10 用量对活性黄染液的增溶作用（a）、
上染杨木锯材上染率和固色率（b）的影响

明增溶作用的规律是先增大后降低。另外，染色前不加助剂的染液 γ 为 38.16mN/m，加入 1.0% OP-10 后降低到 17.91mN/m，说明染液中加入 1.0% OP-10 后能使染液的亲水性增强，染色后不加助剂和加入 1.0% OP-10 的染液中 γ 分别变为 39.08mN/m、11.7mN/m，表明染色过程中会溶出不同的物质，染色体系的表面张力降低，染料进入木材内部的量越多，提高上染率和固色率。

表 4.5 染色时加入 OP-10 对染色杨木 L^*、a^*、b^* 值及 ΔE^* 值的影响

OP-10 用量/%	L^*	a^*	b^*	ΔE^*
0	52.56	73.09	249.70	0
0.4	73.34	40.31	263.10	32.3
0.6	74.67	29.61	261.08	22.4
0.8	71.83	36.60	260.98	15.9
1.0	75.86	29.93	265.69	3.3
1.2	71.66	36.88	260.45	15.7

从表 4.5 可知，经加入 OP-10 的染液处理后的木材 L^* 值升高，表明明度越大，黄颜色越鲜艳；$+b^*$ 值升高，黄色变深；在 OP-10 用量为 0.4%～1.2% 内，染色杨木单板总色差 ΔE^* 值随 OP-10 用量整体呈现先下降后上升的趋势，在 OP-10 用量为 1.0%时色差最小，匀染效果最好，且在可观察范围内，因此加入 1.0% OP-10 的匀染效果最好。

（4）BS-12 的影响

BS-12 用量对活性黄 M-3RE 染液增溶作用、上染杨木锯材上染率 E 和固色率F的影响如图4.6所示，对染色木材L^*、a^*、b^*值及总色差ΔE^*值的影响如表4.6所示。

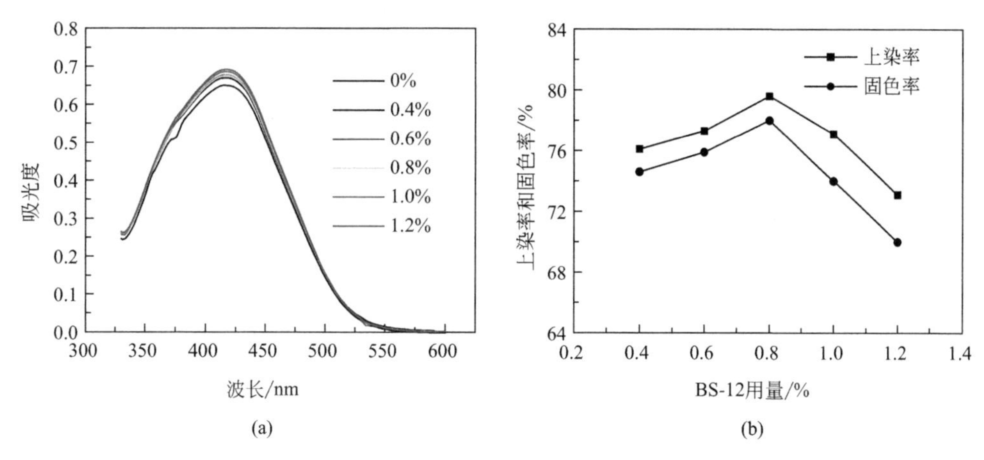

图4.6　BS-12用量对活性黄染液的增溶作用(a)、上染杨木锯材上染率和固色率(b)的影响

从图4.6(b)可知，E和F随着BS-12用量的增加先增加后减小，用量为0.8%时E和F达到最大，E为79.6%，F为78.0%，比不加表面活性剂时E(76.1%)增加了4.6%，F(73.1%)增加了6.7%。从(a)图可知，染液中加入BS-12在可见光区域波长416nm处，峰强度增加，说明BS-12对染液有增溶作用，而且随着BS-12用量的增加，吸光度表现不断上升的规律，表明增溶作用不断增加。另外，染色前不加助剂的染液γ为38.16mN/m，加入0.8% BS-12后降低到17.54mN/m，说明染液中加入0.8% BS-12后，亲水性增强，染色时活性染料更容易在杨木表面和内部润湿；染色后不加助剂和加入0.8% LAS的染液中γ分别变为39.08mN/m、16.7mN/m，表明染色过程中会溶出不同的物质，染色体系的表面张力降低，染料进入木材内部的量越多，提高上染率和固色率。

表4.6　染色时加入BS-12对染色杨木L^*、a^*、b^*值及ΔE^*值的影响

BS-12用量/%	L^*	a^*	b^*	ΔE^*
0	52.56	73.09	249.7	0
0.4	63.96	42.50	212.6	29.9
0.6	61.54	49.23	211.4	30.5
0.8	63.09	48.00	210.9	30.9
1.0	67.66	30.95	192.1	53.0
1.2	70.66	32.57	176.9	68.0

从表 4.6 可知，经加入 BS-12 的染液处理后的木材 L^* 值升高，表明明度越大，黄颜色越鲜艳；$+b^*$ 值降低，黄色变浅；在 BS-12 用量为 0.4%～1.2%内，染色杨木单板总色差 ΔE^* 值随 BS-12 用量的增加而增加，且 ΔE^* 值都大于 12.0，因此 BS-12 对木材的匀染性较差。

（5）DDAB 的影响

DDAB 用量对活性黄 M-3RE 染液增溶作用、上染杨木锯材上染率 E 和固色率 F 的影响如图 4.7 所示，对染色木材 L^*、a^*、b^* 值及总色差 ΔE^* 值的影响如表 4.7 所示。

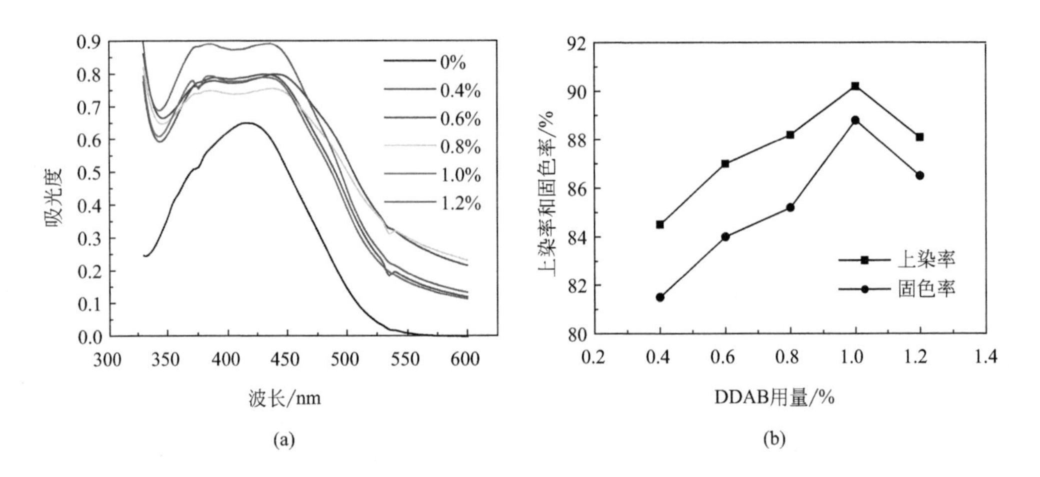

图 4.7　DDAB 用量对活性黄染液的增溶作用（a）、上染杨木锯材上染率和固色率（b）的影响

从图 4.7(b) 可知，E 和 F 也是随 DDAB 用量的增加呈现先增后降的趋势，用量 1.0%时达到最大，E 为 90.2%，F 为 88.8%，比不加表面活性剂时 E（76.1%）增加了 18.5%，F（73.1%）增加了 21.5%。从（a）图可知，染液中加入 DDAB 在可见光区域波长 435nm 左右，染料吸收峰变为宽峰，峰强度增加，说明 DDAB 对染液有增溶作用，而且随着 DDAB 用量的增加，增溶作用逐渐增强。另外，染色前染液中加入 0.8% DDAB 后，表面张力 γ 从 38.16mN/m 降低到 14.37mN/m，表明 0.8% DDAB 使染液的亲水性增强，染色时活性染料更容易在杨木表面和内部润湿，提高染料的渗透性；染色后不加助剂和加入 0.8% DDAB 的染液中 γ 分别变为 39.08mN/m、23.62mN/m，其表面张力较其他表面活性剂的高，可能是由于该双子型表面活性剂属于油溶性的，使木材中的油溶性物质析出，使上染率提高。

表 4.7 染色时加入 DDAB 对染色杨木 L^*、a^*、b^* 值及 ΔE^* 值的影响

DDAB 用量/%	L^*	a^*	b^*	ΔE^*
0	52.56	73.09	249.70	0
0.4	73.07	34.99	259.31	28.2
0.6	69.48	39.16	258.26	23.9
0.8	70.47	40.79	248.80	26.0
1.0	76.01	21.91	246.20	45.3
1.2	68.62	38.14	255.31	25.5

从表 4.7 可知，经加入 DDAB 的染液处理后的木材 L^* 值升高，表明明度越大，黄颜色越鲜艳；a^* 值降低且为正值，颜色偏红，b^* 值为正值，颜色黄色；在 DDAB 用量为 0.4%～1.2%范围内，染色杨木单板总色差 ΔE^* 值随 DDAB 用量的变化呈现不规律的变化趋势，且 ΔE^* 值都在 12.0 以上，因此加入 DDAB 时染色木材的匀染性较差。

综上所述，CTAB、LAS、OP-10、BS-12、DDAB 等 5 种表面活性剂都能明显降低染液的表面张力，促进染液中染料在木材中的渗透，能不同程度地提高活性染料上染杨木的 E 和 F，提高幅度大小顺序为 1.0% DDAB>0.8% BS-12>1.0% OP-10>1.2%LAS>2.0%CTAB，加入 1.0% DDAB 时，E 达到 90.2%，F 达到 88.8%，比不加表面活性剂时 E 提高了 18.5%，F 提高了 21.5%。同时由于表面活性剂与活性染料的作用不同，使染色木材产生不同程度的色差，最优加入表面活性剂量条件下总色差 ΔE^* 值的大小顺序为 OP-10<BS-12<LAS<CTAB<DDAB，总色差越小，匀染性越好。综合考虑上染率、固色率和总色差，在常压染浴中加入 1.0% OP-10 能得到上染率、固色率和匀染性都较好的染色材。

4.3 溶胶-凝胶技术在木材固色中的应用

木材用活性染料染色后，部分活性染料虽然吸附在木材纤维表面但未与木材纤维发生化学键结合，这些未与木材纤维键合的活性染料可能掉色，使得木材的固色率、色牢度，特别是耐摩擦和耐洗色牢度达不到预期的效果。为了解决活性染料在木材上的固色率、耐摩擦色牢度和耐洗色牢度较差的问题，使用固色剂来

提高活性染料在木材上的固色率和色牢度就成为一种有效途径。传统的固色剂纯碱虽然能够提高木材的色牢度，但其强碱性会使 20%～40% 的活性染料发生水解，使活性染料与木材纤维发生反应形成共价键结合的概率降低；同时水解染料容易吸附在木材表面，形成多分子层式缔合物，阻碍染料分子的进一步吸附和扩散，产生浮色，不仅使固色率、色牢度提高程度不大，更加重了水的消耗和环境的污染；同时加入大量的纯碱使得印染废水中含有大量的无机盐，加剧印染废水生物处理的难度。在棉纺织业中使用较多的固色剂代用碱 Y 也能提高木材的色牢度，但由于 Y 中甲醛含量偏高，会严重影响人体健康，造成环境污染。

溶胶-凝胶技术制备的硅溶胶已广泛应用于纺织印染的后期处理作为整理剂使用，而在木材染色上的研究还处于空白状态，尽管木材和织物在化学成分上都含有大量的纤维素，但木材纤维与纺织纤维在组成、物理形态及孔道结构上具有较大的差别，染料在纤维上的渗透和扩散行为也存在较大区别，因此木材和织物的固色方法或固色剂等并不能直接通用。

溶胶-凝胶技术原理是将金属醇盐或无机盐经水解直接形成溶胶或经解凝形成溶胶，微小的溶胶粒子具有极大的比表面积和较高的比表面能，促使粒子形成三维网状结构，用溶胶对木材进行表面处理后会在纤维和木材表面形成一层膜，这层膜能将染料固定在木材表面，同时降低了染料的亲水性，使其不容易脱离。在溶胶向凝胶转化过程中缩合形成的网络可以将染料分子“锚固”在纤维上，从而达到固色的效果。溶胶对纤维染色的作用表现在三方面：第一，增深作用，包括物理增深和化学增深，前者通过整理工艺在纤维表面形成均匀完整的薄膜，降低纤维表面的光折射率，能够明显增加表观色深；后者是经溶胶-凝胶法处理后的纤维上的凝胶粒子促进较多的染料上染，凝胶粒子对染料的增深作用有选择性，可能与凝胶粒子性质和染料结构有关。第二，固色作用[16]，与纯碱固色机理不同，一方面木材纤维上的凝胶粒子促进较多的活性染料吸附上染，另一方面微小的凝胶粒子具有极大的比表面积和较高的比表面能，容易在木材表面形成一层具有三维网状结构的氧化物薄膜，这层膜将活性染料三维固着，达到固色的目的。第三，改变木材的表面性能，通过溶胶-凝胶技术在木材上形成组分不同的薄膜，可以提高木材的耐磨强度、抗黏性、阻燃性和拒水拒油性等。在玻璃纤维、聚酰胺 66 和聚酯纤维等溶胶中，添加适量纳米级金属氧化物对溶胶进行改性，可以获得防护性能不同的无机-有机混聚物涂层，达到较好的耐磨性能，提高染色木材耐摩擦色牢度和耐洗色牢度的效果，如添加含长碳链硅氧烷制备的溶胶可赋予木材拒水性能，添加含全氟硅氧烷制备的溶胶可赋予木材拒油性能。

本书采用溶胶-凝胶技术合成了硅溶胶、钛溶胶两种固色剂，探讨了溶胶制备工艺对木材染色或固色效果（以染色率、固色率、色差、耐摩擦色牢度、耐光色牢度表征）的影响，以及溶胶在木材活性染料染色时固色工艺对固色效果的影响，优化溶胶制备工艺和固色工艺。

4.3.1 酸性硅溶胶固色剂的合成及在木材染色中的应用

（1）酸性硅溶胶的制备方法

按正硅酸乙酯（TEOS）∶无水乙醇∶水的摩尔比为1∶（4～22）∶（3～21），先量取无水乙醇放入四口烧瓶中，在20～25℃水浴中强烈搅拌下缓慢滴加正硅酸乙酯，搅拌30min后缓慢滴加蒸馏水，用0.1mol/L稀硫酸调节pH值为0.5～3.0。回流冷凝，升温到60～90℃，继续搅拌1～4h后，得酸性硅溶胶。

（2）酸性硅溶胶作为固色剂应用于木材染色

酸性硅溶胶作为固色剂应用于木材染色时的工艺流程与4.2.1节介绍的常压染色工艺流程一致，仅仅是固色阶段将上述合成的酸性硅溶胶代替纯碱固色剂加入到体系中进行固色。

（3）酸性硅溶胶的固色效果

在正硅酸乙酯水解合成酸性硅溶胶过程中，醇硅比、水硅比、反应温度、反应时间、pH值等都对酸性硅溶胶的黏度产生影响（如图4.8所示），从而影响溶胶稳定性和固含量。

从图4.8(a)可知，在固定水硅比15∶1、反应温度80℃、反应时间3h、pH为0.5的条件下，醇硅比4∶1～22∶1范围内，酸性硅溶胶黏度随乙醇用量的增加而变小，这是由于乙醇含量较低时，TEOS和水的接触面积及碰撞概率加大，加速了TEOS的水解反应，溶胶黏度较大，随着乙醇加入量的逐渐增多，乙醇作为TEOS的水解产物，对水解反应有抑制作用，同时对溶液也有稀释作用，水解产物之间的碰撞概率变小，对缩聚反应不利，因此整体反应速率明显降低，反应产物黏度降低。由图4.8(b)可知，在醇硅比4∶1、反应温度80℃、反应时间3h、pH为0.5的条件下，水硅比在3∶1～21∶1范围内，酸性硅溶胶黏度随水用量的增加呈现先增加后降低的趋势，在水硅比为15∶1时最大。黏度随pH值的增加呈现先降低后升高的趋势［图（c）所示］，pH值1.5时黏度最小，接近0。实验中还发现当pH值≥3.5后，反应很剧烈，不能形成稳定的溶胶，容易生成大颗粒白色沉淀或几乎失去流动性的溶胶。反应温度在60～90℃之间，黏度随反应温度的增加而呈递增的趋势［图（d）所示］，温度升高后，体系中分子的平均动能增加，分子运动速率提高，这样不仅提高了TEOS分子与水分子间的碰撞概率，而且使更多的TEOS与水分子成为活化分子，相当于

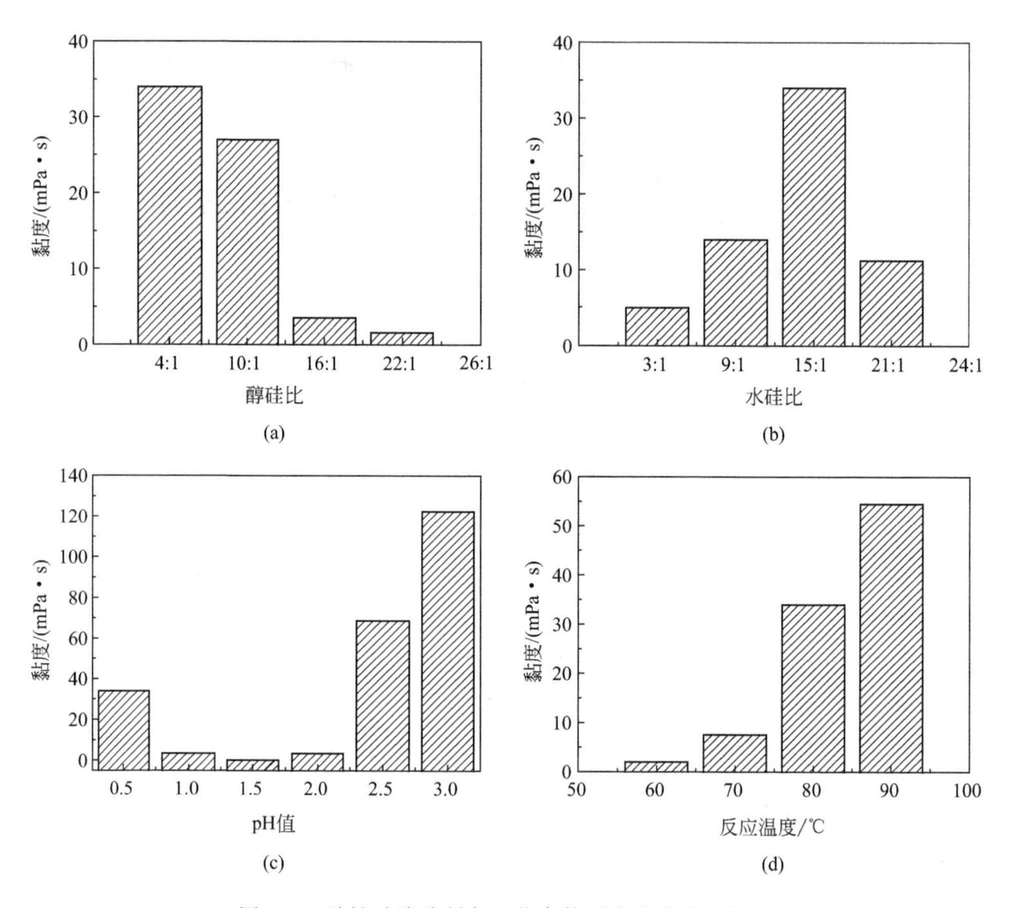

图 4.8 酸性硅溶胶制备工艺参数对溶胶黏度的影响

提高了 TEOS 的水解活性，从而促进了水解反应的进行；但当温度超过 80℃以后，体系呈沸腾状态，需加大冷凝管中冷凝水流量来保证乙醇的回流，否则体系中乙醇容易挥发，生成白色沉淀。

当 TEOS∶无水乙醇∶水的摩尔比为 1∶4∶15、反应温度 80℃、pH 值为 0.5 时溶胶-凝胶反应 3h，得到无色透明的酸性硅溶胶［图 4.9(a) 所示］，黏度 40mPa·s，固含量 2.2%。由图 4.9(b) 可以看出，在 $1100cm^{-1}$、$800cm^{-1}$、$471cm^{-1}$附近出现了吸收峰，分别为 Si—O—Si 键的反对称伸缩振动峰、对称伸缩振动峰和弯曲振动峰，为 SiO_2 的特征峰。$950cm^{-1}$附近出现的振动峰是Si—OH 的弯曲振动峰；在 $3450cm^{-1}$附近出现的振动峰代表了 H_2O 分子的伸缩振动峰，与样品中存在的结合水和游离水（毛细孔水、表面吸附水）有关；在 $1640cm^{-1}$附近出现的振动峰是 H—O—H 键的弯曲振动峰，与游离水有关。

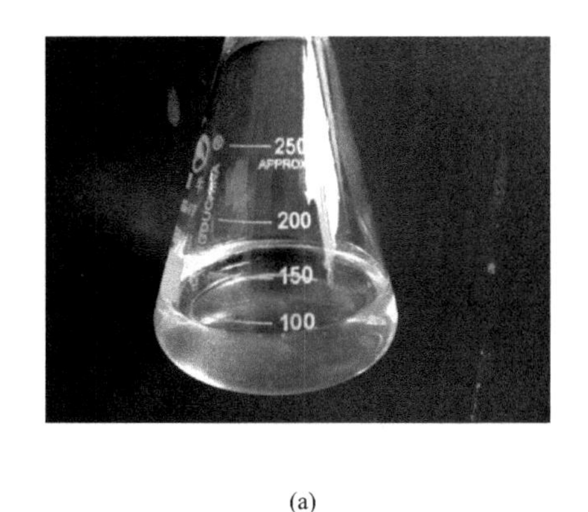

(a)

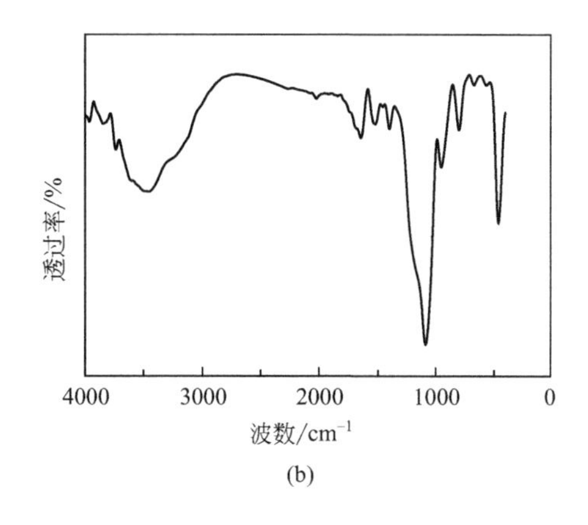

(b)

图 4.9 酸性硅溶胶的外观（a）和 FTIR 谱图（b）

制备的酸性硅溶胶作为固色剂用于杨木单板固色时，整个染色体系容易凝固，且对木材的固色效果差，上染率和固色率极低。可能是因为M型活性染料中亚乙基砜基活性基是β-硫酸酯基乙基砜基，通式为 D—SO_2—CH_2—CH_2—OSO_3Na，对纤维素的直接性较低，上染平衡后能在碱性固色剂条件下先转变成乙烯砜基，再与纤维素的羟基阴离子反应，或发生水解反应，但在酸性固色剂条件下，β-硫酸酯基乙基砜基并不能发生消去反应形成乙烯砜基，不能与纤维发生固色反应，提高上染率和固色率；同时染色体系在加入固色剂前呈弱酸性，增大了加入的酸性硅溶胶体系的 pH 值，而且活性染料分子中的磺酸根等阴离子基团容易打破酸性硅溶胶体系的电中性，使溶胶粒子迅速凝胶化，生成沉淀沉积，产生急剧聚沉，不能对木材表面的染料有效包裹，达不到固色的目的，因此酸性硅溶胶并不适合作木材活性染料染色的固色剂应用于木材染色中。

4.3.2 碱性硅溶胶固色剂的合成及在木材染色中的应用

（1）碱性硅溶胶固色剂的制备方法及在木材染色中的应用

以 TEOS、水、无水乙醇、25%～28%氨水和硅烷偶联剂为原料，按照摩尔比为 1∶(30～40)∶(20～30)∶(0.3～0.7)∶(0.001～0.01) 进行混合后，通过溶胶-凝胶反应制备得到碱性硅溶胶。其制备方法为：将 TEOS 和醇溶剂混合，搅拌均匀，配成 A 溶液；水与氨水混合均匀，配成 B 溶液；取 30%（质量分数）A 溶液于反应器中，升温至 30～60℃，在 400～800r/min 搅拌条件下将 B 溶液和剩余 70%（质量分数）的 A 溶液以（1～2）mL/min 滴加速度滴加到反应器中，30～60℃冷凝回流，反应 30min 后，再滴加硅烷偶联剂，继续搅拌反应 0.5～3h，陈化 8～12h，完成碱性硅溶胶固色剂的制备。将制备的碱性硅溶胶固色剂应用于木材染色时的固色阶段，染色工艺流程与 4.2.1 节介绍的常压染色工艺流程一致，仅仅是固色阶段将上述合成的碱性硅溶胶代替纯碱固色剂加入到体系中对染色木材固色。

(2) 溶胶-凝胶法制备碱性硅溶胶的合成原理

溶胶-凝胶法是一种由金属有机化合物、金属无机化合物或上述两者的混合物经过水解缩合过程，逐渐凝胶化及进行相应的后处理，而获得氧化物或其他化合物的工艺。用该方法制备硅溶胶通常包括两个步骤：一是烷氧基有机硅化合物的水解过程，如正硅酸乙酯 $Si(OC_2H_5)_4$，简称 TEOS，反应方程如式(4.1) 所示；二是水解后得到的烃基化合物发生失水缩聚反应和失醇缩聚反应，如式(4.2)、式(4.3) 所示。当溶液中 Si—O—Si 键形成后，则得到胶状颗粒或溶胶，因此 TEOS 转变为凝胶的过程分为单体聚合成核、颗粒生长、粒子链接 3 个阶段。溶胶的颗粒大小及交联程度可通过 pH 值以及水的加入量来控制，既可以采用酸作催化剂，调节 pH 值<7 的条件下制备酸性硅溶胶，如 4.3.1 所述，反应速率较慢，生成的溶胶粒子较小，固含量较低，过程容易控制，溶胶较稳定；也可以采用碱作催化剂，调节 pH 值>7 的条件下制备碱性硅溶胶，如 4.3.2 (1) 所述，碱性硅溶胶的反应速率较快，容易聚沉，因此在制备中原料应采取分批缓慢加入，以控制溶胶粒子的粒径，在上述条件下得到的碱性硅溶胶都能稳定存在，黏度为 25～35mPa·s，固含量为 10%～15%，SiO_2 颗粒平均粒径为 10～20nm。

水解反应：

$$Si(OC_2H_5)_4 + XH_2O \longrightarrow Si(OH)_x(OC_2H_5)_{4-x} + XC_2H_5OH \quad (4.1)$$

失水缩聚：

$$2n[—Si—OH] \longrightarrow [—Si—O—Si—]_n + nH_2O \quad (4.2)$$

失醇缩聚：

$$n[—Si—OC_2H_5] + n[HO—Si] \longrightarrow [—Si—O—Si—]_n + nC_2H_5OH \quad (4.3)$$

碱性硅溶胶的粒子结构和表面状态如图 4.10 所示，其内部的硅氧烷键 (Si—O—Si—) 与表面层的硅氧醇基（—SiOH）和羟基（—OH）同胶体溶液中存在的碱金属离子或 NH_4^+ 一起形成扩散双电层，粒子间的静电作用对胶体溶

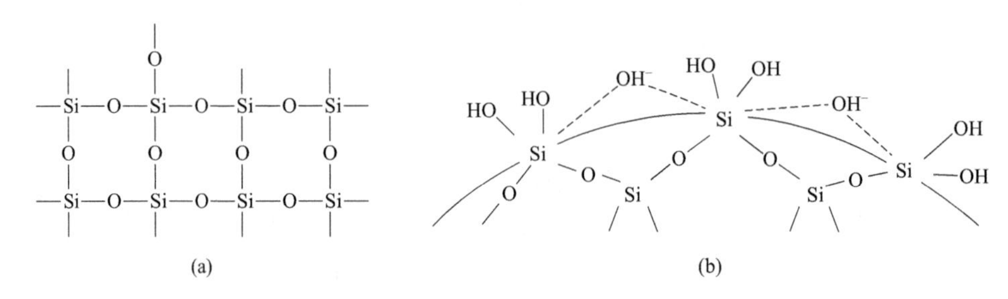

图 4.10 碱性硅溶胶的粒子结构 (a) 和粒子表面结构 (b)[17]

液的稳定起重要作用。

（3）碱性硅溶胶制备工艺参数对木材染色效果的影响

① 水硅比的影响

在 TEOS 的水解-缩聚反应中，水是水解反应的反应物，同时也是缩聚反应的产物，因此水量的多少对反应进程、溶胶的黏度及最终在多孔支撑体上的成膜性有着重要的影响。水的加入量习惯上以水与醇盐的摩尔比计量，简称为水硅比。水作为反应物对溶胶的制备中发生失水还是失醇缩聚有一定的影响，一般认为当加水量小于等量点时，为脱醇缩合；而当加水量大于等量点时，则以脱水缩合为主。实验中为了使制得的溶胶具有较佳的固色效果，可以将取水量的范围扩大，以期能找到最佳的取水量区域。

在醇硅比 25∶1、反应温度 40℃、反应时间 3h、氨水加入量 16％条件下，分别控制水硅比为 15∶1、20∶1、30∶1、40∶1、50∶1 时合成碱性硅溶胶。不同水硅比对碱性硅溶胶应用于活性染料杨木染色中的上染率和固色率的影响、对染色木材耐摩擦色牢度和耐光色牢度（以摩擦或光照前后的总色差 ΔE^* 值为评价指标，按照表 4.1 数值评定色牢度等级）的影响结果如图 4.11 所示。

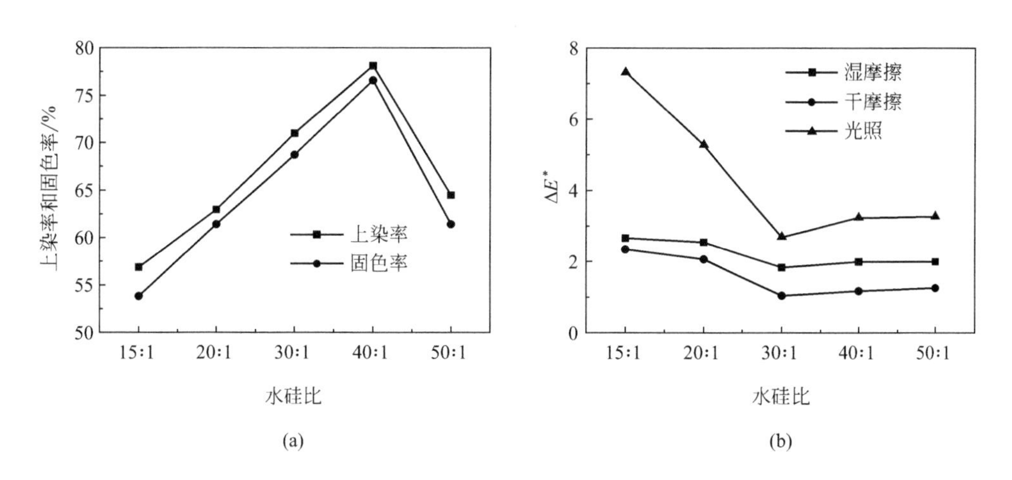

图 4.11　水硅比对木材上染率和固色率（a）、总色差（b）的影响

从图 4.11(a) 中可以看出水硅比在 15∶1～40∶1 之间时，上染率和固色率先随着比例的增大而增大，水硅比 40∶1 以后则呈递减的趋势，水硅比 40∶1 时上染率和固色率最大。从（b）图中可知，干、湿摩擦的总色差 ΔE^* 值在水硅比 15∶1～40∶1 之间时虽然有起伏，但都小于 3，在人眼可观察范围内，表明水硅比 15∶1～40∶1 制备的碱性硅溶胶作固色剂得到的染色木材耐干、湿摩擦色牢度都很好；光照后的 ΔE^* 值在水硅比 15∶1～30∶1 之间呈递降趋势，

30∶1后有稍微提升，可以得出水硅比30∶1时木块的耐光性最好。这可能是因为水硅比小时，水量不足，TEOS水解不彻底，当系统中加入适量的水（水硅比适当）时，有利于提高TEOS的水解速率，而聚合速率则因反应物稀释而有所下降，导致在聚合初期水解已基本完成，系统内水解产物浓度较高，而TEOS分子水解形成的Si—OH键有所增加，水解产物中$Si(OR)_2(OH)_2$较多，此时聚合则以脱水聚合为主，反应向多维方向进行，不断聚合后形成了三维短键交联结构，且表面带有很多活性羟基，就容易与木材的羟基反应，从而提高了上染率和固色率。当系统中水硅比过大时，作为反应物的水浓度偏高，聚合速率加快会导致颗粒生长过快、过大，不利于形成三维短键交联结构。综合考虑，水硅比最佳比例为40∶1。

② 醇硅比的影响

溶胶-凝胶法多以硅酸酯类和水为原料，而硅酸酯类微溶于水，需加入溶剂才能使反应顺利进行，因而研究溶剂对正硅酸乙酯水解制备二氧化硅溶胶的影响，对于进一步研究正硅酸乙酯的水解机理，优化纳米二氧化硅溶胶的制备工艺具有重要的理论意义和开发价值。溶剂的加入量一般用醇与醇盐的摩尔比来表示，简称醇硅比。在水硅比15∶1、反应温度40℃、反应时间3h、氨水加入量16%条件下，分别控制醇硅比为5∶1、10∶1、20∶1、25∶1、30∶1时合成碱性硅溶胶。不同醇硅比对碱性硅溶胶应用于活性染料杨木染色中的上染率和固色率、对染色木材耐摩擦色牢度和耐光色牢度的影响结果如图4.12所示。

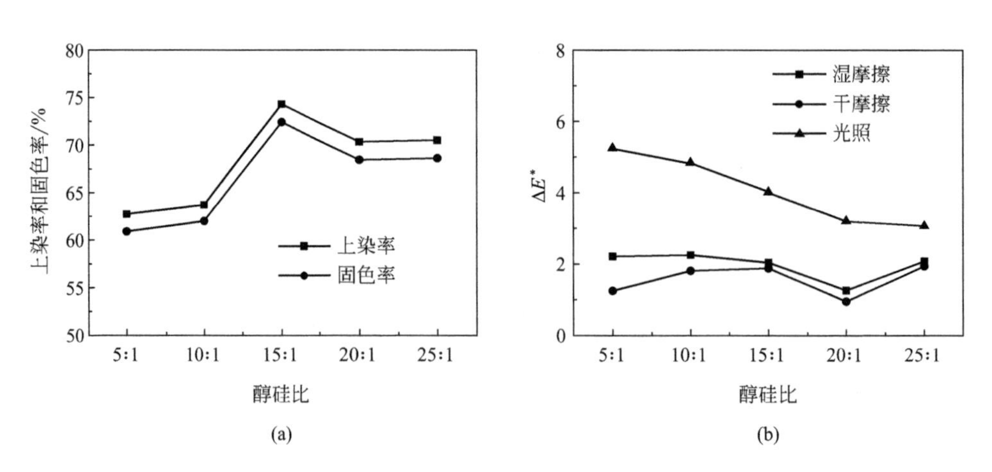

图4.12 醇硅比对木材上染率和固色率（a）、总色差（b）的影响

从图4.12(a)可以看出，醇硅比在5∶1～25∶1之间，上染率和固色率先增加后下降，15∶1时上染率、固色率最大。从（b）图中可知，干、湿摩

擦的总色差 ΔE^* 值随着醇硅比的增加先增加后降低，在 20∶1 时 ΔE^* 值最小，有较好的耐干、湿摩擦色牢度；光照下的总色差 ΔE^* 值随着醇硅比的增加而降低，在 20∶1～25∶1 时耐光色牢度较好。这是因为醇作为其反应的溶剂，醇的加入量要适当：加入量过多，将会延长水解和胶凝时间，因为水解反应是可逆的，醇是醇盐水解产物，对水解有抑制作用，而且醇增加必然导致醇盐质量分数下降，使已水解的醇盐分子之间的碰撞概率下降，因而对缩聚反应不利；加入量过少，醇盐质量分数高，也容易引起粒子的聚集或沉淀。综合考虑上染率和固色率以及耐摩擦色牢度、耐光色牢度，醇硅比的较佳比值为 15∶1～25∶1。

③ 催化剂氨水加入量的影响

金属醇盐只有在催化剂的作用下才能和水发生水解反应，催化剂可以是酸、碱、盐或者其他混合物，不同的催化剂对水解反应以及凝胶时间有不同影响。在氨水催化系统中，水解速率大于聚合速率，而且正硅酸乙酯水解比较完全，因此可以认为聚合是在水解已经基本完成的条件下在多维方向上进行形成的一种短链交联结构，这种短链交联结构内部的聚合使短链间交联不断加强，有助于 SiO_2 膜层的形成和致密化。在水硅比 30∶1、醇硅比 25∶1、反应温度 40℃、反应时间 3h 条件下，分别控制氨水加入量（占溶液总体积）为 6%、9%、12%、16%、20%时合成碱性硅溶胶。不同氨水加入量对碱性硅溶胶应用于活性染料杨木染色中的上染率和固色率、对染色木材耐摩擦色牢度和耐光色牢度的影响结果如图 4.13 所示。

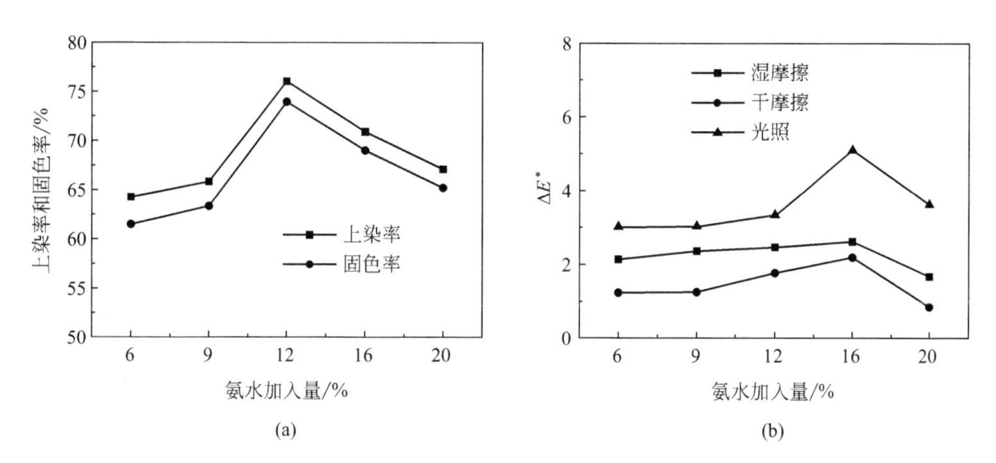

图 4.13　氨水加入量对木材上染率和固色率（a）、总色差（b）的影响

从图 4.13（a）可以看出，氨水加入量在 6%～20%之间，上染率和固色率随着氨水加入量的增加呈现先增加后降低的趋势，在 12%时达到最大；从（b）

图中可知，干、湿摩擦的总色差 ΔE^* 值随着氨水加入量的增加变化不大，而且其值都小于 3，耐干、湿摩擦色牢度都好；光照后的总色差 ΔE^* 值随着氨水加入量的增加先基本保持不变，12%后急剧增加，16%后急剧降低，氨水加入量16%时耐光色牢度最差。这是因为加入很少量氨水时，体系中氨水浓度极低，TEOS 水解和聚合的速率缓慢；当加入适当氨水时，聚合是在水解已经基本完成的条件下多维方向上进行的，形成了短链交联结构；当加入过量氨水时，溶液中氨水浓度大，使得 TEOS 的聚合速率加快，形成低聚物。因此氨水加入量应选择 12%左右为宜。

④ 反应温度的影响

在水硅比 30∶1、醇硅比 25∶1、氨水加入量 16%、反应时间 3h 时，分别控制合成反应温度为 30℃、40℃、50℃、60℃时合成碱性硅溶胶。不同反应温度对碱性硅溶胶应用于活性染料杨木染色中的上染率和固色率、对染色木材耐摩擦色牢度和耐光色牢度的影响结果如图 4.14 所示。

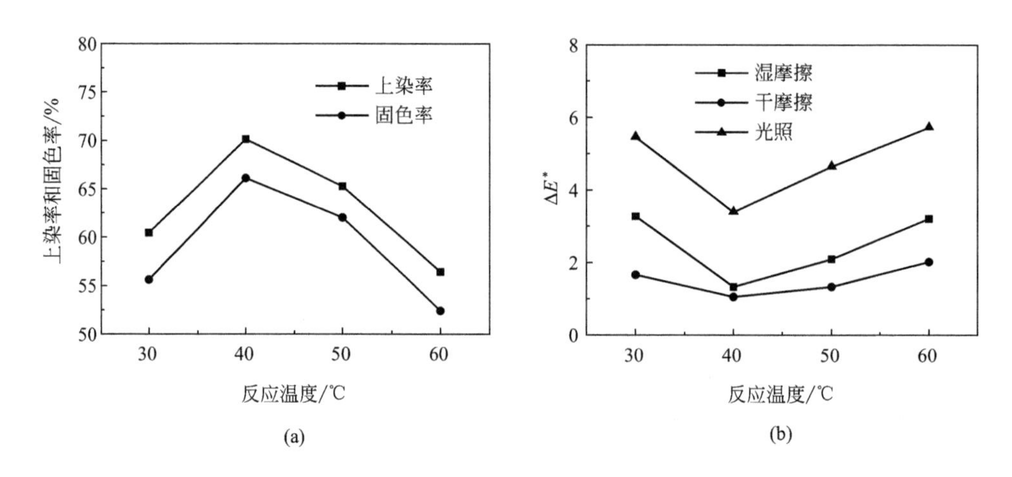

图 4.14　反应温度对木材上染率和固色率（a）、总色差（b）的影响

从图 4.14(a) 中可以看出反应温度在 30～60℃之间，上染率和固色率先随着反应温度的增加急剧增加，后又急剧下降，反应温度 40℃时，上染率和固色率最大；从（b）图可知，干、湿摩擦和光照时的总色差 ΔE^* 值都随着反应温度的升高呈现先降低后又增加的趋势，在 40℃时总色差 ΔE^* 值最小，耐干、湿摩擦色牢度和耐光色牢度最好。这是因为反应温度升高，粒子间碰撞速度加快，水解速度明显加快，水解程度也十分完全，有利于生产均匀、稳定的硅溶胶；但反应温度过高时，硅酸的缩聚反应速率大大加快，会大于水解反应速率，容易产生许多 SiO_2 小颗粒，引起聚沉，不利于形成稳定的硅溶胶，因此碱性硅溶胶应在

反应温度40℃左右制备。

⑤ 反应时间的影响

在水硅比30∶1、醇硅比25∶1、氨水加入量16%、反应温度40℃时，分别控制合成反应时间为0.5h、1h、2h、3h、4h时合成碱性硅溶胶。不同反应时间对碱性硅溶胶应用于活性染料杨木染色中的上染率和固色率、对染色木材耐摩擦色牢度和耐光色牢度的影响结果如图4.15所示。

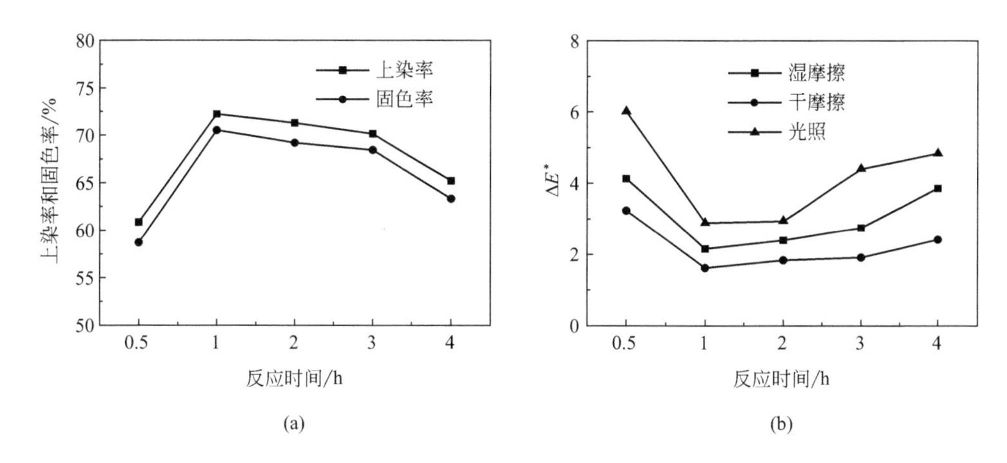

图4.15 反应时间对木材上染率和固色率（a）、总色差（b）的影响

从图4.15(a)中可以看出反应时间在0.5～4h之间，上染率和固色率先随着反应时间的延长急剧增加，后又缓慢下降，反应时间1h时，上染率和固色率最大；从（b）图可知，干、湿摩擦和光照时的总色差ΔE^*值都随着反应时间的延长呈现先降低后又增加的趋势，在1h时总色差ΔE^*值最小，耐干、湿摩擦色牢度和耐光色牢度最好。这是因为制备二氧化硅溶胶的过程中，水解、缩聚等处理时间的长短会影响反应的进行程度，处理时间太短可能会导致水解或缩聚的不充分；反应时间过长容易引起SiO_2溶胶粒子的聚沉或直接凝胶化，失去流动性，因此硅溶胶的反应时间为1h为宜。

（4）碱性硅溶胶制备时的优化工艺

从上述碱性硅溶胶制备的单因素影响结果可知，影响碱性硅溶胶制备各因素的取值范围：水硅比20∶1～50∶1，醇硅比10∶1～30∶1，氨水加入量9%～20%，反应温度30～60℃，反应时间1～4h。为得出最佳制备工艺，以制备的碱性硅溶胶作为固色剂对活性染料杨木染色的上染率E和固色率F、干湿摩擦和光照前后的总色差ΔE^*值作为考核指标，设计$L_5{}^4$正交实验表，如表4.8所示。

表 4.8　碱性硅溶胶制备的正交实验设计表

水平	A	B	C	D	E
	$n(H_2O):n(TEOS)$	$n(ETOH):n(TEOS)$	氨水加入量/%	反应温度/℃	反应时间/h
1	20	10	9	30	1
2	30	20	12	40	2
3	40	25	16	50	3
4	50	30	20	60	4

碱性硅溶胶制备工艺参数对木材上染率 E、固色率 F、木材干湿摩擦和光照总色差 ΔE^* 值 5 个染色效果影响的正交实验结果如表 4.9 所示。

表 4.9　碱性硅溶胶制备工艺参数的正交实验结果

序号	A	B	C	D	E	上染率/%	固色率/%	干摩擦 ΔE^*	湿摩擦 ΔE^*	光照 ΔE^*
1	1	1	1	1	1	61.4	59.9	2.21	3.90	8.25
2	1	2	2	2	2	80.8	79.4	3.28	3.93	9.43
3	1	3	3	3	3	65.2	62.9	1.28	1.22	6.88
4	1	4	4	4	4	64.4	62.2	1.12	1.49	4.50
5	2	1	2	3	4	62.2	60.9	0.84	0.84	5.98
6	2	2	1	4	3	66.7	65.2	0.15	3.30	3.51
7	2	3	4	1	2	72.8	70.5	0.42	1.65	6.82
8	2	4	3	2	1	71.3	69.0	2.74	1.54	2.41
9	3	1	3	4	2	63.7	62.2	2.68	3.09	6.17
10	3	2	4	3	1	78.8	77.3	0.81	2.32	4.82
11	3	3	1	2	4	66.0	64.5	1.36	1.72	3.42
12	3	4	2	1	3	79.2	77.6	1.95	4.84	8.90
13	4	1	4	2	3	67.5	66.0	0.69	1.62	6.29
14	4	2	3	1	4	68.2	66.7	2.05	2.68	5.84
15	4	3	1	4	1	77.3	75.8	0.85	1.00	4.02
16	4	4	2	3	2	65.2	63.7	0.92	1.28	4.89

对表 4.9 中的实验结果进行各因素的均值及极差分析，结果见表 4.10。

表 4.10　碱性硅溶胶制备工艺参数正交实验结果的均值及极差分析数据表

均值及极差		A	B	C	D	E	均值及极差		A	B	C	D	E
上染率/%	k_1	67.950	63.700	64.825	70.400	72.200	湿摩擦ΔE^*	k_1	2.635	2.363	2.480	3.268	2.190
	k_2	68.250	73.625	74.875	71.400	70.625		k_2	1.833	3.058	2.723	2.203	2.488
	k_3	71.925	70.325	67.100	67.850	69.650		k_3	2.993	1.398	2.133	1.415	2.745
	k_4	69.550	70.025	70.875	68.025	65.200		k_4	1.645	2.288	1.770	2.220	1.683
	R	3.975	9.925	10.050	3.550	7.000		R	1.348	1.660	0.953	1.853	1.063
固色率/%	k_1	66.100	62.250	63.325	68.675	70.500	光照ΔE^*	k_1	7.265	6.673	4.800	7.453	4.875
	k_2	66.400	72.150	73.425	69.725	68.950		k_2	4.680	5.900	7.300	5.388	6.828
	k_3	70.400	68.425	65.200	66.200	67.925		k_3	5.828	5.285	5.325	5.643	6.395
	k_4	68.050	68.125	69.000	66.350	63.575		k_4	5.260	5.175	5.608	4.550	4.935
	R	4.300	9.900	10.100	3.525	6.925		R	2.585	1.498	2.500	2.903	1.953
干摩擦ΔE^*	k_1	1.973	1.605	1.143	1.658	1.653							
	k_2	1.038	1.573	1.748	2.018	1.825							
	k_3	1.700	0.978	2.188	0.963	1.018							
	k_4	1.128	1.683	0.760	1.200	1.343							
	R	0.935	0.705	1.428	1.055	0.808							

从表 4.10 中的极差数据得到影响木材染色效果不同指标的各因素主次顺序不同，具体列于表 4.11。从表 4.11 可知，上染率 E 和固色率 F 的主次顺序为氨水加入量＞醇硅比＞反应时间＞水硅比＞反应温度，干摩擦 ΔE^* 值的主次顺序为氨水加入量＞反应温度＞水硅比＞反应时间＞醇硅比，湿摩擦 ΔE^* 值的主次顺序为反应温度＞醇硅比＞水硅比＞反应时间＞氨水加入量，光照 ΔE^* 值的主次顺序为反应温度＞水硅比＞氨水加入量＞反应时间＞醇硅比。考虑染色的综合效果，影响最大的因素是氨水的加入量和反应温度。这是因为正硅酸乙酯只有在碱性催化剂作用下才能和水发生水解反应生成溶胶粒子，而反应温度影响水解速率和缩合速率，最终影响碱性硅溶胶三维网络结构和最后的应用性能；同时应用于活性染料上染木材体系时，活性染料的 β-硫酸酯基乙基砜基在碱性条件下先转变成乙烯砜基，再与纤维素的羟基阴离子反应，达到固色目的。

表 4.11　碱性硅溶胶制备工艺参数影响木材染色效果的主次顺序

实验结果	上染率和固色率	干摩擦 ΔE^*	湿摩擦 ΔE^*	光照 ΔE^*
主 ↓ 次	氨水加入量	氨水加入量	反应温度	反应温度
	醇硅比	反应温度	醇硅比	水硅比
	反应时间	水硅比	水硅比	氨水加入量
	水硅比	反应时间	反应时间	反应时间
	反应温度	醇硅比	氨水加入量	醇硅比

对表4.9正交实验结果进行方差分析后，得到各因素对木材染色效果的影响曲线变化趋势与单因素实验得到的变化趋势一致，因此实验方案$A_3B_2C_2D_2E_1$是碱性硅溶胶制备的最佳工艺条件：水硅比40∶1，醇硅比20∶1，氨水加入量12%，反应温度40℃，反应时间1h。在此最优条件下制备的硅溶胶作为固色剂应用于活性染料杨木染色时的上染率达到79.51%，固色率达到77.62%，水洗总色差2.84，干摩擦总色差2.28，湿摩擦总色差2.85，光照总色差3.86。

（5）制备碱性硅溶胶时加入硅烷偶联剂的影响

在正硅酸乙酯的反应体系中按正硅酸乙酯与硅烷偶联剂的摩尔比为1∶(0.001～0.01)加入含有氨基（呈碱性）或含有烯烃基团的硅烷偶联剂如γ-氨丙基三乙氧基硅烷（KH550）、N-(β-氨乙基)-γ-氨丙基二甲氧基硅烷、乙烯基三乙氧基硅烷和乙烯基（β-甲氧基乙氧基）硅烷中的一种或多种的混合物，在上述碱性硅溶胶制备优化工艺条件下制备碱性硅溶胶，应用于木材固色时，上染率和固色率以及耐摩擦色牢度和耐皂洗色牢度都比不加硅烷偶联剂的高。究其原因，含有氨基的硅烷偶联剂由于呈碱性，会促进活性染料与木材纤维反应生成醚键，同时活泼基团氨基会与活性染料的羟基、木材的羟基化学键合，使木材表面大量物理吸附的活性染料和硅溶胶、木材化学键合在一起，不易通过水洗、皂洗过程流失，增加染色木材的固色率、耐摩擦色牢度和耐皂洗色牢度。含乙烯基的硅烷偶联剂中乙烯基团不饱和双键易与M型活性染料的乙烯砜基不饱和双键在碱性条件下发生加成聚合，也使木材表面大量物理吸附的活性染料和硅溶胶化学键合在一起，不易通过水洗、皂洗过程流失，同时含乙烯基的硅烷偶联剂还可通过自行加成聚合反应生成高分子，在木材表面和内部形成保护膜层，阻止活性染料从木材上脱落，同样增加了染色木材的固色率、耐摩擦色牢度和耐皂洗色牢度。

在碱性硅溶胶最优制备工艺：水硅比40∶1、醇硅比20∶1、n_{KH550}∶n_{TEOS}为0.005∶1、氨水加入量12%、反应温度40℃、反应时间1h时得到的碱性硅溶胶固色剂呈乳白色［图4.16所示(a)］，黏度40mPa·s，固含量为10%左右，二氧化硅颗粒平均粒径为12nm。

从图4.16(b)的FTIR谱图中可知，碱性硅溶胶的FTIR谱图与酸性硅溶胶的FTIR谱图相似：1100cm^{-1}、800cm^{-1}、471cm^{-1}处出现了Si—O—Si键的反对称伸缩振动、对称伸缩振动和弯曲振动吸收峰，950cm^{-1}出现Si—OH的弯曲振动吸收峰，3450cm^{-1}出现—OH吸收峰。不同的是碱性硅溶胶的—OH吸收峰与酸性硅溶胶的—OH吸收峰要宽得多，这可能是碱性硅溶胶粒子表面存在大量与金属离子或NH_4^+缔合的OH^-所致。

（6）碱性硅溶胶固色工艺参数对木材染色效果的影响

碱性硅溶胶的固色效果不仅受其制备工艺参数的影响，还受应用环境的影

(a)

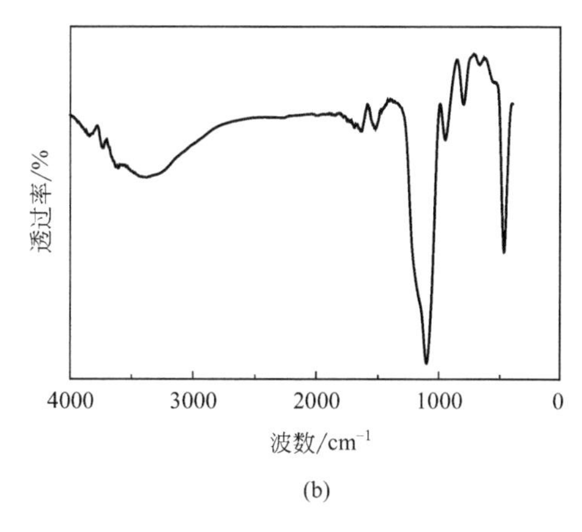

(b)

图 4.16　碱性硅溶胶的外观（a）和 FTIR 谱图（b）

响，因此本书探讨了碱性硅溶胶的固色时间、固色温度及加入量等固色工艺参数对杨木活性染料染色效果的影响，如图 4.17 所示。

图 4.17(a) 和（b）是固色时间对活性红 M-3BE 染料上染杨木时的上染率和固色率以及对染色杨木干、湿摩擦和水洗、光照 4 种处理条件总色差 ΔE^* 值的影响，(a) 表明上染率和固色率随着固色时间的延长而增加，在 80min 后趋于稳定；(b) 表明染色杨木在 4 种处理条件下的总色差都随着固色时间的增加呈下降趋势，在 80min 后趋于稳定，这可能是因为随着固色时间的延长，更多的硅溶胶和纤维结合。图 4.17(c) 和（d）的考察因素是固色温度，表明 50～90℃范围内随着固色温度的升高，上染率和固色率呈现先增后降的趋势，在固色温度为 60℃时达到最大值；染色杨木在 4 种处理条件下的 ΔE^* 值呈现先降后升的趋势，在固色温度为 60℃时达到最小值，这可能是因为硅溶胶在纤维上的固色需要一定的温度，但温度过高后，溶胶体系中的醇容易挥发，降低了体系中的醇含量，迅速凝胶。图 4.17(e) 和（f）的考察因素是硅溶胶加入量（加入的硅溶胶质量占染液质量的比例），表明 5%～25%范围内随着硅溶胶加入量的增多，上染率和固色率呈现先增后降的趋势，在加入量为 10%时达到最大值；染色杨木在 4 种处理条件下的 ΔE^* 值呈现先降后升的趋势，在加入量为 10%时达到最小值，这可能是因为硅溶胶加入量太少，不足以将染料固着在硅溶胶的三维空间结构中；加入量太多，使体系的 pH 值太高，不利于染料的乙烯砜基与木材纤维的固色反应。

在单因素实验基础上，以制备的碱性硅溶胶作为固色剂对活性染料杨木染色的上染率 E、固色率 F、干湿摩擦和光照后的总色差作为评价制备，设计了 $L_3{}^3$ 正交实验表，见表 4.12。

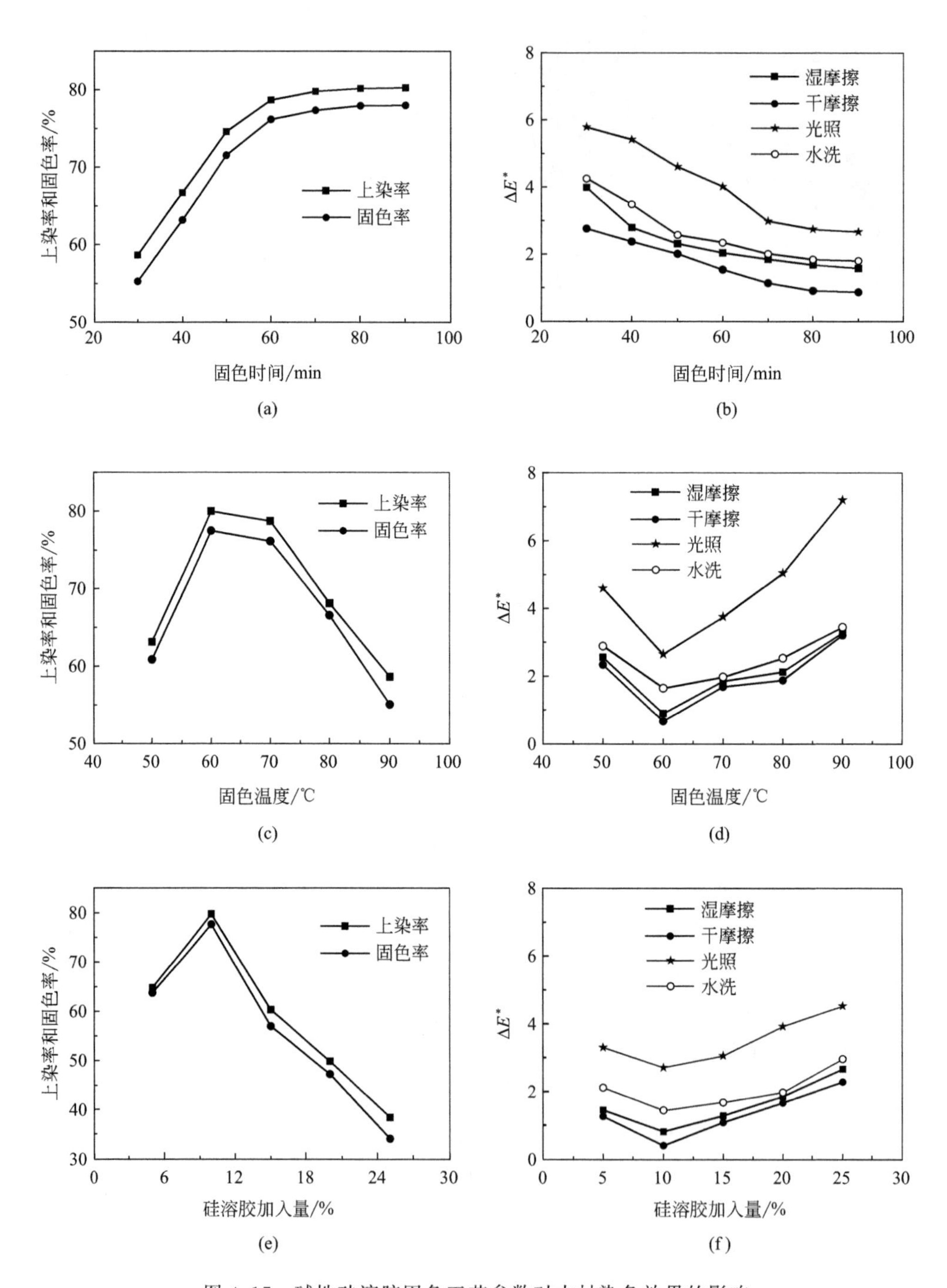

图 4.17 碱性硅溶胶固色工艺参数对木材染色效果的影响

表 4.12 碱性硅溶胶固色工艺正交实验设计表

水平	固色时间 A/min	固色温度 B/℃	硅溶胶加入量 C/%
1	70	50	8
2	80	60	10
3	90	70	12

碱性硅溶胶固色工艺参数对木材活性染料染色效果影响的正交实验结果如表 4.13 所示。

表 4.13 碱性硅溶胶固色工艺参数的正交实验结果表

序号	A	B	C	上染率/%	固色率/%	干摩擦 ΔE^*	湿摩擦 ΔE^*	光照 ΔE^*
1	1	1	1	72.24	68.90	1.26	2.26	3.89
2	1	2	2	67.23	64.06	2.33	3.83	5.63
3	1	3	3	61.25	59.15	3.12	5.06	7.38
4	2	1	1	69.99	66.25	1.37	2.89	4.45
5	2	2	3	64.63	61.53	2.92	4.89	6.86
6	2	3	2	82.24	78.90	0.76	1.24	2.15
7	3	1	3	64.86	60.03	2.81	4.14	6.01
8	3	2	1	74.45	71.12	0.99	1.71	3.12
9	3	3	2	68.62	65.62	1.56	3.12	4.82

对表 4.13 的实验结果进行均值及极差分析，分析数据见表 4.14 所示。

表 4.14 碱性硅溶胶固色工艺参数正交实验结果的均值及极差分析数据表

均值及极差		A	B	C	均值及极差		A	B	C
上染率/%	k_1	66.907	69.030	76.310	湿摩擦 ΔE^*	k_1	3.717	3.097	1.737
	k_2	72.287	68.770	68.613		k_2	3.007	3.477	3.280
	k_3	69.310	70.703	63.580		k_3	2.990	3.140	4.697
	R	5.380	1.933	12.730		R	0.727	0.380	2.960
固色率/%	k_1	64.037	65.060	72.973	光照 ΔE^*	k_1	5.633	4.783	3.053
	k_2	68.893	65.570	65.310		k_2	4.487	5.203	4.967
	k_3	66.590	67.890	60.237		k_3	4.650	4.783	6.750
	R	4.856	2.830	12.736		R	1.146	0.420	3.697
干摩擦 ΔE^*	k_1	2.237	1.813	1.003					
	k_2	1.683	2.080	1.753					
	k_3	1.787	1.813	2.950					
	R	0.554	0.267	1.947					

从表 4.14 中的数据可知，固色时间 A、固色温度 B、硅溶胶加入量 C 三个参数对活性染料上染杨木时的上染率和固色率、对染色木材的干摩擦和湿摩擦以及光照总色差 ΔE^* 值影响结果的极差分析值 R 都遵循硅溶胶加入量>固色时间>固色温度的规律，因此固色工艺对杨木活性染料染色的主要影响因素主次顺序是硅溶胶加入量>固色时间>固色温度。通过对表 4.13 中正交实验结果的方差分析，得到每个固色工艺参数对上染率和固色率、干摩擦和湿摩擦以及光照总色差 ΔE^* 值的影响规律与单因素实验探索规律一致，碱性硅溶胶最佳固色工艺为 $A_2B_3C_1$，即固色时间 80min、固色温度 70℃、硅溶胶加入量 8%，在此条件下固色，杨木活性红 M-3BE 染料染色的上染率达到 83.07%，固色率达到 81.12%，干摩擦色差为 1.54，湿摩擦色差为 2.14，光照前后色差为 2.65，与未染色木材光照前后色差 21.85 相比，色差提高了 87.87%，染色木材的耐皂洗色牢度达到 4 级，耐干摩擦色牢度达到 4 级，耐湿摩擦色牢度达到 3.5～4 级。与活性红 M-3BE 染料上染木材时采用传统的纯碱固色剂达到的染色效果（表 4.2 所示）相比，上染率提高了 7.6%，固色率提高了 7.87%，耐皂洗、耐干湿摩擦色牢度提高了 0.5～1 级。

表 4.15 列出了 6 种活性染料以碱性硅溶胶为固色剂的常压染色效果。

表 4.15　6 种活性染料以碱性硅溶胶为固色剂的固色效果表

染料	上染率/%	固色率/%	耐人造光色牢度:氙弧	耐皂洗色牢度		耐摩擦色牢度	
				原样变色	白布沾色	干摩	湿摩
活性红 X-3B	79.89	78.06	3	3.5～4	3～3.5	4	3.5～4
活性红 M-3BE	83.07	81.12	3～3.5	4	3.5～4	4	3.5～4
活性蓝 X-BR	77.25	75.69	3	4	3.5～4	4	3.5～4
活性蓝 M-2GE	81.42	79.83	3	4～4.5	4	4～4.5	4
活性黄 X-R	72.78	70.94	3	3.5～4	3～3.5	3.5～4	3～3.5
活性黄 M-3RE	80.15	78.47	3	4～4.5	3.5～4	4～4.5	3.5～4

从表 4.15 中可知，碱性硅溶胶作为 6 种活性染料染色木材时的固色剂，上染率和固色率比纯碱固色剂高，得到的染色木材耐皂洗色牢度和耐摩擦色牢度都比纯碱固色效果好，耐人造光色牢度与纯碱差不多，因此碱性硅溶胶能作为活性染料上染木材时的固色剂，可提高活性染料的利用率，提高染色木材的耐皂洗和耐摩擦色牢度，降低染色废水处理的难度，使染色过程绿色环保，但不能改善染色木材的耐光色牢度。

(a)

(b)

图 4.18　碱性硅溶胶（a）和纯碱（b）固色后的木材外观对比图

碱性硅溶胶和纯碱对活性红 M-3RE 染料固色后的木材外观如图 4.18 所示。从图

4.18 可以看出，相对于纯碱固色后的木材，碱性硅溶胶固色后的木材颜色要鲜艳亮丽得多，外表明显看到一层透明薄膜，颜色均匀性也要好。

4.3.3 碱性硅溶胶固色剂对染色木材的固色原理

采用碱性硅溶胶固色剂对染色木材进行固色，不仅在固色阶段，而且在皂洗、干燥阶段都有固色作用。固色阶段的固色原理：首先，活性染料的活性基团（目前染色最常使用的 M 型活性染料的活性基团是均三嗪和亚乙基砜基）先与木材纤维中的羟基反应生成醚键（Cell-O-D）使活性染料固着在木材上，同时弱碱性又不足以使活性染料产生水解；其次，碱性硅溶胶固色剂分子上的硅羟基或氨基与染料分子上的羟基或氨基形成氢键或范德华力，或通过含乙烯基的硅烷偶联剂与活性染料的亚乙基砜基活性基团发生加成聚合，打破活性染料在木材纤维上原有的吸附平衡，使更多的活性染料吸附到木材表面和内部；最后，吸附到内部和表面的碱性硅溶胶固色剂，通过硅羟基的自行缩聚反应生成高分子，或通过含乙烯基的硅烷偶联剂的自行加成聚合反应生成高分子，在木材表面和内部形成氧化物膜将木材表面或内部的活性染料三维固着，阻止活性染料从木材上脱落。在皂洗阶段的固色原理是：通过弱碱性条件进一步将表面和内部物理吸附的活性染料或未被保护膜“锚固”的活性染料通过以上三种反应机理化学固着，去除浮色。在干燥阶段的固色原理是：在前两个阶段没有凝胶的溶胶受热产生羟基，与木材纤维上的羟基通过氢键结合，或溶胶本身的硅羟基或乙烯基团自身缩聚或加成聚合在木材纤维表面形成一层保护膜，从而把染料包覆在纤维上，使染料不易脱落，达到提高染色木材的固色率、耐摩擦色牢度和耐皂洗色牢度的效果。

4.3.4 碱性钛溶胶固色剂的合成及在木材染色中的应用

采用溶胶-凝胶技术制备的碱性硅溶胶虽然提高了活性染料染色时的固色率、耐皂洗和耐摩擦色牢度，但耐光色牢度没有得到有效改善，染色木材在光照下很容易褪色，影响染色木材的使用寿命[18]。由于纳米二氧化钛粒子具有良好的紫外光吸收性能，在木材染色时使用碱性钛溶胶作固色剂，固色原理和碱性硅溶胶基本相似，也可在木材表面形成致密的具有三维网状结构的二氧化钛薄膜，实现对活性染料的固定，同时避免了紫外线与染色木材的直接接触，可以很好地提升固色率和上染率，同时具有良好的光催化性能，在耐光牢度方面也有很大的提升[19]。本书采用溶胶-凝胶法制备碱性钛溶胶的反应原理与合成碱性硅溶胶的相似，以钛酸丁酯为前驱体，通过钛酸丁酯的水解反应和缩聚反应［如式(4.4)～

式(4.6) 所示]，探索碱性钛溶胶的制备工艺和染色工艺对固色效果的影响，找出最佳固色效果的合成工艺和固色工艺。

钛酸丁酯的水解反应：

$$Ti(OC_4H_9)_4 + 4H_2O \longrightarrow Ti(OH)_4 + 4C_4H_9OH \quad (4.4)$$

钛酸丁酯的失醇缩聚反应：

$$Ti(OH)_4 + Ti(OC_4H_9)_4 \longrightarrow 2TiO_2 + 4C_4H_9OH \quad (4.5)$$

偏钛酸的失水缩聚反应：

$$Ti(OH)_4 \longrightarrow TiO_2 + 2H_2O \quad (4.6)$$

(1) 碱性钛溶胶固色剂的制备方法及在木材染色中的应用

以钛酸丁酯（TNB)、水、无水乙醇（ETOH)、催化剂二乙醇胺（DEA）和硅烷偶联剂为原料，按照摩尔比为（1～3)∶(8～16)∶(18～25)∶(2.0～3.5)∶(0.001～0.01）进行混合后，通过溶胶-凝胶反应制备得到。其制备方法为：将无水乙醇溶剂分成三等份，取其中两份醇溶剂与钛酸丁酯和催化剂二乙醇胺混合，搅拌均匀，配成A溶液，将另外一份醇溶剂与水混合均匀，配成B溶液；取A溶液于反应器中，升温至40～70℃，在400～800r/min的搅拌速度下将B溶液以0.5～1mL/min的滴加速度滴加到反应器中，冷凝回流，反应2～3.5h后，再滴加硅烷偶联剂，继续搅拌反应0.5～1h，陈化8～12h，完成碱性钛溶胶固色剂的制备；将制备的碱性钛溶胶固色剂应用于木材活性黄M-3RE染料染色时的固色阶段，染色工艺流程与4.2.1节介绍的常压染色工艺流程一致，仅仅是固色阶段将上述合成的碱性钛溶胶代替纯碱固色剂加入到体系中对染色木材固色。

(2) 碱性钛溶胶固色剂的合成原理

钛酸丁酯的水解速度比正硅酸乙酯的水解速度要剧烈得多，因此将钛酸丁酯(TNB)+2/3醇溶剂+催化剂有机碱作为原溶液，而1/3醇溶剂+水作为B溶液滴加到原溶液中，A溶液中加入大量的醇类和催化剂，以减缓钛酸丁酯的水解速度，控制B溶液的滴加速度进一步减缓钛酸丁酯的水解速度。其反应原理为：当B溶液滴加到原溶液中时，TNB刚与水接触就在大量有机碱催化剂作用下发生水解，此时由于水是滴加进去的，水量较少，大量醇的存在也使水解速率较低，边水解的同时边发生失水聚合生成较小粒径的溶胶粒子；随着滴加的进行，水量增加，水解速率加快，但由于有机碱的碱性不太强，催化作用没有强酸或强碱剧烈，水解速率可以得到有效控制，失水聚合和失醇聚合反应也比较温和，因而可以得到黏度为20～40mPa·s，固含量为4%～10%，二氧化钛颗粒平均粒径为1～10nm的碱性钛溶胶固色剂，固色效果明显。此合成原理完全与以HCl作为催化剂制备的酸性硅溶胶不同，不仅仅是酸碱性的不同，反应原理也不相同：当组成为1/2醇溶剂+水的B溶液滴加到钛酸丁酯（TNB)+1/2醇溶剂+

抑制剂 HAc 组成的原溶液中时，TNB 刚与水接触就在少量盐酸催化剂作用下发生水解，此时由于水是滴加进去的，水量较少，催化剂的量也少，水解速率较低，同时由于原溶液中大量抑制剂的存在，水解速率更低，基本上没有溶胶粒子生成或生成的溶胶粒子较少；等滴加的 B 溶液到一定量时，水量增加，催化剂的量也增多，抑制剂的抑制作用不足以抵抗盐酸的强催化作用，此时水解速度过快，生成的溶胶粒子粒径过大，因而钛溶胶的固色效果不明显。

(3) 碱性钛溶胶制备工艺参数对木材染色效果的影响

由于影响碱性钛溶胶制备的因素过多，引入正交试验设计对实验方案进行优化，通过文献查阅和碱性硅溶胶的实验因素对比分析，得出水钛比 $n(H_2O):n(TNB)$、醇钛比 $n(ETOH):n(TNB)$、胺钛比 $n(DEA):n(TNB)$、反应温度、反应时间 5 个因素制备碱性钛溶胶的合理区间，以制备的碱性钛溶胶作为固色剂应用于木材活性黄 M-3RE 染料染色时上染率和固色率、对染色木材水洗、干湿摩擦和光照 ΔE^* 值作为评价指标，设计 $L_5{}^4$ 正交实验表，如表 4.16 所示。

表 4.16 碱性钛溶胶制备的正交实验设计表

水平	A	B	C	D	E
	$n(ETOH):n(TNB)$	$n(DEA):n(TNB)$	$n(H_2O):n(TNB)$	反应温度/℃	反应时间/h
1	19	2.0	8	30	2.0
2	21	2.5	10	40	2.5
3	23	3.0	12	50	3.0
4	25	3.5	14	60	3.5

碱性钛溶胶制备工艺参数对木材上染率 E、固色率 F、木材水洗、摩擦和光照总色差 ΔE^* 值影响的正交实验结果如表 4.17 所示，对表 4.17 中各因素实验结果进行均值及极差分析，其数据列于表 4.18。从表 4.18 的极差分析数据可知，影响 E 和 F 的主次顺序为反应温度＞反应时间＞胺钛比＞水钛比＞醇钛比，影响干摩擦 ΔE^* 值的主次顺序为醇钛比＞胺钛比＞水钛比＞反应温度＞反应时间，影响湿摩擦 ΔE^* 值的主次顺序为醇钛比＞胺钛比＞反应温度＞水钛比＞反应时间，影响水洗 ΔE^* 值的主次顺序为醇钛比＞胺钛比＞水钛比＞反应时间＞反应温度，影响光照 ΔE^* 值的主次顺序为胺钛比＞反应温度＞水钛比＞醇钛比＞反应时间。结合表 4.17 的实验数据，干、湿摩擦和水洗的总色差 ΔE^* 值都比较小，在人眼可观察的范围内，主次因素引起的耐摩擦色牢度和耐水洗色牢度变化都很小，因此主要考虑染色的上染率、固色率和耐光色牢度，从表 4.18 中的数据可知影响最大的因素是胺钛比和反应温度。

表 4.17　碱性钛溶胶制备工艺参数对木材染色效果影响的正交实验结果表

序号	A	B	C	D	E	上染率/%	固色率/%	干摩擦 ΔE^*	湿摩擦 ΔE^*	水洗 ΔE^*	光照 ΔE^*
1	1	1	1	1	1	71.41	68.04	1.41	2.66	2.54	6.38
2	1	2	2	2	2	61.16	59.03	0.98	2.38	2.14	1.37
3	1	3	3	3	3	74.40	71.92	2.29	1.27	1.82	4.83
4	1	4	4	4	4	73.60	71.44	1.78	0.99	1.45	2.55
5	2	1	2	3	4	80.51	78.45	2.49	2.76	1.88	3.93
6	2	2	1	4	3	79.17	77.45	2.12	2.49	1.65	1.56
7	2	3	4	1	2	60.09	58.44	1.72	2.03	1.41	4.48
8	2	4	3	2	1	74.62	72.02	1.53	1.78	1.01	2.77
9	3	1	3	4	2	78.59	76.10	2.32	2.32	0.62	4.22
10	3	2	4	3	1	80.90	78.74	0.67	2.44	2.25	0.39
11	3	3	1	2	4	55.97	54.30	2.55	2.55	0.50	8.20
12	3	4	2	1	3	73.31	71.30	2.20	2.20	0.73	6.85
13	4	1	4	2	3	71.70	68.63	2.03	3.72	3.26	4.24
14	4	2	3	1	4	73.69	70.09	2.33	3.13	2.34	3.69
15	4	3	1	4	1	78.91	75.99	3.24	2.63	1.85	2.97
16	4	4	2	3	2	71.74	69.28	2.57	2.22	1.12	2.88

表 4.18 碱性钛溶胶制备工艺参数对木材染色效果影响的正交实验结果的均值及极差分析数据表

均值及极差		A	B	C	D	E	均值及极差		A	B	C	D	E
上染率/%	k_1	70.142	75.553	69.572	69.625	76.460	湿摩擦 ΔE^*	k_1	1.825	2.865	2.480	2.505	2.378
	k_2	73.597	73.730	73.472	65.862	67.895		k_2	2.265	2.610	2.492	2.607	2.238
	k_3	72.192	67.343	75.325	76.888	74.645		k_3	2.377	2.120	2.125	2.172	2.420
	k_4	74.010	73.317	71.573	77.567	70.942		k_4	2.925	1.798	2.295	2.107	2.357
	R	3.868	8.210	5.753	11.705	8.565		R	1.100	1.067	0.367	0.500	0.182
固色率/%	k_1	67.608	72.805	67.268	66.968	73.698	水洗 ΔE^*	k_1	1.989	2.075	1.452	1.755	1.913
	k_2	71.590	71.328	71.193	63.495	65.713		k_2	1.487	2.095	1.650	1.728	1.323
	k_3	70.110	65.163	72.532	74.597	72.325		k_3	1.025	1.395	1.448	1.768	1.865
	k_4	70.998	71.010	69.313	75.245	68.570		k_4	2.143	1.078	2.092	1.393	1.542
	R	3.982	7.642	5.264	11.750	7.958		R	1.118	1.017	0.644	0.375	0.590
干摩擦 ΔE^*	k_1	1.615	2.063	2.163	1.915	1.712	光照 ΔE^*	k_1	3.782	4.693	4.755	5.350	3.128
	k_2	1.965	1.525	2.228	1.772	1.897		k_2	3.185	1.752	3.780	4.145	3.237
	k_3	1.935	2.450	2.118	2.005	2.160		k_3	4.915	5.120	3.877	3.008	4.370
	k_4	2.542	2.020	1.550	2.365	2.288		k_4	3.445	3.763	2.915	2.825	4.593
	R	0.927	0.925	0.678	0.593	0.576		R	1.730	3.368	1.840	2.525	1.465

对表 4.17 正交实验结果进行方差分析，得到各因素对木材染色效果的影响规律。

① 水钛比的影响

碱性钛溶胶制备过程中的水钛比对活性黄 M-3RE 染料染色杨木的染色效果如图 4.19 所示。从图 4.19 可知，上染率、固色率随着水钛比从 8∶1 增大到 14∶1 呈现先升高后降低的趋势，水钛比 12∶1 时上染率和固色率最大；水钛比在 8∶1～14∶1 范围内，干摩擦、湿摩擦、水洗和光照的 ΔE^* 值变化较小，即水钛比对耐干、湿摩擦色牢度、耐水洗色牢度和耐光色牢度的影响较小。水量少引起 TNB 水解不完全，水量太多会使偏钛酸的失水聚合反应缓慢，产生不了足够多的 TiO_2 溶胶粒子，因此适宜的水钛比为 12∶1。

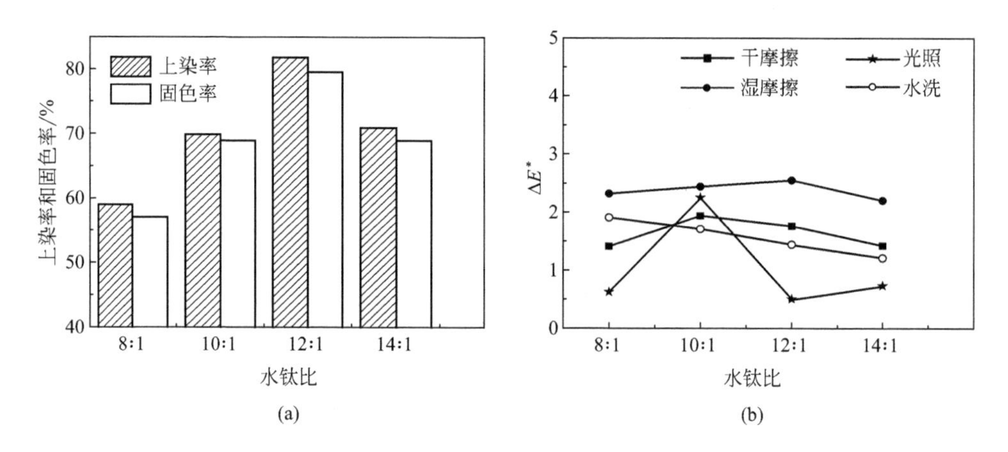

图 4.19　水钛比对木材上染率和固色率（a）、总色差（b）的影响

② 醇钛比的影响

图 4.20 是醇钛比对活性黄 M-3RE 染料染色杨木的染色效果。从图 4.20 可知，上染率、固色率随着醇钛比从 19∶1 增大到 25∶1 呈现先升高后降低的趋势，醇钛比 21∶1 时上染率和固色率最大，这是因为无水乙醇在反应体系中作为 TNB 水解和偏钛酸失醇缩聚的反应产物存在，醇含量太多会引起反应不彻底，影响 TiO_2 溶胶粒子的生成，醇太少使 TNB 水解反应加剧，生成大颗粒的 TiO_2 溶胶粒子或引起聚沉，最终影响固色效果。水洗、湿摩擦的 ΔE^* 值随醇钛比的增加逐渐减小，干摩擦的 ΔE^* 值随醇钛比的增加呈现先增后降的趋势，醇钛比 23∶1 时干摩擦 ΔE^* 值最大，而光照的 ΔE^* 值变化没规律；但不管怎么变化，在醇钛比 19∶1～25∶1 范围内，干摩擦、湿摩擦、水洗、光照的 ΔE^* 值都较小，都在 3 以下，即醇钛比对耐干、湿摩擦色牢度、耐水洗色牢度和耐光色牢度的影响较小，因此醇钛比对木材染色效果的影响主要考虑上染率和固色率这两个指标，适宜的醇钛比为 21∶1。

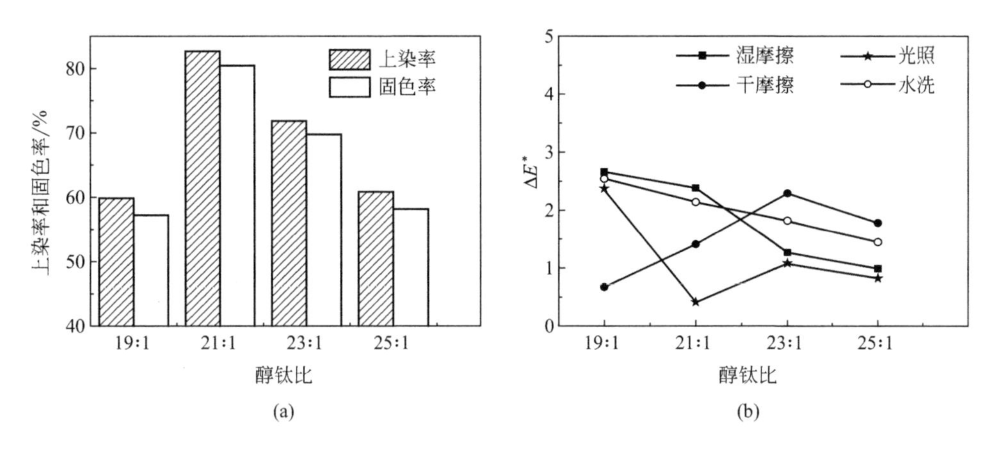

图 4.20 醇钛比对木材上染率和固色率（a）、总色差（b）的影响

③ 胺钛比的影响

图 4.21 是胺钛比对活性黄 M-3RE 染料染色杨木的染色效果。从图 4.21 可知，上染率、固色率随着胺钛比从 2∶1 增大到 3.5∶1 呈现先升高后降低的趋势，胺钛比 2.5∶1 时上染率和固色率最大。在胺钛比 2∶1～3.5∶1 范围内，干摩擦、湿摩擦、水洗、光照的 ΔE^* 值都随胺钛比的增加逐渐减小，但变化幅度较小，此范围的胺钛比都可获得较好的耐摩擦、耐水洗和耐光色牢度，因此二乙醇胺与 TNB 的最佳摩尔比为 2.5∶1。

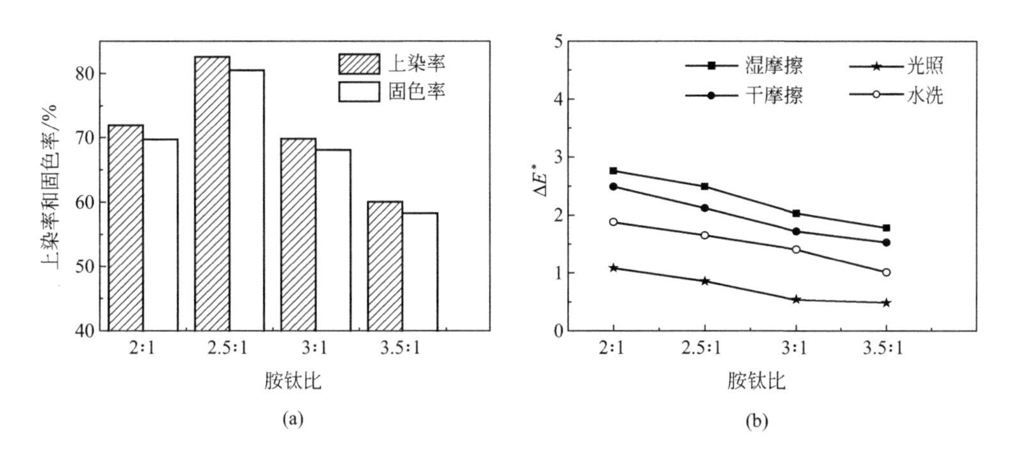

图 4.21 胺钛比对木材上染率和固色率（a）、总色差（b）的影响

TNB 通过溶胶-凝胶技术制备 TiO_2 溶胶的过程中，TNB 用酸或碱作催化剂时的水解速度过快，常需要加入抑制剂控制其水解速度。有文献介绍了 TNB 水解过程中以 HCl 为催化剂，以 HAc 为抑制剂制备的酸性钛溶胶用于纤维的固色，笔者曾制备酸性钛溶胶用于木材活性染料的固色中，发现酸性钛溶胶为亚稳

定状态，放置时间久容易凝胶，稳定性不如碱性钛溶胶；另外由于活性染料分子中的磺酸根等阴离子基团容易打破酸性钛溶胶体系的电中性，使溶胶急剧聚沉影响固色效果，同时酸性钛溶胶不能提供固色反应所需要的碱性环境，因此以 HCl 为催化剂制备的酸性钛溶胶不适用于木材活性染料染色体系。李晓春研究表明随着固色浴中碱性增高，染料与纤维素的反应速度和染料的水解速度有所增长，但后者的增长大于前者，对提高固色率不利，相反固色率还会下降，因此 NaOH、KOH 等强碱会使活性染料发生水解，使活性染料与木材纤维发生反应形成共价键结合的概率降低，同时水解染料容易吸附在木材表面，形成多分子层缔合物，阻碍染料分子的进一步吸附和扩散，产生浮色，不仅可能降低固色率和色牢度，还加重了水的消耗和环境的污染。因此木材活性染料染色体系只能使用弱碱类的固色剂。笔者采用 25%～28%浓氨水催化剂进行了碱性钛溶胶的制备，发现 TNB 的水解速率过快，要么是溶胶粒子直接聚沉，要么是粒径较大，不能达到很好的固色效果；采用 25%～28%氨水做催化剂＋二乙醇胺做抑制剂的体系，抑制剂并不能达到延缓水解的目的，均不能达到只使用二乙醇胺做催化剂的效果。二乙醇胺是一种有机碱，其碱性比氨水弱得多，避免了活性染料在强碱条件下的水解反应，增加了染液中活性染料的浓度，有利于活性染料向木材纤维渗透、扩散；另一方面使活性染料活性基与木材纤维在弱碱性条件下发生固色反应，打破染料在木材中的吸附扩散平衡，促进较多的活性染料吸附上染，提高活性染料的上染率和固色率。三乙醇胺等叔胺类物质，也可以达到同样效果，因为叔胺类物质中 N 原子上有未成键电子对，易与活性染料中带负电荷的磺酸基团形成稳定的离子键，使叔胺类催化剂牢固地附着在木材纤维表面和内部，为木材的固色反应提供更多的催化载体，进一步增强了活性染料在木材中的上染率和固色率。

④ 反应温度的影响

图 4.22 是反应温度对活性黄 M-3RE 染料染色杨木的染色效果。从图 4.22 可知，上染率、固色率随着反应温度从 30℃升高到 60℃呈现一直增加的趋势，反应温度 60℃时上染率和固色率最大。在反应温度 30～60℃范围内，干摩擦、湿摩擦、水洗、光照的 ΔE^* 值都随反应温度的升高逐渐减小，60℃时 ΔE^* 值最小，这是因为水解反应是吸热反应，升高温度有利于吸热反应的进行，但温度超过 60℃容易导致水解速率太快而生成大颗粒 TiO_2 或直接发生聚沉，降低固色效果，因此最适宜的反应温度是 60℃。

⑤ 反应时间的影响

图 4.23 是反应时间对活性黄 M-3RE 染料染色杨木的染色效果。从图 4.23 可知，上染率、固色率随着反应时间从 2.0h 延长到 3.5h 呈现逐渐降低的趋势，反应时间 2.0h 时上染率和固色率最大。干摩擦、湿摩擦、水洗、光照的 ΔE^* 值

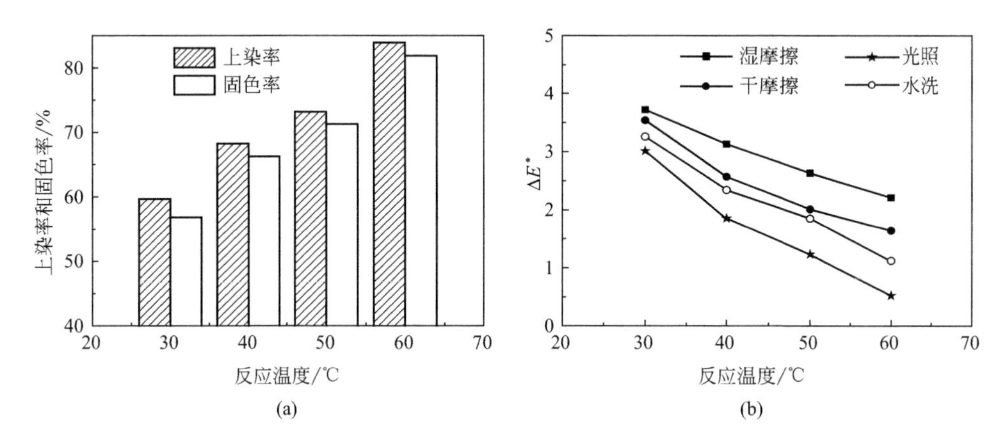

图 4.22 反应温度对木材上染率和固色率（a）、总色差（b）的影响

先随反应时间从 2.0h 延长到 2.5h 逐渐增加，2.5～3.0h 内基本保持不变，3.0h 后又逐渐降低，在反应时间 2.0h 时，干摩擦、湿摩擦、水洗、光照的 ΔE^* 值都很小，因此最佳反应时间为 2.0h。

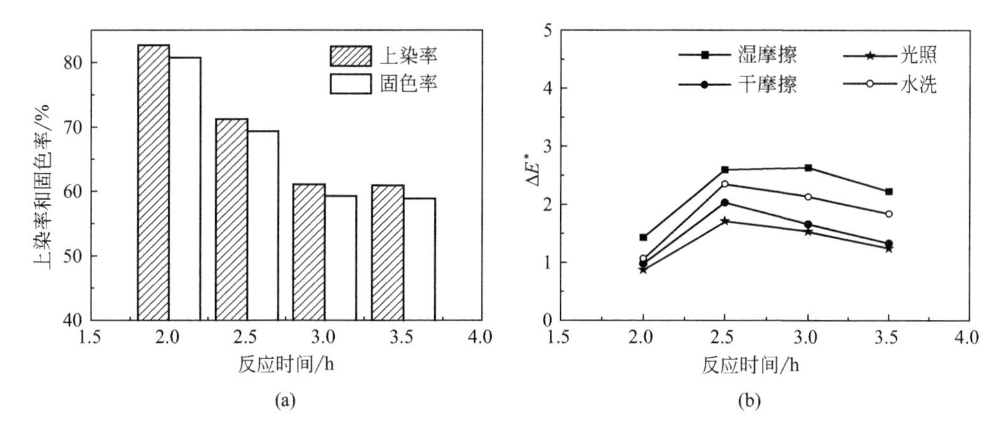

图 4.23 反应时间对木材上染率和固色率（a）、总色差（b）的影响

根据以上 5 个因素的方差分析，可以得到制备碱性钛溶胶固化剂用于木材染色的最佳实验方案为 $A_2B_2C_3D_4C_1$，即最佳制备条件为醇钛比 21∶1，使用二乙醇胺作催化剂，胺钛比 2.5∶1，水钛比 12∶1，反应温度 60℃，反应时间 2h。

碱性钛溶胶的制备中同样按照钛酸丁酯与硅烷偶联剂的摩尔比为 1∶(0.001～0.01) 的比例加入硅烷偶联剂，硅烷偶联剂的种类为 γ-氨丙基三乙氧基硅烷、N-(β-氨乙基)-γ-氨丙基二甲氧基硅烷、乙烯基三乙氧基硅烷、乙烯基（β-甲氧基乙氧基）硅烷中的一种或多种的混合物，硅烷偶联剂能与活性染料的羟基或氨基形成氢键或范德华力，或与活性染料的亚乙基砜基活性基团发生加成聚合，硅烷偶联剂使溶胶粒子、木材纤维、活性染料之间的结合更加牢固，从而达到增强固色效果的作用。

碱性钛溶胶的制备过程中不仅水钛比、醇钛比、胺钛比、反应时间、反应温度、硅烷偶联剂的种类及加入量对碱性钛溶胶的黏度、粒径、固含量和作为固色剂应用于木材中的固色效果有影响，搅拌器的搅拌速度和B溶液的滴加速度也有影响。搅拌速度限定400～800r/min，滴加速度限定0.5～1mL/min。滴加速度过快或搅拌速度过慢，将产生大粒径的溶胶，影响固色效果；滴加速度过慢或搅拌速度过快，形成的溶胶黏度较低，固含量较小，也起不到固色效果。图4.24是滴加速度对碱性钛溶胶外观和稳定性的影响结果。

(a) 0.2mL/min (b) 0.3mL/min (c) 0.4mL/min (d) 0.5mL/min

(e) 1.0mL/min (f) 1.2mL/min (g) 2.0mL/min

图4.24 滴加速度对碱性钛溶胶外观和稳定性的影响

由图4.24可知，当滴加速度≤1.0mL/min时，生成的溶胶都能稳定存在，且随着滴加速度从0.2mL/min增加至1.0mL/min，形成的溶胶颜色从无色透明［(a)图］逐渐转向淡黄色［(b)图］、黄色［(c)图］、泛蓝光［(d)图］、乳白色［(e)图］，溶胶黏度和固含量逐渐增大；当滴加速度>1.0mL/min时，溶胶粒子粒径大，容易产生聚沉，且随着滴加速度从1.2mL/min增加到2.0mL/min，溶胶从部分聚沉变化到完全聚沉，聚沉现象越来越严重。只有当滴加速度在0.5～1.0mL/min范围内，形成的溶胶中含有一定量的小粒径TiO_2粒子，才能使其在染色木材表面形成较致密的保护膜层，达到良好的固色效果。

（4）碱性钛溶胶固色工艺参数对木材染色效果的影响

① 固色时间的影响

将最佳制备条件下合成的碱性钛溶胶用于活性黄 M-3RE 染料染色杨木时的固色，控制固色温度为 60℃，钛溶胶的加入量为 10%（加入的钛溶胶质量占染液质量的比例），考察固色时间分别为 0.5h、1h、1.5h、2h 时对木材染色效果的影响，如图 4.25 所示。

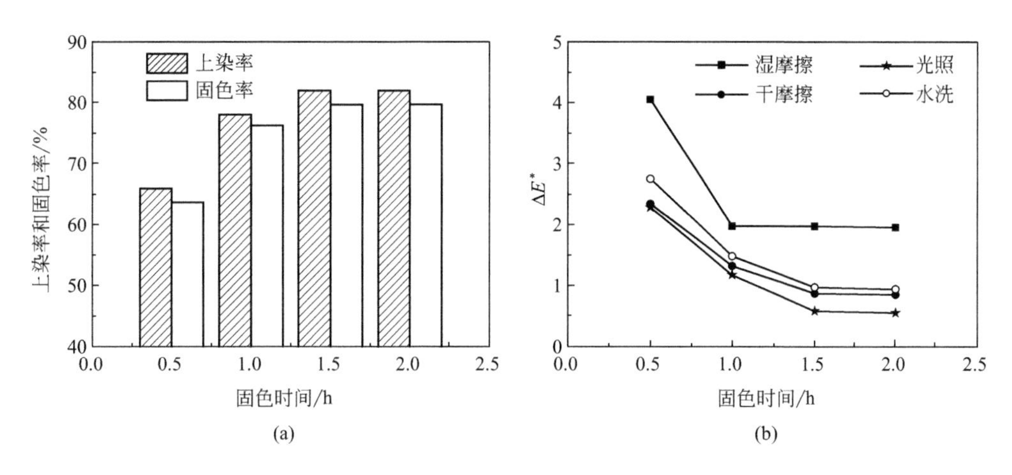

图 4.25 固色时间对木材上染率和固色率（a）、总色差（b）的影响

由图 4.25 可知，固色时间在 0.5～2.0h 范围内，上染率和固色率先随着固色时间的延长而增加，1.5h 后基本保持不变。干摩擦、湿摩擦、水洗和光照的 ΔE^* 值随着固色时间的延长呈现先降低后不变的趋势，1.0h 后湿摩擦的 ΔE^* 值达到最小，1.5h 时后干摩擦、水洗和光照的 ΔE^* 值达到最小，然后基本保持不变，这是因为碱性钛溶胶在木材上的固色反应需要一定的时间，固色完成后，延长固色反应时间并不能引起固色效果的变化。综合上染率、固色率及 4 种 ΔE^* 值的变化情况，固色时间 1.5h 时固色效果最佳。

② 碱性钛溶胶加入量的影响

控制固色时间为 1.5h，固色温度为 60℃，考察钛溶胶加入量（占染液总质量的比例）分别为 8%、10%、12%、14%时对木材染色效果的影响，结果如图 4.26 所示。

由图 4.26 可知，碱性钛溶胶加入量在 8%～14%范围内，上染率和固色率随着加入量的增加呈现先增加后降低的趋势，加入 10%时达到最大。干摩擦、湿摩擦、水洗和光照的 ΔE^* 值随着加入量的增加呈现先降低后增加的趋势，10%时达到最小，这是因为碱性钛溶胶的加入量会引起固色反应体系 pH 值和

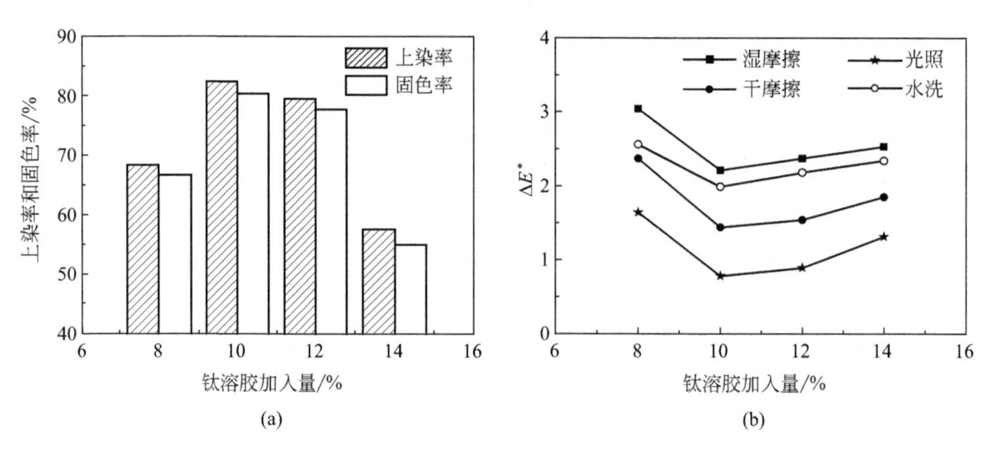

图 4.26 钛溶胶加入量对木材上染率和固色率（a）、总色差（b）的影响

TiO_2 溶胶粒子数量的变化，加入量太少，TiO_2 溶胶粒子太少，与活性染料活性基反应的物质也少，同时不能在木材表面形成致密的 TiO_2 三维网络结构，达不到固色的效果；加入量太多，虽然足够在木材表面形成较厚的 TiO_2 涂层，但太高的 pH 值会引起活性染料的水解，产生较多的浮色，反而降低固色效果。因此碱性钛溶胶的最佳加入量是 10%。

③ 固色温度的影响

控制固色时间为 1.5h，碱性钛溶胶加入量为 10%，考察固色温度分别为 50℃、60℃、70℃、80℃时对木材染色效果的影响，结果如图 4.27 所示。由图 4.27 可知，固色温度在 50～80℃范围内，上染率和固色率随着固色温度的升高呈现先增加后降低的趋势，固色温度 60℃时达到最大；干摩擦、湿摩擦、水洗和光照的 ΔE^* 值随着固色温度的升高呈现先降低后增加的趋势，60℃时达到最

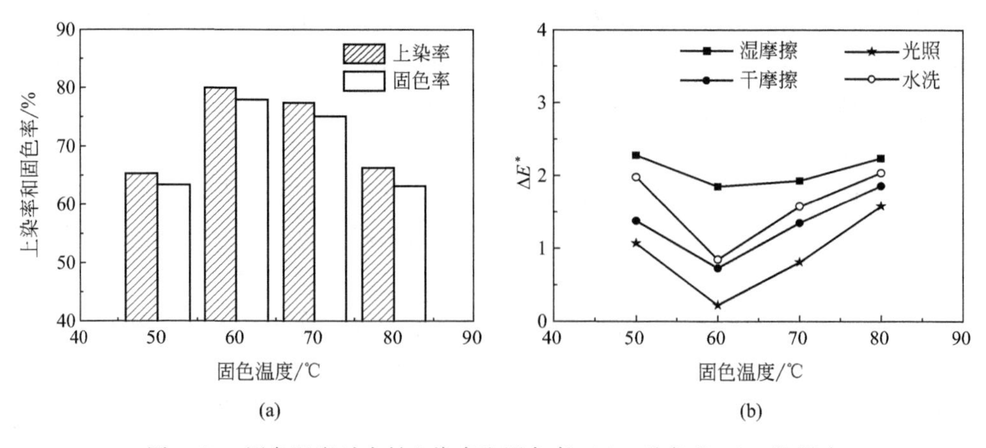

图 4.27 固色温度对木材上染率和固色率（a）、总色差（b）的影响

小，这是因为太低或太高的固色温度都不利于碱性钛溶胶与活性染料的固色反应。因此碱性钛溶胶的适宜固色温度是 60℃。

综上所述，在醇钛比 21∶1、胺钛比 2.5∶1、水钛比 12∶1、n_{KH550}∶n_{TNB} 为 0.005∶1、反应温度 60℃、反应时间 2h 的最佳制备工艺下制备的碱性钛溶胶，其外观如图 4.24(e) 所示，呈乳白色乳液状，黏度 25mPa·s，固含量 5%，平均粒径为 6.3nm；将其作为固色剂用于固色温度 60℃、加入量 10%、固色时间 1.5h 的活性黄 M-3RE 染料上染杨木的最佳固色条件下，上染率达 80.9%，固色率达 79.6%，染色木材的黄色鲜艳亮丽，L^*、a^*、b^* 值分别为 75.86、28.86、60.25，干摩擦、湿摩擦、水洗和光照的总色差 ΔE^* 值分别为 0.73、1.85、0.85 和 0.22，对应的色牢度分别为 4～5 级、4 级、4～5 级和 5 级。

4.3.5 碱性钛溶胶固色剂对染色木材的固色原理

碱性钛溶胶固色剂在染色木材的固色阶段、皂洗阶段和干燥阶段都有固色作用。固色阶段，第一，提供弱碱性环境，活性染料的活性基团（均三嗪和亚乙基砜基）先与木材中纤维素、半纤维素、木质素中的羟基反应生成醚键，但在弱碱性条件下活性基团又不足以发生水解；第二，碱性钛溶胶固色剂是二氧化钛胶体微粒在水或其他溶剂中均匀扩散形成的胶体溶液，TiO_2 颗粒表面含有大量的羟基，具有较大的反应活性，钛羟基或硅烷偶联剂中的氨基与染料分子上的羟基或氨基形成氢键或范德华力，或通过含乙烯基的硅烷偶联剂与活性染料的亚乙基砜基活性基团发生加成聚合，打破活性染料在木材纤维上原有的吸附平衡，使更多的活性染料吸附到木材表面和内部；第三，吸附到内部和表面的碱性钛溶胶固色剂是低黏度的胶体溶液，可提高木材的润湿性，并且在木材中具有良好的分散性，可充分浸入充填到木材中，通过钛羟基的自行缩聚反应生成高分子，或通过含乙烯基的硅烷偶联剂的自行加成聚合反应生成高分子，在木材表面和内部形成氧化物膜将木材表面或内部的活性染料三维固着，使其表面平滑，阻止活性染料从木材上脱落，达到固色、平皱的目的。皂洗阶段，通过弱碱性条件进一步将表面和内部物理吸附的活性染料或未被保护膜“锚固”的活性染料通过以上三种反应机理化学固着，去除浮色。干燥阶段，主要是在前两个阶段没有凝胶的溶胶具有良好的黏接性，受热产生羟基，与木材纤维上的羟基通过氢键结合，或溶胶本身的钛羟基或乙烯基团自身缩聚或加成聚合在木材纤维表面形成一层坚固的保护膜，从而把染料包覆在纤维上，使染料不易脱落，而且这层无机膜一旦成膜就不会再溶解在水中或变质，达到了提高染色木材的固色率、耐摩擦色牢度、耐水洗和光照色牢度的效果。

表 4.19 列出了 6 种活性染料以碱性钛溶胶为固色剂的常压染色效果。

表 4.19　6 种活性染料以碱性钛溶胶为固色剂的固色效果表

染料	上染率/%	固色率/%	耐人造光色牢度：氙弧	耐皂洗色牢度		耐摩擦色牢度	
				原样变色	白布沾色	干摩	湿摩
活性红 X-3B	80.05	78.26	4.5	3.5～4	3～3.5	4	3.5～4
活性红 M-3BE	83.14	81.22	4.5	4	3.5～4	4	3.5～4
活性蓝 X-BR	77.48	75.75	4.5～5	4	3.5～4	4	3.5～4
活性蓝 M-2GE	81.52	79.88	4.5～5	4～4.5	4	4～4.5	4
活性黄 X-R	72.87	71.09	4.5～5	3.5～4	3～3.5	3.5～4	3～3.5
活性黄 M-3RE	80.91	78.15	4.5～5	4～4.5	3.5～4	4～4.5	3.5～4

从表 4.19 中可知，碱性钛溶胶固色剂进行固色的染色木材的上染率和固色率与碱性硅溶胶的大体相同，耐人造光色牢度达到 5 级，比碱性硅溶胶、纯碱固色剂得到的染色木材耐人造光色牢度：氙弧 3.5 级、3 级分别要高 1～1.5 级和 1.5～2 级，碱性钛溶胶固色剂能显著提高木材的耐光色牢度。耐皂洗色牢度达到 4.5 级，耐干摩擦色牢度达到 4.5 级，耐湿摩擦色牢度达到 4 级，与碱性硅溶胶固色剂得到的染色木材耐皂洗、耐干湿摩擦色牢度相同，比传统的纯碱作为固色剂得到的染色木材耐皂洗、耐干湿摩擦色牢度的 3～3.5 级要高 0.5～1 级。

图 4.28 是碱性钛溶胶固色剂的 UV-Vis 吸收光谱图，从图 4.28 中可知，碱性钛溶胶固色剂对紫外光有强吸收作用，对可见光也有吸收作用，但吸收作用随着波长的增加而减弱，因此碱性钛溶胶固色剂能显著提高木材的耐光色牢度。

将最佳制备工艺下得到的碱性钛溶胶固色剂于 60℃ 干燥 4h 成干凝胶，再在 600℃ 煅烧 1h 后得到平均粒径为 6.3nm 的 TiO_2 颗粒，TiO_2 固体粉末的 UV-Vis 反射光谱图如图 4.29 所示。从图 4.29 可知，波长在 200～230nm 范围内，TiO_2 对短波紫外光的反射率从 65%降低到 0，表明此波段随着波长的增加，纳米 TiO_2 对紫外光的吸收能力从 35%增强到 100%；波长在 230～320nm 范围内，反射率为 0，表明中波区紫外线全部吸收；波长从 320nm 加大到 426nm，反射率从 0 增加到 90%，表明此波段随着波长的增加，纳米 TiO_2 对光的吸收能力从 100%降低到 10%；波长 426nm 以后，TiO_2 在可见区的吸收率在 10%左右。染色木材主要通过碱性钛溶胶固色剂在表面形成的 TiO_2 纳米颗粒，纳米 TiO_2 具有高折光性和高光活性，因此有强抗紫外线能力，光线能透过粒径较小的纳米 TiO_2 的粒子面，对 230～320nm 波段紫外线全部吸收，达到防晒耐光的目的。

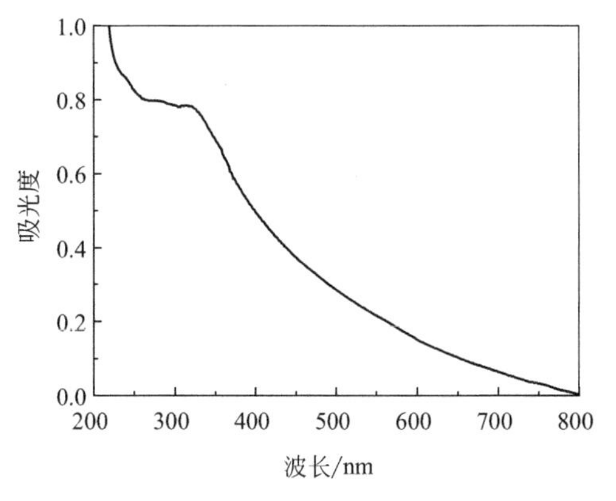

图 4.28 碱性钛溶胶固色剂的 UV-Vis 吸收光谱图

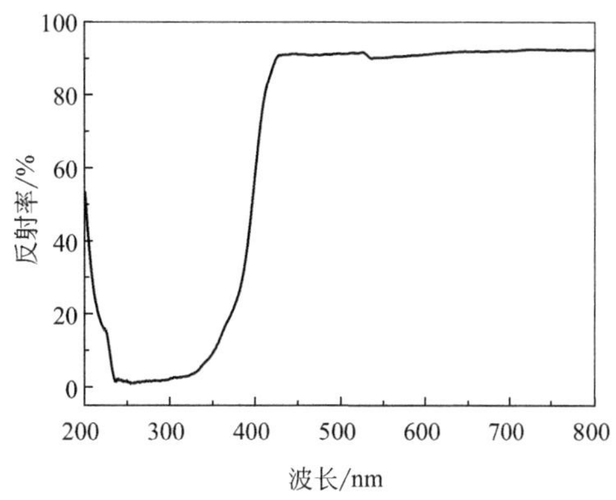

图 4.29 TiO_2 粉末的 UV-Vis 反射光谱图

4.4 木材深度染色技术

木材常压染色技术通过工艺优化可以使上染率、固色率达到较高的值，染色木材的匀染性也较好，但是这种技术只能染透单板或厚度小于 2mm 的薄板，对于厚度大于 2mm 的厚木板根本染不透，不能提供高档装修或高档家具中所需要的大尺寸木方或木条。从第 3 章的内容可知，木材染色前的预处理包括物理预处理、化学预处理和生物预处理，都能改善木材本身结构特性，特别是改变木材的纹孔结构和数量，减少抽提物（特别是 NaOH 抽提物）含量，因此木材预处理技术是提高活性染料在木材中渗透性、实现深度染色的关键。木材染色时当含水率饱和后染液在浓度梯度下以扩散、吸附的方式进入木材，此时染色深度主要受染液性质、染色工艺条件的影响。因此，如何提高木材的渗透性、提高活性染料在木材中的扩散和吸附性能成为国内外木材活性染料深度染色技术研究的热点。

木材的预处理可改善流体在木材内的渗透性能，提高染料在木材中的染色效果，实现深度染色。李明和李东猛[20]发明了一种木质板材的染色处理方法，包括浸泡处理、干燥处理、低温冷冻处理、改性处理、清洗处理、染色处理、染后清洗干燥处理等步骤。此方法中的木材染色过程很简单，将经过浸泡处理、干燥处理、低温冷冻处理、改性处理、清洗处理 5 个预处理过程后的板材常温浸泡染色 40～100min 即可。能得到上染率 98.2%、水洗牢度 4～5 级的优异的染色板材，是因为染色前经过了5个预处理过程，特别是浸泡处理、冷冻处理和改性处理，其中浸泡处理是用0.5%～1.5%（质量分数）的食盐溶液将加工好待染色的板材在35～40℃温度浸泡3～4h，低温冷冻处理是将浸泡处理再干燥处理后含水率为45%～50%的板材在温度为－8～－12℃、压力为0.6～0.8MPa的冷冻室内冷冻处理30～40min，对木质板材进行食盐溶液浸泡处理，再进行低温冷冻处理，主要目的是利用水分子结晶体积膨胀破坏木材的内部结构，一定浓度的食盐溶液可调节整体溶液的凝固点，一定的压力可预防冰晶的过度生长，配合冷冻时长的严格控制，有效增强了对木材组织的改善效果，同时又保证了其整体的力学特性。改性处理中的改性处理液由1～3份（质量份，下同）丙烯腈、5～8份氢氧化钠、0.2～0.4份十二烷基苯磺酸钠、0.5～1.5份乙二醇、200～230份水组成，独特配制的改性处理液呈碱性，其内含有丙烯腈成分，利用丙烯腈作为醚化剂对木材进行醚化反应，在木材纤维上引入了氰乙基基团，降低了纤维内部部分晶体的松弛度，细胞壁间的微孔扩大，染料更易扩散进入，在0.08MPa真空处理、1.0～1.4MPa压力、十二烷基苯磺酸钠的作用下，丙烯腈的改性效果更佳，处理后的木材纤维活性较好，与染料的吸着性能提升，进一步改善了染色效果，同时为了避免改性效果的过度，严格控制了各成分的含量比例，保证了木材的原始特性。该方法仅是对木板进行了一系列的预处理，但对染色过程并没有进行深入研究，因此对木板的固色率、染色深度、耐光色牢度等并没有涉及。徐治合等[21]公开了一种厚木板染色的方法，将厚木板在染色前进行两步预处理。第一步：使用32～45份烷基酚聚氧乙烯醚＋11～18份亚硫酸二甲酯＋420～550份水的渗透液浸泡；第二步：干燥后浸泡于浸泡液中进行改性处理。第一步中采用渗透液的主要成分是水，烷基酚聚氧乙烯醚用于增强木材的润湿性、渗透性，亚硫酸二甲酯用于溶解木材中的酚类抽提物，渗透液并不呈碱性。烷基酚聚氧乙烯醚、亚硫酸二甲酯溶解酚类抽提物的作用有限，只能将木材中的水溶性抽提物溶出来，对于木材中碱溶性的酸类抽提物如树脂酸，是没有办法抽提出来的。

在现有的深度染色技术中，真空浸注法[22]、加压注入法[23]都是通过木材内外固定压力差作为推动力促使染料在木材中扩散，由于染液中的染料分子在木材浅表面已消耗，染液浓度因浅表层的阻挡而稀释，染色深度有限。魏象[24]公开了采用增压与减压工艺的木材染色法，利用压力升降造成木材内外压力差引起染液运动而实现染色，由于木材横向渗透、扩散通道是木材的纹孔结构，纹孔膜直径10μm左右，纹孔塞5μm左右，孔径较小，孔隙率较低，染液依靠压力差渗透或扩散进入木材内部需要一定的时间，因此该方法中升压减压时间间隔（特别是染色4h后）较短，染液来不及渗透或扩散进入木材更深层面就已经完成了一次循环，每次循环基本只能使染料到达同一木材深度，染色深度也有限，同时该方法需要消耗蒸汽、升压减压反复循环，造成染色过程能耗过高。高峰[25]公开了一种环保型染色木材的方法，通过真空加压的方式将染色剂浸渍到木材内部，温度 92～93℃，加压后压力 1.3～5.0MPa，并且保压 18～20h；王树东等[26]公开了一种竹木深层染色方法，通过备料、配液、真空、注液、加热、加压、保温保压染色、卸压排液、出料干燥等步骤实现竹木材的染色层深达 2～20mm，染色部位色度均匀，得到的染色材主要用于制造地板、装饰材料或生产高档竹木家具等；高庆山和高凯[27]公开了一种原木染色方法，将原木干燥至含水率不大于 8%以后，采用热压——常压——热压——常压循环染色工艺进行染色。以上三种方法都必须采取高温加压的方式，需要的工作条件要求高，温度需要 90℃以上或压力 10MPa 以上，高温高压染色不仅浪费了能源，增加了成本，而且在高温高压下活性染料容易水解失去反应性，产生浮色。武国峰等[28]采用脉冲式浸渍设备利用循环的压差技术将染液打入原生木材内部，克服了高温高压等苛刻条件，但脉冲式浸渍设备目前还没有广泛生产，需要特殊订制，造价较高。

本书在常压染色技术的基础上采用真空-加压-真空的方式对木材进行预处理、染色处理和后处理，将烷基酚聚氧乙烯醚（OP-10）置于 NaOH 预处理液和染色液中，考察预处理过程中 NaOH 浓度、NaOH 处理压力、H_2O_2 处理压力，染色过程中染色时间、染色温度、染色压力对木材上染率、固色率和单面染色深度的影响，通过工艺优化和表面活性剂的协同作用实现木材的深度染色，具有工艺简单、处理温度和压力低、木材染色深度高等优点。

4.4.1 木材深度染色的方法

木材深度染色法制备染色杨木锯板的工艺流程如图 4.30 所示，由预处理

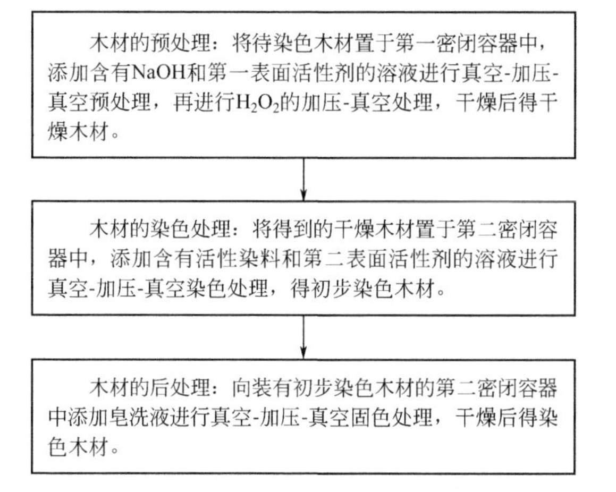

木材的预处理：将待染色木材置于第一密闭容器中，添加含有NaOH和第一表面活性剂的溶液进行真空-加压-真空预处理，再进行H2O2的加压-真空处理，干燥后得干燥木材。
木材的染色处理：将得到的干燥木材置于第二密闭容器中，添加含有活性染料和第二表面活性剂的溶液进行真空-加压-真空染色处理，得初步染色木材。
木材的后处理：向装有初步染色木材的第二密闭容器中添加皂洗液进行真空-加压-真空固色处理，干燥后得染色木材。

图 4.30　木材深度染色法制备染色杨木锯板的工艺流程图

S1、干燥 S2、染色处理 S3、后处理 S4 等步骤组成。

S1 预处理：将杨木锯板［规格 2600mm×(100～300mm)×(50～80mm)，含水率 10%］装入不锈钢密闭预处理罐，0.08MPa 下抽真空 0.5h；用多级离心增压泵注入一定浓度的 NaOH 溶液和第一表面活性剂溶液，使杨木锯板试样浸泡到混合溶液中，升温至 40℃，加压至 0.15～1.0MPa，保温保压 NaOH 预处理 4h；卸压，放出预处理罐中的溶液，将试样在 0.08MPa 下抽真空 0.5h；用多级离心增压泵注入浓度 5%～6% 的 H_2O_2，升温至 40℃，加压至 0.15～1.0MPa，保温保压 H_2O_2 预处理 4h；卸压，放出预处理罐中的溶液，将试样在 0.08MPa 下抽真空 0.5h，得到预处理后的杨木锯板。

S2 干燥：将预处理后的杨木锯板放入 40℃干燥窑中干燥，直至杨木锯板的含水率为 30%，得干燥后的杨木锯板。

S3 染色处理：将干燥后的杨木锯板装入不锈钢密闭染色罐中，0.08MPa 下抽真空 0.5h；用多级离心增压泵注入 0.5%活性红 M-3BE 染液、40g/L 元明粉和一定浓度的第二表面活性剂溶液，升温至 20～60℃，加压至 0.15～1.0MPa，使干燥后的杨木锯板浸泡到混合溶液中，保温保压染色 1～5h；卸压，放出染色罐中的溶液，将杨木锯板在 0.08MPa 下抽真空 0.5h；在放出的染液中加入 20g/L 纯碱，用多级离心增压泵注入溶液，在温度 20～60℃、压力 0.15～1.0MPa 下固色 0.5h；卸压，放出染色罐中的溶液，将杨木锯板在 0.08MPa 下抽真空 0.5h，得到初步染色后的杨木锯板。

S4 后处理：用多级离心增压泵注入 50℃1.0%阴离子表面活性剂（LAS）和 2.0%Na_2SiO_3 皂洗液，加压至 0.6MPa，使初步染色后的杨木锯板浸泡到皂洗液中，保温保压皂洗固色 0.5h；卸压，放出染色罐中的皂洗液，将杨木锯板在 0.08MPa 下抽真空 0.5h，然后放入 40℃干燥窑中干燥，直至杨木锯板的含水率为 10%±2%，得到红色的染色杨木锯板。

4.4.2 深度染色木材性能测试方法

按照 4.2.2 节测定上染率、固色率、耐摩擦色牢度、耐皂洗色牢度，分别按照 GB/T 21881—2015《酸性染料匀染性的测定》、GB/T 9292—2012《表面活性剂高温条件下分散染料染聚酯织物用匀染剂的移染性测试法》、GB/T 10663—2014《分散染料移染性的测定高温染色法》和 GB/T 21881—2015《酸性染料匀染性的测定》检测活性染料或匀染剂（表面活性剂）的匀染性，用直尺测量木材的染色深度，将木材用水浸泡 5min 前后的增重率表示木材的吸水率。

4.4.3 木材深度染色的优化工艺

本书以活性红 M-3BE 染料染色杨木的上染率、固色率和单面染色深度作为木材染色效果的评价指标，考察木材深度染色中预处理 NaOH 浓度、NaOH 处理压力、H_2O_2 处理压力，染色处理中染色温度、染色时间及染色压力等工艺参数对木材染色效果的影响规律，结果如图 4.31 所示。从图 4.31 可知，NaOH 浓度 2～3g/L [(a) 图]、NaOH 处理压力 0.6MPa [(b) 图]、H_2O_2 处理压力 0.6MPa [(c) 图]、染色时间 3h [(d) 图]、染色温度 50℃ [(e) 图]、染色压力 0.6MPa [(f) 图] 时，木材的上染率、固色率和单面染色深度较佳。

图 4.32 是不同阶段的表面活性剂对木材染色效果的影响，其中 (a) 是预处理过程中加入表面活性剂的质量占总染液质量的 0.8%，CTAB 与 OP-10 的不同质量比（$m_{CTAB}:m_{OP-10}$ 为 0、30%、50%、70%、90%、100%）对染色效果的影响，(b) 是染色过程中加入表面活性剂的质量占总染液质量的 0.8%，BS-12 与 OP-10 的不同质量比（$m_{BS-12}:m_{OP-10}$ 为 0、30%、50%、70%、90%、100%）对染色效果的影响。

从图 4.32(a) 可知，预处理过程中随着混合表面活性剂 $m_{CTAB}:m_{OP-10}$ 比例的增加呈现先增加后降低的趋势，CTAB 与 OP-10 的质量比为 70%时效果较佳。而在染色过程中，随着混合表面活性剂 $m_{BS-12}:m_{OP-10}$ 比例的增加呈现先增加后降低的趋势，BS-12 与 OP-10 的质量比为 90%时效果较佳 [图 4.32(b) 所示]。

综上所述，木材深度染色的优化工艺：NaOH 预处理时，NaOH 溶液浓度为 2～3g/L、NaOH 预处理压力 0.6MPa、$m_{CTAB}:m_{OP-10}$ 为 70%；H_2O_2 漂白处理时，H_2O_2 漂白处理压力 0.6MPa；染色处理时，染色处理温度 50℃、压力 0.6MPa、时间 3h、$m_{BS-12}:m_{OP-10}$ 为 90%。在此工艺下，活性红 M-3BE 染料在杨木锯材中的上染率 85.2%，固色率 84.4%，染色木板染色深度高达 80mm，匀染性 4～4.5 级，耐皂洗色牢度 4 级，耐干摩擦色牢度 4 级，耐湿摩擦色牢度 3.5～4 级，吸水率 29.4%。图 4.33 是木材深度染色材与常压染色材的表面与截面（任意断面）的效果图。

从图 4.33 可知，木材深度染色材的表面颜色没有常压染色材的深，匀染性要好；但断开后的截面效果完全不同，任意截面断开后，木材深度染色后的颜色到处都相同，透染深，染色部位色度均匀，匀染性好，色牢度好，而常压染色材仅表面 4mm 厚能上色，其余地方染料完全渗透不到，透染性和匀染性差。

此方法工艺简单，易工业化生产。图 4.34 是木材深度染色工厂现场生产情况。

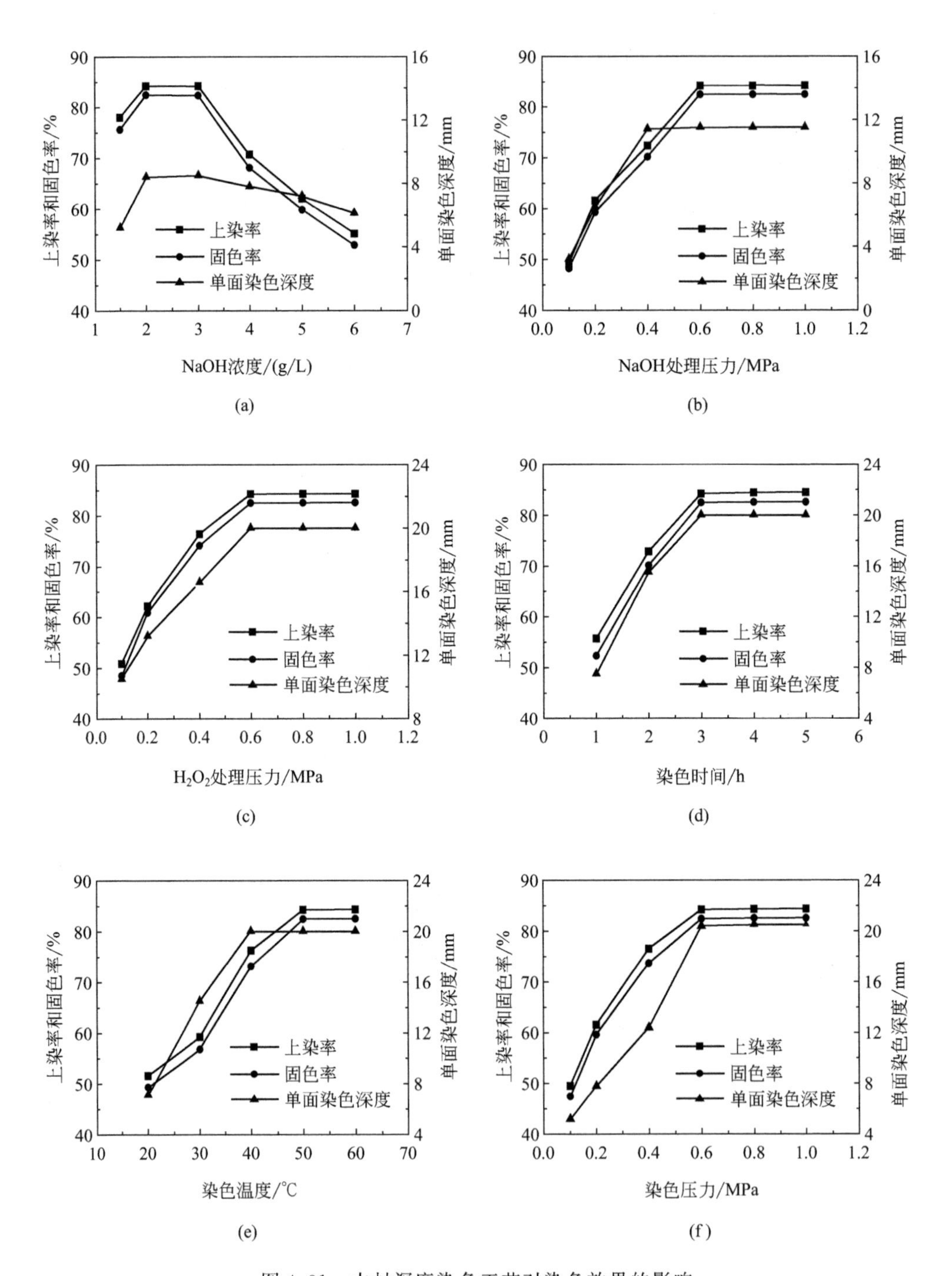

图 4.31 木材深度染色工艺对染色效果的影响

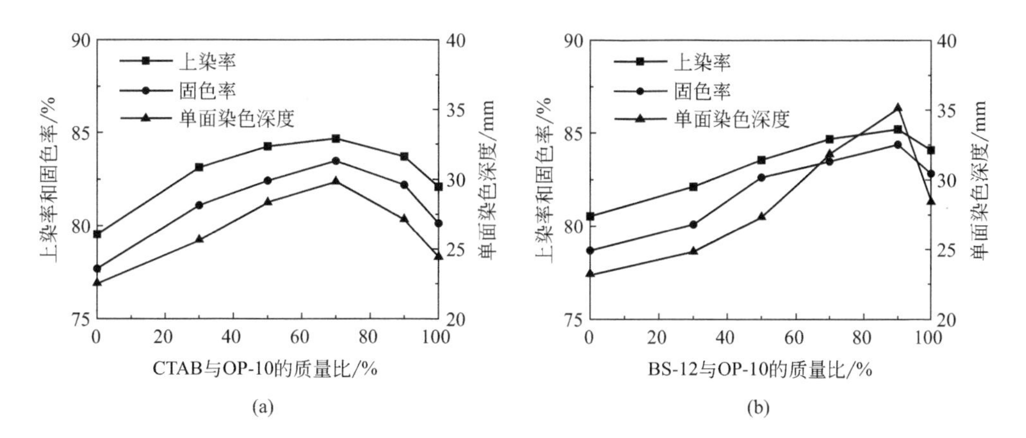

图 4.32 预处理过程(a)、染色过程（b）的表面活性剂对木材深度染色效果的影响

(a) 常压染色材表面 (b) 高压染色材截面 (c) 高压染色材表面 (d) 高压染色材纵截面

(e) 高压染色材横截面(红) (f) 高压染色材横截面(蓝) (g) 高压染色材工业化产品

图 4.33 木材深度染色材与常压染色材的表面与截面效果图

4.4.4 木材深度染色原理

木材的深度染色方法，在木材的预处理、染色处理及后处理过程中都使用真空-加压-真空处理操作。第一次抽真空处理将木材内部的气体分子抽出，形成负

杨木(2.6m长×50mm厚)　配料罐　染色罐　压力控制装置

温度和时间控制装置　锅炉　干燥窑　干燥前试材

干燥界面　干燥后进罐染色　染色后试材　锯断观察染色深度

图 4.34　木材深度染色工厂现场生产情况图

压；加压，使木材内外形成更大的压力差，促使溶液向木材深层渗透或扩散；第二次抽真空处理是将木板内部溶解的抽提物或未固着在木板上的活性染料压出木板内部。

在木材预处理过程中加入 NaOH 和第一表面活性剂（阳离子型表面活性剂和非离子型表面活性剂的混合液），第一表面活性剂的存在使 NaOH 溶液的表面张力降低，促使 NaOH 溶液进入木板内部或深层，将木板内部或深层分布在纹孔膜周围的酸类、脂类等抽提物，通过第一表面活性剂由油相转移到溶液中，与 NaOH 反应生成水溶性的产物，通过第二次抽真空处理操作将其压出木板内部，打通活性染料在木材中渗透、扩散的纹孔通道，提高木材的渗透性。NaOH 浓度和第一表面活性剂浓度，能够最大程度将木材内部的抽提物溶出，浓度过高或过低，都将影响木材中抽提物的溶出，从而影响木材的纹孔结构和细胞结构，最终影响染料的上染和固色。

在木材的染色处理中加入第二表面活性剂（*N*-烷基甜菜碱两性离子表面活性剂和烷基酚聚氧乙烯醚类非离子型表面活性剂的混合液），在染色初期，*N*-烷基甜菜碱两性离子表面活性剂分子中的阳离子与活性染料磺酸根阴离子或木材纤维阴离子形成离子键结合，减少活性染料或木材纤维的负电荷，从而减小活性染料与纤维之间的静电排斥，使活性染料对纤维的直接性增强，起促染作用；在染色中期，不仅降低溶液的表面张力，增加活性染料的溶解度，而且降低木材表面张力，使木材纤维溶胀，利于染料分子进入木材内部或深层，提高染料的扩散速度；随着染色的进行，*N*-烷基甜菜碱和活性染料在染浴中形成单分子络合物，比活性染料离子更具有疏水性，易吸附在木材纤维的疏水性部分，定向排列形成保护层，因而匀染性提高，吸水率降低。在 *N*-烷基甜菜碱中加入水溶性好的烷基酚聚氧乙烯醚类非离子型表面活性剂（如 OP-10）混合使用产生明显的协同增强效应。

在木材的后处理中加入阴离子表面活性剂和 Na_2SiO_3，使染色过程中吸附在木材表面和内部的活性染料活性基团，在弱碱性条件下和木材纤维上高活性位羟基发生固色反应，提高染色木材的色牢度。

在预处理和染色处理之间将木材干燥，目的是控制染色前木材的含水率。因为木材染色时是染料随水分子一起渗透进入木材内部，水的分子量小，渗透速率快，优先进入木材内部，使水在木材内部逐渐达到饱和，并在渗透通道上形成染料的浓度梯度。如果木材含水率过高，则在木材内部不会形成较高的浓度梯度，影响染色的扩散和吸附速率、渗透深度。

采用多级离心增压泵吸入染液可实现脉冲式注液，使染液有一定的扰动，既保证了木材内外有压力差作为液体在木材内渗透、扩散的推动力，又保证了染液浓度在整个设备中保持恒定，同时保证在一定压力差下液体有足够的时间渗透或扩散进入木板深层。

4.5 活性染料季铵化改性实现木材无盐染色

木材活性染料传统染色工艺中为克服染料与木材纤维之间的库仑斥力使用大量促染剂氯化钠或硫酸钠和固色剂纯碱（用量分别为 20～100g/L）等无机盐，虽然一定程度上提高了染料在纤维上的吸附量和上染率，但造成染色废水中的氯离子浓度高达 1×10^5mg/L 以上，色度超标几千倍，COD 达到 8000～30000mg/L。高盐印染废水的直接排放会严重恶化人类赖以生存的水质和土质，而废水中大量的无机盐也使废水不能通过物化及生化方法加以降解和回收处理，加剧了印染废水处理的难度和成本，与当今环保主题相悖。因此，如何提高活性染料在木材上的上染率，提高活性染料的有效利用，实现低盐或无盐染色成为国内外木材活性染料染色技术研究的热点。

由于染色体系中无机盐电解质的存在是为了中和纤维素表面的负电荷和阴离子活性染料之间的电荷斥力，因此纤维的无盐或低盐染色主要从四个方面进行研究。a. 用阳离子改性剂通过物理或化学方法改性纤维，使改性纤维带正电荷，和阴离子活性染料上的负电荷之间形成静电引力，促进活性染料对纤维的吸附，提高染料利用率，减少甚至消除无机盐的使用。阳离子改性剂的结构中需含有阳离子基团和可与棉纤维上羟基发生反应的活性基团，如季铵类阳离子改性剂、环氧型阳离子改性剂、三嗪类衍生物阳离子改性剂、阳离子聚合物、天然阳离子改性剂等[29,30]，这种改性是在染色前附加的一个预处理工序，具有有助于控制工艺条件、染色均匀和高度改性等优点，因而被广泛应用于纺织纤维的实际应用中[31]。b. 开发低盐或无盐染色用活性染料，一方面是改变活性染料结构，即增加染料的活性基团或者减少阴离子基团，降低染料与纤维素纤维之间的静电斥力；另一方面是增大活性染料的分子量，即在染料分子中引入一些结构，如杂环或双偶氮结构等，提高纤维素纤维与染料的亲和力。两种途径都可以得到直接性较高的染料[32]，染料直接性越高，纤维素纤维与染料之间的亲和力越强，无机盐用量越低，低盐活性染料于 2003 年被欧盟认为是减少电解质使用的最佳可行技术[33]。阳离子活性染料同时具有阳离子染料和活性染料的特征，对纤维素纤维具有很强的亲和力[34]，阳离子活性染料在无盐条件下的上染也分两个阶段，首先是阳离子染料被纤维表面负电荷的库仑力吸引，吸附达到第一次上染平衡，符合 Langmuir 吸附等温线，但正电荷的积聚抑制了进一步的吸附，出现饱和效应，导致第一次上染量和固色减少；其次是加入碱后，染料与纤维之间形成共价键，第二次上染量增加，染色与 Freundlich 吸附等温线一致[35]。c. 开发高盐效应的代用盐，代用盐易生物降解，对环境污染较小，可以是 $C_1 \sim C_4$ 的羧酸钠、柠檬酸三钠、酒石酸钠、苹果酸钠、草酸钠等[36]，也可以是乙二胺四乙酸四钠、次氮基三乙酸三钠等碱性有机盐[37]，代用盐与无机盐作用相同，甚至某些代用盐的促染效果优于无机盐，但目前代用盐存在价格昂贵、高碱度的代用盐导致染浴中的活性染料水解等不足，不利于工业生产。d. 新型溶剂体系的应用，可以有效减少甚至避免无机盐的使用。

纤维无盐或低盐染色 4 个方面的研究主要针对纺织纤维，虽然木材与棉织物属于相近或类似的纤维材料，木材染色和棉织物染色都是活性染料流体通过纤维内的孔道进行渗透扩散，某些染色工艺和方法可以借鉴，但木材有其不同于棉织物的化学组成、物理形态、孔道结构和力学性能等，如木材主要由纤维素、半纤维素和木质素组成（棉织物主要由纤维素组成），木材比棉织物要厚重得多且不能随意弯曲，木材纤维的亲和力比棉纤维低，因此木材染色的渗透扩散方式、流体流动通道、与染料的反应机理都比棉纤维要复杂，工艺参数控制比棉织物的要多得多，如染液扩散吸附达到平衡需要的时间更长，染液在木材纤维内的扩散系数随扩散深度变化而变化，木材结构变化会引起染液表面张力的变化。这些都导致木材染色很难达到像棉织物那样精准控制，特别是大尺寸木材，要求保留其力学性能，阳离子改性纤维中的许多改性方法因色牢度和耐洗性降低、处理时间长、能耗大以及影响因素太多等缺点，不适合木材的改性。本书从活性染料的季铵化改性阐述木材无盐染色技术：以活性红 M-3BE 染料为染料母体，与 *N*,*N*-二甲基甲酰胺在一定条件下进行反应，得到阳离子活性染料产品，用 FTIR 表征产品。用该产品对杨木木板进行染色，探索活性染料制备工艺参数反应温度、反应时间、pH 值、阳离子表面活性剂——十六烷基三甲基溴化铵 CTAB 对杨木木材的上染率和固色率、总色差的影响规律，得到较优制备工艺条件。

4.5.1 活性红 M-3BE 染料的季铵化改性方法

在室温下，将一定量的活性红 M-3BE 染料加入 250mL 装有机械搅拌器、回流冷凝装置、温度计的三口烧瓶中，取 100mL 无水乙醇加入其中，边加边搅拌，使其充分溶解。再将稍大于反应摩尔比的 *N*,*N*-二甲基甲酰胺缓缓滴加至反应溶液中，同时滴加不同质量的 CTAB，用滴入氨水或盐酸调节 pH 值至 6～10 范围内。待滴加完毕后，将反应体系升温到 50～90℃，恒温回流搅拌 4～8h。反应完毕，冷却至室温，过滤，滤渣经干燥箱干燥后，得到阳离子活性染料产物。

4.5.2 季铵化活性红 M-3BE 染料在木材中的染色方法

用阳离子活性染料对木材染色的方法，与 4.2.3 节得到的木材常压染色优化工艺基本一致，不同的是阳离子活性染料染色中在上染阶段不需要加入促染剂元明粉和固色剂纯碱，染料中的阳离子基团可以中和木材、纤维的负电荷，相当于常规木材染色中元明粉起的作用，也可以和木材纤维反应，相当于纯碱固色剂。

4.5.3 季铵化活性红 M-3BE 染料的合成原理及染色原理

合成的阳离子活性染料的 FTIR 光谱图如图 4.35 所示。从图 4.35 可知，活性红 M-3BE 染料用 *N*,*N*-二甲基甲酰胺改性后得到的阳离子活性染料在 $980cm^{-1}$与 $1120cm^{-1}$出现新的 C—N 键的双吸收峰，其他吸收峰与原染料的吸收峰基本吻合，表明阳离子活性染料除了季铵化以外，染料的其余基团基本未改变。

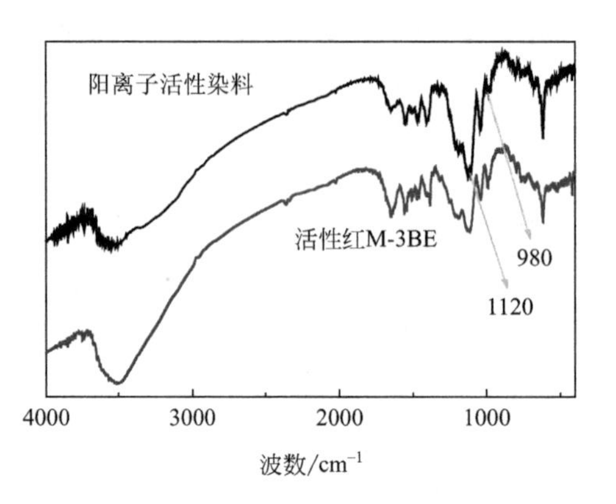

图 4.35　活性红 M-3BE 染料季铵化前后的 FTIR 谱图

活性红 M-3BE 染料在无水乙醇-氨水体系中，和 *N*,*N*-二甲基甲酰胺发生季铵化反应生成季铵化活性染料的反应示意图如图 4.36 所示。

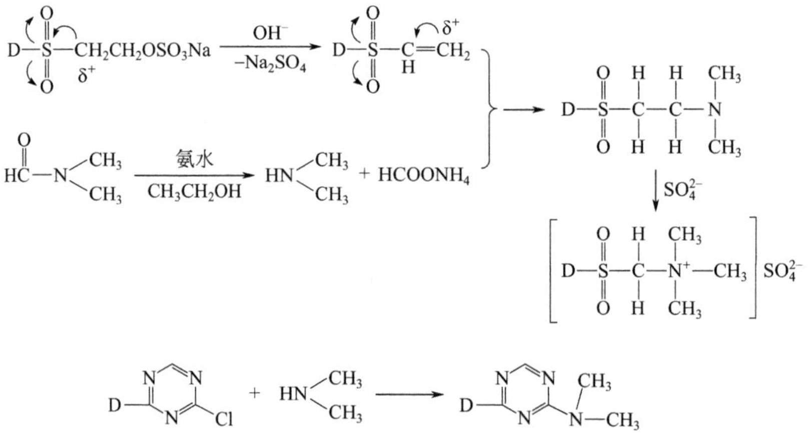

$$D-SO_2-CH_2CH_2OSO_3Na \xrightarrow[-Na_2SO_4]{OH^-} D-SO_2-CH=CH_2$$

$$HC(=O)-N(CH_3)_2 \xrightarrow[CH_3CH_2OH]{\text{氨水}} HN(CH_3)_2 + HCOONH_4$$

$$\longrightarrow D-SO_2-CH_2-CH_2-N(CH_3)_2 \xrightarrow{SO_4^{2-}} \left[D-SO_2-CH_2-N^+(CH_3)_3\right]SO_4^{2-}$$

$$D-C_3N_3-Cl + HN(CH_3)_2 \longrightarrow D-C_3N_3-N(CH_3)_2$$

图 4.36　活性红 M-3BE 染料的季铵化反应示意图

活性红 M-3BE 染料的染色母体 D 为单偶氮型，活性基团 β-硫酸酯基乙基砜基在碱性条件下先消去 α-碳原子上的一个氢和亲核离去基团（$-OSO_3Na$），从而形成活泼的乙烯砜基，由于乙烯砜基的强吸电子效应，使乙烯基双键产生极化，在 β-碳原子上形成正电中心；*N*,*N*-二甲基甲酰胺在乙醇-氨水体系中先解离成二甲胺和甲酸铵盐，二甲胺分子的极性使氮原子供电子能力提高[38]；二甲胺和乙烯砜基发生亲核加成，生成叔胺，由于氮原子负电荷和相邻碳原子负电荷明显较高，叔胺会发生亲核 1,2-重排生成季铵化活性染料。季铵阳离子基团取代了染料中的部分硫酸酯基团，减少或消除染料与纤维分子负电荷间的斥力，而且季铵阳离子所带电荷与纤维素纤维在染浴中所带电荷异号，对纤维有极大的亲和力，直接性提高，促进染料上染，另外由于染料和纤维间的共价键结合使得染色后纤维色牢度高。活性红 M-3BE 染料中的另外一个活性基团一氯均三嗪上的氯原子易与二甲胺发生亲核取代反应，生成叔胺，但均三嗪结构稳定，不会发生重排，因此一氯均三嗪只能形成叔胺，将会阻碍该活性基团与木材纤维的反应，降低活性染料在木材中的固色率。因此需控制工艺参数尽量降低一氯均三嗪基团参与季铵化反应的可能性，使活性染料的季铵化朝有利于乙烯砜基的亲核加成反应进行。

4.5.4 季铵化活性红 M-3BE 染料的制备工艺优化

以阳离子活性染料上染木材的上染率、固色率和染色木材的皂洗总色差 ΔE^* 值为评价指标，考察季铵化改性活性红 M-3BE 染料过程中的改性工艺参数反应温度、反应时间、反应体系 pH 值、CTAB 加入量对木材染色性能的影响，结果如图 4.37 所示。

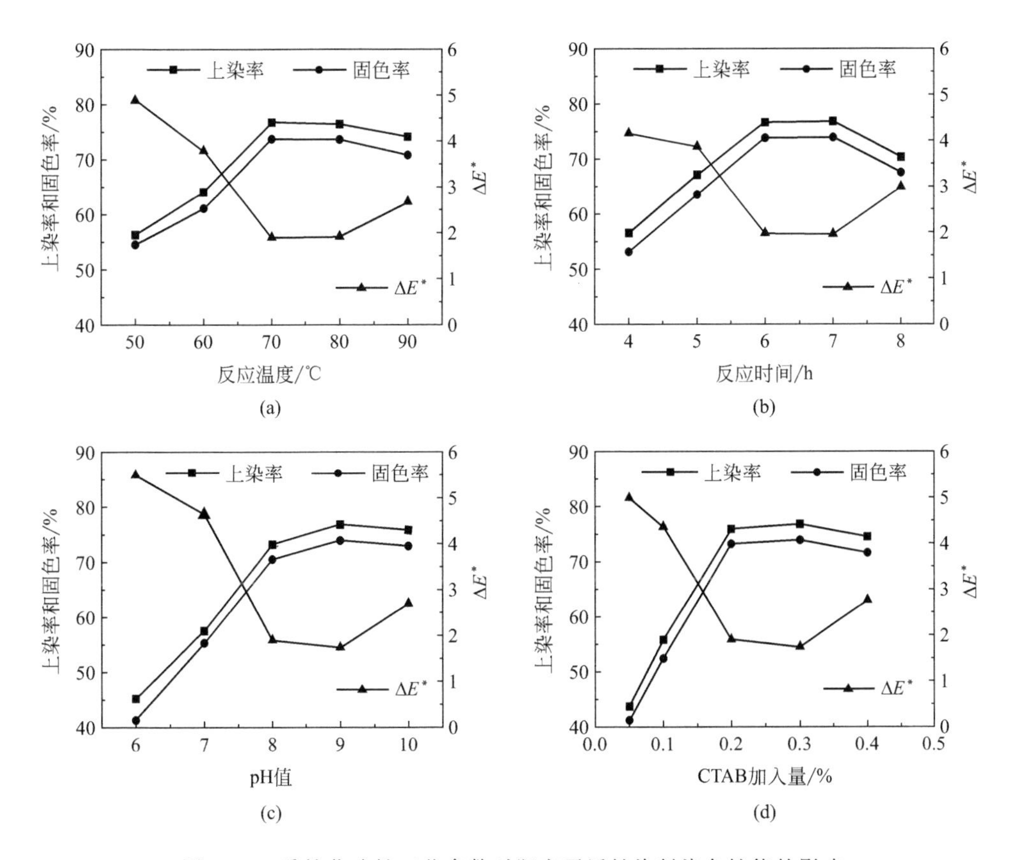

图 4.37 季铵化改性工艺参数对阳离子活性染料染色性能的影响

从图 4.37(a) 可知，上染率、固色率随着反应温度的升高而升高，70℃时达到最高点，其后基本保持恒定，80℃后稍有降低；皂洗 ΔE^* 值则随着反应温度的增加而降低，70℃时达到最低点，其后基本保持恒定，80℃后又升高。这表明反应温度升高加速了活性红 M-3BE 染料与 N,N-二甲基甲酰胺的反应，但温度超过 80℃后，可能反应要剧烈，使得整体匀染性要差，因此改性时的反应温度为 70～80℃。

由图 4.37(b) 可知，上染率、固色率随着反应时间的延长而升高，6h 时达到最大，其后基本保持不变，7h 后又降低；反应时间对皂洗 ΔE^* 值的影响与反应温度的影响规律相同。这表明反应时间延长，阳离子化程度增加，染料在水溶液中的溶解程度变高，聚集程度较弱，染料容易渗透到木材内部，与木材纤维反应形成共价键，整体匀染性好，但时间过长后，可能会引起二甲胺与一氯均三嗪反应生成叔胺，降低了染料的反应性，反而使上染率和固色率降低、皂洗总色差升高，因此改性时的反应时间是 6～7h。

由图 4.37(c) 可以看出，当反应溶液为酸性时，上染率、固色率较低，皂洗 ΔE^* 值较高；在碱性条件下，上染率、固色率高，且随着 pH 值的增加而升高，当 pH 值达到 9 时基本不再增加；皂洗 ΔE^* 值随着 pH 值的增加而降低，pH 值为 9 时为最低，超过 9 后反而升高，色牢度变差，因此反应体系的 pH 值在 9 左右。

CTAB 在阳离子活性染料的制备过程中能使阳离子活性染料和 N,N-二甲基甲酰胺快速季铵化。从图 4.37(d) 可知，上染率、固色率随 CTAB 加入量（占总染液的质量分数）增加而变大，当 CTAB 加入量超过 0.2%，它促进整个反应的效果变得不太明显，超过 0.3%后，反而使上染率和固色率降低、皂洗 ΔE^* 值升高，因此 CTAB 加入量为 0.2%～0.3%。

综上所述，N,N-二甲基甲酰胺季铵化改性活性红 M-3BE 染料的工艺为：反应温度 70～80℃、反应时间 6～7h、反应 pH 值 9 左右、CTAB 加入量 0.2%～0.3%，在此工艺下制备的季铵化活性染料在木材染色过程中的染料浓度、浴比、染色温度、染色时间与活性红 M-3BE 染料相同，达到了相同的染色效果，E 达到 76.7%，F 达到 73.7%，皂洗色牢度 4 级，但不需要添加促染剂元明粉和固色剂纯碱，减小了无机盐的使用量，实现了木材的无盐染色，降低了木材印染废水生物处理的难度。

4.6 木材活性染料的乙醇-水溶剂染色技术

传统的染色工艺均采用以水作溶剂的染色体系，将染料溶于水形成染浴，这导致染料加碱固色时会有相当一部分染料发生水解反应[39]，没有与纤维结合，最终随染色废水排出，不仅造成环境污染，还引起资源的浪费，因此少水或无水的有机溶剂染色体系应运而生。新型溶剂体系摒弃了传统纯水染色体系中染料对纤维上染性能差、易水解的缺点，不同溶剂组合能形成有效的无盐低盐染色体系，活性染料极易从非水溶剂主体转移到提前溶胀的含水织物或木材表面，减少或消除染料在染色过程中的水解[40]。新型溶剂体系主要有乙醇-水[41]、液体石蜡[42]、废弃食用油-水[43]、棉籽油-水[44]、大豆油-水[45]、硅氧烷乳液[46]。硅氧烷乳液是环境友好型染色介质，具有良好的应用前景，本章 4.3 节专门介绍了碱性硅溶胶和碱性钛溶胶的制备及在木材活性染料染色中的应用。乙醇-水染色体系是一种绿色环保染色介质，乙醇溶剂能够回收循环利用，几乎不产生废液，因此木材染色行业的溶剂体系大多尝试乙醇-水体系。赵斌[47]公开了一种由传统木竹材专用染料和由乙醇及水组成的助剂混合而成的染色液，将木竹材常温或加热浸泡于该染色液中 1～300h，可实现 900mm×20mm（长×厚）的段木或900mm×30mm（长×厚）段竹的通透染色，但乙醇-水助剂只能对毛竹、松木等疏松结构的木材染色，对杉木、梓木或类梓木纤维状结构木材不能实现完全通透染色，而且乙醇采取自然挥干的方式也不环保。在此基础上，赵斌[48]又公开了一种木竹材通透染色的染色液及其染色方法，染色液由木竹材专用染料、甲醇、水和 C_2～C_6 饱和脂肪醇、丙酮、乙酸乙酯中的一种或几种极性有机溶剂组成，与乙醇助剂染色液相比，此染色液对一般常见竹木材的通透染色时间明显缩短，对乙醇助剂染色液难以通透染色的木竹材也能达到各部分均匀一致的染色效果，以含甲醇为主的极性有机溶剂对木纤维等植物组织具有良好的渗透性，从而使溶解于助剂中的木材或竹材染料更加容易地通过木材或竹材毛细管通道，进入木材或竹材中心部位，透过细胞壁扩散后，沉降在纤维表面上，使得木材或竹材从表面到中心完全着色，而且甲醇或甲醇和 C_2～C_6 极性有机溶剂组合物在助剂中所占比例越大，染色浸透的速率就越快，但是赵斌介绍的上述两种方法只适用于酸性染料。

4.6.1 木材纤维溶剂染色原理

乙醇分子是典型的两性分子，既含有疏水基——乙基，又含有亲水基——羟基，溶于水后与水分子之间通过氢键结合，形成乙醇-水分子的团簇结构。活性染料在水中的溶解性较好，在有机溶剂中的溶解性差，会在染浴中形成均匀的分散体系，木材表层和里层因染色质浓度不同（通常表层大于里层）而形成一定的推动力（见图 4.38），使得活性染料对木材纤维上所带有的水具有更高的亲和力，促使乙醇-水体系中的活性染料极易从染液移到提前溶胀的木材表面，并向木材里层转移与纤维结合，提高了染料的利用率[49]，可以有效减少甚至避免无机盐的使用，并从源头上解决染色耗水量高的问题。同时利用阳离子型双子表面活性剂独特的结构特点，使活性染料具有优良的溶解性、分散性和高渗透性，能高效地吸附到木材纤维表面和内部，并促使吸附到木材表面和内部的活性染料和木材纤维的羟基化学键结合在一起，提高活性染料在木材上的上染率、固色率和色牢度。

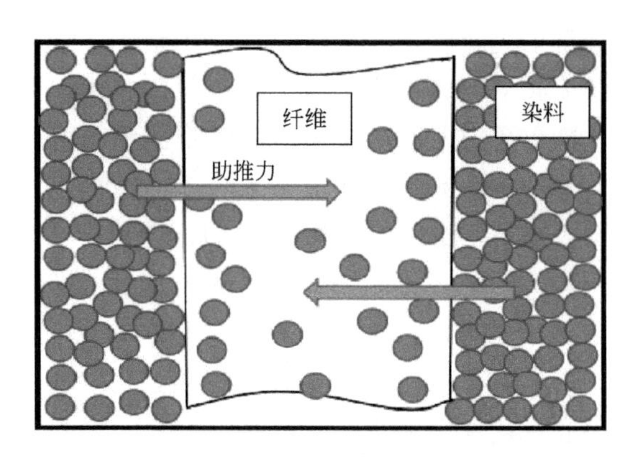

图 4.38　纤维溶剂染色原理示意图[50]

4.6.2　木材活性染料的乙醇-水溶剂染色方法

将规格为 100mm×50mm×5mm（长×宽×厚）的杨木锯材试样在浴比 1∶40、NaOH 浓度 0.2%、CTAB 浓度 0.8%、浸提温度 60℃的水浴环境下浸提 8h，然后转入到浴比 1∶80、H_2O_2 浓度 5%、浸提温度 60℃的双氧水溶液中浸提 4h，将木材在 40℃下干燥至含水率为 28%±1%得到预处理木材；将预处理后的木材放入带盖的不锈钢染缸中，在染缸中按照浴比 1∶40 依次加入 1.0%活性染料的乙醇水溶液（乙醇浓度 50%～80%）、0.8%～1.2% DDAB 溶液，染缸在恒温振荡水浴锅中振荡均匀后，水浴锅以 2℃/min 的速度升温至 30～70℃，保温染色 3～5h；将木材沥干，用 1%（质量分数）LR-2 皂洗剂的皂洗液按照浴比 1∶40 将沥干的木材皂洗 10min；水洗、干燥后，得染色木材。

4.6.3　木材活性染料的乙醇-水溶剂染色工艺优化

以活性染料上染木材的上染率、固色率和染色木材的皂洗总色差 ΔE^* 值为评价指标，考察木材活性染料的乙醇-水溶剂染色中的染色工艺参数，如乙醇浓度、DDAB用量、活性染料种类对木材染色性能的影响，结果如图4.39所示。

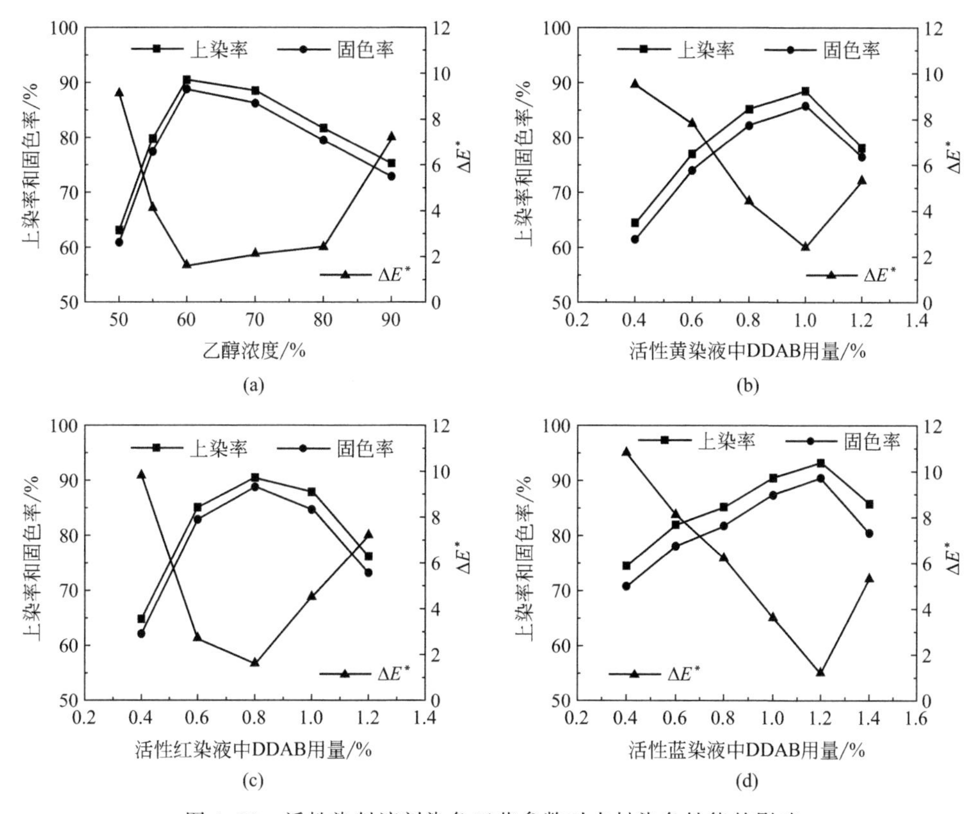

图4.39 活性染料溶剂染色工艺参数对木材染色性能的影响

从图4.39(a)可知，上染率和固色率随着乙醇浓度的增加呈现先增后降的趋势，乙醇浓度60%时最大；皂洗ΔE^*值随着乙醇浓度的增加呈现先降后升的趋势，乙醇浓度60%时最小。这是因为染液中加入极性有机物乙醇，乙醇与水相比，不仅具有密度小、表面张力小、介电常数小等特性，可以在染料表面形成一个溶剂层，保护已溶解的染料不发生自聚集，并促进染料进一步电离和溶解，具有极强的增溶作用，使染液的表面张力降低（见表4.20），活性染料更容易吸附渗透到木材内部，而且沸点低、汽化潜热和比热容低，因此乙醇比水加热速度更快，需要热量更少，更有利于乙醇的回收循环使用。

表4.20 乙醇溶剂对染液表面张力的影响

乙醇浓度/%	染前溶液						染后溶液					
	0	50	60	70	80	90	0	50	60	70	80	90
表面张力/(mN/m)	38.1	33.6	20.0	21.8	28.9	30.4	39.5	35.2	22.5	24.4	31.6	33.9

图 4.39(b)～(d) 分别表示活性黄 M-3RE、活性红 M-3BE 和活性蓝 M-2GE 三种活性染料上染木材时表面活性剂 DDAB 用量对上染率、固色率和皂洗总色差的影响。由图可知，活性黄、活性红、活性蓝三种染料的上染率和固色率都随着 DDAB 用量的增加呈现先增后降的趋势，最大值时的 DDAB 用量分别是 1.0%、0.8%和 1.2%；皂洗 ΔE^* 值的变化趋势则相反。DDAB 是一种双离子型表面活性剂，在水中电离成两个或两个以上的阳离子极性头基，这多个极性头基具有更优异的性能，如极好的水溶性、超低的表面张力、更低的临界胶束浓度、优异的吸附性能等，使活性染料的溶解度更高，更不容易发生聚集，更易吸附在木材纤维表面或内部，有效地降低活性染液的表面张力，使较多的活性染料吸附到木材纤维表面并高效地渗透进木材内部，并和木材纤维的羟基化学键结合在一起，大大提高活性染料在木材上的上染率、固色率和皂洗色牢度，同时阳离子型双子表面活性剂较高的电子云密度和疏水基作用使活性染料在木材纤维上的吸附达到一定程度时速率降低，达到缓染、匀染的目的。

DDAB 对染液表面张力的影响如表 4.21 所示，对染液的增溶作用如图 4.40 所示。

表 4.21　DDAB 对活性红染液表面张力的影响

项目	染色前溶液		染色后溶液	
	未加 DDAB	加 0.8% DDAB	未加 DDAB	加 0.8% DDAB
表面张力/(mN/m)	38.16	14.37	39.08	23.62

从表 4.21 中可知，添加 DDAB 的染色前溶液，其表面张力值明显比不添加

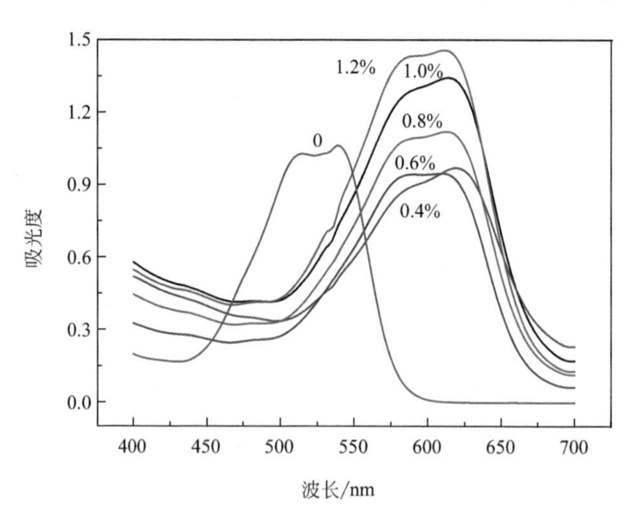

图 4.40　DDAB 在活性红染液中的吸收光谱

DDAB的染色前溶液低得多，表明DDAB降低了染液的表面张力；添加DDAB的染色后溶液，其表面张力值增加了很多，表明染色过程中木材中的很多油性物质进入到了染液中，侧面说明上染率提高的原因。

从图4.40中可知，随着DDAB浓度的增加，尤其是0.8%、1.0%、1.2%，吸光度逐渐上升，说明DDAB对染液的增溶作用逐渐增强。

4.6.4 木材活性染料的乙醇-水溶剂染色效果

在染液中使用60%乙醇和阳离子型双子表面活性剂，实现有机溶剂和阳离子型双子表面活性剂的互溶促染和固色，活性黄M-3RE、活性红M-3BE和活性蓝M-2GE三种活性染料的染色外观效果如图4.41所示。从图4.41可以看出，在乙醇-水溶剂染色体系中，活性红M-3BE染料染色后的木材颜色呈橙红色，色泽均匀；活性黄M-3RE染料染色后的木材颜色呈木纹色，颜色均匀；活性蓝M-2GE染料染色的木材颜色呈深蓝色，与纯水染色后的颜色一致。

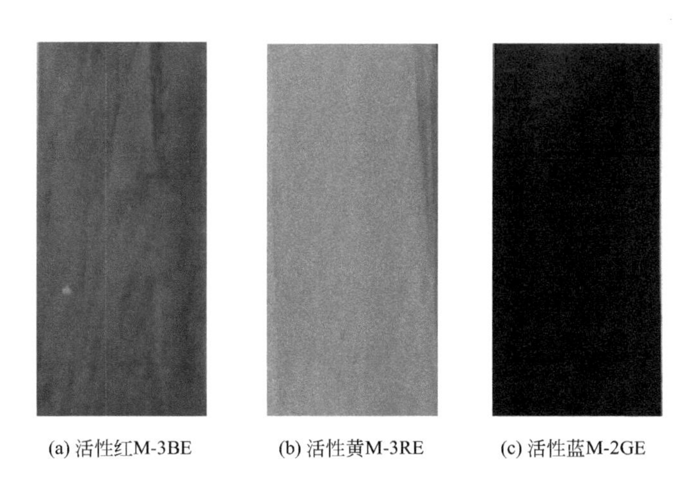

(a) 活性红M-3BE　　(b) 活性黄M-3RE　　(c) 活性蓝M-2GE

图4.41　三种活性染料的乙醇-水溶剂染色得到的木材外观效果图

综上所述，活性染料上染木材的乙醇-水溶剂染色优化工艺：乙醇浓度60%、染液中DDAB的加入量分别为活性红M-3BE染料0.8%、活性黄M-3RE染料1.0%、活性蓝M-2GE染料1.2%。在此工艺条件下活性红M-3BE、活性黄M-3RE、活性蓝M-2GE三种活性染料对杨木染色的上染率和固色率分别为90.5%和88.8%、88.5%和85.8%、93.3%和90.5%，三种染料对杨木的匀染性4级，染色木材的耐皂洗色牢度达到4级，耐干摩擦色牢度达到4级，耐湿摩擦色牢度达到3.5～4级。

乙醇-水溶剂体系的无盐染色方法，工艺简单，工业化实施容易，乙醇有机溶剂能够回收循环利用，降低水耗，减少污水排放，避免了活性染料传统的高盐染色技术中因使用大量盐类物质而加剧印染废水处理的难度，安全节能，经济环保。双十二烷基二甲基溴化铵阳离子型双子表面活性剂不仅代替了传统染色工艺中无机盐的作用，而且由于其高表面活性、卓越的吸附性能、低的临界胶束浓度，使其作用比无机盐更强烈，达到提高木材上染率和固色率的目的。其他的阳离子型双子表面活性剂如二亚甲基-1,2-双（十二烷基二甲基溴化铵）、二亚甲基-1,2-双（十四烷基二甲基溴化铵），或者是这些阳离子型双子表面活性剂中的一种或多种混合物也可达到与双十二烷基二甲基溴化铵相同或相似的技术效果。

参 考 文 献

[1] 王敬贤．木材染色技术研究进展 [J]. 林业科技，2020，45 (6)：42-47.

[2] 段新芳．木材颜色调控技术 [M]. 北京：中国建材工业出版社，2002.

[3] 段新芳，阎昊鹏，孙芳莉，等．毛白杨木材主要组分与酸性染料的相互作用 [J]. 东北林业大学学报，2000，28 (4)：50-53.

[4] 邓洪，廖齐，刘元．环保型染料染色技术在杨木单板染色中的应用 [J]. 中南林业科技大学学报，2010，30 (5)：153-156.

[5] 李志勇．活性染料对樟子松单板染色效果影响规律的研究 [D]. 哈尔滨：东北林业大学，2013.

[6] 李滨．活性染料染着杨木的染色性能研究 [D]. 哈尔滨：东北林业大学，2014.

[7] 李杉，时君友，常亚洲．人工林木材刨切单板的染色工艺 [J]. 木材工业，2009，23 (6)：18-20.

[8] 常德龙，刘楠，胡伟华，等．3 种速生木材的深度染色技术 [J]. 东北林业大学学报，2009，37 (12)：22-24.

[9] 中南林业科技大学．科技木皮的生产方法：201710295182.3 [P]. 2017--08-11.

[10] 邓邵平，叶翠仙，陈孝云，等．3 种助剂对染色单板耐水色牢度的影响及其 FTIR 分析 [J]. 福建林学院学报，2009，29 (1)：45-48.

[11] 段新芳，孙芳利，朱玮，等．壳聚糖处理对木材染色的助染效果及其机理的研究 [J]. 林业科学，2003，39 (6)：126-130.

[12] 中南林业科技大学．木材的无盐染色方法：201810884828.6 [P]. 2020-12-18.

[13] 中南林业科技大学．木材的深度染色方法：201810886257.X [P]. 2021-01-08.

[14] 柯丹．姜黄素与表面活性剂相互作用研究 [D]. 上海：华东理工大学，2013.

[15] 刘东亮．表面活性剂溶液动态表面张力与印染加工应用的关系 [D]. 上海：东华大学，2014.

[16] 李洪霞，吴赞敏，侯学锋．溶胶-凝胶法提高兰纳洒脱染色牢度 [J]. 印染，2005 (22)：5-7.

[17] 殷馨，戴媛静．硅溶胶的性质、制法及应用 [J]. 化学推进剂与高分子材料，2005，3 (6)：35-40，49.

[18] 中南林业科技大学．提高木材活性染料染色固色率的方法：201410801279.3 [P]. 2015-04-08.

[19] 中南林业科技大学．碱性钛溶胶固色剂及其制备方法和应用：201810803134.5 [P]. 2018-12-21.

[20] 安徽信达家居有限公司．一种木质板材的染色处理方法：201710341435.6 [P]. 2017-09-29.

[21] 安徽阜南县万家和工艺品有限公司．一种厚木板染色的方法：201710845443.4 [P]. 2018-01-12.

［22］ 北京林业大学．木材真空染色系统：201320137128.3［P］.2013-09-11.
［23］ 浙江大学．人工林杨木利用水溶性染料进行均匀染色的方法：201710557737.7［P］.2017-12-01.
［24］ 魏象．采用增压与减压工艺的木材染色法：200610032103.1［P］.2008-02-20.
［25］ 天津高盛木业有限公司．环保型染色木材的生产方法：200510014863.5［P］.2006-02-22.
［26］ 国家林业局竹子研究开发中心．一种竹木深层染色方法：201110246180.8［P］.2012-01-04.
［27］ 高凯．一种原木染色方法：200510042250.2［P］.2005-09-28.
［28］ 北京林业大学．一种节能高效的原木染色的方法：201110192367.4［P］.2011-11-16.
［29］ Dong W W，Zhou M，Li Y，et al. Low-salt dyeing of cotton fabric grafted with pH-responsive cationic polymer of polyelectrolyte 2-（*N*，*N*-dimethylamino） ethyl methacrylate［J］. Colloids and Surfaces A：Physicochemical and Engineering Aspects，2020，594：124573.
［30］ 夏伟，高月，顾海，等．CHPTAC改性棉的活性染料无盐深色染色［J］. 印染，2018，44（5）：27-31.
［31］ 张亚芳，徐伯俊，刘新金，等．废旧纤维素纤维再利用方法优化［J］. 丝绸，2018，55（11）：41-47.
［32］ Arivithamani N，Giri Dve V R. Industrial scale salt-free reactive dyeing of cationized cotton fabric with different reactive dye chemistry［J］. Carbohydrate Polymers，2017，174：137-145.
［33］ 杜森，马威，张淑芬．活性染料无盐低盐染色研究进展［J］. 染料与染色，2020，57（6）：5-11，20.
［34］ Xiao H，Zhao T，Li C H，et al. Eco-friendly approaches for dyeing multiple type of fabrics with cationic reactive dyes［J］. Journal of Cleaner Production，2017，165：1499-1507.
［35］ 罗蕙敏，杨艳凤，刘雁雁，等．活性染料无盐染色的研究进展［J］. 染整技术，2021，43（5）：1-10.
［36］ 彭明华，杜金梅，叶蕾，等．羧酸钠盐对活性染料染色和固色效果的影响［J］. 印染，2018，44（24）：37-40.
［37］ Ahmed N S E. The use of sodium edate in the dyeing of cotton with reactive dyes［J］. Dyes and Pigments，2004，65（3）：221-225.
［38］ 邓霞．分子间α-季碳胺的合成反应：三取代烯烃的可见光氢胺化反应研究［D］. 南京：南京大学：2017.
［39］ 卢声，林杰，程德红，等．活性染料水解对棉织物染色性能的影响［J］. 纺织学报，2014，35（9）：95-99.
［40］ 阮馨慧．棉在有机溶剂中的活性染料染色及其环境影响评价［D］. 上海：东华大学，2016.
［41］ Dong X，Gu Z J，Hang C Y，et al. Study on the salt-free low-alkaline reactive cotton dyeing in high concentration of ethanol in volume［J］. Journal of Cleaner Production，2019，226（20）：316-323.
［42］ An Y，Ma J R，Zhu Z X，et al. Study on a water-saving and salt-free reactive dyeing of cotton fabrics in non-aqueous medium of liquid paraffin system［J］. The Journal of the Textile Institute，2020，111（10）：1538-1545.
［43］ Liu L Y，Mu B N，Li W，et al. Semistable emulsion system based on spent cooking oil for pilot-scale reactive dyeing with minimal discharges［J］. ACS Sustainable Chemistry & Engineering，2019，7（16）：13698-13707.
［44］ Mu B N，Li W，Xu H L. Salt-free and environment-friendly reactive dyeing of cotton in cottonseed oil/water system［J］. Cellulose，2019，26（10）：6379-6391.

[45] Mu B N, Liu L Y, Li W, et al. High sorption of reactive dyes onto cotton controlled by chemical potential gradient for reduction of dyeing effluents [J]. Journal of Environmental Management, 2019, 239: 271-278.

[46] Wang J P, Gao Y Y, Zhu L, et al. Dyeing property and adsorption kinetics of reactive dyes for cotton textiles in salt-free non-aqueous dyeing systems [J]. Polymers, 2018, 10 (9): 1-16.

[47] 赵斌. 一种能对木材或竹材通透染色的染色液及其染色方法: 200810136596. 2 [P]. 2009-05-27.

[48] 赵斌. 一种木材或竹材通透染色的染色液及其染色方法: 200910186120. 4 [P]. 2010-03-17.

[49] 付承臣, 钟会娟. 蚕丝织物活性染料乙醇/水体系染色 [J]. 印染, 2017, 43 (24): 22-25.

[50] 张炜. 乙醇/水体系内蚕丝的栀子黄和活性红 3BS 染色研究 [D]. 乌鲁木齐: 新疆大学, 2020.

第5章

活性染料在木材内的上染途径和染色机理

木材纤维染色过程包括染料从染浴中向纤维表面的分子扩散、被纤维表面吸附、从纤维表面向内部扩散过程，上染基本结束后，纤维中的染料分子和纤维分子中的有关基团发生反应形成共价键结合固着在纤维上。染料在木材中的扩散、吸附、渗透及反应等过程是一个复杂的物理化学过程，属于反应性流体传输过程，具有强烈的非线性特征。其中关于木材流体渗透性的研究已获得了一些研究成果，为木材的染色过程提供了一定的理论基础[1-3]。由于木材内的流体通道——毛细管内径小于1mm，是一种微通道，活性染液在这种微通道中的传输方式主要以扩散形式存在，比溶液中的扩散过程要慢得多，因此活性染料在木材中的扩散是控制染色过程速率、实现木材均匀染色和具有高上染率的关键。染液在木材中的动量传递、质量传递受到诸多因素的影响：一类是系统因素，即与纤维和染料特性相关的因素，如纤维类型、加工方法、染机和染料类型等；一类是染色工艺因素，包括温度、压力、pH值、水流速度、活性染料与木材的非均相化学反应等；另外，还受到各种不确定因素的干扰，如测色误差、水质、染料一致性差异、人工经验等方面的影响。流体在木材内的扩散动力学、染色热力学等基础理论研究还很缺乏，至今还没有成熟实用的木材活性染料染色工艺能够比较全面地契合生产实际的需求。本书系统研究了活性染料上染木材纤维的热力学和动力学、活性染料的反应机理，为提高木材的染色效果、降低能源消耗和生产成本提供理论依据。

5.1 杨木染色前后的结构变化

5.1.1 微观结构变化

图 5.1 是杨木染色前后的 SEM 照片。从图 5.1 可知，杨木原材导管被木纤维管胞隔开，木纤维管胞呈现收缩状［图 5.1(a) 所示］，导管壁上分布着互列纹孔，但大多数纹孔被纹孔膜遮盖，处于封闭或半封闭状态［图 5.1(b) 所示］，经活性染料染色后，染色材的导管与木纤维管胞开度以及两者之间的间隙均减小［图 5.1(c) 所示］，部分纹孔开度略增大，导管和薄壁细胞腔内壁被染料颗粒所覆盖，以球状体附着在内壁及纹孔周围［图 5.1(d) 所示］。因此，染色过程中活性染料通过木材的流体流动通道——导管和纹孔，渗透和扩散至木材内部。

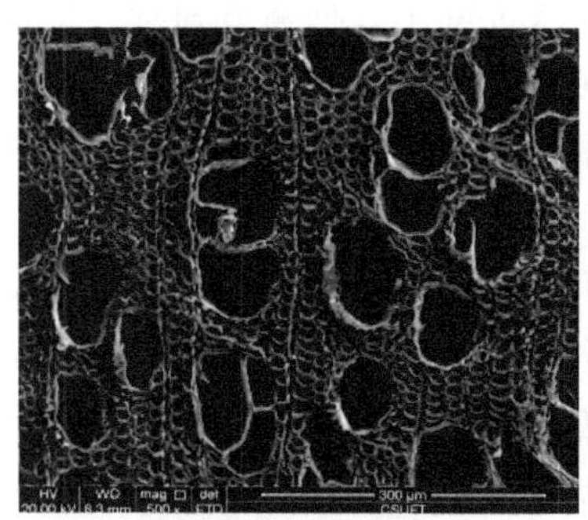

(a) 杨木染色前横切面

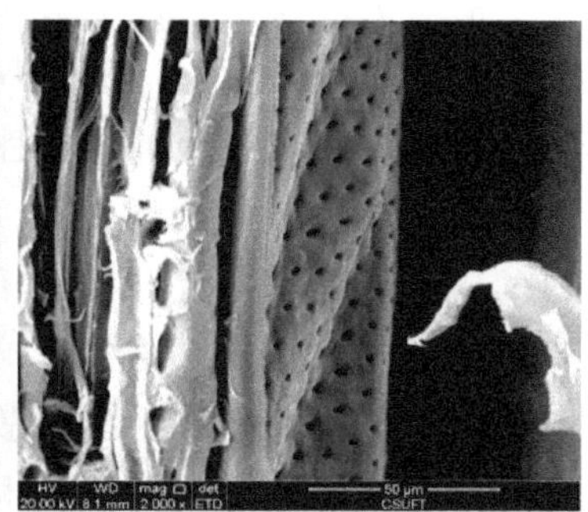

(b) 杨木染色前纵切面

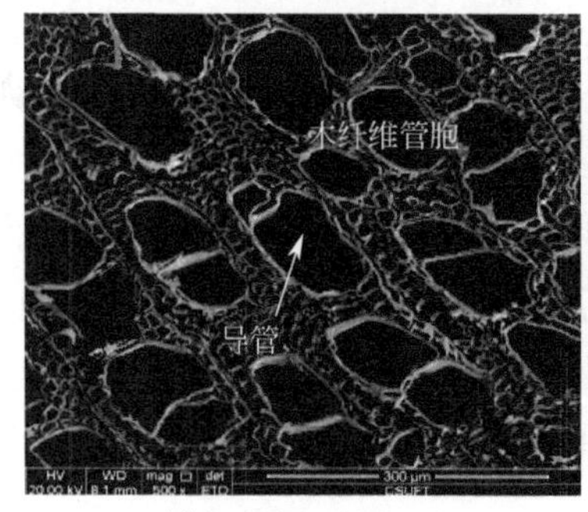

(c) 杨木染色后横切面

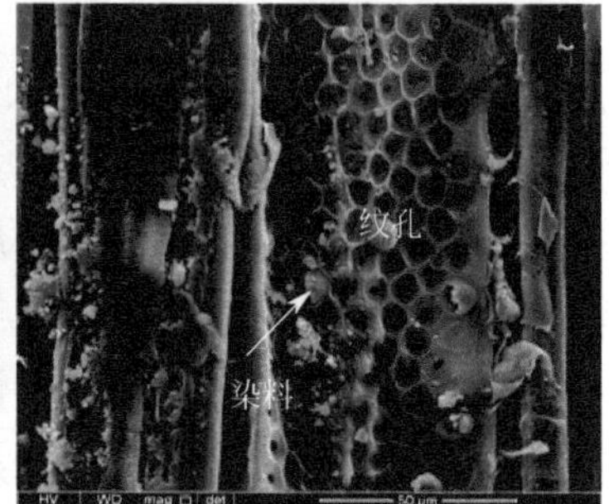

(d) 杨木染色后纵切面

图 5.1 杨木染色前后横切面和纵切面 SEM 照片

5.1.2 晶体结构变化

图 5.2 是杨木染色前后的 XRD 谱图。从图 5.2 可知，木材经活性染料染色后，不仅在衍射角 15°、22°处具有杨木纤维（110）平面、（200）平面的标准特征峰［(a) 线所示］，还在衍射角 31.9°和 33.8°出现活性染料的特征峰［(b) 线所示］，染色后杨木特征峰强度增大，结晶度提高，染色提高了染色材的力学性能。

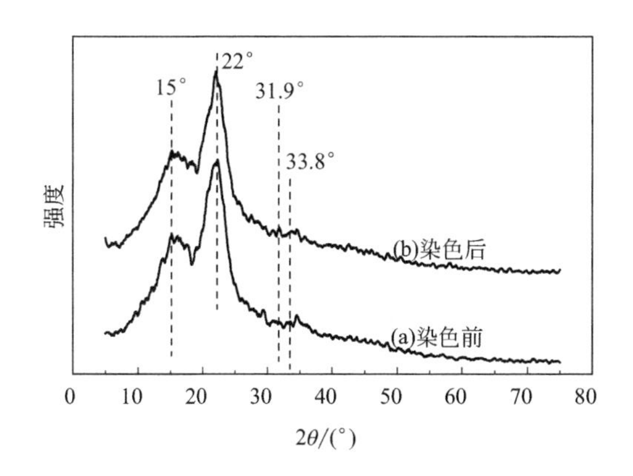

图 5.2　杨木染色前后的 XRD 谱图

5.2 活性染料上染木材纤维的动力学行为

染色动力学主要研究活性染料上染纤维的速率以及所经历的扩散过程，通过对染色过程的动力学研究可以掌握染色机理，优化染色工艺。染料在纤维中的扩散是上染过程中最慢的一个阶段，直接影响整个染色过程。扩散速率主要取决于纤维的分子结构和微观构造，同时也与染料的性质和结构有关。活性染料在纤维中的扩散模型主要有孔道扩散模型和自由体积扩散模型[4]，分别如图 5.3 和图 5.4所示。

在孔道扩散模型中［图 5.3(a) 所示］，由于靠近纤维界面处的染料浓度比纤维内部的高，界面溶液中的染料或者界面上已吸附在纤维分子链上的染料分子解吸后，会通过孔道中的染液逐步向纤维内部扩散。染料虽然在纤维固体中扩

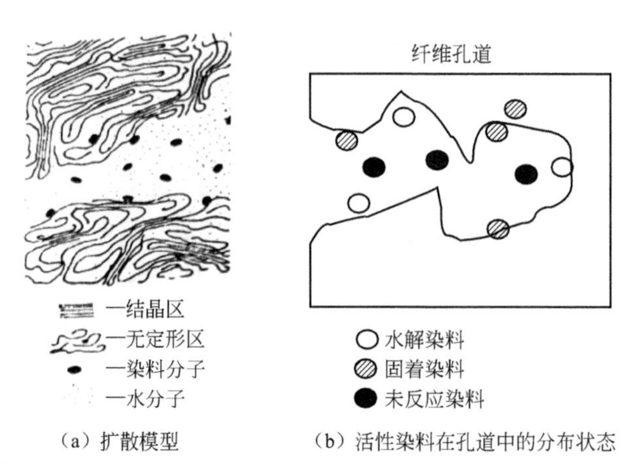

图 5.3　染料在纤维中的孔道扩散模型[4]

散，实际扩散介质仍然是水溶液，染料仍然是在液相中扩散，由于纤维孔道中的水不仅量少，而且孔道直径很细，水分子和孔道壁的纤维素分子容易通过氢键结合，或通过偶极力结合，这部分化学结合水不能自由运动，充当不了扩散介质，充当扩散介质的水是未和纤维化学结合的自由水，充满纤维内的孔道，因此活性染料上染木材时，木材一定要吸收足量的水，使纤维内部孔道被水充满，并使纤维发生溶胀，增大孔道直径，使染料扩散充分和快速扩散。另外，从图 5.3(b) 可知，活性染料在扩散过程中有三种状态：一种是未反应染料，可以继续扩散和固着；一种是已键合的固着染料，存在孔道壁或微晶体表面，失去了扩散能力；一种是水解染料，存在于孔道溶液中或吸附在孔道壁上，可以继续扩散，通过皂洗和水洗可去除。在自由体积扩散模型中(图 5.4所示)，染料是在纤维无定形区分子链间的空穴中扩散，分子链不断发生热运动，不断形成空穴，染料分子从一个空穴跳到另一个空穴，不断从纤维外层浓度高的地方向纤维内浓度低的地方扩散，这种扩散实质上是在固相中扩散，扩散较困难，扩散的快慢主要取决于纤维内空穴的大小和数目，这与纤维的分子结构有关。实际染色时，两种扩散模型都会出现，只是孔道扩散模型占主要地位。

图 5.4　染料在纤维中的自由体积扩散模型[4]

5.2.1 活性染料在木材内的上染速率曲线测量方法

将 100mm×50mm×2mm(长×宽×厚) 杨木单板经化学预处理后，根据本书 4.2.3 节（木材常压染色优化工艺）可知 M 型活性染料的适宜染色温度是 60～80℃的中温，因此将染色温度设定为 60℃、70℃、80℃。每个染色温度为一组，每组准备 14 个染杯，染杯中加入 0.5%活性红 M-3BE 染料、浴比 1∶40、元明粉用量 40g/L 放入以 2℃/min 速率升温的水浴锅中，升温至所设定温度进行木材的常规染色，将每组的染色时间依次设定为 30min、60min、90min、120min、150min、180min、210min、240min、270min，即在每个对应的染色温度染色时，分别从标记 9 个不同染色时间的染杯中依次取出染杯，往剩余的 5 个染杯中加入 20g/L 纯碱固色，固色时间依次设定为 10min、20min、30min、40min、50min，分别从标记不同的 5 个固色时间染杯中依次取出染杯。将染杯冷却至室温，夹出木材后用定量三级水分次冲洗木材，以保证未上染染料全部被收集到残液中，计算残液在冲洗过程被稀释的倍数并做记录，然后在搅拌均匀状态下吸取 2mL 染色残液到 25mL 的容量瓶中，并定容至刻度线。摇匀并移取 10mL 装进小瓶中，用紫外分光光度计测得染色残液的吸光度。根据染液的标准工作曲线方程求得对应染色条件下的残液染料量和纤维上染率，记录数据并绘制出上染速率曲线。

5.2.2 活性红 M-3BE 染料的标准工作曲线

由朗伯-比尔定律可知，在一定浓度范围内，染液的浓度 C 与分光光度法测定的吸光度 A 值成正比。在用分光光度法测定未知染液浓度时，应先绘制标准曲线。先用波长扫描法确定活性红 M-3BE 染液的最大吸收波长 λ_{max} 为 540nm，在最大吸收波长处分别测定已经配制好的标准溶液，即可绘制活性红 M-3BE 染液的标准工作曲线，如图 5.5 所示。经 Origin 软件拟合得到吸光度 A 随 10～50mg/L 染料浓度呈直线关系，式(5.1)为工作曲线的线性方程式，线性相关系数 R^2＝0.9995。

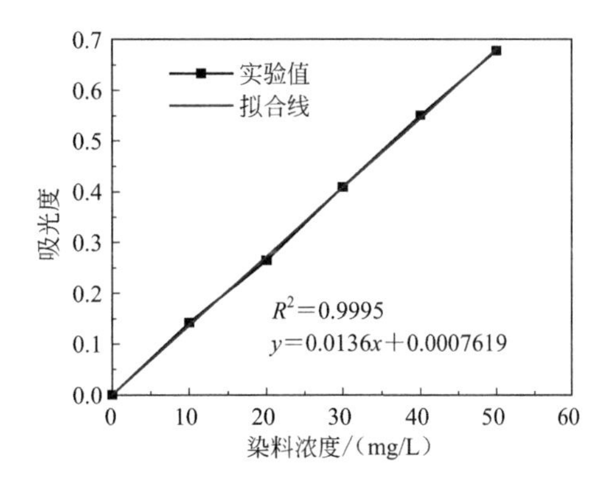

图 5.5 活性红 M-3BE 染液的标准工作曲线（λ_{max}＝540nm）

$$y = 0.0136x + 0.0007619 \tag{5.1}$$

式中，y 为吸光度 A；x 为染料浓度 C，mg/L。

标准工作曲线的绘制是研究染色热力学和动力学的前提条件。从 R^2 值的大小可看出工作曲线的准确度满足需要，即在此浓度范围内，可用测得的吸光度直接表征染液的浓度。

5.2.3 活性染料在木材内的上染途径和上染速率曲线

上染是活性染料离溶液介质而向纤维转移并透入纤维内部的过程。纤维上染料数量占投入的染料总量的百分率称为上染百分率。在一定温度下，某浓度的染液，随着时间的推移，纤维上的染料浓度逐渐增高而介质中的染料浓度相应地下降。上染百分率对时间作图，得上染速率曲线。活性染料上染木材的上染速率曲线如图 5.6 所示。从图 5.6(a) 可知，活性染料上染木材纤维的染色过程分两个阶段：在染色初始阶段，活性染料依靠浓度梯度作用扩散、吸附到木材纤维的表面，此过程中染料的上染比较迅速，上染速率快，染料逐渐从染液向木材纤维上转移；随着染色的进行，吸附上染在纤维表面的染料依靠浓度梯度和毛细管力向木材纤维内部扩散，纤维上的染料逐渐增加，而染液中的染料逐渐减少，上染速率逐渐减缓，210min 后趋于稳定，染色达到平衡。由图 5.6(b) 可知，染色体系中加入纯碱后，木材纤维与活性染料中的活性基发生共价结合化学吸附在木材上，使上染百分率急剧上升，促使更多的活性染料分子进入木材纤维表面和内部，固色 30min 后，化学吸附达到饱和，上染百分率不再随染色时间的延长而变化。从图 5.6 还可知，加碱前后的上染百分率都随着染色温度从 60℃升高至 80℃而逐渐增大，表明提高染色温度有利于染料的扩散，使染料的上染百分率提高。

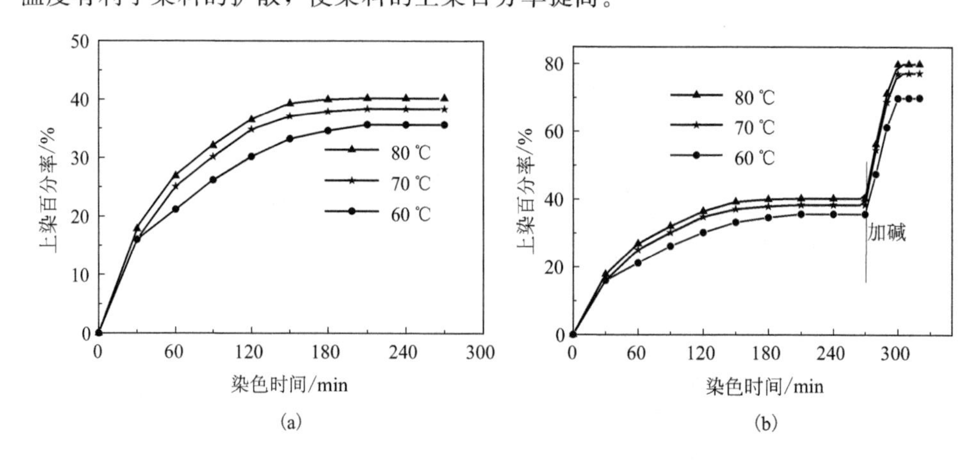

图 5.6 活性染料上染木材加碱固色前 (a)、后 (b) 的上染速率曲线

5.2.4　活性染料上染木材的扩散系数

从染着量测定染料在木材纤维中的扩散系数，可以利用染料从无限染浴向两端无限长的圆柱状纤维中扩散的希尔（Hill）方程，但该方程要求纤维截面必须是圆形。活性染料上染木材是通过导管和纹孔等通道进行，完全符合这一点。此外，为了尽量贴近无限染浴的条件，实验时选择大浴比 1∶80。由于活性染料扩散时有可能和木材纤维的有关基团反应失去扩散能力，同时高温时活性染料易水解导致扩散系数变化，因此扩散系数的测定只考虑加碱前的上染行为，温度低于80℃的情况。

平衡染着量的测定是比较困难的，本书采用维克斯塔夫（T. Vickerstaff）双曲线经验吸附方程式的简易方法，求平衡染着量[5]。根据维克斯塔夫双曲线吸附方程：

$$\frac{1}{C_t}=\frac{1}{C_{\infty}^2 K}\times\frac{1}{t}+\frac{1}{C_{\infty}} \tag{5.2}$$

式中，C_t 为上染百分率，%；C_{∞} 为平衡上染百分率，%；t 为上染时间，min；K 为上染速率常数，min^{-1}。

根据式(5.2)，$\frac{1}{C_t}\sim\frac{1}{t}$图是一条直线，其中$\frac{1}{C_{\infty}^2 K}$为直线斜率，$\frac{1}{C_{\infty}}$为直线在纵轴上的截距，当$\frac{1}{t}\longrightarrow 0$ 时，则 $C_t\longrightarrow C_{\infty}$，因此，通过作图，用外推法可得到 C_{∞}，通过直线斜率可计算得到 K 值。又因为半染时间 $t_{1/2}$ 为 $C_t=1/2C_{\infty}$时对应的时间，将 K 值代入到双曲线经验方程式中求得对应染色温度下的半染时间 $t_{1/2}$。

图 5.7 是活性染料上染木材$\frac{1}{C_t}\sim\frac{1}{t}$的关系曲线图。

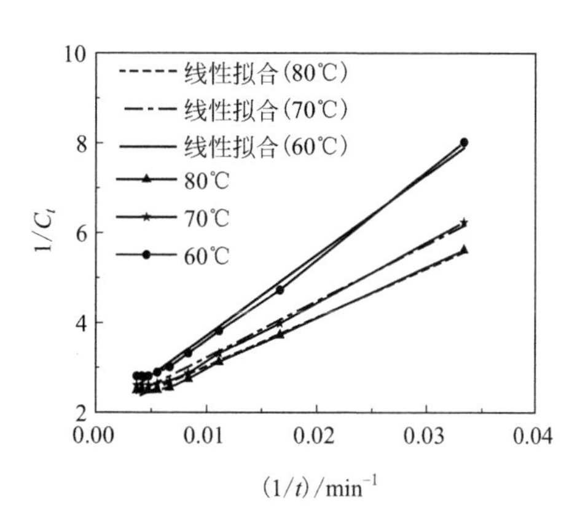

图 5.7　活性染料上染木材的$\frac{1}{C_t}\sim\frac{1}{t}$关系曲线图

由图 5.7 可知，活性染料上染木材$\frac{1}{C_t}\sim\frac{1}{t}$的关系是一条直线，将图 5.7 中不同染色温度下$\frac{1}{C_t}\sim\frac{1}{t}$进

行线性拟合得到的线性方程式列于表 5.1。

表 5.1 $\frac{1}{C_t}\sim\frac{1}{t}$ 关系曲线的线性回归方程列表

染色温度/℃	线性回归方程	R^2
60	$y=179.36420x+1.96561$	0.99269
70	$y=125.80182x+1.93713$	0.99076
80	$y=108.95845x+1.92017$	0.99180

由表 5.1 可知，$\frac{1}{C_t}\sim\frac{1}{t}$ 直线拟合度很高。将不同染色温度下计算得到的平衡上染百分率 C_∞、上染速率常数 K 及半染时间 $t_{1/2}$ 数据列于表 5.2。由表 5.2 可知，随着染色温度从 60℃升高到 80℃，C_∞ 值、K 值呈上升趋势，所需的半染时间呈下降趋势。

表 5.2 不同染色温度下的平衡上染百分率等数据

染色温度/℃	C_∞/%	$K\times10^2$	$t_{1/2}$/min
60	50.87	21.54	91.3
70	51.62	29.83	65.1
80	52.08	33.84	56.7

根据 Hill 方程：

$$\frac{M_t}{M_\infty}=1-4\sum_{n}^{\infty}\frac{e^{-r^2D_t/r^2}}{r^2}$$
$$=1-4\left(\frac{1}{5.785}e^{-5.785D_t/r^2}+\frac{1}{30.47}e^{-30.47D_t/r^2}+\frac{1}{74.89}e^{-74.89D_t/r^2}+\frac{1}{130.9}e^{-130.9D_t/r^2}+\cdots\right) \tag{5.3}$$

式中 M_t，M_∞——相同重量木材纤维上的染着量；

D_t——t 时刻染料的扩散系数，m^2/s；

r——杨木纤维的弦向半径，μm，此处取平均值 10μm[6]。

实际上$\frac{M_t}{M_\infty}=\frac{C_t}{C_\infty}$，因此式(5.3) 可以转换成式(5.4)：

$$\frac{M_t}{M_\infty}=\frac{c_t}{c_\infty}=1-4\sum_{n}^{\infty}\frac{e^{-r^2D_t/r^2}}{r^2}$$
$$=1-4\left(\frac{1}{5.785}e^{-5.785D_t/r^2}+\frac{1}{30.47}e^{-30.47D_t/r^2}+\frac{1}{74.89}e^{-74.89D_t/r^2}+\frac{1}{130.9}e^{-130.9D_t/r^2}+\cdots\right) \tag{5.4}$$

通过实验测得不同染色时间的上染百分率 C_t 和平衡上染百分率 C_∞，根据式(5.4)，可以计算得到不同染色时间的$\dfrac{D_t}{r^2}$，从而得到 t 时刻染料的扩散系数，求平均值后，得到某温度下的平均扩散系数 D，结果如表 5.3 所示。由表 5.3 可得到活性染料在染色温度 60℃、70℃、80℃下的平均扩散系数 D 分别为 $9.6818\times10^{-12}\,m^2/s$，$12.3448\times10^{-12}\,m^2/s$，$13.9893\times10^{-12}\,m^2/s$，此数据很小，比聚醚酯弹性纤维的扩散系数 $3.0\times10^{-2}\,m^2/s$ 要小得多[7]，表明木材纤维染色比纺织纤维染色要慢得多。从表 5.3 可知，在同一染色温度时随着染色时间的推移，扩散系数呈先上升后变化很缓的趋势，表明在染色初期，染液中的染料浓度高，染料在染液中的化学位最大，上染倾向最大，初始上染速率很快；随着染色时间的延长，一方面因为染液中染料浓度降低，另一方面是木材纤维的微结构如结晶度进一步增加，不利于染料扩散进入，导致扩散系数慢慢接近极限；相同时刻的扩散系数随着染色温度的升高而增大，提高温度有利于染料的扩散，但温度超过 80℃后，染料易水解导致颜色完全失真，因此最佳染色温度是 80℃，这与第4 章得到的最优染色温度相一致。

表 5.3　不同染色温度、不同染色时间下的扩散系数

t/min	80℃染色			70℃染色			60℃染色		
	$\dfrac{C_t}{C_\infty}$	$\dfrac{D_t}{r^2}$	$D_t/(\times10^{12}\,m^2/s)$	$\dfrac{C_t}{C_\infty}$	$\dfrac{D_t}{r^2}$	$D_t/(\times10^{12}\,m^2/s)$	$\dfrac{C_t}{C_\infty}$	$\dfrac{D_t}{r^2}$	$D_t/(\times10^{12}\,m^2/s)$
30	0.3418	0.008521	0.8521	0.3106	0.005517	0.5517	0.3149	0.001583	0.1583
60	0.5159	0.061607	6.1607	0.4860	0.051268	5.1268	0.4159	0.029153	2.9153
90	0.6154	0.101384	10.1384	0.5845	0.088022	8.8022	0.5146	0.061156	6.1156
120	0.7004	0.144553	14.4553	0.6750	0.130524	13.0524	0.5937	0.09189	9.1890
150	0.7543	0.178831	17.8831	0.7190	0.155621	15.5621	0.6535	0.11943	11.9340
180	0.7720	0.188696	18.8696	0.7349	0.165743	16.5743	0.6807	0.133559	13.3559
210	0.7720	0.191813	19.1813	0.7435	0.171444	17.1444	0.7010	0.144892	14.4892
240	0.7720	0.191814	19.1814	0.7435	0.171445	17.1445	0.7010	0.144893	14.4893
270	0.7720	0.191815	19.1815	0.7435	0.171445	17.1445	0.7010	0.144894	14.4894

根据阿伦尼乌斯方程：

$$\ln D_T=\ln D_0-\frac{E_a}{RT} \tag{5.5}$$

式中，D_T 为 T 温度对应的扩散系数，m^2/s；D_0 为扩散频率因子常数，m^2/s；E_a 为扩散活化能，J/mol；R 为摩尔气体常数，8.314J/(mol・K)；

T 为绝对温度，K。

由 $\ln D_T$ 对 $1/T$ 作图，如图5.8所示。由图5.8可知，得到的拟合直线为 $y=-2.17133x-18.85696$，直线拟合的相关系数 R^2 为0.95611，线性相关性好，由直线的斜率 $E_a/R=-2.17133$，可得扩散活化能 E_a 为18.05J/mol，需要克服的能阻不是很大，适合中温染色，同时也说明木材直接用活性染料染色，即使亲和力较小，但加入促染剂等助剂，借助不太高的压力外力就可实现深度染色。

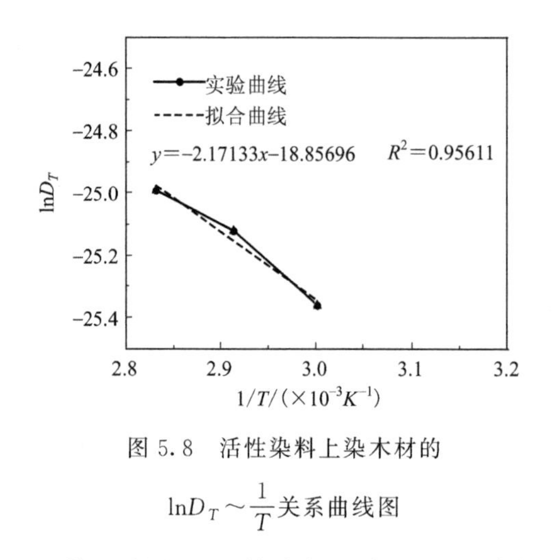

图5.8 活性染料上染木材的 $\ln D_T \sim \frac{1}{T}$ 关系曲线图

综上所述，活性染料上染木材的动力学行为：在染色初始阶段，活性染料依靠浓度梯度作用扩散、吸附到木材纤维的表面，此过程中染料的上染速率比较高；随着染色的进行，吸附上染在纤维表面的染料依靠浓度梯度和毛细管力向木材纤维内部扩散，此过程中染料的上染速率逐渐减缓，直至染色达到平衡，在染色温度60℃、70℃、80℃下的平衡上染百分率 C_∞ 分别为50.87％、51.62％、52.08％，对应的平均扩散系数 D 分别为 $9.68\times10^{-12}m^2/s$、$12.34\times10^{-12}m^2/s$、$13.99\times10^{-12}m^2/s$，活性染料在木材中扩散的活化能 E_a 为18.05J/mol。

5.3 活性染料上染木材纤维的热力学行为

染料在溶液中对木材纤维的上染可看成染料在液相和固相中进行分配的结果，由于实际染色不是简单的染料分配，还存在许多其他物质，包括元明粉等电解质、固色剂等碱剂、渗透剂等表面活性剂，染色吸附等温线可反映一定温度下染料上染达到平衡时在染浴中和纤维上的分布情况，染料从染液中上染至纤维伴随着能量及体系混乱度的改变。染色热力学主要研究染色达到平衡时自由能变化的状态和吸附等温线，不仅可提供染色达到平衡时染料的分布情况，还可提供染料在纤维上吸附机理的相关信息[8]。

5.3.1 活性染料在木材内的吸附等温线

吸附等温线是在恒定温度下，上染达到染色平衡时，纤维上的染料浓度和染液中染料浓度的关系曲线。因此通过同一时间一定温度下的不同浓度染液在木材纤维上的上染浓度 $[D]_f$ 对浓度 $[D]_s$ 作图可得吸附等温线，通过该曲线的绘制，可以从中分析出染料在纤维相的分配趋势和量度。

由于 Vickerstaff 双曲线方程无法求得染色达到平衡吸附率所对应的染色时间，只能通过比对 C_t 与 C_∞ 的关系，推测出大致平衡吸附时间。根据前述染色动力学部分的数据分析，染色达到平衡的时间在 4h 左右，因此在不同染料用量 [$[D]_s$ 分别为 0.5mg/L（对应的染液浓度为 0.05%）、1.0mg/L、2.0mg/L、2.5mg/L、5.0mg/L、10mg/L、20mg/L、30mg/L、50mg/L] 时染色 4h 达到平衡状态后测得染液的吸光度，依据染料的标准工作曲线方程式，可以计算出染色残液中的染料浓度，再由染料总量计算出木材纤维上的染料浓度 $[D]_f$，得到染色温度 60℃、70℃、80℃的吸附等温线如图 5.9 所示。

由图 5.9 可知，活性红 M-3BE 染料在木材中温度分别为 60℃、70℃和 80℃吸附时，纤维上染料浓度随染液中染料浓度的增加而不断增加，但增加的速度越来越慢，最后趋于饱和，$\ln[D]_f$ 与 $\ln[D]_s$ 的关系是一条直线，线性相关性都很高，拟合得到的吸附等温线数据如表 5.4 所示。

表 5.4 不同染色温度下的吸附等温线线性回归方程

染色温度/℃	$\ln[D]_f \sim \ln[D]_s$ 线性回归方程	R^2	分配系数 K	指数 n
60	$y=0.96841x-0.61222$	0.96292	0.54	0.96841
70	$y=0.96255x-0.53081$	0.96254	0.59	0.96255
80	$y=0.96698x-0.47925$	0.96126	0.62	0.96698

从表 5.4 可知，60℃、70℃、80℃时的吸附等温线的线性特征 $\ln[D]_f = n\ln[D]_s + \ln K\ (0<n<1)$，符合 Freundlich（弗莱因德利胥）吸附等温线 $[D]_f = K[D]_s^n$ 吸附模型方程，因此活性红 M-3BE 染料单板染色属于 Freundlich 吸附等温线。分配系数 K 值随着温度的升高而升高，在同一温度下，K 值是恒定的，表明染料在木材表面和溶液中的分配符合分配定律，染料通过亲和力溶解在纤维中，其机理可能是染料最初吸附在木材无定形区较大的孔内[9]，由于染液中的浓度呈扩散状分布，离孔道近的浓度高，离孔道远的浓度低，在扩散过程中使其他部分发生膨胀形成新的吸附位，从而可继续发生吸附，直至不能穿越结晶区，吸附作用不再进行。

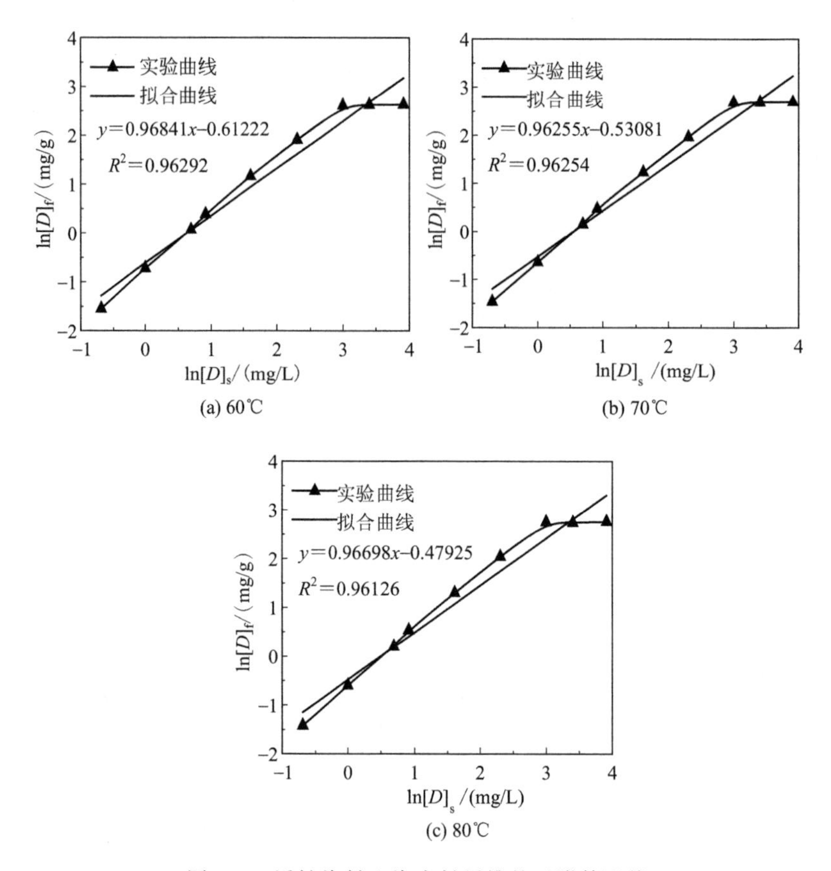

图 5.9 活性染料上染木材纤维的吸附等温线

5.3.2 活性染料上染木材的热力学参数

化学位是染液或染色纤维吉布斯自由能对染料量的变化率，根据化学位的大小，可以判别染料能否由染液转移到纤维上与进行的程度，即染料对纤维的上染能力。染料在染液中的化学位 $\mu_s=\left(\frac{\partial G_s}{\partial n_s^i}\right)_{T,p,n_{j\neq i}}$，染料在纤维中的化学位 $\mu_f=\left(\frac{\partial G_f}{\partial n_f^i}\right)_{T,p,n_{j\neq i}}$，染料上染纤维的必要条件是 $\mu_f<\mu_s$，直至两个化学位相等，染色达到平衡。亲和力是染料从它在溶液中的标准状态转移到它在纤维上的标准状态的趋势和量度，亲和力越大，表示染料从染液向纤维转移的趋势越大，即推动力越大。染料在一定温度时对纤维的染色亲和力可用化学位的变化大小来表示，可用式(5.6) 表示：

$$-\Delta\mu^{\ominus}=RT\ln\frac{a_{f}}{a_{s}}=RT\ln K \tag{5.6}$$

式中，$-\Delta\mu^{\ominus}$为纤维上染料的标准化学位和染液中染料的标准化学位差之负值；a_f、a_s 分别为染料在纤维上和染液中的活度；K 为染料分配系数。

因此，由吸附等温线得到的分配系数 K 和式(5.6) 可得到染色亲和力大小或标准化学位变化大小，结果如表 5.5 所示。

表 5.5　不同染色温度的染色亲和力

染色温度/℃	分配系数 K	染色亲和力 $-\Delta\mu^{\ominus}$/(kJ/mol)
60	0.54	1.695
70	0.59	1.514
80	0.62	1.407

由表 5.5 可知，活性红 M-3BE 染料的亲和力比较低，比直接染料小得多。染色温度越高，在互不相溶的两相中分配系数 K 越高，染料对纤维的亲和力越低，表明过高的染色温度不利于染料在纤维上的分配，可能对纤维的微结构产生负向影响，不利于染料在木材上的直接上染。

染色热是染料上染过程中发生分子间力的拆散和重建所表现出来的热效应，通常以无限小量的染料从标准状态的染液转移到标准状态的染色纤维上所吸收的热量 $\Delta H^{\ominus}$来表示。染色熵 $\Delta S^{\ominus}$是染料在标准状态下的染液中上染到纤维时，由于染料的混乱度变化而引起的熵变，一般染料在染液中混乱程度大，在纤维内混乱程度小。染色热和染色熵可用式(5.7) 和式(5.8) 计算。

$$\Delta H^{\ominus}=\frac{\dfrac{\Delta\mu_1^{\ominus}}{T_1}-\dfrac{\Delta\mu_2^{\ominus}}{T_2}}{\dfrac{1}{T_1}-\dfrac{1}{T_2}}=\frac{T_2\Delta\mu_1^{\ominus}-T_1\Delta\mu_2^{\ominus}}{T_2-T_1} \tag{5.7}$$

$$\Delta S^{\ominus}=\frac{\Delta H^{\ominus}-\Delta\mu^{\ominus}}{T} \tag{5.8}$$

已知亲和力数值后，利用式(5.7) 和式(5.8) 求得两个温度间染色熵和染色热，结果如表 5.6 所示。活性染料在和纤维发生共价键结合之前，对纤维的直接性或亲和力大小一方面和染色热有关，染料和纤维分子间吸引力越强，染色热负值越大，放出的热量越多。另一方面，也和染色熵有关。从表 5.6 可知，$\Delta H^{\ominus}<0$，表明活性染料上染木材的自发过程是放热过程，随着染色温度的升高，$\Delta H^{\ominus}$绝对值降低，染料被吸附上染于纤维与纤维分子间的作用力降低，上染越困难；$\Delta S^{\ominus}<0$，染色熵负值绝对值越大，表示染料在纤维上取向程度越高，被纤维吸附的可能性越小，亲和力越低[8]，因此染色温度 60℃对活性红

M-3BE染料在木材上的染着吸附有利，与前述结论一致。

表 5.6　不同染色温度的染色亲和力

染色温度/℃	染色热 $\Delta H^{\ominus}$/(kJ/mol)	染色熵 $\Delta S^{\ominus}$/[J/(℃·mol)]
60	−7.738	−18.1359
70	−6.503	−14.5386
80	−5.195	−10.7253

大多数活性染料的结构较简单，疏水结构相对较少，染料在染液中的混乱度比在纤维中的混乱度高，因此大多数情况 $\Delta S^{\ominus}$ 为负值。近年来开发的高温染色染料，有较大分子结构，疏水组成含量较多，其 $\Delta S^{\ominus}$ 可能为正值，主要原因是引起了水的结构变化导致。因为具有疏水结构的染料分子溶解于水中时，其疏水组成拆散三个、两个、一个氢键以及偶极力结合的水分子，取代成色散力结合后，水分子能级增高，需要吸收能量补偿；另一方面，当四个氢键的水形成笼式结构后，能级降低，可以放出能量，所以染料分子进入水中后，为了维持体系能量平衡，在疏水组成附近会形成一层四个氢键，而且具有笼式结构的水，因此通过水的结构变化来调节染料的亲和力也是一条重要途径[10]。

5.4 活性染料与木材纤维的反应机理

当活性染料在木材中吸附、扩散达到平衡后，在染液中加入固色剂纯碱，由于活性染料分子结构中含有一个或多个活性基，在上染过程中可和纤维在碱性条件下发生共价结合，当这种过程结束后，活性染料的染色才算完成。木材的主要成分为纤维素、半纤维素和木质素，这些成分的分子结构中都含有大量的—OH，都有可能与活性染料的活性基发生亲核取代反应或亲核加成反应，固着在木材上。

5.4.1 木材中纤维素、半纤维素和木质素的分离提纯

综纤维素的分离：采取苯醇抽提方法分离提纯杨木中的综纤维素，将杨木单板粉碎并过40目筛，在105℃左右烘干至恒重。然后将木粉用苯与乙醇(体积比为1∶2)混合液在索氏提取器中抽提24h后干燥。在1000mL烧瓶中放入25g抽提木粉，加600mL水、5mL乙酸和10g亚氯酸钠，置于70℃的磁

力搅拌器中，恒温加热搅拌。每隔30min加入5mL乙酸和10g亚氯酸钠，重复2次，后每隔1h重复1次，共加热6h。经过滤、洗涤、冰冻、干燥后得到综纤维素。

纤维素的分离提纯：采取碱法，称取20g综纤维素放入烧瓶中，加入1000mL 10%NaOH溶液，在24℃的条件下慢慢搅拌浸提24h，过滤后的滤渣用1000mL 10%NaOH溶液浸提24h，浸提物用5%NaOH洗涤和蒸馏水洗涤后，放入10%乙酸中静置10min，经过滤、洗涤、冰冻、干燥得到纤维素，产率75.92%。

半纤维素的分离提纯：将制备纤维素过程中的10%NaOH浸提液按1∶1混合，用盐酸中和并蒸发浓缩，后用乙酸调节pH=4，用适量乙醇进行沉淀，最后离心分离，分离物冷冻干燥后得到半纤维素，产率10.4%。

木质素的分离提纯：采用贝克曼法，将苯醇抽提木粉悬浮在甲苯溶剂中，用振动球磨机磨48h后的细木粉用含水二噁烷（二噁烷与水的体积比为9∶1）抽提72h，将抽提液减压蒸馏得到粗制磨木木质素，将其溶于90%乙酸中，再加入蒸馏水使磨木木质素沉淀，离心分离后，将沉淀溶于1,2-二氯乙烷和乙醇（体积比为1∶2）混合溶剂中，将离心分离后的清液缓慢加入乙醚中，木质素呈绒毛状沉淀而出，离心分离、乙醚洗涤后得到磨木木质素，产率为4%。

5.4.2 木材中纤维素、半纤维素和木质素的染色方法

分别取杨木木粉、木质素、纤维素、半纤维素各1.0g，放入相应的染缸中，加入1.0%的活性红M-3BE染料，以浴比1∶30往染缸中加入蒸馏水，加入40g/L元明粉，染缸放入恒温水浴锅中进行染色，水浴锅以2℃/min的升温速度升至80℃，80℃恒温浸染3h，往染缸中加入20g/L纯碱，80℃恒温固色1h，沥干，90℃下皂洗10min，水洗至溶液为无色，将染色样品干燥，用DMF溶液将干燥的染色样品沸煮10min，干燥，分别得到染色木粉、染色纤维素、染色半纤维素、染色木质素。

5.4.3 FTIR分析

将染色前后的纤维素、半纤维素、木质素进行了红外分析，探讨活性染料与木材的结合机理，为活性染料杨木染色工艺提供理论依据。

图5.10为杨木纤维素染色前后的FTIR谱图。由图5.10可知，杨木纤维素染色后出现了活性染料的吸收峰，如$1650cm^{-1}$处—C═C—伸缩振动，$993cm^{-1}$处—C═C—弯曲振动，$1510cm^{-1}$处—N═N—的伸缩振动，$1380cm^{-1}$

处和 1130cm^{-1}处—O ═S ═O—的不对称和对称伸缩振动，616cm^{-1}处芳环上 C—H 面外弯曲振动。染色纤维素中在 3343cm^{-1}处的—OH 的伸缩振动峰比纤维素中的低，也不见活性染料在 3520cm^{-1}处的游离—OH，说明染色纤维素中的—OH 都以缔合的形式存在；染色纤维素中在 1035cm^{-1}和 1060cm^{-1}处—C—O—H 的吸收峰比纤维素的低，而在 1170cm^{-1}和 1115cm^{-1}处—C—O—C—的吸收峰增强，这证明了活性染料与杨木纤维素中的—OH 发生了共价键结合反应。图 5.11 为杨木半纤维素染色前后的 FTIR 谱图。

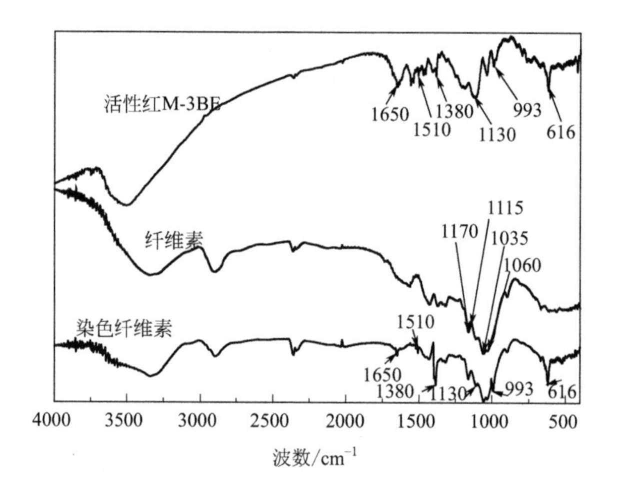

图 5.10　杨木纤维素染色前后的 FTIR 谱图

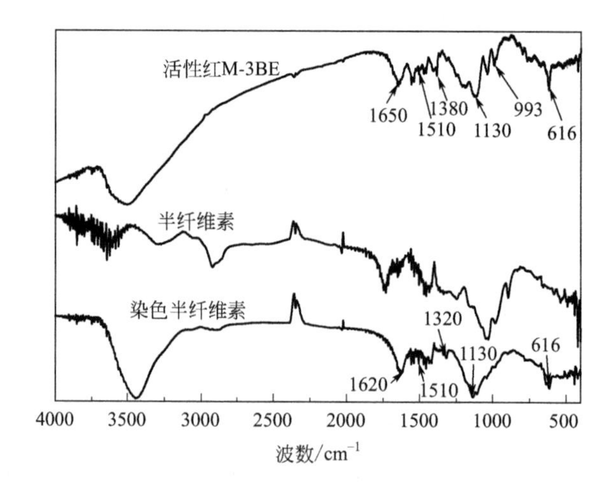

图 5.11　杨木半纤维素染色前后的 FTIR 谱图

由图 5.11 可知，杨木半纤维素染色后出现了染料上的某些基团的吸收峰，如 1510cm^{-1}处—N═N—的伸缩振动，—C═C—伸缩振动峰从 1650cm^{-1}处右移到 1620cm^{-1}，—O═S═O—的不对称伸缩振动峰从 1380cm^{-1}处右移至 1320cm^{-1}，这可能是活性染料中跟—C═C—连接的活性基与半纤维素形成共价结合后使电子云发生偏移所致；半纤维素在 2900cm^{-1}处有—CO—OH 的典型吸收峰，在 1740cm^{-1}处有—C═O 的吸收峰，而染色后并没有出现，说明了活性染料可能与羧基结合形成了新物质；半纤维素中 1035cm^{-1}和 1060cm^{-1}处—C—OH 的吸收峰在染色半纤维素中并没有出现，而是在 1170cm^{-1}和 1115cm^{-1}处出现了—C—O—C—的新吸收峰，这证明了活性染料与杨木半纤维素中的—COOH 和—OH发生了共价键结合。

图 5.12 为杨木木质素染色前后的 FTIR 谱图。由图 5.12 可知，杨木木质素染色后出现了活性染料上的某些基团的吸收峰，如 1510cm^{-1}处—N═N—的伸缩振动，1380cm^{-1}处和 1130cm^{-1}处—O═S═O—的不对称和对称伸缩振动。3343cm^{-1}处木质素中—OH 的较尖伸缩振动峰，在染色木质素中变为宽而缓的伸缩振动峰，说明染色木质素中的—OH 缔合形式更多。木质素中在 1065cm^{-1}和 1090cm^{-1}处—C—O—H 的吸收峰，在染色木质素中并没有出现，反而在 1110cm^{-1}和 1020cm^{-1}处，并且在指纹区 850cm^{-1}和 770cm^{-1}处出现了—C—O—C—的新吸收峰，在木质素中 2965cm^{-1}处—CH_2 中 C—H 伸缩振动峰变为染色后 2930cm^{-1}，同时在 2840cm^{-1}处出现了—N—CH_2 的新吸收峰，这证明活性染料活性基团、连接基—NH—与杨木木质素中的—OH 发生了共价键结合反应。

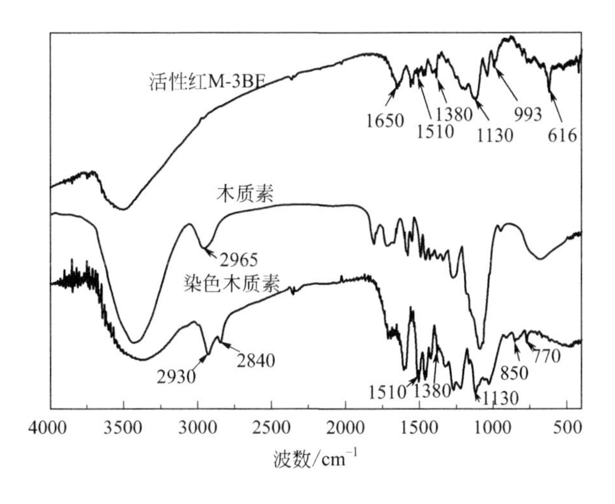

图 5.12　杨木木质素染色前后的 FTIR 谱图

5.4.4 热重分析

图5.13是活性红M-3BE染色前后杨木木粉的TG曲线。由图5.13可知，活性染料染色前后木粉的TG曲线都是经历了以下三个阶段。a. 失水干燥阶段：该过程主要是杨木组织吸着水分的受热蒸发过程。b. 炭化阶段：温度范围在250～350℃，杨木受热分解的速度加快，杨木中的纤维素和半纤维素等组分逐渐分解放出CO_2、CO、CH_4、CH_3OH、CH_3COOH等，而且杨木分解放出的可燃气体着火，出现有焰燃烧。在此阶段，染色木粉比木粉失重少，这说明染色木粉在此阶段分解放出的气体较少，有可能是活性染料与木粉以共价键结合，增加了染色木粉的热稳定性。c. 煅烧阶段：加热至350℃以后，杨木的有焰燃烧转变为木炭的无焰燃烧，TG曲线出现一个转折，失重速度变慢，这表明木炭的无焰燃烧不及杨木的有焰燃烧剧烈，而且染色木粉失重较快。

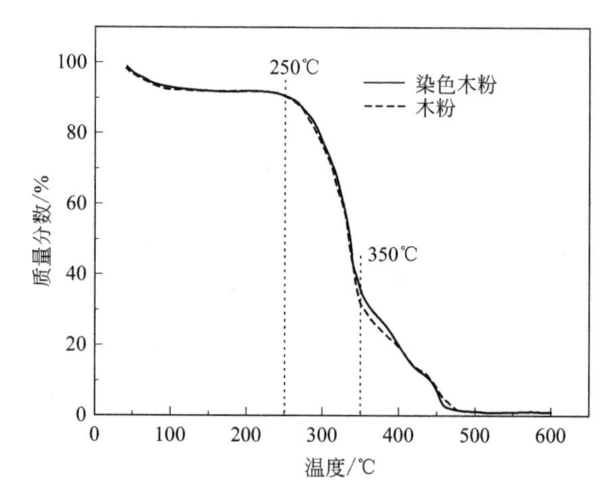

图5.13 杨木木粉染色前后的TG曲线

由以上红外光谱和热重分析可知，活性染料与杨木中的主要成分纤维素、半纤维素和木质素中的羟基以C—O—C键化学结合，使活性染料在木材上的染色具有高的上染率和固色率以及较高的牢度性能。

5.4.5 活性染料上染木材的固着机理

通过以上分析初步推断活性染料上染木材的固着机理，示意图如图5.14所示。由图5.14可知，木材中的纤维素中具有高反应活性的伯醇羟基，半纤维素具有高反应活性的4位羟基，木质素中具有高反应活性的羟基，而活性染料中的一氯均三嗪活性基中与氯相连的C原子由于N原子和Cl原子电负性的影响电子云密度低，能形成易接受纤维素负离子进攻的反应中心，因此这些高反应活性的羟基分别与活性染料中的一氯均三嗪活性基发生亲核取代反应生成C—O—C醚键固着在木材上，Cl原子被取代后进入溶液。在碱性条件下，活性染料中的另一个活性基团β-硫酸酯基乙基砜基中的砜基具有较强的吸电子性，使得α-C原子上的H原子比较活泼，C—H键容易断裂，消去α-C原子上的一个氢和亲核离去基团，生成活泼的乙烯砜基；砜基电负性较高，具有强吸电子效应，使乙烯基（—C═C—）双键产生极化，β-C原子的电子云密度较低，形成正电中心，易受亲核试剂的进攻，与纤维上的亲核官能团—OH发生亲核加成反应生成C—O键固着在木材上。在固着过程中，活性染料中的连接基—NH也可能与木材中纤维素、半纤维素和木质素中高反应活性的—OH发生氢键结合固着在木材上。

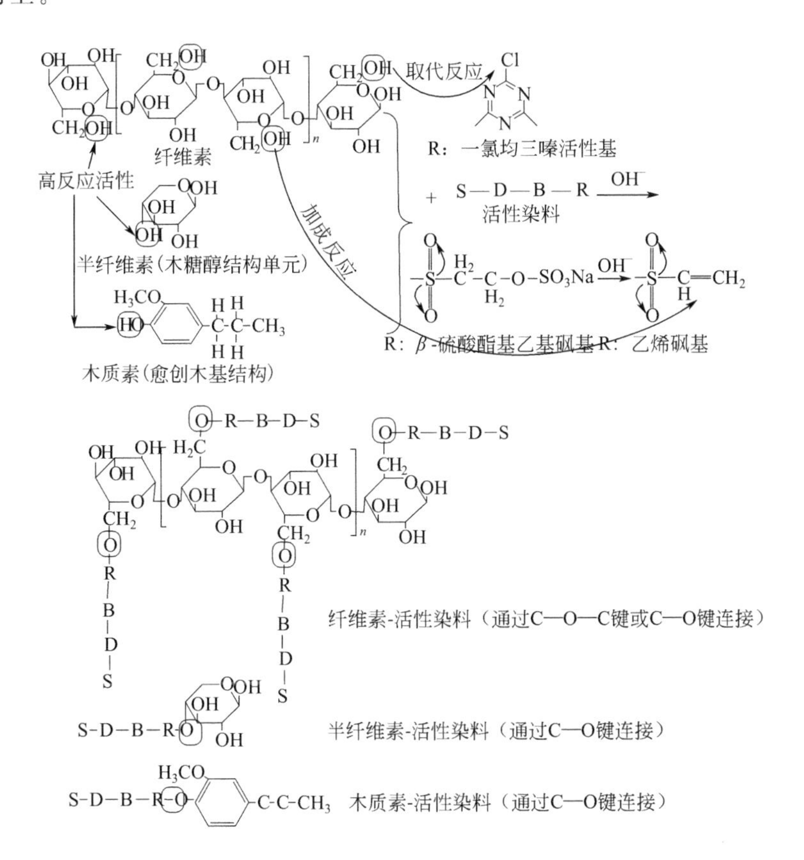

图 5.14　活性红 M-3BE 染料上染木材的固着机理示意图

综上所述，木材固着活性染料的机理为：在碱的作用下，纤维素中的伯醇羟基、半纤维素中的4位羟基、木质素中的羟基都具有高反应活性，分别与活性染料中的一氯均三嗪活性基发生亲核取代反应生成C—O—C醚键，与乙烯砜基发生亲核加成反应生成C—O键，化学吸附在木材上，打破染色平衡，促使更多的活性染料分子进入纤维内部，使上染率急剧提高，直至化学吸附达到饱和。

参考文献

[1] 鲍甫成，吕建雄．木材渗透性可控制原理研究［J］．林业科学，1992，28（4）：336-342.

[2] 姜笑梅，鲍甫成，吕建雄．两种难浸注木材的显微和超微构造及其与渗透性的关系［J］．林业科学，1993，28（4）：331-337.

[3] 王晓倩，于志明，张扬，等．速生杨木单板染色阻燃性能研究［J］．西北林学院学报，2016，31（5）：276-280.

[4] 宋心远，沈煜如．活性染料染色［M］．北京：中国纺织出版社，2009.

[5] 金咸穰．染整工艺实验［M］．北京：中国纺织出版社，1987.

[6] 鲍甫成．木材流体可渗性有效毛细管半径和数量的研究［J］．林业科学，1993，29（6）：521-530.

[7] 齐勇进，闵洁，张玉梅，等．聚醚酯弹性纤维染色动力学和热力学研究［J］．染料与染色，2018，55（6）：14-19.

[8] 赵涛．染整工艺与原理（下册）［M］．北京：中国纺织出版社，2009.

[9] 曹金珍．吸着·解吸过程中水分与木材之间的相互作用——从介电弛豫及吸附热力学［D］．北京：北京林业大学，2001.

[10] 张明龙，梁春飞，崔同科．频谱水和蒸馏水染料溶液在意大利杨和楸木中渗透差异研究［J］．国际木业，2020，50（3）：44-47.

第6章

染色木材防变色技术

木材作为一种传统的建筑室内外装饰装修和家具生产用材，其外观质量不可避免会受使用环境如光照、雨水冲刷、温湿度变化等影响，使得木材表面在一定程度上发生变色、粗糙、光泽度下降、开裂等现象。木材表面变色是木材发生老化的重要标志，变色原因复杂多样，有生物、物理或化学因素，有木材组分所含发色基团和助色基团等内在因素，有金属离子、酸、碱和微生物等侵蚀木材的外在因素，木材变色大致分为由各类真菌或者细菌引起的蓝变、木材暴露在日照下引起的光变色、木材接触了化学物质引起的化学变色三种。木材是一种很好的吸光材料，紫外光渗入深度大约为 75μm，可见光渗入深度大约为 200μm，染色木材中的主要组分都是较好的吸光物质，染料与木材中的有机高分子，容易受到外界环境因素（如光、热、水分、氧）的影响而发生劣化，特别是光辐射引起的变色或降解，严重降低其装饰效果，缩短木制品的使用寿命，带来巨大的经济损失。本章介绍了染色木材光变色的机理以及防治的研究进展，以活性红 M-3BE 染料染色的杨木锯材为研究对象，探讨了常用水性木器清漆涂饰和紫外光吸收剂等对染色木材光抑制的影响规律，同时合成了水性聚氨酯（PU）乳液，并涂覆于染色木材表面，考察了合成条件对染色木材吸水性和耐光性的影响，为木材颜色调控提供理论基础和技术支持。

6.1 染色木材光变色的机理

6.1.1 染色木材发色的机理

木材颜色是木材化学组分中的发色基团和助色基团对波长为 380～780nm 的

可见光进行吸收、散射、反射等的综合结果。木材中的主要化学组分纤维素和半纤维素是饱和结构的碳水化合物，分子官能团主要以 σ 键连接，只有具有足够高能量的短波长紫外光才能激发，因此对可见光的吸收很弱，对木材颜色的贡献较小[1]。木材中的另一个主要化学成分木质素共轭体系中含有乙烯基 RCH ═ CHR、羰基 C ═O、苯环 —⟨苯环⟩—、松柏醛基 O ═C(H)—C(H) ═C(H)—⟨苯环(OH)⟩—O— 等发色基团，能选择性地吸收特定波长区域的可见光，从而使木材呈现不同颜色[2]，还含有羟基—OH、羧基—COOH、醚基 R—O—R 等助色基团，这些基团能够在一定条件下与某些化合物形成发色物质，使木材呈现颜色，因此木质素是木材颜色及其变色的主要因子。抽提物虽然占木材组分的质量分数很小，但对木材颜色产生较大影响，如单宁使紫檀显棕黑色、金丝楠呈现黄色等，酚类抽提物在酶的催化作用或光能激发下，容易氧化或缩合形成醌类化合物，使木材颜色加深、变色[3]。

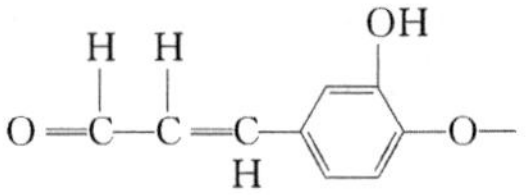

染色木材中除了含有木材本身的化学组分外，还含有染料组分。活性染料结构通式为 S-D-B-R，其中染色母体 D 是活性染料的发色体，可分为偶氮、蒽醌、酞菁等结构，其中偶氮类中的单偶氮类染料最多，本书中使用的活性染料都是单偶氮类染料。活性染料分子结构中还含有—OH、—OR、—NH_2、—NHR 等助色基团，发色基团和助色基团共同赋予活性染料不同的色泽和艳度。因此染色木材的发色体系是染料、木质素及抽提物等成分以多种形式结合的复杂分子结构[4]。

6.1.2 染色木材光变色的机理及影响因素

染色木材的光变色是染料、光、木材基质、环境因素等多重因素综合作用的结果。

(1) 活性染料的化学结构和稳定性

活性染料中的—NH—、—C ═C—、—OH 等基团在光辐射下会选择性吸收不同波段的光，引发氧化、还原或氧化还原等光化学反应，发生变色或降解；另一方面，染料分子中偶氮基的邻位、对位等位置存在磺酸基、卤素、含吸电子基的杂环等吸电子基团，由于位阻效应和吸电子基的诱导效应，使偶氮基上 N 原子的电子云密度较低，从而有利于提升染料的光稳定性。染料的光氧化降解主要包括氧化、还原、氧化/还原复合等多种形式，染色单板中染料的光致变色主要为光氧化反应所致。一般认为染料的光化学氧化可简要概括为以下三个过程[5]：

$$S \xrightarrow{h\nu} S^* \tag{6.1}$$

$$S^* + O_2 \longrightarrow S + {}^1O_2^* \tag{6.2}$$

$$ {}^1O_2^* + \text{染料} \longrightarrow \text{氧化褪色} \tag{6.3}$$

式中，S是敏化剂或活性染料的活性基团。

式(6.1)是敏化剂吸收光能激发成三线态，式(6.2)是三线态敏化剂将能量传递给氧，生成单重态氧，式(6.3)是单重态氧与染料发生氧化反应。偶氮染料在有氧环境下，吸收光能，通常先生成氧化偶氮苯衍生物，然后通过瓦拉赫(Wallach)重排和偶氮-醌腙异构，最后降解生成醌和肼衍生物，导致染料褪色，其结构变化过程简要描述如图6.1所示。

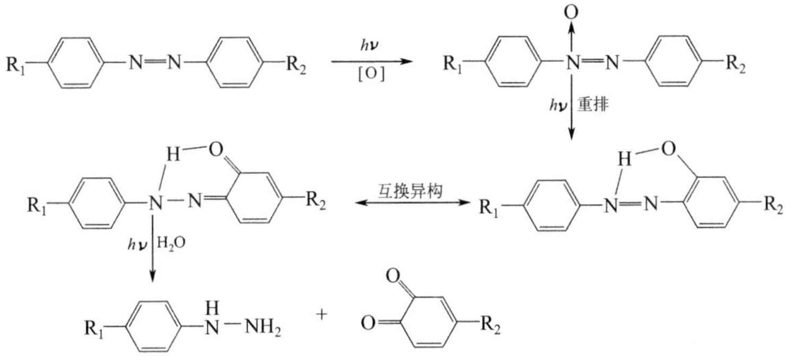

图6.1　偶氮染料的光氧化降解过程[6]

有些偶氮染料（如酸性GR大红染料）共轭发色体系中的—N═N—双键，通常以较稳定的反式偶氮苯结构存在，如图6.2所示。白天或在光照下，GR染料吸收UV光能发生光异构化反应，使双键结构从反式转变为顺式的亚稳态结构，染色单板发生褪色；晚上或撤除光源后，由于光致变色效应，染料在黑暗放

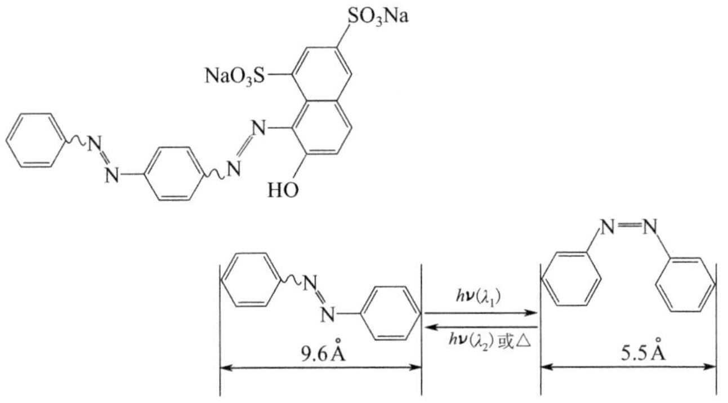

图6.2　GR染色单板共轭发色体系中—N═N—双键的顺反异构[7]

置过程中将有一部分回复到原来的反式结构，恢复原先的颜色，因此即便是等强度的辐射度，自然光环境下染色单板的光变色幅度比氙光辐射下的小。

（2）木材的结构和化学组分

木材的光变色是指木材发色体系中的共轭结构及连接在其上的极性基团，能够增强或减弱木材对特定波长光的吸收强度，并使吸收光谱向长波/短波方向移动，木材表面及内部一定深度因光化学反应而导致的颜色变化[8]。影响木材光变色的因素很多，如辐射光强度、光波长、木材组分、环境温湿度等，其中起主导作用的是木质素的光氧化反应。木材的光变色过程首先是木质素碳骨架侧链的羰基或共轭双键等发色基团或助色基团对 280～480nm 波长范围的辐射光进行选择性吸收和能级跃迁[9]，如辐射光波长＜385nm 时可引发木质素颜色变深，波长＞480nm 时可使木质素颜色变浅，当波长处于 385～480nm 之间时，木质素颜色开始变浅然后随着辐射时间的延长而逐渐变深；其次将能量传递给氧，氧通过夺氢反应，木材中的不饱和键可氧化生成苯氧自由基，通过苯氧自由基脱甲基或侧链脱除反应生成苯醌，苯醌进一步氧化，最后形成醌类化合物，导致木质素的光变色[10]；进一步研究发现，木材光降解劣化产物主要有：4-羰基-3-甲氧基甲醛、4-羰基-3,3-二甲氧基苯甲醛、乙酰化愈创木醇、松柏醛等[11]。也有研究表明木材的光氧化可能是一个循环反应过程[12]：木材吸收辐射光，通过自由基反应，游离羟基氧化生成羰基；羰基被激发，又与氧反应生成过氧自由基；过氧自由基夺氢形成不稳定的氢过氧化物，立即分解为羟基、苯氧自由基，通过自由基循环反应，导致木材发生光劣化降解。由于针叶材中木质素的含量（约 28%）比阔叶材（约 20%）多，因此针叶材的光变色程度大于阔叶材。木材抽提物中含有丰富的发色基团与助色基团，对紫外光和可见光都有很强的吸收能力，不饱和基团氧化产生的自由基或 H^+ 还可能参与木质素的光氧化，增加木材表面发色基团的数量，在光辐射初期使木材快速变色。木材乙酰化处理使纤维状表面更均匀，能有效抑制杨木、樟子松等木材的光降解反应，提高木材的耐光老化性能[13]。秦莉和于文吉[14]研究表明光辐射可破坏木材管胞壁上的具缘纹孔、分离木材细胞的胞间层、损坏细胞壁的次生壁等，微观构造发生变化，耐光性能随之变化，且木材的光劣化程度与木材密度成反相关，高密度木材具有更好的光稳定性。

（3）染料分子与木材的结合形态

木材组分中含有醇羟基、酚羟基、甲氧基、羧基、乙酰基等极性官能团，能与酸性染料、直接染料等染料分子通过氢键或分子间的范德华力结合，与活性染料通过化学共价键结合，与木材的结合形态和结合机理不同，导致染色木材的耐光色牢度存在差异。曲芳[15]得出酸性染料、阳离子染料、直接耐晒染料、分散染料和活性染料这五类染料中，活性染料和直接耐晒染料的耐光性最好，酸性染料次之，阳离子染料和分散染料最差。郭洪武等[16]研究结果表明分散染料对乙酰化木粉的上染率明显高于酸性染料，分散染料染色的乙酰化木粉光稳定性优于酸性染料。光辐射初期会引起木材表面迅速产生 C 1s 氧化态，产生各种自由基，自由基浓度反映了木材组分通过自由基反应而发生的化学状态的变化，自由基最后被氧化成新的发色基团，可能引发或促进纤维素、半纤维素的氧化反应。

（4）染色工艺

染色工艺对染色木材的耐光性有一定的影响。邵灵敏等[17]指出木材漂白处理后，染色单板的耐光性显著下降，木材经抽提处理后，染色木材比未处理材表现出更好的颜色稳定性，而且染色工艺参数对染色木材耐光性的影响大小为染液温度＞固色剂和 pH 值＞染色时间[18]。赵泰等[19]采用活性染料、酸性染料和直接染料分别对杨木单板进行染色，得出活性染料在最佳染色工艺参数：染料浓度 10g/L、染色时间 2.5h、染色温度 60℃、浴比 20∶1，在此工艺参数下得到的染色杨木单板耐光性最佳。刘毅等[20]指出高浓度染液染色的单板耐光性大于低浓度染液染色的单板。于志明等[21]研究表明光稳定性等级低的染料复配稳定性等级高的染料，利于提高染色木材的耐光牢度。

（5）辐射光波长和辐射时间

光是引发染色木材变色的主要因素，染色木材的光变色与光波长和能量密切相关。紫外光波长范围 280～380nm，能量高，对染色木材的光变色影响显著，但渗入木材的深度有限，只引起木材表层变色；而波长 380～780nm 的可见光，虽然能量较小，但其能作用的木材深度增加，随着光辐射时间的延长，反而导致染色木材严重变色[4]。邵灵敏[22]采用氙光、自然光、紫外光三种辐射光源对染色木材进行了光老化试验，结果表明 5 种波长 254nm、313nm、340nm、365nm、420nm 的光辐射作用下染色单板表面均发生不同程度的光变色，且辐射光源波长与染色单板的变色程度成反比。刘毅等[23]研究了桦木染色单板在室内环境下的光变色过程，结果表明光辐射前期主要是染色单板中染料、木质素和抽提物的光化学作用，变色速率快，变色程度高，后期主要是木材基质的变色，变色较缓慢。

（6）氧、水分等环境因子

由于木材受紫外光辐射后表面产生过氧化物，再进一步在受热、光照作用下逐步降解成可溶性衍生物导致木材变色，水分在这过程中具有润胀和传递能量的作用，可增加木材空隙度，因此氧、水分在紫外光引发的染色木材变色中发挥着重要作用。韩士杰等[24]用臭氧预处理木材，使木材表面形成致密氧化层，可在一定程度上隔离空气中的氧，有利于降低自由基的氧化反应，提高耐光性。木材在光辐射下光与氧协同作用发生氧化反应，随着光辐射时间的增加，木材表面含氧量增加，O/C 摩尔比增大，氧化为含有羧基、羰基等发色基团的物质，使木材变色[25]。

6.2 染色木材光变色的防治

在染色木材光变色的影响因素中，开发或选用耐光等级高的染料、木材进行染色前的改性处理、染色工艺参数的优化等是在染色木材生产前考虑的问题，本书第 2 章木材染色用活性染料数据库的构建、第 3 章木材染色前预处理技术、第 4 章木材活性染料染色技术等的内容都有涉及染色木材耐光性的研究，本章主要介绍染色木材生产后的后期处理，以防止光变色。染色木材的防护主要有有机涂料涂膜、使用高效紫外光吸收剂、无机疏水涂层。

6.2.1 有机涂料涂膜

用有机涂料及其改性涂料涂饰处理木材，涂料涂膜形成的保护层可增加光的发射和散射，吸收部分光能，减少光对木材的辐照度；同时涂膜隔绝木材与空气中氧和水分的接触，达到减缓木材光氧化变色的目的。涂料（又叫木器漆）以前大多使用溶剂型，在施工和使用中产生大量的 VOC 挥发性毒性有机物，目前基本已被水性涂料替代，主要有单组分水性丙烯酸涂料、双组分水性聚氨酯涂料、水性聚氨酯-丙烯酸共聚树脂、聚氨酯或丙烯酸改性的醇酸树脂。郭洪武等[26]研究表明水性双组分聚氨酯清漆的涂饰对于单板的光变色没有影响，对单板光变色没有抑制作用，而水性丙烯酸清漆涂饰单板的总色差值小于未涂饰的单板，对单板光变色具有一定的抑制作用；但在文献［27］中又指出直涂聚氨酯清漆和丙烯酸清漆形成的两种涂膜对染色单板均具有抑制光变色的作用，对抑制膜下染色单板光变色的贡献率不同。B. Lesar 等[28]研究结果表明用蜡和蜡乳液真空浸渍处理过的挪威云杉木材能够减少水的吸收，降低或延缓光降解过程。有机涂料涂膜虽然对染色木材有一定的保护作用，但紫外可见光仍可透过涂膜，使木质素降解而引发木材变色，无法长期维护木材原有的表面性能。

6.2.2 高效紫外光吸收剂

紫外光吸收剂可屏蔽或吸收短波长的紫外光，通过顺反异构互换转移或释放能量，同时还能捕获自由基、抑制自由基的连锁反应，主要有纳米粒子（纳米 TiO_2、纳米 ZnO）、水杨酸酯类、苯酮类、苯并三唑类等及它们之间的复配[29]，一般将其添加到涂料或颜料中使用，因此开发或选用高效能紫外光吸收剂是一种高效、方便的防护木材光变色的方法。B. Riedl 等[30]在木材表面涂饰含有紫外光吸收剂的涂料，涂饰后木材的耐老化性能明显提高。S. Saha 等[31]采用溶胶凝胶法制备含有紫外线稳定剂无机粒子的防护涂料，将其涂饰到木材表面，结果表明无机粒子有很好的抗紫外性能，能够对木材起到防护作用，涂饰木材较未涂饰木材颜色变化延缓。余雁等[32,33]采用溶胶凝胶法结合浸渍提拉以及化学气相沉积法在竹材表面合成了 ZnO 和 TiO_2 纳米薄膜，纳米粒子对竹材起到了抗光变色和防霉作用。有些光稳定剂，如铬酸铜、镁盐、稀土、硫代硫酸盐等，可与木材组分发生络合反应，在一定程度上抑制木材光变色。

6.2.3 无机疏水涂层

木材经过上述防护处理，虽然能在一定程度上改善木材耐光性，但无法从根本上抑制水分、紫外光的作用，难以实现木材表面的长期保护。木材富含亲水性基团且孔隙结构发达，因而具有很强的吸湿/水能力，在木材表面构建类似荷叶表面的微/纳米层级粗糙结构，赋予木材超疏水性能，可减弱木材与水分之间的相互作用，有效隔离木材与水分，从而解决木材因吸水而导致的干缩湿胀、腐朽变色等问题，改善木材的耐候性，提高木材的耐久性和使用寿命。木材的多尺度分级构造和层级多孔结构作为天然微/纳米层级粗糙结构，为实现木材超疏水化提供了天然的结构基础，利用溶胶-凝胶法、水热法、化学气相沉积法、表面涂覆法、表面接枝共聚法、层层自组装法等在木材表面构建无机 SiO_2、TiO_2、ZnO 等微/纳米粗糙结构[34]，协同含氟硅氧烷、硅氧烷、有机聚合物等低表面能物质[35]，共同决定木材表面的超疏水性能。莫引优[36]利用 sol-gel 法在木材表面原位生成 SiO_2，改良后的木材吸湿膨胀率下降，且经过 120h 紫外光老化后，抗光变色能力比素材提高了约 2 倍。Wang 等[37]将木材表面浸渍在含硅前驱液中沉积 SiO_2 纳米球，再用全氟辛基三乙基硅烷（POTS）处理木材表面，指出 SiO_2 纳米球的粗糙度与 POTS 的低表面自由能可创建 164°接触角、低于 3°滚动角的超疏水木材表面。常焕君等[38]采用溶胶-凝胶法在木材表面构筑纳米 TiO_2 薄膜，并将硬脂酸或十六烷基三甲氧基硅烷的疏水长链烷基引入木材表面，使木材表面具备超疏水性，同时赋予木材良好的抗光变色性能，其中质量分数 5%TiO_2 溶胶处理的木材在经过 120h 加速光老化后，其总色差值 ΔE 仅为对照试样的 45%。Sun 等[39]在木材表面构建锐钛型或金红石型 TiO_2 涂层，以使木材抵抗紫外线的照射、阻燃、疏水等多功能于一体，并详细探讨了涂层防护机理与疏水机理。田根林等[40]采用溶胶-凝胶法结合浸渍提拉以及化学气相沉积法在竹材表面合成了 ZnO 和 TiO_2 纳米薄膜，并检测到它们对竹材起到了抗光变色、防霉和疏水的作用。Wang 等[41]在木材表面生成球形的纳米 FeOOH 薄膜，赋予了木材疏水性，并达到了超疏水的要求，而且还显著改善了木材的耐候性，提高了木材的耐老化性能。王开立[42]不仅在木材表面构建了 SiO_2 无机纳米超疏水涂层，还构建了聚多巴胺（PDA)/Ag 或 PDA/Cu 复合涂层、单宁酸（TA)-Fe^{III} 等聚酚-金属离子涂层，这些超疏水涂层经过化学溶剂腐蚀和严苛环境测试后，接触角均大于 150°，稳定性好。同时利用木材自身的微纳粗糙结构作为天然模板构建整体疏水木材：将木材浸没在含有 10%(质量分数）十八烷基异氰酸酯的 DMF 溶液中，先 0.095MPa 真空浸渍 30min，后在 100℃ 高压反应釜中反应 10h，可实现整体木材的高疏水性，整体高疏水木材横切面水接触角为 147°，泡水 120h 后吸水率低于 50%，具有优异的机械耐磨性和化学耐久性。用高反应活性的十八烷基酰氯作为疏水修饰剂，无水甲苯作为溶剂，则整体高疏水木材的疏水性能更佳：横切面水接触角 150°，滚动角 13°～38°，纵切面水接触角 140°，滚动角大于 90°。

6.3 环保型木器漆涂刷染色木材的防变色技术

6.3.1 实验方法

（1）染色木材的准备

选用 6 块规格为 100mm×48mm×4mm(长×宽×厚）的染色杨木锯板，用砂布将染色杨木锯板表面充分打磨，使其表面光滑，在背面标注相应的数字。将这 6 块板分为三组：标注数字 1 和 2 的板为第一组，标注数字 3 和 4 的板为第二组，标注数字 5 和 6 的板为第三组。在每块板表面画两个 ϕ15mm 左右的圆圈作为测色标注，以每组两块锯板的四个测色点色度学参数（明度指数 L^*、红绿轴色品指数 a^*、黄蓝轴色品指数 b^*、色差 E^*）的平均值表示各组的颜色变化值。

（2）水性环保清漆的配制

将立邦环保型水性木器漆底漆和面漆（组成为 70%～80%丙烯酸和 20%～30%聚氨酯共聚物）用 1/10 蒸馏水稀释，搅拌充分，200 目筛网过筛。

（3）清漆涂刷染色木材

第一组为不涂刷漆的空白对照组，第二组和第三组用立邦专用羊毛弹性油漆刷将配制好的底漆在室温、使用量相同的条件下先均匀涂刷一遍，间隔 4h 待漆膜完全干好后再涂刷第二遍。间隔 4h 后，按相同的方式涂刷配制好的面漆，第二组涂饰两遍面漆，第三组涂饰三遍面漆。

（4）染色木材耐光性的测试

先用 WSC-S 型测色色差计测量 6 块染色木材圆圈标注处的色度学参数值，每块板测量 3 次，计算其平均值；将编好号的杨木锯板置于氙光衰减仪内的试样架上，用 300W 氙光灯相隔 50mm 直射试样架上的染色木材，在 0～100h 的照射时间内分别用色差计测量不同光照时间下染色木材圆圈标注处的色度学参数值，观察其颜色变化，以 ΔL^* 表示明度差，正值代表被测样比对照样（对应的未被光照染色木材）要亮，负值代表比对照样要暗；Δa^* 代表 a^* 的变化值，正值代表被测样比对照样偏红，负值代表被测样比对照样偏绿；Δb^* 表示 b^* 的变化值，正值代表被测样比对照样偏黄，负值代表被测样比对照样偏蓝；ΔE^* 表示总色差，数值越大表示被测样和对照样色差越大，耐光性能越差。

6.3.2 结果分析

染色杨木锯材的色度学参数值如表 6.1 所示。

表 6.1 染色杨木锯材的色度学参数值

染色木材试样	L^*	a^*	b^*	ΔE^*
1 号杨木锯板	41.55	61.56	6.57	63.14
2 号杨木锯板	41.62	61.47	6.59	63.35
3 号杨木锯板	40.79	59.94	9.26	66.30
4 号杨木锯板	39.92	60.34	9.78	66.96
5 号杨木锯板	38.01	62.24	7.24	61.96
6 号杨木锯板	38.73	62.84	7.88	62.12
第一组	41.59	61.52	6.58	63.25
第二组	40.36	60.14	9.52	66.63
第三组	38.37	62.54	7.56	62.04

从表 6.1 可知，同一批次生产的染色木材色度学参数有差异，但选用的每组两块板差异很小，因此每组木材的色度学参数为对应两块木材的平均值，明度指数 L^* 值：第三组＜第二组＜第一组；红绿轴色品指数 a^* 值：第二组＜第一组＜第三组；黄蓝轴色品指数 b^* 值：第一组＜第三组＜第二组；与标准白板的总

色差 ΔE^* 值：第三组＜第一组＜第二组。

以第一组光照前染色木材为对照样，每组染色木材的色度学参数变化随光照辐射时间的变化曲线如图 6.3 所示。

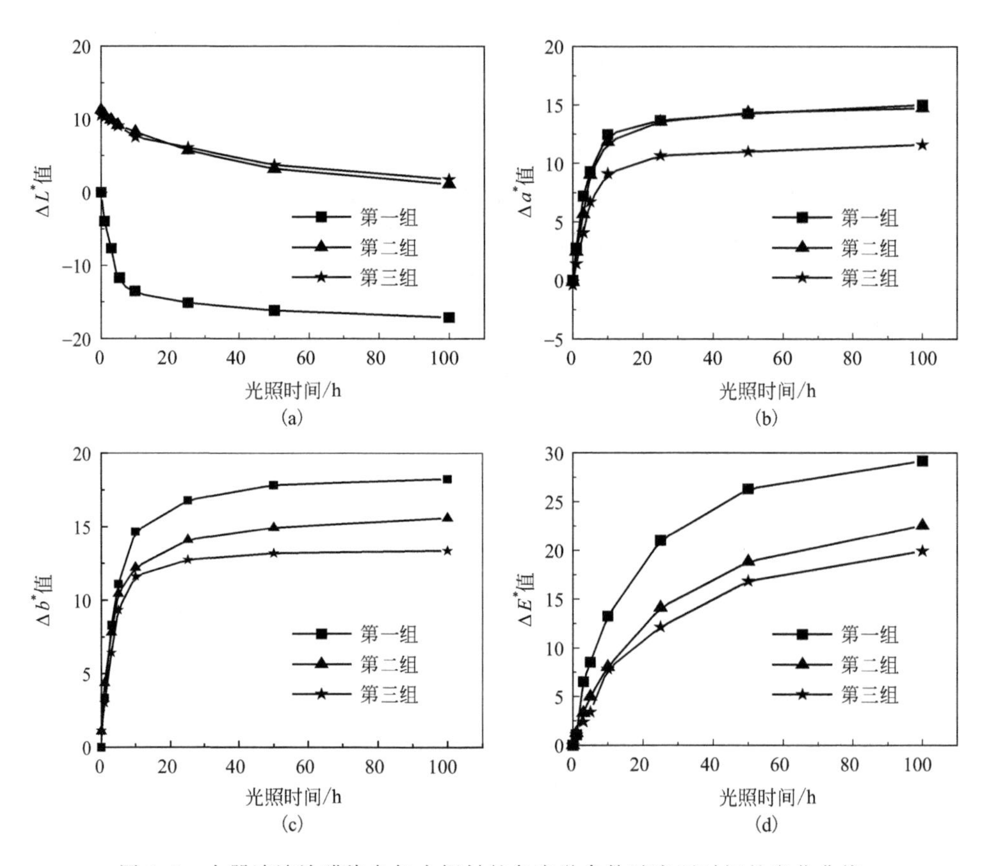

图 6.3　木器清漆涂膜染色杨木锯材的色度学参数随光照时间的变化曲线

从图 6.3(a) 可知，每组染色木材的明度指数变化 ΔL^* 值都随光照时间的延长逐渐降低，第一组 ΔL^* 值为负值，且在光照 10h 内降低迅速，10h 后降低缓慢；第二组和第三组分别是涂刷两遍和三遍面漆涂膜的染色木材，染色木材涂刷清漆后，明度指数 ΔL^* 值为正值，表明清漆涂刷可增加染色木材的明度，ΔL^* 值也随光照时间的延长而逐渐降低，但降低幅度明显小于第一组，且第三组的降低幅度略小于第二组。从图 6.3(b) 可知每组红绿轴色品指数 Δa^* 值都随着光照时间的延长而增加，即光照使木材偏红，且涂刷两遍的 Δa^* 值与未涂刷的基本一致，涂刷三遍的 Δa^* 值明显小于未涂刷的，红化程度小。从图 6.3(c) 可知每组黄蓝轴色品指数 Δb^* 值都随着光照时间的延长而增加，即光照使木材偏黄，且随着涂刷遍数的增加而降低，黄化程度小。在图 6.3(d) 中每组总色差

ΔE^* 值先随光照时间的延长迅速增加，30h 后变化变缓，也随涂刷遍数的增加而降低，表明染色木材涂刷三遍木器漆具有较好的耐光性。

综上所述，用市售的立邦环保型水性木器漆底漆将染色木材涂刷两遍，再用面漆将其涂刷三遍，有机涂膜可增加染色木材的明度，抑制光变色，且随光照时间的延长，染色木材的 ΔL^* 值逐渐降低，Δa^* 值、Δb^* 值逐渐增加，ΔE^* 值先增加后变缓。

6.4 紫外光吸收剂对染色木材防光变色的影响

6.4.1 纳米 TiO_2 用量的影响

向 6.3.1 节中配制好的面漆中加入不同质量分数的无机紫外光吸收剂——金红石型纳米 TiO_2(30nm)，用槽式超声波分散仪将其分散 10min，充分分散，按照 6.3.1 节中介绍的实验方法将其在染色木材上涂刷三遍，在氙光衰减仪中进行耐光老化实验，结果如图 6.4 所示。

从图 6.4(a) 可知，涂膜中未添加 TiO_2 染色木材的明度指数变化 ΔL^* 值先随光照时间的延长急剧降低，10h 后变化很小；添加 0.5%和 1.5% TiO_2 染色木材的 ΔL^* 值也随光照时间的延长逐渐降低，但下降幅度要比未添加的小得多；添加 1.0%和 1.2% TiO_2 染色木材的 ΔL^* 值随光照时间的延长逐渐升高，10h 后基本不变，因此涂膜中添加 1.0%～1.2% TiO_2 能增加染色木材的亮度。涂膜中添加 TiO_2 的染色木材红绿轴色品指数 Δa^* 值和黄蓝轴色品指数 Δb^* 值都比未添加的小得多［(b) 和 (c) 图所示］，随着光照时间的延长，红化和黄化现象要减弱，甚至出现了微弱的绿化现象（Δa^* 值＜0）。从图 6.4(d) 中可知，涂膜中添加 TiO_2 的染色木材 ΔE^* 值要比未添加的小得多，且添加 1.0%～1.2%时的 ΔE^* 值最小，耐光老化性能最佳，因此 TiO_2 的最佳添加量为 1.0%～1.2%。

6.4.2 水杨酸苯酯及用量的影响

水杨酸苯酯是一种常见的有机紫外光吸收剂，结构式为[structure: phenyl salicylate, HO, O, O]，由

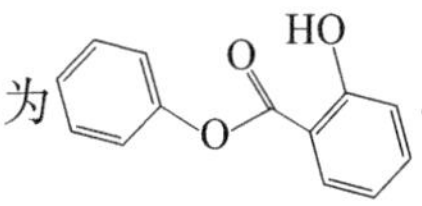

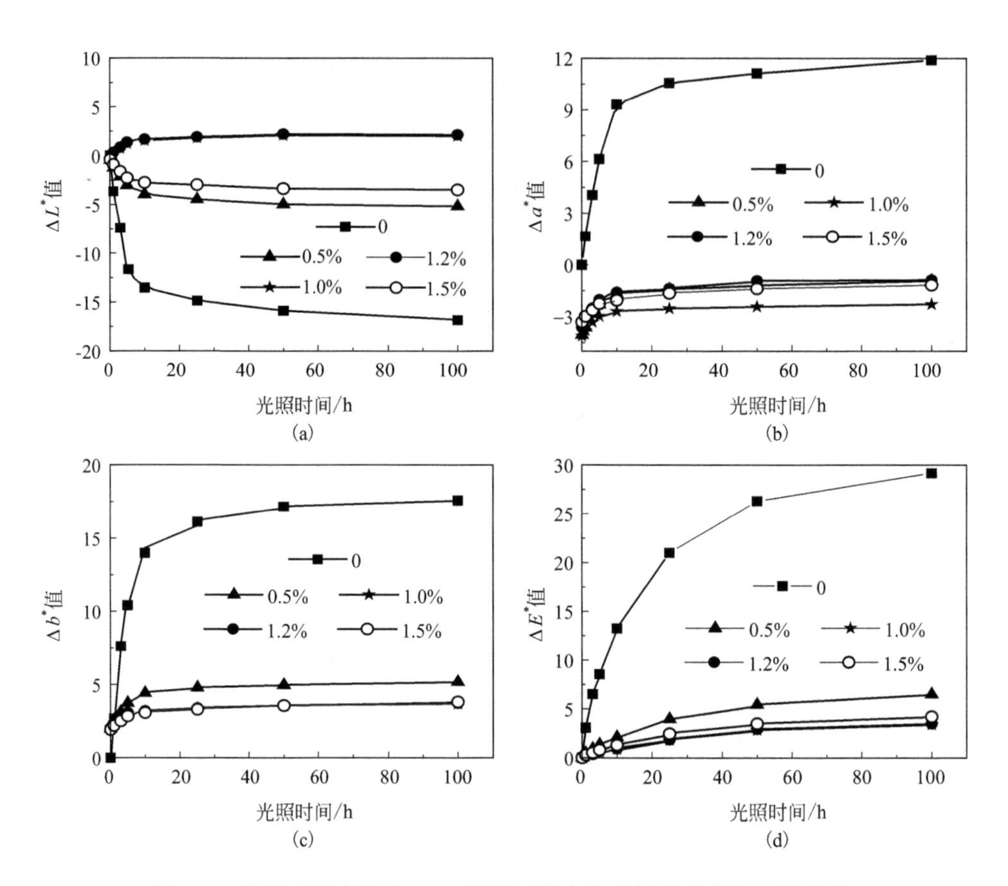

图 6.4　木器面漆中纳米 TiO_2 用量对染色杨木锯材耐光性能的影响

于其难溶于水，先将不同质量的水杨酸苯酯用少许乙醇溶解，加入到 6.3.1 节中配制好的面漆中，用槽式超声波分散仪分散 10min，使其混合均匀。在染色木材中的涂膜方法及耐光老化实验方法与添加 TiO_2 的方法相同，结果如图 6.5 所示。

从图 6.5(a) 可知，涂膜中不论未添加还是添加不同量的水杨酸苯酯的染色木材 ΔL^* 值都先随光照时间的延长急剧降低，10h 后变化较缓慢，表明有无添加水杨酸苯酯光照都能降低染色木材的亮度；添加水杨酸苯酯比未添加的降低幅度小，其中 0.5%降低幅度最大，1.0%降低幅度最小，1.5%和 2.0%降低幅度大体相同，且在两者之间，表明添加 1.0%水杨酸苯酯能抑制染色木材变暗。涂膜中添加水杨酸苯酯的染色木材 Δa^* 值和 Δb^* 值都先随着光照时间的延长而急剧增加［(b) 和 (c) 图所示］，10h 后变化缓慢，表明有无添加水杨酸苯酯光照都能使染色木材产生红化和黄化现象；添加水杨酸苯酯比未添加的增加幅度小得

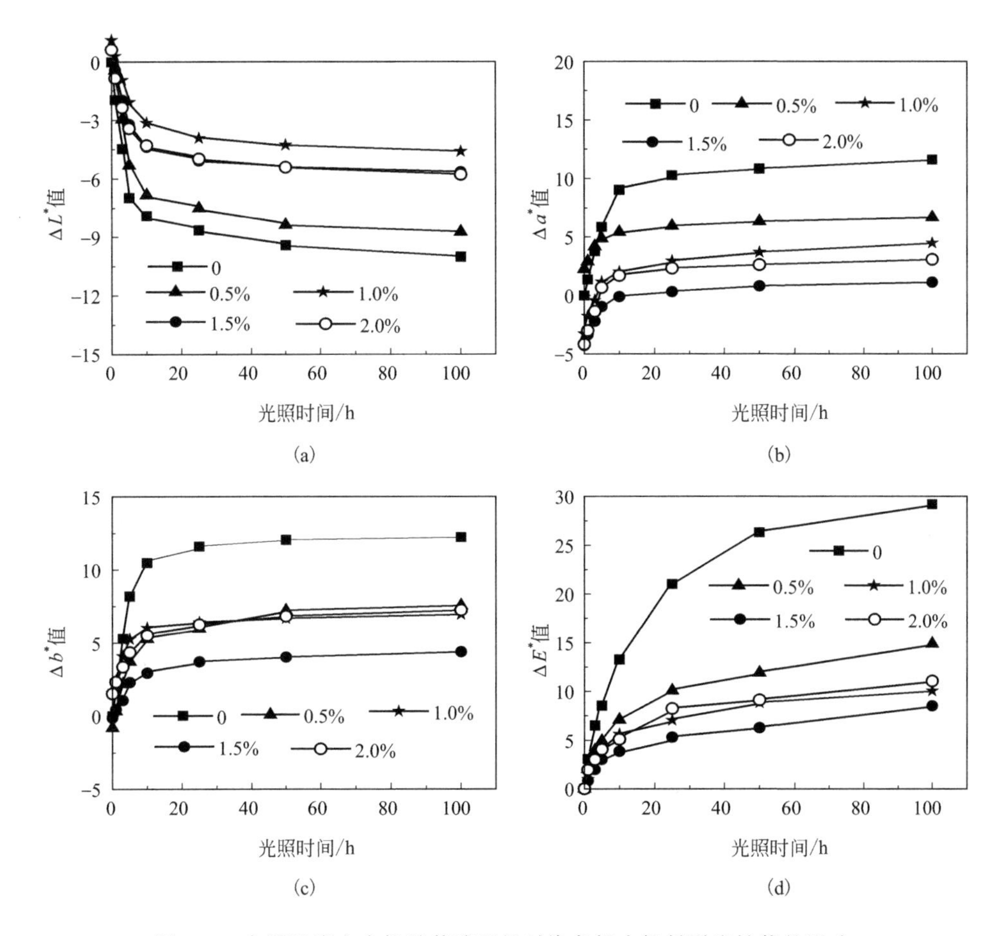

图 6.5 木器面漆中水杨酸苯酯用量对染色杨木锯材耐光性能的影响

多，其中 0.5%增加幅度最大，1.5%增加幅度最小，1.0%和 2.0%介于两者之间。ΔE^* 值随光照时间的变化规律与 Δa^* 值的变化规律基本相似［(d) 图所示］，表明涂膜中添加水杨酸苯酯能抑制染色木材的光降解，且添加量 1.5%时耐光老化性能最佳。

从图 6.4(d) 和图 6.5(d) ΔE^* 值数据对比分析可知，在木器面漆中添加 1.0%纳米 TiO_2 和 1.5%水杨酸苯酯紫外光吸收剂，涂刷染色木材三遍，都能有效抑制染色木材光降解，提高木材的耐光性，且 1.0% TiO_2 的抑制效果优于 1.5%水杨酸苯酯。从不同涂覆染色杨木锯材光照 100h 后的外观效果图（图 6.6 所示）可以看出，涂膜中添加 TiO_2 涂覆的亮度远大于水杨酸苯酯涂覆，且两者都比未涂覆的亮度高。

图 6.6　不同涂覆染色杨木锯材光照 100h 后的外观效果图

6.5 水性 PU 乳液的合成及涂饰防变色技术

6.5.1　水性 PU 乳液制备方法

本书采用预聚体合成法合成水性 PU 乳液：在三口烧瓶中加入 5g 2,4-甲苯二异氰酸酯（TDI），按照不同的摩尔比加入聚丙二醇-2000（PPG2000）和一定质量分数的 2,2-二羟甲基丙酸（DMPA），少量催化剂二丁基锡二月桂酸酯，搅拌均匀，在 50～90℃条件下预聚反应 0.5～2.5h（其中缓慢滴加水调节黏度），冷凝回流，降温至 50℃，缓慢滴加三乙胺（TEA）水溶液（占 DMPA 用量 75%）中和乳化 1h，得到白色的水性 PU 乳液。

6.5.2　水性 PU 乳液涂饰染色木材的方法

木材涂膜方法采用全面浸渍法：取上述制备的水性 PU 乳液 30mL 倒入装有染色木材的烧杯中，固定木材，使染色木材的每个面都浸渍在乳液中，常温浸渍 10min 后取出，沥干，放入玻璃皿中自然风干至木材含水率 10%，得到涂膜的染色木材。

6.5.3　水性 PU 乳液及涂膜染色木材性能的测试方法

（1）乳液稳定性的测试

将水性 PU 乳液在室温下静置，观察是否有分层现象发生。以静置分层时间为稳定性测定的指标。稳定性差的乳液静置分层时间为几天甚至几小时，稳定性较好的乳液静置分层时间为 2～3 个月，稳定性好的乳液静置分层时间可达到 3 个月以上。

（2）乳液中固含量的测试

按 GB/T 1725—2007《色漆、清漆和塑料不挥发物含量的测定》测定：将干燥洁净的表面皿完全烘干后称重得质量 W，称取 2g 左右聚氨酯乳液置于烘干的表面皿中，称重得 W_1，然后将其放入烘箱中 100℃烘干，取出冷却至室温称重，再放入烘箱干燥直至两次称量差值不超过 0.01g，记为 W_2。则乳液的固含量由 $(W_2-W)/(W_1-W)$ 计算得到。

（3）乳液黏度测试

取系列水性 PU 乳液约 120mL，在 25℃下，选择合适的转子，将乳液试样加入到 NDJ-1 型旋转黏度计所带的标准桶中，直到液面与转子的刻度线相切为止。启动电源，调节转速进行测量。每个样品在各个转速下重复测定三次，然后取平均值。黏度计算按式(6.4) 进行。

$$\mu=K\alpha \tag{6.4}$$

式中，μ 为动力黏度，mPa·s；K 为系数；α 为指针读数。

（4）染色木材吸水率测试

将自然风干后恒重 m_1g 的涂膜染色木材和 m_2g 未涂膜染色木材分别放在盛有 100mL 蒸馏水的烧杯中常温浸渍 10min，取出，用滤纸将染色木材表面的水吸干，称得涂膜染色木材重量（M_1）和未涂膜染色木材重量（M_2），则吸水率可分别由（$M-m$)/m 得到。

（5）染色木材耐光性测试

按 6.3.1 节中（4）测试方法测试。

6.5.4 水性 PU 乳液的合成原理

以 TDI 和 PPG2000 为原料，预聚体法合成水性 PU 乳液的反应原理如图 6.7所示。

首先多异氰酸酯与大分子二元醇反应合成含亲水基团的预聚体，使其在高速搅拌下分散于水中；加入扩链剂 DMPA 一方面进行扩链反应，另一方面调节预聚体的反应速度；在后乳化过程加入高活性的三乙胺扩链剂进行链增长，生成水性聚氨酯-脲。预聚体分散法是目前最常用的制备水性 PU 乳液的方法之一，由于不含有机溶剂，在第一步预聚体的合成中应尽可能地控制预聚体的分子量，以降低预聚体的黏度；预聚体分散在水中后加入多胺进行扩链，此时既有水参与反应也有多胺扩链剂的反应，且反应体系处于一种分散状态，这是一种多相体系中

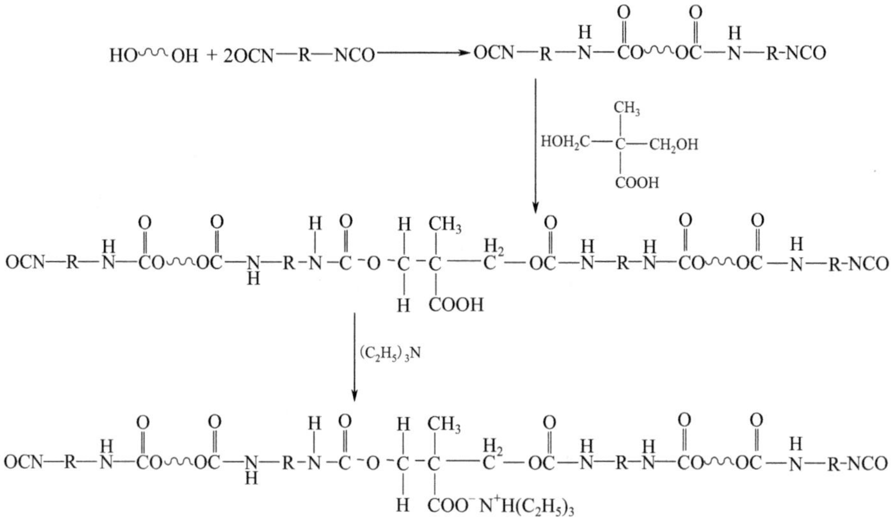

$$HO\sim\sim OH + 2OCN{-}R{-}NCO \longrightarrow OCN{-}R{-}NH{-}\overset{O}{\overset{\|}{C}}O\sim\sim O\overset{O}{\overset{\|}{C}}{-}NH{-}R{-}NCO$$

$$\downarrow \; HOH_2C{-}C(CH_3)(COOH){-}CH_2OH$$

$$OCN{-}R{-}NH{-}\overset{O}{\overset{\|}{C}}O\sim\sim O\overset{O}{\overset{\|}{C}}{-}NH{-}R{-}NH{-}\overset{O}{\overset{\|}{C}}{-}O{-}CH_2{-}C(CH_3)(COOH){-}CH_2{-}O\overset{O}{\overset{\|}{C}}{-}NH{-}R{-}NH{-}\overset{O}{\overset{\|}{C}}O\sim\sim O\overset{O}{\overset{\|}{C}}{-}NH{-}R{-}NCO$$

$$\downarrow \; (C_2H_5)_3N$$

$$OCN{-}R{-}NH{-}\overset{O}{\overset{\|}{C}}O\sim\sim O\overset{O}{\overset{\|}{C}}{-}NH{-}R{-}NH{-}\overset{O}{\overset{\|}{C}}{-}O{-}CH_2{-}C(CH_3)(COO^-N^+H(C_2H_5)_3){-}CH_2{-}O\overset{O}{\overset{\|}{C}}{-}NH{-}R{-}NH{-}\overset{O}{\overset{\|}{C}}O\sim\sim O\overset{O}{\overset{\|}{C}}{-}NH{-}R{-}NCO$$

图 6.7 水性 PU 乳液预聚体法反应原理

的扩链反应，反应不能按定量的方式控制，只能按照扩链剂随 PPG2000 用量的变化而变化，且在实验中用水调节乳液的黏度，以获得高分子量的水分散聚氨酯。工艺简单成本降低，便于工业化连续生产，且避免了使用大量有机溶剂，有很大的发展前景。

6.5.5 水性 PU 乳液品质影响因素及应用性能

(1) 单体摩尔比的影响

在固定加入 5gTDI、DMPA 为体系理论值的 5%(质量分数)、TEA 用量为 75%DMPA 用量、预聚反应时间 2h 的制备条件下，考察预聚反应单体摩尔比 $n_{TDI}:n_{PPG2000}$ 对乳液品质及应用性能的影响，结果如表 6.2 所示。

表 6.2 单体摩尔比 $n_{TDI}:n_{PPG2000}$ 对 PU 乳液品质及应用性能的影响

单体摩尔比	1∶0.25	1∶0.5	1∶0.6	1∶0.7	1∶0.8	1∶1
乳液外观颜色	无法形成	淡乳白色	乳白色	乳白色	淡蓝色	无法形成
静置 2 个月的稳定性	分层	不分层	不分层	不分层	略有分层	分层
黏度/mPa·s	—	7	85	138	117	—
固含量/%	—	10.4	23.8	31.2	39.8	—
吸水率/%	—	40.9	26.1	20.8	58.6	—
ΔE^* 值	—	12.54	3.54	2.54	13.15	—

从表 6.2 以及实验过程中重复实验可得，单体摩尔比即 $n_{TDI}:n_{PPG2000}$ 对水性聚氨酯乳液品质有很大的影响，$n_{TDI}:n_{PPG2000}$ 过大或过小都无法形成稳定的乳液，只有在 TDI 与 PPG2000 单体摩尔比≤1：0.5（理论摩尔比）时，才能形成稳定的乳液；且随着 PPG2000 加入量的增大，乳液的黏度和固含量增大，涂在染色木材上以后，在染色木材表面形成较致密的膜，使其吸水率和总色差 ΔE^* 值减小，表明随着 $n_{TDI}:n_{PPG2000}$ 的降低，更多氰基参与聚合反应，PU 涂膜对染色木材有较好的保护作用；但当摩尔比减小到 1：0.8 时，乳液中显现成团的黏稠物，乳胶粒子分布不均，导致乳液容易分层，在染色木材表面也不能形成完整的膜，其应用性能也差。从不同单体摩尔比对 PU 乳液稳定性的影响（图 6.8所示）可看出，$n_{TDI}:n_{PPG2000}$ 为 1：0.6 时形成稳定的淡黄色乳液，有点泛蓝光，乳胶粒子较小，放置半年以上都不沉淀，而 $n_{TDI}:n_{PPG2000}$ 为 1：0.8 时乳胶粒子较大，部分沉淀，$n_{TDI}:n_{PPG2000}$ 为 1：1 时乳胶粒子更大，基本上都沉淀。因此 TDI 与 PPG2000 的单体摩尔比控制在 1：0.6～1：0.7。

(a) 1：0.6　　(b) 1：0.8　　(c) 1：1

图 6.8　不同单体摩尔比 $n_{TDI}:n_{PPG2000}$ 对 PU 乳液稳定性的影响

（2）DMPA 用量的影响

固定单体摩尔比 $n_{TDI}:n_{PPG2000}$ 为 1：0.61，考察 DMPA 用量为体系质量分数的 3%～7%范围内对乳液品质及应用性能影响，结果如图 6.9 所示。

在实验中发现，DMPA 用量低于 4%时不能形成稳定的乳液，用量为 7%时乳液呈米黄色，其他用量形成的乳液都呈乳白色。从图 6.9 可知，DMPA 用量从 4%增加到 5%，PU 乳液的固含量和黏度都急剧增大，其后变化幅度很小；而吸水率和 ΔE^* 值则在 5%～6%时出现最低值，这是因为 DMPA 是一个扩链剂，当一定量的 DMPA 参与到反应中后，多余的 DMPA 相当于增加了体系中的

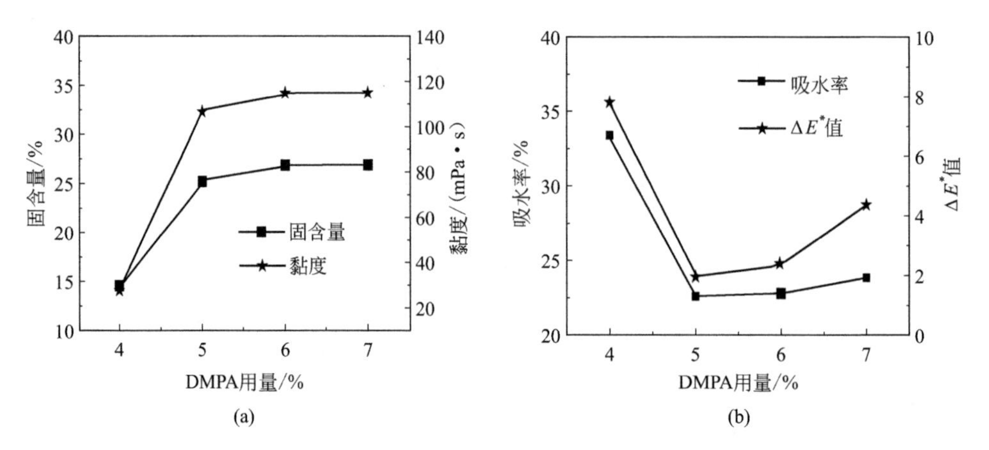

图 6.9 DMPA 用量对 PU 乳液性质（a）和涂膜染色木材后应用性能（b）的影响

多元醇含量。表明 DMPA 加入 5%～6%时，PU 乳液中含有较多的乳胶粒子，在染色木材中形成较致密的膜层，能有效地降低涂膜染色木材的吸水率，提高涂膜染色木材的耐光性。

（3）预聚反应时间

预聚反应得到的预聚物端基是—NCO，—NCO 会发生歧化交联反应，分子量逐步上升，控制预聚时间较为重要。固定单体摩尔比 n_{TDI} ∶ $n_{PPG2000}$ 为 1∶0.61、DMPA 用量为理论体系质量的 5%，考察预聚反应时间对 PU 乳液品质及应用性能的影响，结果如图 6.10 所示。

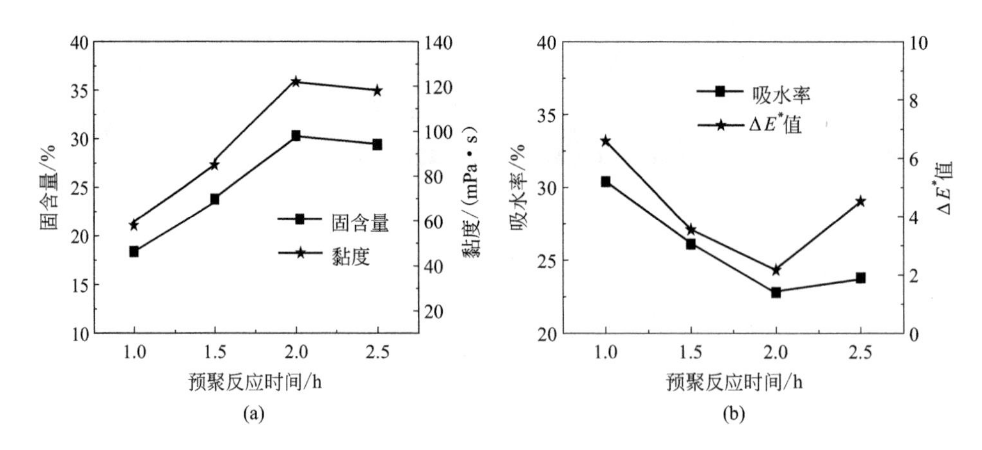

图 6.10 预聚反应时间对 PU 乳液性质（a）和涂膜染色木材后应用性能（b）的影响

从图 6.10 可知，随预聚反应时间从 1.0h 延长到 2.0h，PU 乳液的固含量和黏度增大，吸水率和色差降低；反应 2.0h 后，PU 乳液的固含量和黏度降低，吸水率和 ΔE^* 值增大，在反应时间为 2.0h 时分别出现最大值和最小值。这是因为 2.0h 时反应基本完全，得到的乳胶粒子大小、数量适中，使得乳液泛蓝光；反应时间过长不但不能生成新的乳胶粒子，反而使已生成的乳胶粒子进一步团聚，粒径增大，乳液从乳白色向米黄色转变，施涂在染色木材上后，涂膜表面不能形成连续致密的膜，从而使吸水率和色差都变大，因此预聚反应时间控制在 2.0h 为宜。

（4）预聚反应温度

预聚反应时低温有利于线性分子链的形成，但反应较慢；反应温度过高，则容易产生脲基甲酸酯、缩二脲等交联基团。在制备聚氨酯预聚物时，应该选择合适的反应温度，既要保证羟基与 TDI 尽可能反应，合成具有一定分子量的异氰酸酯的预聚体，也要防止 TDI 与氨基甲酸酯等发生副反应而形成凝胶，只有这样才能使反应得到控制，从而得到理想分子量的预聚体。预聚反应温度对乳液外观的影响如图 6.11 所示，对乳液品质及应用性能的影响结果如图 6.12所示。

(a) 50℃　(b) 60℃　(c) 70℃　(d) 80℃　(e) 90℃

图 6.11　预聚反应温度对 PU 乳液外观的影响

从图 6.11 可知，预聚反应温度低于 60℃时乳液容易分层，不稳定；反应温度高于 80℃时，乳液呈现黄色，明显出现了脲基，这是 TDI 与羟基反应得到氨基甲酸酯基进一步与 TDI 反应生成脲基所致，属于过度反应。

从图 6.12 可知，预聚反应温度从 60℃升高到 80℃，PU 乳液的固含量和黏度增大，吸水率和 ΔE^* 值降低；反应温度超过 80℃后，PU 乳液的固含量和黏度降低，吸水率和 ΔE^* 值增大，在反应温度 80℃时分别出现最大值和最小值。这是因为反应温度太低时反应速率较慢，不利于乳胶粒子的生成；反应温度太高，乳胶粒子生成速率过快，容易形成脲基甲酸酯、缩二脲等大粒径凝胶粒子，施涂在染色木材上后，涂膜表面不能形成连续致密的膜，从而使吸水率和色差都变大。

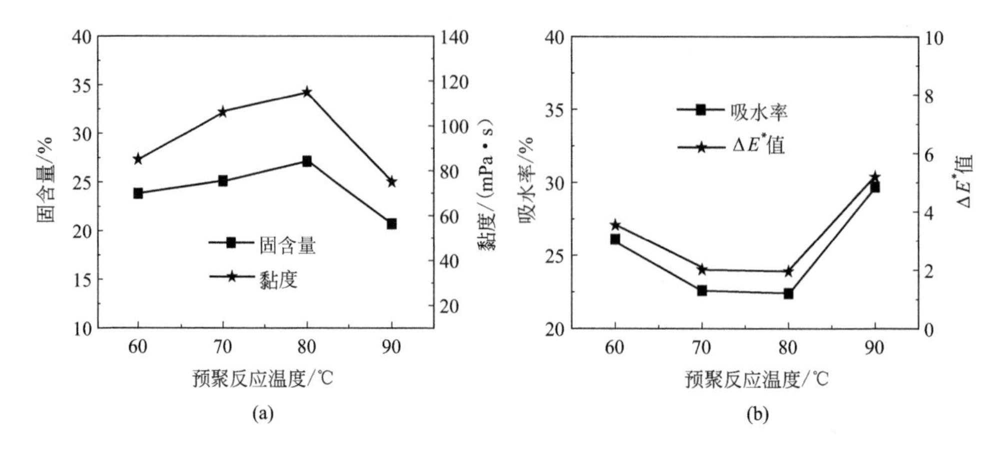

图 6.12　预聚反应温度对 PU 乳液性质（a）和涂膜染色木材后应用性能（b）的影响

(5) 加水方式的影响

乳化过程中加水方式不同对乳化效果产生的影响如表 6.3 所示。当一次性加水乳化时，可能由于预聚体中—NCO 基团与水反应太快，热量散发较慢，在反相转换时导致凝胶现象，所以造成乳化失败；当缓慢滴加乳化时，预聚体中多余—NCO 基团与水反应，热量散发较快，在反相转换时较平稳，乳化效果较好；利用先慢速滴加，使预聚体中的—NCO 基团与水缓慢反应，在发生相转换后迅速滴加剩余的水，可能由于加水太快导致相转换效果差，造成水分散体呈现乳白色。

表 6.3　乳化过程中加水方式对水性 PU 乳液乳化效果的影响

加水方式	乳化效果
一次性加入乳化	整个体系呈急剧膨胀，乳化失败
缓慢滴加乳化	乳化较易，产品储存稳定，呈半透明
先慢速滴加后快速滴加乳化	乳化较易，产品储存稳定，呈乳白色

6.5.6 染色木材被水性 PU 乳液涂饰前后的性能比较

将最佳制备条件下制备的稳定水性 PU 乳液施涂在木材表面，光照 100h 后的外观如图 6.13所示，吸水率和耐光色牢度结果如表 6.4所示。

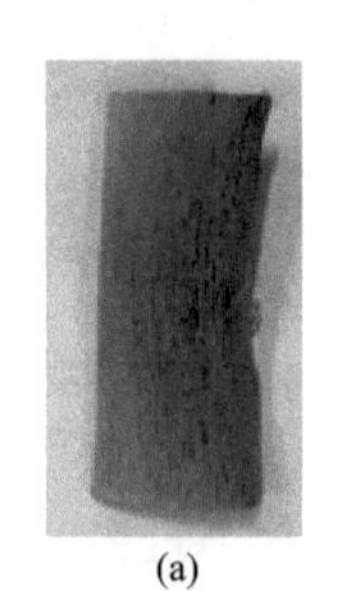
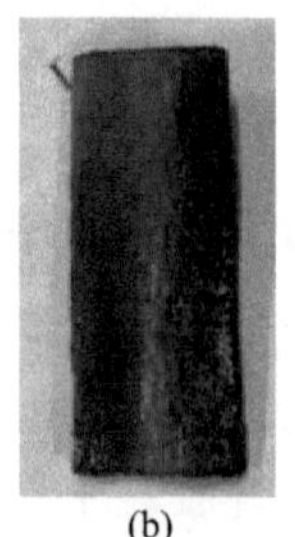

(a)　(b)

图 6.13　未涂膜染色木材（a）和涂膜染色木材（b）的外观

表 6.4　染色木材与未染色木材涂膜前后的吸水率和耐光色牢度对照表

木材试样	吸水率/%			光照前后色差(或耐光色牢度)		
	涂膜前	涂膜后	降低量	涂膜前	涂膜后	增加量
染色木材	78.3	22.6	71.14	8.76(1～2 级)	1.95(4 级)	6.81(至少 2 级)
未染色木材	106.8	24.2	77.34	21.85(<1 级)	2.74(2～3 级)	19.11(至少 2 级)

从图 6.13 可以看出，涂膜染色木材光照 100h 后的颜色要比未涂膜染色木材明亮得多，表面明显覆盖有透明薄膜。

由表 6.4 可知，染色木材涂膜前后吸水率降低了 55.7%，耐光色牢度提高了至少 2 级；未染色木材涂膜前后吸水率降低了 82.6%，耐光色牢度提高了至少 2 级，表明水性 PU 涂膜能降低染色木材的吸水率和提高染色木材的耐光性。

综上所述，在单体 TDI 与 PPG2000 摩尔比 1∶0.6～1∶0.7、DMPA 用量 5%～6%(质量分数)、预聚反应时间 2h、预聚反应温度 70～80℃、TEA 用量为 DMPA 用量的 75%的条件下，制备的水性 PU 乳液固含量 25%左右，黏度 110mPa·s 左右。将 PU 乳液施涂在染色木材表面，涂膜前后吸水率降低了 55.7%，木材耐光色牢度提高了至少 2 级。

参 考 文 献

[1] 马瑞杰．化学成分及金属离子对木材热诱导变色的影响 [D]. 北京：北京林业大学，2012.

[2] 刘一星，赵广杰．木材学 [M]. 2 版．北京：中国林业出版社，2012.

[3] 陈瑶，高建民，樊永明．木材热诱发变色与发色体系 [M]. 北京：中国林业出版社，2014.

[4] Liu Y, Shao L M, Gao J M, et al. Surface photo-discoloration and degradation of dyed wood veneer exposed to different wavelength of artificial light [J]. Applied Surface Science, 2015, 331 (15): 353-361.

[5] 崔志华，唐炳涛，张淑芬，等．偶氮染料结构与日晒牢度关系研究 [J]. 染料与染色，2007，44 (6)：25-28.

[6] Chang T C, Lin H Y, Wang S Y, et al. Study on inhibition mechanisms of light-induced wood radicals by Acacia confusa heartwood extracts [J]. Polymer Degradation and Stability, 2014, 105: 42-47.

[7] 刘毅．木材染色单板光变色机制与防护研究 [D]. 北京：北京林业大学，2015.

[8] 孙龙祥．热处理工艺对樟子松性能影响的研究 [D]. 北京：中国林业科学研究院，2014.

[9] 韩英磊，李艳云，周宇．木材光降解机理及研究进展 [J]. 世界林业研究，2011，24 (4)：35-39.

[10] 郭洪武，王金林，李春生，等．杨木和樟子松单板的光变色规律 [J]. 木材工业，2008，22 (1)：29-30，33.

[11] 于海霞，方崇荣，于文吉．木质素光降解机理研究进展 [J]. 西南林业大学学报，2015，35 (1)：104-110.

[12] 罗学刚．高纯木质素提取与热塑改性 [M]. 北京：化学工业出版社，2008.

[13] 郭洪武，刘毅，付展，等．乙酰化处理对樟子松木材耐光性和热稳定性的影响 [J]. 林业科学，2015，51 (6)：135-140.

[14] 秦莉，于文吉．木材光老化的研究进展 [J]. 木材工业，2009，23 (4)：33-36.

[15] 曲芳．提高桦木染色单板耐光性的研究 [D]. 北京：北京林业大学，2007.
[16] 郭洪武，刘毅，胡极航，等．乙酰化前处理对杨木木粉染色性及光稳定性的影响 [J]. 东北林业大学学报，2015，43 (12)：86-89.
[17] 邵灵敏，郭洪武，李黎，等．两种酸性染料染色单板光变色影响因素的探讨 [J]. 染料与染色，2011，48 (2)：33-37.
[18] 周宇．I-214 杨木单板染色及其光变色的规律研究 [D]. 北京：中国林业科学研究院，2003.
[19] 赵泰，郭明辉，曹茜，等．活性染料对杨木单板染色耐光性影响的研究 [J]. 林业机械与木工设备，2011，39 (10)：29-31.
[20] 刘毅，郭洪武，高建民，等．以光谱反射曲线评估染色单板的耐光性 [J]. 林产工业，2011，38 (6)：26-28，31.
[21] 于志明，赵立，常晓明，等．几种阔叶树木材单板的染色工艺研究 [J]. 北京林业大学学报，2001，23 (1)：65-67.
[22] 邵灵敏．三种不同光源辐射染色单板光变色的研究 [D]. 北京：北京林业大学，2011.
[23] 刘毅，郭洪武，邵灵敏，等．室内环境下染色单板的光变色过程 [J]. 东北林业大学学报，2011，39 (10)：74-76.
[24] 韩士杰，范秀华，时维春．臭氧抑制木材表面光化降解的机理 [J]. 吉林林学院学报，1993，9 (2)：49-52.
[25] Kishino M，Nakano T. Artificial weathering of tropical woods. Part 2：Color change [J]. Holzforschung，2004，58 (5)：558-565.
[26] 郭洪武，王金林，李春生．水性透明涂料涂饰单板光变色的研究 [J]. 林业科学，2009，45 (5)：121-125.
[27] 郭洪武，刘毅．涂饰染色木材的光变色 [M]. 北京：中国环境科学出版社，2012.
[28] Lesar B，Pavli M，Petric M，et al. Wax treatment of wood slows photodegradation [J]. Polymer Degradation and Stability，2011，96 (7)：1271-1278.
[29] 胡行俊．抗氧剂与光稳定剂结构效应与作用机理 [J]. 合成材料老化与应用，2007，36 (1)：27-31.
[30] Riedl B，Jimenez-Pique E，Vlad-Cristea M，et al. Nanocharacterization techniques for investigating the durability of wood coatings [J]. European Polymer Journal，2012，48 (3)：441-453.
[31] Saha S，Kocaefe D，Sarkar D K，et al. Effect of TiO_2-containing nano-coatings on the color protection of heat-treated jack pine [J]. Journal of Coatings Technology and Research，2011，8 (2)：183-190.
[32] Yu Y，Jiang Z H，Wang G，et al. Growth of ZnO nanofilms on wood with improved photostability [J]. Holzforschung，2010，64 (3)：385-390.
[33] 江泽慧，孙丰波，余雁，等．竹材的纳米 TiO_2 改性及防光变色性能 [J]. 林业科学，2010，46 (2)：116-121.
[34] 刘峰，王成毓．木材仿生超疏水功能化制备方法 [J]. 科技导报，2016，34 (19)：120-126.
[35] Cai P，Bai N N，Xu L，et al. Fabrication of superhydrophobic wood surface with enhanced environmental adaptability through a solution-immersion process [J]. Surface and Coatings Technology，2015，277：262-269.
[36] 莫引优．二氧化硅改良木材表面性质研究 [D]. 南宁：广西大学，2011.
[37] Wang S L，Liu C Y，Liu G C，et al. Fabrication of superhydrophobic wood surface by a sol-gel

process [J]. Applied Surface Science，2011，258 (2)：806-810.
[38] 常焕君，刘思辰，王小青，等. 木材表面纳米 TiO_2 疏水薄膜的构建及抗光变色性能 [J]. 南京林业大学学报（自然科学版），2015，39 (4)：116-120.
[39] Sun Q F，Lu Y，Zhang H M，et al. Hydrothermal fabrication of rutile TiO_2 submicrospheres on wood surface：an efficient method to prepare UV-protective wood [J]. Materials Chemistry and Physics，2012，133 (1)：253-258.
[40] 田根林，余雁，王戈，等. 竹材表面超疏水改性的初步研究 [J]. 北京林业大学学报，2010，32 (3)：166-169.
[41] Wang S L，Wang C Y，Liu C Y，et al. Fabrication of superhydrophobic spherical-like α-FeOOH films on the wood surface by a hydrothermal method [J]. Colloids and Surfaces A：Physicochemical and Engineering Aspects，2012，403：29-34.
[42] 王开立. 基于表面微纳结构设计的超疏水木材制备与作用机制 [D]. 北京：北京林业大学，2019.

第7章

木材染色废水处理技术

木材染色需经过预处理、上染、固色、水洗、皂洗等过程，每个过程都会产生大量废水，且有10%～20%的染料流失，因此木材染色废水具有成分复杂（含有染料、助剂、浆料或木材抽提物和纤维等）、水质变化大、色度高、有机物毒性高或COD_{Cr}高、难降解或可生化性差、水量大、分布面广等特点，如直接排放，累积在环境中的染料如偶氮染料在微生物的作用下能产生芳香胺类中间产物，具有强烈的“三致”作用，威胁着人类的健康与安全，同时毒害水生生态系统及其周边环境，给环境造成不可估量的危害和污染，因此木材染色废水的治理及染料的二次回收利用已成为木材染色企业和广大科技工作者必须面对与解决的问题。随着印染工业的发展，染料品种的增多，染色工艺的复杂化，特别是染料为适应广泛的应用范围而改进生产工艺，朝着抗光解、抗氧化的方向发展，致使废水水质经常发生变化，处理难度日益增大，因此其治理方法也是多种多样的。目前染料废水处理常用的方法有物理处理法、化学处理法和生物处理法。由于染料废水的可生化性（BOD_5/COD_{Cr}）差，很难筛选和培育合适的生物菌种降解染料，导致处理效果较差，因此生物处理法很难应用。物理处理法和化学处理法虽能在一定程度上满足染料废水处理要求，但单一的染料废水处理技术已经难以达到有效处理的效果，结合几种方法的优点联合处理技术受到环保科技界的广泛关注。本书综述了染料废水物理处理技术、化学处理技术及两种技术的联合技术，研究了改性粉煤灰制备复合吸附剂进行吸附的物理处理技术，分别采用Fenton试剂、过硫酸盐氧化试剂进行深度氧化的化学处理技术，利用粉煤灰的吸附作用和过硫酸盐的氧化作用协同处理的联合技术等4种木材染色废水处理技术。

7.1 染料废水处理技术研究现状

7.1.1 物理处理法

物理处理法是借助于物理作用，分离和除去废水中不溶性悬浮物体或固体的方法，染料的分子结构并不被破坏。常用的物理处理法有混凝沉降法、膜分离法、吸附法等[1]。混凝沉降法是目前染料废水处理效果比较稳定、工艺较为成熟的方法，但此种方法对水溶性偶氮染料处理效果较差，一般用于染料废水治理的预处理阶段。膜分离法具有低能耗，操作简单，可回收染料的特点，但膜组件价格高昂，处理成本相对较高，而且膜组件运行后要反复清洗，防止膜污染，膜污染防治是膜分离法难以推广的一个主要原因。吸附法是依靠吸附剂密集的孔结构、巨大的比表面积，或通过表面各种活性基团与吸附质形成各种化学键，达到有选择性地吸附有机物的目的，是一种低能耗、高效率的固相萃取技术，因具有操作简单、投资费用低、对多种染料都有较好的去除效果等优点，被广泛地应用于染料废水的处理。吸附法处理效果的好坏在于吸附剂的选择，目前研究较多的吸附剂有无机吸附剂、有机吸附剂、无机-有机复合吸附剂、微生物吸附剂等[2]。近年发展起来的固体废弃物（如粉煤灰）吸附技术，具有价格低廉、以废治废的优势，在水处理领域具有很好的应用前景。但由于染料废水本身的复杂性以及水体环境因素的多样性，以及吸附剂的选择性吸附特性和再生困难等问题，在一定程度上限制了吸附法的应用，因此开发复合型吸附剂是必然趋势。

（1）粉煤灰吸附剂

粉煤灰（FA）是煤经高温燃烧后形成的细粉状飞灰，是冶炼、化工、燃煤电厂等企业排出的固体废弃物，产量是燃煤量的10%～30%，主要成分为SiO_2、Al_2O_3和Fe_2O_3，价格低廉、具有丰富的内部孔穴和极大的比表面积，作为染料废水处理吸附材料具有极大的优势，但FA直接利用时存在吸附容量小、处理效率低等问题，如Rastogi等[3]以原状FA为吸附剂处理亚甲基蓝模拟印染废水，脱色率仅58.24%，导致FA在废水中的应用受限，因此FA的改性成为近年来的研究热点。目前FA改性主要有高温改性、酸或碱或盐改性、有机试剂如丙烯酰胺等改性[4]，以改善表面形貌及表面积，这些改性剂的改性效果大都不理想，处理废水时投加量大，遇水后易分散粉化，固液分离困难，形成新的工业污泥，造成二次污染。

（2）壳聚糖吸附剂

壳聚糖（CS）是一种广泛存在于虾、蟹或昆虫外壳中的甲壳素经过脱乙酰化反应得到的天然高分子化合物，是地球上存量仅次于纤维素纤维的第二大生物质资源，其结构式如图 7.1 所示，分子中含有大量的—OH 及—NH_2 等活性基团，通过氢键、静电吸引、离子交换、范德华力等对偶氮染料产生极强的吸附、配位作用，达到染料废水脱色的目的，并且不产生二次污染，是常见的天然有机吸附剂，被广泛应用于染料废水处理领域[5]。Annadurai 等[6]研究了壳聚糖吸附处理活性黑 13 染料，在最佳吸附条件下，吸附容量达到 130.0mg/g，吸附机制主要为粒子内扩散作用。朱启忠等[7]研究壳聚糖对酸性品红染料的吸附性能，发现在固定染料浓度和体积的情况下，壳聚糖对酸性品红染料 2h 就能达到吸附饱和，并且有很高的脱色效果。但壳聚糖存在价格较贵、水溶性差、对酸不稳定、易发生降解等问题，需要对其改性，目前壳聚糖的接枝共聚、羧甲基化、季铵化等改性使用的有机试剂大多有剧毒，对环境有较大影响[8]。

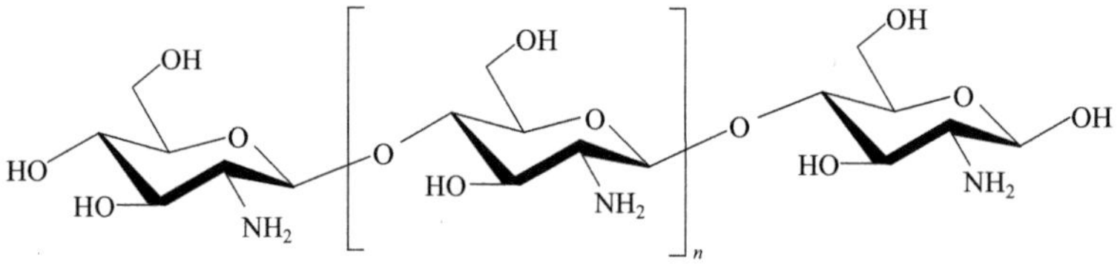

图 7.1　壳聚糖的结构式

（3）FA/CS 复合吸附剂

FA 改性 CS 或 CS 改性 FA 制备的 FA/CS 复合吸附剂不但具有 FA 和 CS 的优点，又互相弥补了两者的不足，极大地增强了吸附效果，制备方法主要是水热合成法、微波辐射法[9]。喻胜飞等[10]采用微波辐射法制备了粉煤灰/壳聚糖复合吸附剂，能有效去除木材染色废水中的有色物质。

7.1.2　化学处理法

化学处理法是一种既快速且有效的降解染料废水的方法，高级氧化技术是一种较为常见的化学方法。高级氧化技术是指氧化剂在光、声、电、高温高压以及催化剂等的作用下，分解产生羟基自由基（·OH）或硫酸根自由基（$SO_4^- \cdot$），将有毒且难降解的大分子有机污染物分解为小分子物质的过程。按照自由基产生的种类、方式以及不同的反应条件，高级氧化技术可分为光化学氧化[11]、湿式氧化[12]、臭氧氧化[13]、Fenton 氧化[14]、过硫酸盐氧化技术[15]等。Fenton 氧化技术是目前氧化技术中的一个主流方向，但 H_2O_2 的利用效率低，反应在强酸条件（pH＝3）下进行，对设备材料的要求较高，且产生大量的铁泥等因素制约了其广泛普及[16]。过硫酸盐高级氧化技术是用紫外光、热、金属离子、零价铁、微波以及颗粒活性炭活化过硫酸盐（通常是 $Na_2S_2O_8$）后产生具有极强氧化性的 $SO_4^- \cdot$，能够无选择性地氧化破坏有机高分子的共轭体系结构，使难降解染料有机物降解成为无色的有机小分子，达到降解脱色的目的[17]。该技术具有操作过程简单、设备要求低、对环境友好等优点，而且 $SO_4^- \cdot$ 几乎无选择性地与废水中的有机污染物反应，将有机污染物矿化为 CO_2、H_2O 和无机盐，适用的条件广，被认为是处理持久性难降解有机污染物最具有发展前景的废水处理技术之一，成为当前废水处理技术研发的热点，受到了国内外环保科技工作者的广泛关注。但该技术的研发尚处于起步阶段，对其氧化降解特性与机制尚需进一步深入研究，特别是过硫酸盐的活化剂和活化方式的选择，如 UV 活化需要的外界能量太大，不满足经济性的要求，而热活化的加热系统比较复杂，难以实现，且安全性有待提高，目前最常用的活化方式是 Fe^{2+} 活化[18]，但 Fe^{2+} 对过硫酸盐的活化过程非常快，速度难以控制，需要采用新的催化剂或加入缓冲剂降低活化速度。

7.1.3 联合处理方法

膜生物反应器是近些年来发展起来的一种新型的物理-生物联合处理废水技术，已成功地应用于处理水道污水、粪便污水和垃圾渗滤液，并开始应用于处理染料废水。很多学者认为，含酶膜生物反应器将是未来处理染料废水的重要方向。由于膜制造费用高且易堵塞，膜生物反应器技术在水处理领域全面推广还受到了一定限制。

与此同时，国内外学者采用物理-化学-生物联合法对染料染色废水工艺条件进行了一定的研究。肖羽堂等[19]将好氧处理中的原曝气池改为生物铁屑反应池，使脱色率由原来的 15％～25％提高到 90％以上，COD_{Cr} 去除率也由原来的 20％～30％提高到 90％。许玉东[20]采用厌氧折流板反应池-生物接触氧化池-混凝沉淀-砂滤池联合处理工艺对染料废水进行处理后，出水水质可达行业排放一级标准。闫晗[21]利用光催化-生化法联用技术处理偶氮染料废水，光催化作为生物处理的预处理步骤，可以很大程度促进生物对染料的降解程度，联用后脱色率达 85％以上，比单独光催化（60％）和生物法（40％）分别高出了 25％和 45％左右，COD_{Cr} 和氨氮去除率可稳定在 85％和 90％，也比单独生物处理 70％和 75％高。

7.2 FA/CS 复合吸附剂的制备及对木材染色废水的吸附处理

本章以 FA 和 CS 为原料，采用微波辐射法制备出 FA/CS 复合吸附剂，以木材活性染料染色废水作为处理对象，以脱色率和 COD_{Cr} 去除率作为主要评价指标，采用单因素法和正交实验法分别对粉煤灰/壳聚糖复合吸附剂的制备条件、木材染色废水的吸附条件进行优化，用 SEM-EDS 和 FTIR 等手段表征粉煤灰/壳聚糖复合吸附剂，探讨复合吸附剂对染料的吸附机理。

7.2.1 实验方法

(1) FA 的活化方法

将孔隙率为 56.8%、比表面积为 $2894cm^2/g$ 的粉煤灰研磨过 200 目筛后，置于 100～500℃的 SX-12-10 型马弗炉中煅烧 1h，冷却得到活化 FA。

(2) FA/CS 复合吸附剂的制备方法

先用移液管准确移取 20mL 冰乙酸于 1000mL 容量瓶中，用蒸馏水定容，配制 2%(体积分数) 的乙酸溶液；将 CS 溶于 2% 乙酸溶液中，充分搅拌，制成 2%CS 乙酸溶液；按 $m_{CS}:m_{FA}=1:10\sim1:60$ 的比例将活化 FA 加入到盛有 2%含 0.5g CS 的乙酸溶液放入坩埚中，搅拌 5min 后，加入一定量的交联剂，然后慢速搅拌 10min，置于 MAS-1 型微波反应仪中，用功率 6～14kW 的微波辐射 3～15min，同时用另一烧杯盛水以保护磁控管。干燥，研磨过 250 目 (58μm) 筛，得到 FA/CS 复合吸附剂。

(3) FA/CS 复合吸附剂对木材染色废水的吸附方法

实验废水取自人工林 I-69 杨木活性染料染色废水，通过水质分析，其主要水质指标 pH=10～11，色度为 4000～5000 倍，COD_{Cr} 为 900～1100mg/L。

准确称取 0.2g 复合吸附剂加入到盛有 100mL 木材染色废水的锥形瓶中，锥形瓶置于 KRY-1102C 型恒温摇床中，转速 120r/min，振荡幅度 20mm，振荡 5min，在室温下静态吸附 12h，取上层清液进行脱色率和 COD_{Cr} 去除率的测试。

(4) FA/CS 复合吸附剂吸附性能的测试方法

① 脱色率的测试

用 UV2600 型紫外分光光度计测定废水被复合材料吸附前后的吸光度，用式(7.1) 计算脱色率。

$$脱色率=1-\frac{A}{A_0} \tag{7.1}$$

式中，A 表示废水被复合吸附剂吸附后的吸光度；A_0 表示被吸附前的吸光度。

② COD_{Cr} 去除率的测试

根据 HJ 828—2017 重铬酸盐法测试试样 COD_{Cr}：启动上海昕瑞仪器仪表有限公司生产的 DR200 型消解仪，并使消解仪内的消解温度升至 165℃，待温度稳定 10min 后，移取 2.5mL 废水于试管并依次加入消解仪配置的 1.5mL 催化剂和 5mL 氧化剂，调配后的试样放置消解仪中持续消解 10min，消解后的试样先在空气中冷却 3min，再放入水中冷却 2min，冷却后的试样放入上海昕瑞仪器仪表有限公司生产的 DR1600 型水质分析仪测试废水试样的 COD_{Cr} 值。用式(7.2) 计算 COD_{Cr} 去除率。

$$COD_{Cr}去除率=1-\frac{COD_{Cr2}}{COD_{Cr1}} \tag{7.2}$$

式中，COD_{Cr2}、COD_{Cr1} 分别表示废水被复合吸附剂吸附后和吸附前的 COD_{Cr}，mg/L。

③ 平衡吸附量的测定

复合吸附剂吸附染料到一定时间后达到饱和，废水的吸光度不再随吸附时间的变化而变化，此时达到吸附平衡，用式(7.3) 计算复合吸附剂对废水中染料的平衡吸附量：

$$Q_e=(C_0-C_e)/m \tag{7.3}$$

式中，Q_e 表示平衡吸附量，mg/g；C_e 表示用 FA/CS 复合吸附剂吸附饱和后的染料浓度，mg/L；C_0 表示吸附前的染料浓度，mg/L，两个浓度由染料的标准曲线上浓度-吸光度的对应关系求得；m 表示吸附剂质量，g/L。

7.2.2 制备工艺对废水处理效果的影响

(1) 单因素实验

FA/CS 制备条件对木材活性染料染色废水处理效果的影响结果见图 7.2。由图 7.2(a) 可得，脱色率和 COD_{Cr} 去除率随 FA 活化温度从 100℃升高到 500℃先急剧升高再急剧下降后又变化平缓，在 200℃时达到最大。可能是 FA 的活化过程是一个脱水过程，适当地提高温度会使 FA 内部的水分被蒸干，吸附性孔道增多，比表面积增大，吸附性能增强，但过高的温度改变了 FA 的物理性质，吸附孔道被烧得塌陷或堵死，使 FA 的比表面积下降，吸附能力下降，脱色能力也随之降低[22]。固定 CS 质量 0.5g，按 CS 和 200℃活化 FA 质量比 $m_{CS}:m_{FA}$ 为 1∶10～1∶60 改变活化 FA 投加量，如图 7.2(b) 所示，脱色率和 CODcr 去除率都随质量比的增大呈现先急剧增大后急剧减小的趋势，当 $m_{CS}:m_{FA}$ 为 1∶30 时，脱色率和 COD_{Cr} 去除率最大，分别达到 48.7%和 38.5%。这是因为 CS 部分地包裹在 FA 表面，FA 表面呈疏松网络结构，比表面积成倍增大，表面能增强，FA 起到了助凝剂的作用，有利于活性染料的吸附；但随着 FA 用量的进一步增加，FA 和 CS 的协同作用下降，导致对活性染料的吸附作用下降。从图 7.2(c)和（d）可知，脱色率和 COD_{Cr} 去除率分别随微波辐射功率从 6kW 增加到 14kW、微波辐射时间从 3min 延长到 15min 都呈先增后降的趋势，当微波辐射功率 8kW 或微波辐射时间 9min 时，脱色率和 COD_{Cr} 去除率最大。

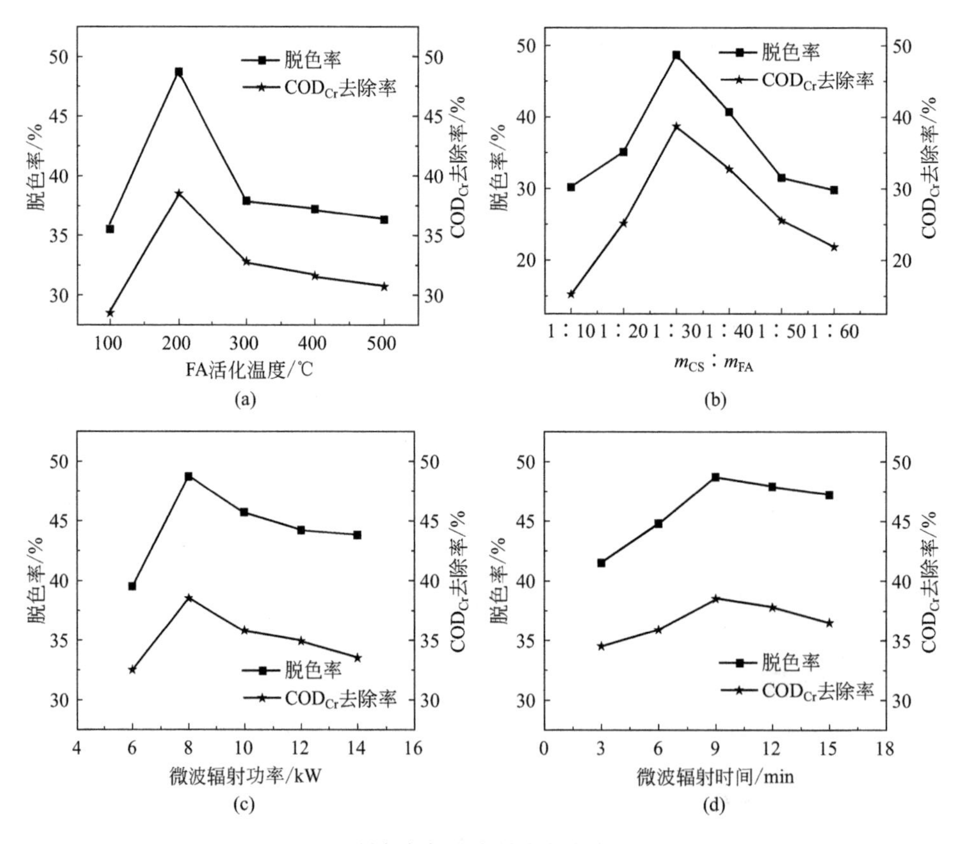

图 7.2　FA/CS 制备条件对木材染色废水处理效果的影响

分别以戊二醛、香草醛为交联剂，加入量为 CS 质量的 20%，考察两种交联剂制备的复合材料对木材染色废水脱色率和 COD_{Cr} 去除率的影响，结果见表 7.1。

表 7.1 CS 交联剂对废水脱色率和 COD_{Cr} 去除率的影响

交联剂	脱色率/%	COD_{Cr}去除率/%
戊二醛	52.1	40.4
香草醛	82.5	71.2

由表 7.1 可知，以香草醛为交联剂时，脱色效果更好，脱色率达 82.5%。这是因为在微波中，香草醛快速交联 CS 后，分子链上存在大量具有高亲水性活性的葡萄糖单元，使得吸附能力很强[23]。

（2）正交实验

根据单因素实验，确定粉煤灰的活化温度为 200℃、m_{CS} ∶ m_{FA} 为 1 ∶ 30、微波辐射功率 8kW、微波辐射时间 9min、CS 以香草醛交联时制备的复合吸附剂对木材染色废水的吸附性能较优。为进一步优化制备工艺，本研究采用 5 因素 4 水平的正交实验表 $L_{16}(4^5)$，以脱色率和 COD_{Cr} 去除率为考察指标，优化复合吸附剂的制备工艺，结果见表 7.2。根据表 7.2 中极差 R 的大小，可知微波辐射法制备的 FA/CS 复合吸附剂对木材染色废水脱色率和 COD_{Cr} 去除率影响因素为：FA 的活化温度＞微波辐射功率＞m_{CS} ∶ m_{FA}＞微波辐射时间＞$m_{香草醛}$ ∶ m_{CS}；最佳制备工艺：FA 活化温度 300℃、$m_{香草醛}$ ∶ m_{CS} 为 2 ∶ 10、m_{CS} ∶ m_{FA} 为1 ∶ 30、微波辐射功率 8kW、微波辐射时间 15min，在此条件下得到的 FA/CS 复合吸附剂对木材染色废水的脱色率达到 87.9%，COD_{Cr} 去除率达到 78.5%。

表 7.2 FA/CS 复合吸附剂制备的正交实验结果

序号	m_{CS} ∶ m_{FA}	$m_{香草醛}$ ∶ m_{CS}	活化温度/℃	辐射功率/kW	辐射时间/min	脱色率/%	COD_{Cr}去除率/%
1	1 ∶ 25	1 ∶ 10	150	6	6	52.1	48.5
2	1 ∶ 25	2 ∶ 10	200	8	9	76.4	71.4
3	1 ∶ 25	3 ∶ 10	250	10	12	54.5	52.1
4	1 ∶ 25	4 ∶ 10	300	12	15	85.8	76.5
5	1 ∶ 30	1 ∶ 10	200	10	15	72.8	67.2
6	1 ∶ 30	2 ∶ 10	150	12	12	75.7	69.7
7	1 ∶ 30	3 ∶ 10	300	6	9	82.1	73.6
8	1 ∶ 30	4 ∶ 10	250	8	6	55.7	65.5
9	1 ∶ 35	1 ∶ 10	250	12	9	57.9	56.9
10	1 ∶ 35	2 ∶ 10	300	10	6	87.7	78.9
11	1 ∶ 35	3 ∶ 10	150	8	15	82.1	72.1
12	1 ∶ 35	4 ∶ 10	200	6	12	48.3	39.8

续表

序号	m_{CS} : m_{FA}		$m_{香草醛}$: m_{CS}	活化温度/℃	辐射功率/kW	辐射时间/min	脱色率/%	COD_{Cr}去除率/%
13	1 : 40		1 : 10	300	8	12	72.5	65.7
14	1 : 40		2 : 10	250	6	15	49.1	46.4
15	1 : 40		3 : 10	200	12	6	58.2	57.3
16	1 : 40		4 : 10	150	10	9	63.9	62.1
脱色率/%	K_1	67.200	63.825	68.450	57.900	63.425		
	K_2	71.575	72.225	63.925	71.675	70.075		
	K_3	69.000	69.225	54.300	69.725	62.750		
	K_4	60.925	63.425	82.025	69.400	72.450		
	R	10.650	8.800	27.725	13.775	9.700		
COD_{Cr}去除率/%	K_1	62.125	59.575	63.100	52.075	62.550		
	K_2	69.000	66.600	58.925	68.675	66.000		
	K_3	61.925	63.775	55.225	65.075	56.825		
	K_4	57.875	60.975	73.675	65.100	65.550		
	R	11.125	7.025	18.450	16.600	9.175		

7.2.3 表征分析

(1) FTIR 分析

采用日本岛津公司 IRAffinity-1 型傅里叶变换红外光谱仪采用 KBr 压片法对 FA、CS、FA/CS 复合吸附剂及复合吸附剂吸附木材染色废水后的各样品进行红外光谱检测，检测范围为 0～4000cm^{-1}，测定得到分析谱图如图 7.3 所示。从图 7.3 中可看出 FA 在 3450cm^{-1}处是—OH 的宽伸缩振动峰，CS 在 3400cm^{-1}左右是—OH 伸缩振动吸收峰与—NH_2 伸缩振动峰重叠而增宽的多重吸收峰，两者复合后在此处的峰形不明显，说明—OH 或—NH_2 和其他基团结合形成了新的物质。在 FA/CS 复合吸附剂中，1660cm^{-1}处 CS 酰胺中 C═O 振动峰右移到 1650cm^{-1}，1600cm^{-1} 处酰胺中—NH 弯曲振动峰左移至 1610cm^{-1}，1545cm^{-1}酰胺中 C—N 伸缩振动峰增强，1430cm^{-1}处出现 CS 中—CH_2 弯曲和—CH_3 变形吸收峰，1380cm^{-1}处 C—H 弯曲和—CH_3 对称变形振动吸收峰不明显，1070cm^{-1} 处 C—O 伸缩振动的强吸收峰右移到 1030cm^{-1} 处，并且在 1100cm^{-1}、790cm^{-1}、457cm^{-1}处分别出现了 Si—O—Si 和 Si—O(Al) 的不对称和对称伸缩振动峰。这些都说明 FA 中的—OH 与 CS 中的—OH 或—NH 形成氢键结合在一起。复合吸附剂吸附染料废水后，在 1380～1290cm^{-1}新增了活性染料中—O ═S ═O—的小吸收峰，其他基团没变。

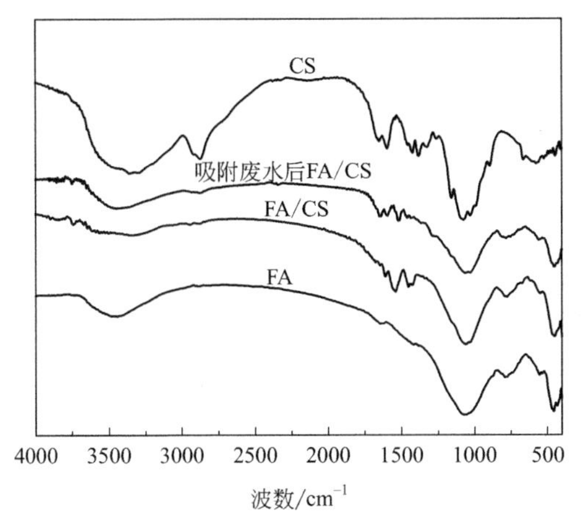

图 7.3　FA/CS 复合吸附剂的 FTIR 谱图

（2）SEM-EDS 分析

FA 与 CS 复合前后样品的外观形貌采用日本 JSM-6360LV 型扫描电镜表征（喷金处理），采用自带的能谱分析仪进行各样品的元素分析，结果分别如图 7.4 和表 7.3 所示。

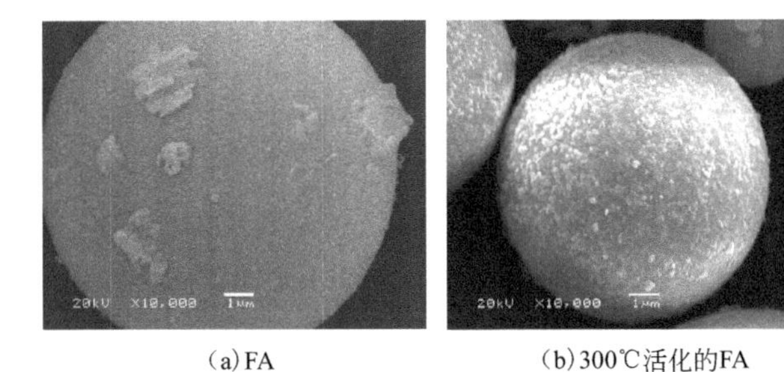

(a) FA　　(b) 300℃活化的FA

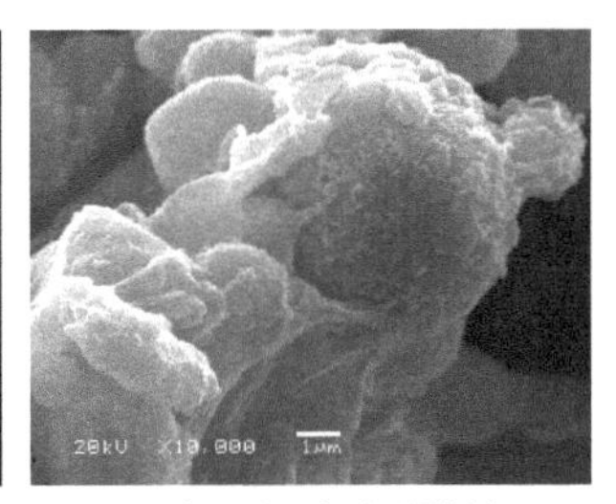

(c) FA/CS复合吸附剂

图 7.4　FA 改性前后的 SEM 照片

表 7.3　FA 改性前后的 EDS 能谱分析结果

样品	元素	质量分数/%	原子分数/%	EDS 能谱图
FA	N K	29.80	46.11	
	Al K	25.30	20.32	
	Si K	42.05	32.45	
	Fe K	2.86	1.11	
	总量	100.00		

续表

样品	元素	质量分数/%	原子分数/%	EDS 能谱图
300℃活化的 FA	N K	32.82	47.71	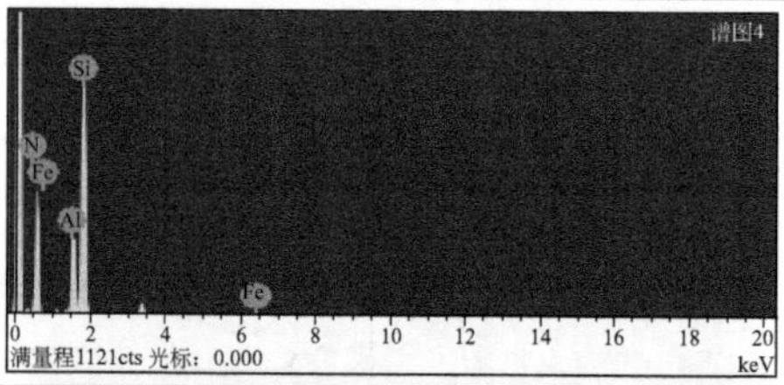
	Al K	13.37	12.51	
	Si K	51.49	38.90	
	Fe K	2.32	0.88	
	总量	100.00		
FA/CS 复合吸附剂	N K	33.02	52.59	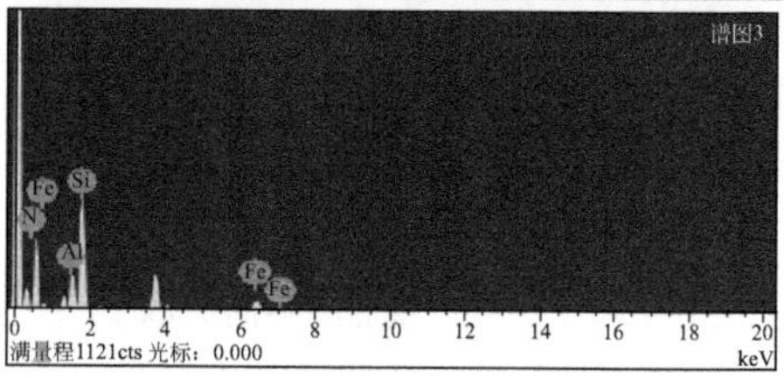
	Al K	10.75	8.89	
	Si K	40.71	32.33	
	Fe K	15.51	6.19	
	总量	100.00		

由图 7.4(a) 可知，FA 球形颗粒表面平滑致密，上面吸附了少量的杂质或小粒子；经过马弗炉 300℃活化温度改性后，FA 颗粒表面由平滑变得粗糙，出现了很多细小的孔隙结构［图(b) 所示］；经过交联 CS 改性后，FA/CS 复合吸附剂颗粒表面的粗糙度更大，孔更多，呈疏松网络结构，还有部分无定形结构的 CS 聚集在颗粒表面［图(c) 所示］，孔隙率 75.2%、比表面积 3557cm^2/g，这种多孔结构及 CS 的助凝作用有利于活性染料的吸附。

从表 7.3 的 EDS 能谱分析结果可知，FA 经 300℃煅烧后，Al 原子百分比降低了 38.44%，Si 原子百分比增加了 19.88%，表明 FA 高温煅烧更有利于 Si 活性点的提高；经 CS 复合后表面微区的元素含量发生了显著变化：N 原子百分比增加约 14%，Al 原子、Si 原子分别降低了 56.25%、0.37%，表明 CS 成功覆盖在 FA 表面。由于在 FA/CS 复合吸附剂的研磨操作中，采用铁制杵棒导致铁元素的质量分数剧增。

7.2.4 吸附工艺对废水处理效果的影响

由于木材染色废水成分复杂，不确定因素太多，因此本书以活性红 M-3BE 染料模拟废水为处理对象，在 FA/CS 复合吸附剂处理模拟废水的优化工艺基础上，调节某些工艺参数，确保木材染色废水的最佳处理效果。准确称取一定质量最优制备条件下制备的 FA/CS 复合吸附剂于 250mL 具塞锥形瓶中，向其中加入一定质量浓度的活性红 M-3BE 染料溶液 100mL，用 0.01mol/L HCl 溶液或 0.01mol/L NaOH 溶液调节染料溶液 pH 值，在一定吸附温度条件下振荡吸附一定时间，过滤，测定滤液吸光度和 COD_{Cr} 值，按照式(7.1) 和式(7.2) 计算脱色率和 COD_{Cr} 去除率，各因素对染料废水吸附处理结果如图 7.5 所示。

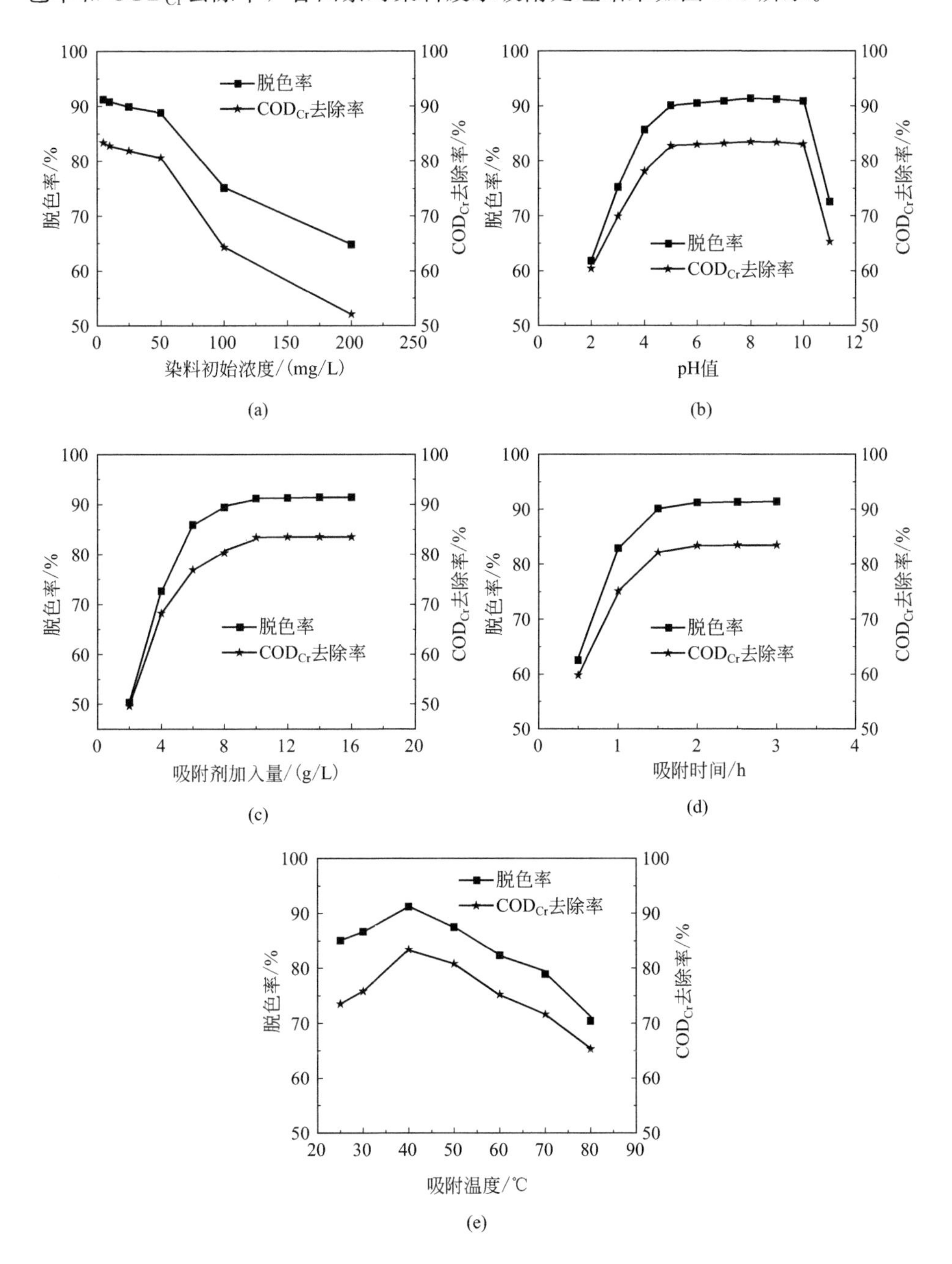

图 7.5 FA/CS 复合吸附剂吸附条件对染料废水处理效果的影响

由图7.5(a)可知，染料溶液的初始浓度越低，FA/CS复合吸附剂对模拟染料废水的吸附效果越好，在5～50mg/L染料浓度范围内，FA/CS复合吸附剂对染料的脱色率达88.8%～91.2%，COD_{Cr}去除率达80.6%～83.4%，随着染料浓度的继续增加（超过50mg/L），脱色率和COD_{Cr}去除率都急剧降低。由图7.5(b)可知，随着模拟染料废水溶液酸性增强（pH＜5）或碱性增强（pH＞10），吸附效果会随之降低，体系pH值在5～10范围内，脱色率和COD_{Cr}去除率基本保持不变，这是因为酸性或碱性太强，会导致CS水解，从而降低CS的絮凝性能，进而影响复合吸附剂的吸附性能。图7.5(c)表明染料废水的脱色率和COD_{Cr}去除率都随复合吸附剂用量从2g/L（每升废水中2g吸附剂）增加到6g/L时急剧增加，增加到10g/L时缓慢增加，超过10g/L时不再变化。图7.5(d)表明染料废水的脱色率和COD_{Cr}去除率都随吸附时间从0.5h延长到1.5h急剧增加，1.5h后不再变化。由图7.5(e)可知，吸附温度在25～80℃范围内，染料废水的脱色率和COD_{Cr}去除率随着吸附温度的升高呈现先增大后降低的趋势，在40℃时达到最大值。

上述分析可知，FA/CS复合吸附剂处理染料废水的较佳工艺：染料浓度5～50mg/L、pH值5～10、复合吸附剂用量10g/L、吸附时间1.5h、吸附温度40℃。将此工艺处理木材染色废水，将废水稀释到一定浓度，使其UV-Vis吸光度在0.4～0.6范围内，其他条件与染料废水相同，则木材染色废水的脱色率可达89.3%、COD_{Cr}去除率可达80.6%。

7.2.5 吸附热力学

(1) 吸附等温线

由图5.5可知活性红M-3BE染料的标准工作曲线方程为$y=0.0136x+0.0008$，相关性系数$R^2=0.9995$，吸光度$A(y)$和染料浓度$C(x)$间具有一一对应的线性关系。

将最优制备工艺条件下制备的FA/CS复合吸附剂处理初始浓度分别为5mg/L、10mg/L、25mg/L、50mg/L、100mg/L、200mg/L的活性红M-3BE染料溶液，按7.2.1节(3)中方法测得不同吸附时间t下染液的吸光度，根据活性红M-3BE的标准工作曲线换算得到染料的浓度C_t，通过C_t-t数据处理得到$t \to \infty$时染料平衡吸附浓度C_e(mg/L)，根据式(7.3)计算对应的平衡吸附量Q_e(mg/g)，分别对Q_e、C_e数据进行$1/Q_e$-$1/C_e$和$\ln Q_e$-$\ln C_e$作图，结果如图7.6所示。

由图7.6(a)可知，$1/Q_e$-$1/C_e$数据拟合得到的方程为$1/Q_e=11.453(1/C_e)+3.067$，$R^2=0.9671$，而(b)图中，$\ln Q_e$-$\ln C_e$拟合直线方程为$\ln Q_e=$

$0.2054(\ln C_e)+2.4852$，$R^2=0.8527$，表明 $1/Q_e$-$1/C_e$ 的线性相关性较好，$\ln Q_e$-$\ln C_e$ 的线性相关性较差，FA/CS复合吸附剂在40℃时对活性红M-3BE模拟染料废水溶液的吸附行为不太符合Freundlich等温吸附模型，更符合Langmuir等温吸附模型。

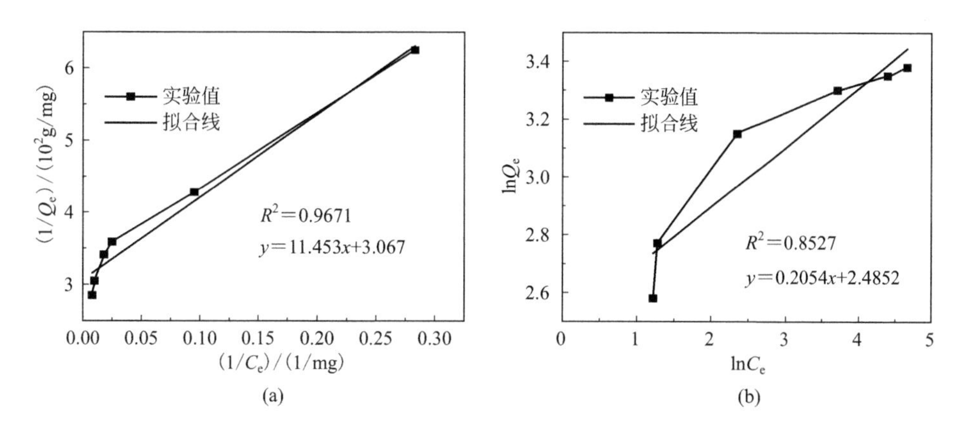

图7.6　FA/CS复合吸附剂的吸附等温线

根据Langmuir吸附等温线方程［式(7.4)所示］和图7.6(a)可知，方程的截距为 $1/Q_{max}$，方程斜率为 $1/(K_L Q_{max})$，因此FA/CS复合吸附剂在40℃时的最大吸附量 Q_{max} 为32.61mg/g，Langmuir吸附平衡常数 K_L 为2.847。

$$\frac{1}{Q_e}=\frac{1}{K_L Q_{max}}\times\frac{1}{C_e}+\frac{1}{Q_{max}} \tag{7.4}$$

式中，Q_e 为平衡吸附量，mg/g；C_e 为平衡吸附浓度，mg/L；K_L 为Langmuir吸附平衡常数；Q_{max} 为最大吸附量，mg/g。

(2) 吸附热力学参数

以较优吸附工艺条件处理染料初始浓度10mg/L的活性红M-3BE溶液，测定平衡吸附量与染料平衡浓度 Q_e/C_e 随吸附温度（20℃、40℃、60℃、80℃）的变化情况，并根据式(7.5)～式(7.7)计算吉布斯函数变 ΔG、焓变 ΔH、熵变 ΔS 等热力学数据，结果如表7.4所示。

$$-\Delta G/RT=\ln(Q_e/C_e) \tag{7.5}$$

$$\Delta H=\frac{T_2\Delta G_1-T_1\Delta G_2}{T_2-T_1} \tag{7.6}$$

$$\ln(Q_e/C_e)=-\Delta H/(RT)+\Delta S/R \tag{7.7}$$

式中，Q_e 为平衡吸附量，mg/g；C_e 为平衡吸附浓度，mg/L；R 为摩尔气体常数，8.314J/(mol·K)。

表 7.4　FA/CS 复合吸附剂吸附染料废水的热力学参数数据

吸附温度/℃	ΔG/(kJ/mol)	ΔH/(kJ/mol)	ΔS/[J/(mol·K)]
20	−4.55	−3.14	4.81
40	−5.35	−3.28	6.61
60	−5.77	−3.43	7.02
80	−7.05	−6.25	2.27

从表 7.4 可知，在吸附温度 20～80℃范围内，ΔG 和 ΔH 都为负值，且随着温度的升高而逐渐降低；ΔS 都为正值，且随着温度的升高先升高后降低，60℃时达最大值，表明 FA/CS 复合吸附剂对活性红 M-3BE 染料溶液的吸附行为属自发吸附过程，吸附过程放热，且低于 60℃的吸附温度有利于吸附。

7.2.6　吸附动力学

吸附动力学模型可用于解释染料的吸附机理以及可能的速率控制步骤，其中 Lagergren 模型是拟一阶动力学模型，认为吸附过程为物理吸附，吸附速率随自由可利用位点数量的变化而变化，线性方程如式(7.8) 所示；准二级动力学模型基于固相的吸附量，认为吸附过程为化学吸附，线性方程如式(7.9) 所示；韦伯和莫里斯的颗粒内扩散模型的线性方程如式(7.10) 所示[24]。

$$\ln(Q_e - Q_t) = K_1 \times t + \ln Q_e \tag{7.8}$$

$$\frac{1}{Q_t} = \frac{1}{K_2 Q_e^2} \times \frac{1}{t} + \frac{1}{Q_e} \tag{7.9}$$

$$Q_t = K_3 t^{1/2} + C \tag{7.10}$$

式中，Q_e 为平衡吸附量，mg/g；Q_t 为 t 时刻的吸附量，mg/g；t 为吸附时间，min；K_1 为一级吸附速率常数，L/min；K_2 为二级吸附速率常数，g/(mg·min)；K_3 为颗粒内扩散速率常数，mg/(g·min$^{1/2}$)；C 为颗粒内扩散模型常数（值越大说明边界层效应越大）。

采用最优制备条件下制备的 FA/CS 复合吸附剂处理初始浓度为 100mg/L 的活性红 M-3BE 染料溶液，隔 20min 取样进行分析，测定吸附量随时间的变化情况。分别采用 Lagergren 拟一级吸附动力学方程、准二级吸附动力学方程和颗粒内扩散模型对吸附数据进行拟合，结果如图 7.7 所示。

由图 7.7 可知，Lagergren 拟一级吸附动力学方程对吸附数据进行拟合得到的拟合方程为：$\ln(Q_e - Q_t) = 3.74 - 0.0433t$，相关性系数 $R^2 = 0.9005$[(a) 图所示]；准二级吸附动力学方程进行拟合，所绘图不具有线性趋势 [(b) 图所示]；采用颗粒内扩散模型对吸附数据进行拟合得到拟合方程为：$Q_t =$

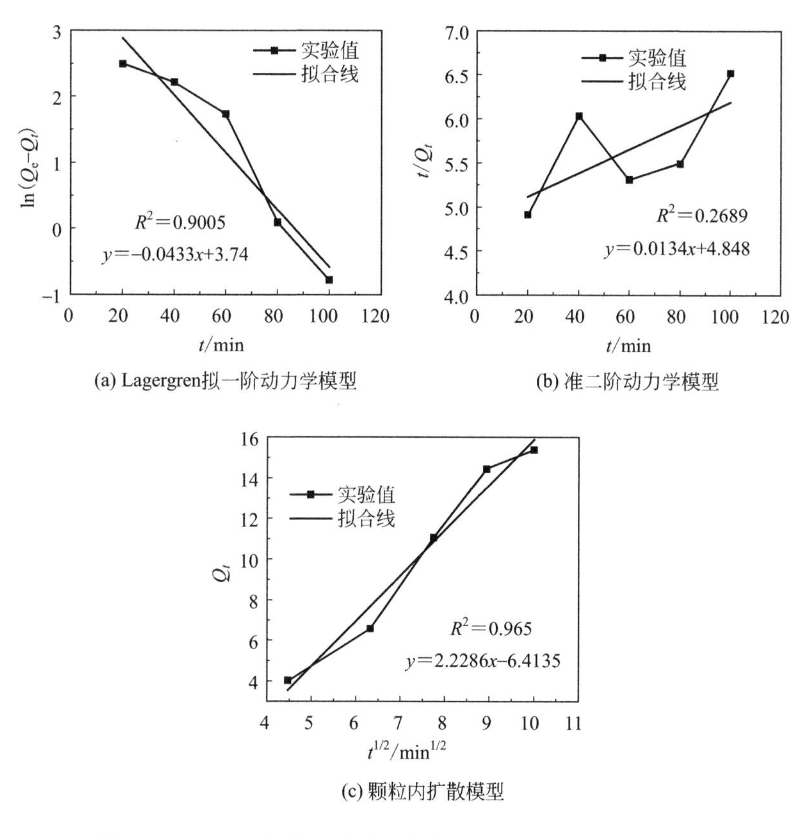

图 7.7 FA/CS复合吸附剂吸附染料废水的动力学模型拟合

$2.2286t^{1/2}-6.4135$，相关性系数 $R^2=0.965$。从相关度来说FA/CS复合吸附剂对活性红M-3BE模拟染料废水溶液的吸附行为更接近颗粒内扩散模型，颗粒内扩散速率常数 K_3 为 2.2286mg/(g·$min^{1/2}$)，颗粒内扩散模型常数 C 为 −6.4135，边界层效应不大。

7.3 Fenton氧化处理木材染色废水的处理技术

本节以木材染色废水为处理对象，采用Fenton氧化产生·OH高级氧化技术处理该废水，探明了 Fe^{2+} 催化 H_2O_2 降解染色废水的影响规律，获得了·OH氧化降解染色废水的优化工艺。

7.3.1 Fenton氧化机理

Fenton试剂是由 H_2O_2 和 Fe^{2+} 复合而成的一种强氧化剂。在酸性溶液中，Fe^{2+} 能与 H_2O_2 发生反应，不仅生成具有较强氧化性的羟基自由基·OH［氧化电极电位 $E^{\ominus}$ 为2.80V，反应方程式如式(7.11)所示］，还生成 HO_2·、O_2^- 等其他自由基［反应方程式如式(7.12)～式(7.17)所示］，反应非常复杂，关键是通过 Fe^{2+} 在反应中起激发和传递作用，使链反应能持续进行直至 H_2O_2 耗尽。对污染物降解起决定作用的是·OH，·OH能够破坏染料分子中不饱和的偶氮键，同时对有机或无机的污染物进行氧化分解，从而对染料废水中的污染物分子进行降解处理，降低染料废水中 COD_{Cr} 的含量[25]。·OH氧化降解有机污染物RH的反应如式(7.18)、式(7.19)所示，·OH首先攻击目标有机污染物RH，RH分子结构中各处发生脱氢反应生成R·，R·进一步在·OH的氧化下发生C—C键的开裂，最后被完全氧化为 CO_2 和 H_2O[26]，整个反应链反应在常温下也能快速发生；对于C═C有机污染物的降解，·OH加成到双键上，使双键断裂，最后也氧化为 CO_2；对于饱和脂肪族一元醇和饱和脂肪族羧基化合物等主链稳定的有机污染物的降解，·OH将长链化合键断裂生成小分子量的醛、酮、酯等有机物，这些物质具有较高反应活性，进一步与·OH反应转化为分子量更小的有机酸，如甲酸、乙酸等，COD_{Cr} 去除率较低。

$$Fe^{2+} + H_2O_2 \longrightarrow Fe^{3+} + OH^- + \cdot OH \tag{7.11}$$

$$Fe^{3+} + H_2O_2 \longrightarrow Fe^{2+} + HO_2\cdot + H^+ \tag{7.12}$$

$$Fe^{2+} + \cdot OH \longrightarrow Fe^{3+} + OH^- \tag{7.13}$$

$$Fe^{3+} + HO_2\cdot \longrightarrow Fe^{2+} + O_2\uparrow + H^+ \tag{7.14}$$

$$\cdot OH + H_2O_2 \longrightarrow HO_2\cdot + H_2O \tag{7.15}$$

$$HO_2\cdot \longrightarrow O_2^- + H^+ \tag{7.16}$$

$$O_2^- + H_2O_2 \longrightarrow O_2\uparrow + 2OH^- \tag{7.17}$$

$$\cdot OH + RH \longrightarrow R\cdot + H_2O \tag{7.18}$$

$$R\cdot + 4\cdot OH \longrightarrow CO_2 + H_2O \tag{7.19}$$

7.3.2 实验方法

(1) Fenton氧化的木材染色废水处理方法

取250mL木材染色废水样于烧杯中，用0.1mol/L H_2SO_4 调节水样至所需pH值，放入水浴锅恒温30min，再依次加入所需的 $FeSO_4\cdot 7H_2O$ 和 H_2O_2。

匀速搅拌反应一定时间后，取出试样冷却至室温，边搅拌边用5%（质量分数）$Ca(OH)_2$溶液将pH调至8左右，反应10min至完全沉淀，过滤，取滤液分别按7.2.1节（4）中方法测定COD_{Cr}和下述方法测定色度，计算出COD_{Cr}去除率和色度去除率。

（2）色度去除率测量方法

根据GB/T 11903—1989，色度采用稀释倍数法测试：当废水试样色度在50倍以上时，用移液管计量吸取废水于容量瓶中，用蒸馏水稀释至标线，每次取大的稀释比，使稀释后色度在50倍之内；当试样的色度在50倍以下时，每次稀释倍数为2；当试样经稀释至色度接近无色时，每次稀释倍数为1。将试样稀释至刚好与蒸馏水无法区别为止，记下此时的稀释倍数值。色度去除率按式(7.20)计算。

$$色度去除率=1-\frac{C}{C_0} \tag{7.20}$$

式中，C_0为处理前废水稀释倍数；C为处理后废水稀释倍数。

（3）正交实验设计

基于Fe^{2+}催化H_2O_2分解生成的·OH是在酸性条件下氧化降解有机物（Fenton氧化法），在对不同种类实际废水文献调研、实地考察及初步研究的基础上，综合考虑各种因素，选取初始pH值、H_2O_2投加量、$FeSO_4 \cdot 7H_2O$加入量、反应时间和反应温度为正交实验的5个因素，各因素取4个水平，$L_{16}(4^5)$正交实验因素和水平设计表如表7.5所示。

表7.5　Fenton处理木材染色废水的正交实验因素及水平设计表

水平	$30\%H_2O_2$ A/(mL/L)	$FeSO_4 \cdot 7H_2O$ B/(g/L)	初始pH值 C	反应时间 D/min	反应温度 E/℃
1	9.5	0.5	5.5	20	20
2	7.5	0.9	4.5	40	35
3	5.5	1.2	3.5	60	50
4	3.5	1.5	2.5	80	75

7.3.3 处理工艺对废水处理效果的影响

根据正交实验设计方案进行实验，实验结果见表7.6。由表7.6可知，Fenton氧化法对色度的处理效果十分显著，色度最高去除率可达到99.99%，处理后的废水肉眼几乎观察不到任何颜色。但实验1的色度去除率仅为76%，可能原因是1号实验选取的实验水平都偏低，以致处理效果不理想。实验6、11和

16 的色度去除率为 90%左右，可能原因是实验 6、11 和 16 选取的初始 pH 值是 5.5，而 Fenton 氧化法对初始 pH 值要求严格，有研究表明 pH=3 处理效果最佳[27]，因此初始 pH=5.5 时色度去除率不理想，鉴于只有 6 个实验处理效果低于 98%，其他 10 个实验处理效果都大于 99%，对色度去除率未做极差分析。

表 7.6　Fenton 处理木材染色废水的正交实验结果与极差分析

实验序号		A	B	C	D	E	COD_{Cr}去除率/%	色度去除率/%
1		9.5	0.5	5.5	20	20	11.8	76.00
2		9.5	0.9	4.5	40	35	84.8	99.96
3		9.5	1.2	3.5	60	50	82.7	99.99
4		9.5	1.5	2.5	80	75	92.1	99.99
5		7.5	0.5	4.5	60	75	88.5	99.99
6		7.5	0.9	5.5	80	50	86.5	91.98
7		7.5	1.2	2.5	20	35	85.3	99.96
8		7.5	1.5	3.5	40	20	82.0	99.52
9		5.5	0.5	3.5	80	35	77.0	99.85
10		5.5	0.9	2.5	60	20	75.5	99.81
11		5.5	1.2	5.5	40	75	33.8	84.00
12		5.5	1.5	4.5	20	50	79.8	99.39
13		3.5	0.5	2.5	40	50	81.7	99.96
14		3.5	0.9	3.5	20	75	50.0	96.00
15		3.5	1.2	4.5	80	20	47.7	97.60
16		3.5	1.5	5.5	60	35	23.8	90.00
COD_{Cr}去除率/%	K_1	67.850	64.750	38.975	56.725	54.250		
	K_2	85.575	74.200	75.200	70.575	67.725		
	K_3	66.525	62.375	72.925	67.625	82.675		
	K_4	50.800	69.425	83.650	75.825	66.100		
	R	34.775	11.825	44.675	19.100	28.425		

由表 7.6 中还可知，处理工艺参数对 COD_{Cr} 去除率的影响很大，对 COD_{Cr} 去除率进行极差分析，在所选定的影响因素中，初始 pH 值对废水中 COD_{Cr} 的去除率影响最大，这进一步验证了实验 1、6、11 和 16 的色度去除率不理想的结果。根据极差分析可知，各因素对 Fenton 氧化处理效果的影响大小为：初始 pH 值>H_2O_2 投加量>反应温度>反应时间>Fe^{2+} 浓度。各因素水平对 Fenton 氧化处理废水 COD_{Cr} 降解率（去除率）的影响如图 7.8 所示。

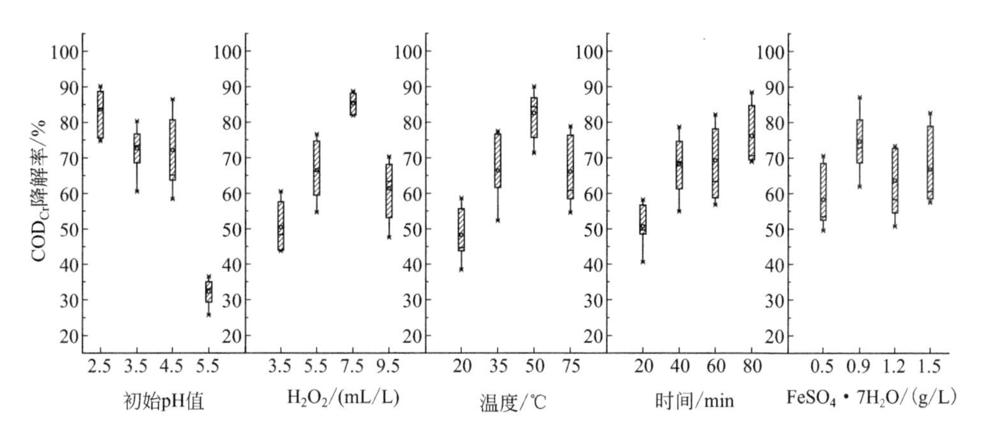

图 7.8 Fenton 氧化处理各因素对废水 COD_{Cr}降解率影响的箱式图

由图 7.8 可知，初始 pH 值对废水中 COD_{Cr}去除率（降解率）影响显著，随反应体系中初始 pH 值增大，废水中 COD_{Cr}去除率显著减小，COD_{Cr}去除率从 83.65%降至 33.08%，初始 pH=2.5 时去除率最大，这与文献 [27] 报道的最佳 pH=3 左右是一致的，可能原因是随初始 pH 增大，溶液中 Fe^{2+}与 Fe^{3+}主要是以 $[Fe(H_2O)_6]^{2+}$和 $[Fe(H_2O)_6]^{3+}$的络合物形式存在，使溶液中 Fe^{2+}离子浓度降低，造成 H_2O_2 被催化分解产生的·OH 浓度减少，因而使 Fenton 反应不顺利，所以处理后废水的 COD_{Cr}去除率不理想。因此 Fenton 氧化处理的初始 pH 值为 2.5。

当 30% H_2O_2 投加量从 3.5mL/L 增加到 7.5mL/L 时，COD_{Cr}去除率从 50.80%迅速增加到 85.12%，继续增加 H_2O_2 投加量至 9.5mL/L，去除率反而下降至 61.45%。一般情况下，Fenton 氧化处理过程中，H_2O_2 是产生·OH 的主体，随 H_2O_2 投加量增加，可产生更多·OH，从而使废水有机污染物氧化更彻底。但过量 H_2O_2 同时也是·OH 的捕捉剂，会发生如式(7.15) 所示的化学反应，从而使部分 H_2O_2 和·OH 无效[28]。因此 H_2O_2 的最佳投加量为每升废水中投加 7.5mL。

当 Fenton 氧化反应温度从 20℃增加到 75℃，COD_{Cr}去除率呈现先升后降趋势，50℃时 COD_{Cr}去除率达到最大值 82.62%。主要原因是在一定范围内升高温度，可增大反应物活度和参与氧化反应的机会，有利于有机物受热分解为小分子物质，使 COD_{Cr}去除率升高。但温度升高到一定值时，继续升高温度反而会使氧化效果降低，因为温度过高时 H_2O_2 直接分解成氧气和水[29]，使整个体系中参与反应的·OH 数量减少，COD_{Cr}去除率下降。

随反应时间从 20min 延长至 80min，COD_{Cr}去除率逐渐增加，80min 后 COD_{Cr}去除率达 75.1%。Fenton 处理废水的时间取决于·OH 生成速率及其与有机物的反应时间，在实验考察范围内的最佳时间为80min。

Fe^{2+}浓度对整个氧化效果影响波动不大，因为Fe^{2+}在基于·OH的氧化体系中主要起催化作用，影响·OH产生速率。当Fe^{2+}由低浓度逐渐增加时，由于催化效果提升，从而加快了H_2O_2的分解速度，增加了水中·OH浓度。但当Fe^{2+}浓度过量时，过量·OH不能及时与废水中的目标有机污染物发生反应，从而可能与Fe^{3+}或H_2O_2发生如式(7.12)～式(7.17)所示的反应[30]，因而COD_{Cr}去除率不增反降。同时，Fe^{2+}投放量增加，不但增加了运行成本，且过量Fe^{2+}会使出水淤泥增加，因此$FeSO_4·7H_2O$的最佳投放量为每升废水中0.9g。

图7.9是Fenton试剂Fe^{2+}催化H_2O_2产生·OH氧化处理木材染色废水过程中的颜色变化。图7.9(a)是颜色色度达5000倍的木材染色废水，加入Fenton试剂氧化降解部分有色物质后，颜色变浅[(b)图所示]，再往其中加入$Ca(OH)_2$调节溶液的pH至8左右，立马变成黄色悬浮液[(c)图所示]，其中含有大量$CaSO_4$和$Fe(OH)_3$的沉淀，过滤除掉黄色滤渣[(d)图所示]后，滤液无色透明，即得处理后的废水[(e)图所示]。

图7.9 Fenton试剂氧化处理木材染色废水的颜色变化

综上所述，基于·OH氧化处理的优化工艺为：30% H_2O_2投加量为7.5mL/L、$FeSO_4·7H_2O$浓度为0.9g/L、初始pH值为2.5、反应温度为50℃、反应时间为80min。在此条件下进行三次平行实验，得到的木材活性染料染色废水色度平均去除率达99.99%，COD_{Cr}平均去除率达92.27%，降至83.4mg/L。根据《纺织染整工业水污染物排放标准》(GB 4287—2012)要求：COD_{Cr}直接排放标准为≤100mg/L，色度直接排放标准为≤70倍。因此，基于·OH氧化处理后的木材活性染料染色废水COD_{Cr}和色度指标达到直接排放标准。但是该方法也存在一些弊端：反应中生成大量的Fe^{3+}和OH^-，加碱调pH后会产生大量铁泥，需增加板框压滤机对处理后废水进行过滤处理，还要场地堆积淤泥，使得后期成本大大增加；另外H_2O_2具有强腐蚀性，生产设备需做防腐处理，以防止H_2O_2锈蚀；Fe^{2+}催化H_2O_2产生·OH的反应中不仅生成强氧化剂·OH，还

生成 $HO_2\cdot$、$O_2^-\cdot$（或 O_2^-）等自由基，$HO_2\cdot$、$O_2\cdot$（或 O_2^-）等自由基不仅消耗了 H_2O_2 的用量，还分解放出 O_2，控制因素较多，反应条件苛刻，同时设备须能承压，也须安装急速泄压部件。

7.4 热活化 $Na_2S_2O_8$ 氧化处理木材染色废水的处理技术

过硫酸盐在水中电离产生 $S_2O_8^{2-}$，分子中含有过氧基 O—O，是一种氧化性较强的氧化剂（$E^0=2.01V$），但过硫酸盐比较稳定，常温下反应速率比较慢，降解效果不太明显，但在光、热、过渡金属离子等外加条件下，$S_2O_8^{2-}$ 便可以被活化从而分解为 $SO_4^-\cdot$。本书采用热活化 $Na_2S_2O_8$ 产生 $SO_4^-\cdot$ 氧化降解木材活性染料染色废水，探明了热活化 $Na_2S_2O_8$ 降解染色废水的影响规律，获得了 $SO_4^-\cdot$ 氧化降解染色废水的优化工艺，并对氧化前后废水进行红外光谱分析、拉曼光谱分析、紫外-可见吸收光谱分析和高效液相色谱分析，得到了 $SO_4^-\cdot$ 降解木材染色废水的机理。基于 $Na_2S_2O_8$ 产生 $SO_4^-\cdot$ 的高级氧化法具有以下技术特点：第一，$Na_2S_2O_8$ 原料易溶于水，在通常情况下易保存，不挥发以及性质稳定；第二，木材的预处理过程和活性染料染色过程一般在 60～90℃进行，排放的废水温度在 50～80℃范围内，充分利用废水中的低温废热作为热源活化 $Na_2S_2O_8$，以节省加热需要的能耗；第三，热活化 $Na_2S_2O_8$ 产生 $SO_4^-\cdot$ 对目标污染物进行氧化降解的最终还原产物为硫酸盐，而硫酸根离子本身就是水体常见离子之一，不会向水体中引入新的污染物；第四，处理工艺简单，操作方便。

7.4.1 实验方法

量取 200mL 染色废水试样倒入烧杯中，然后加入所需的 $Na_2S_2O_8$ 用量，用 20% H_2SO_4 或 40%NaOH 溶液调节水样至所需 pH 值，之后放入 MCR-3 型微波化学反应器中，设定所需的反应温度，匀速搅拌并设定反应时间，待反应完之后，取出试样冷却至室温，再用 40%NaOH 溶液将 pH 值调至 8.0 左右，静置，取上层清液按 7.2.1 节(4) 中方法测定 COD_{Cr} 值，计算出 COD_{Cr} 去除率，同时分别按照 HJ 636—2012《水质 总氮的测定 碱性过硫酸钾消解紫外分光光度法》、GB 11889—1989《水质 苯胺类化合物的测定 *N*-(1-萘基) 乙二胺偶氮分光光度法》方法测量废水处理前后的总氮（TN）和苯胺类含量，分别按照式(7.21) 和式(7.22) 计算 TN 去除率和苯胺类去除率。

$$\text{TN 去除率}=\left(1-\frac{TN_1}{TN_0}\right)\times100\% \tag{7.21}$$

$$\text{苯胺类去除率}=\left(1-\frac{C_1}{C_0}\right)\times100\% \tag{7.22}$$

式中，TN_1、TN_0 分别表示处理后和处理前废水的总氮含量，C_1、C_0 分别表示处理后和处理前废水的苯胺类含量。

7.4.2 处理工艺对废水处理效果的影响

实验中考察了 50～100℃范围内的反应温度、30～80g/L 的 $Na_2S_2O_8$ 投加量、2～12 的初始 pH 值、50～300min 范围内的反应时间对 $Na_2S_2O_8$ 氧化降解木材染色废水 COD_{Cr} 去除率的影响，结果如图 7.10 所示。

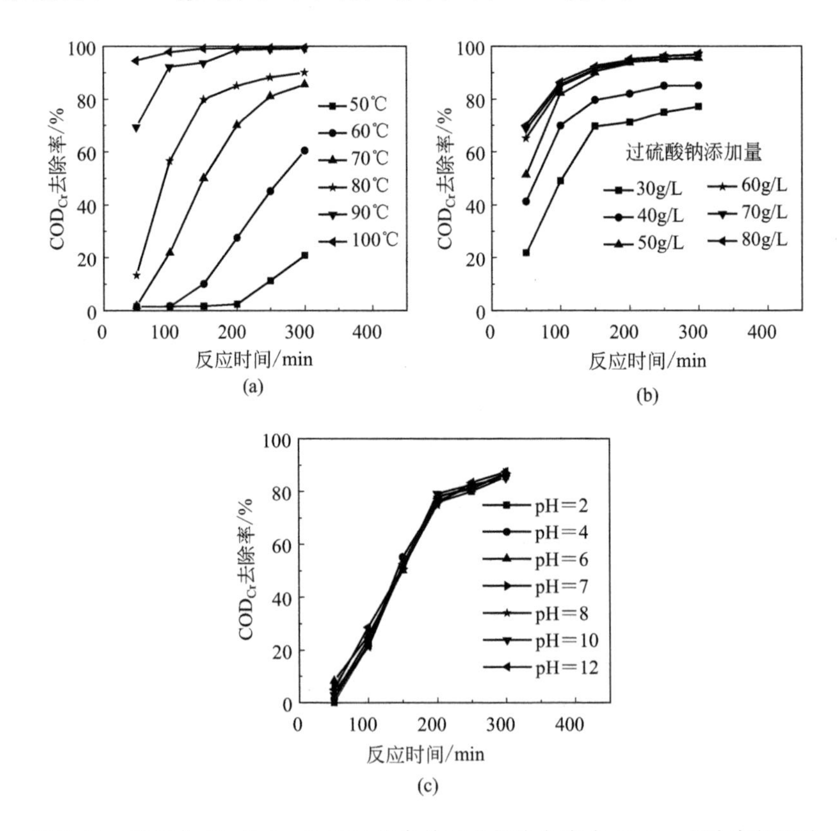

图 7.10 热活化 $Na_2S_2O_8$ 处理工艺参数对木材染色废水 COD_{Cr} 去除率的影响

在固定 $Na_2S_2O_8$ 投加量 50g/L、初始 pH 值为 10 的条件下，考察反应温度、反应时间对废水 COD_{Cr} 去除率的影响，如图 7.10(a) 所示。从图 7.10(a) 可知，对于同样反应时间内的废水 COD_{Cr} 去除率随着反应温度的升高而增加：当反应温度为 50～60℃时，即使反应 300min 时，COD_{Cr} 去除率才达到 60%左右；当反应温度升高至 70～80℃时，反应 100min 时，COD_{Cr} 去除率就能达到 60%左右，当反应至 300min 时，COD_{Cr} 去除率可达到 85%左右；当温度升高至 90～100℃时，在反应 100min 时，COD_{Cr} 去除率就可以达到 90%以上；而从 90℃升高到 100℃时，对 COD_{Cr} 去除率的提高不显著，表明升高温度可以促进 $Na_2S_2O_8$ 对木材染色废水的氧化降解。这可能是因为随着温度的升高，$Na_2S_2O_8$ 吸收的能量越多，O—O 键越容易断裂，越容易产 $SO_4^- \cdot$，从而有利于废水中染料及有机物的降解[31]。但温度过高，不仅反应的促进效果下降，而且会增加能耗，使处理成本增加。因此，选取较优的反应温度为 80～90℃。而在同一温度下，废水 COD_{Cr} 去除率随反应时间的延长而增加，反应温度在 80～90℃时，反应 2h 后的 COD_{Cr} 去除率变化不大。

在固定反应温度 90℃、初始 pH 值为 10 的条件下，考察 $Na_2S_2O_8$ 投加量和反应时间对木材活性染料染色废水 COD_{Cr} 去除率的影响［图 7.10(b) 所示］，当 $Na_2S_2O_8$ 的投加量从 30g/L 增加至 50g/L 时，随着反应时间的延长，COD_{Cr} 去除率都逐渐升高，当反应 300min 时，COD_{Cr} 去除率从 77.5%提高至 95%左右，效果提高较为明显；当 $Na_2S_2O_8$ 投加量继续升高，COD_{Cr} 去除率几乎保持不变。

从热活化 $Na_2S_2O_8$ 氧化降解染色废水过程的颜色变化（图 7.11 所示）可知，$Na_2S_2O_8$ 投加量 30g/L 时，反应时间从 60min 到 300min，废水颜色都没怎么变化；40g/L 时废水颜色随反应时间延长由深蓝色逐渐向红棕色、橙色、黄色变化，反应 300min 时呈黄色；50g/L 时废水颜色随反应时间延长由深蓝色逐渐向橙色、黄色变化，反应 150min 时无色透明；60g/L 时废水颜色随反应时间延长由深蓝色逐渐向黄色变化，反应 90min 时呈浅黄色，继续延长时间颜色反而带浅红色。由此可见，在一定范围内提高 $Na_2S_2O_8$ 浓度有利于提高木材染

(a) 60min

(b) 90min

(c) 150min

(d) 300min

图 7.11 热活化 $Na_2S_2O_8$ 氧化降解染色废水过程的颜色变化

每张图片烧杯中 $Na_2S_2O_8$ 投加量从左至右依次为 60g/L、50g/L、40g/L、30g/L

色废水的处理效果。这可能是由于 $Na_2S_2O_8$ 是自由基的来源，提供了更多的 $Na_2S_2O_8$ 有利于产生更多的自由基从而促进降解。当 $Na_2S_2O_8$ 投加量继续增加时，COD_{Cr}降解率增幅仅在 2%左右，可能是过高的过硫酸盐浓度会瞬间产生的大量硫酸根自由基，会彼此反应湮灭[32]，对处理效果并无提升，同时增加废水处理成本，因此 $Na_2S_2O_8$ 投加量在 50g/L 左右为宜。

在固定反应温度 90℃、$Na_2S_2O_8$ 投加量 50g/L 的条件下，考察废水的初始 pH 值对废水 COD_{Cr}去除率的影响，结果如图 7.10(c) 所示。从图 7.10(c) 可知，废水水样的初始 pH 值从 2 变化到 12，COD_{Cr}去除率在同一反应时间内的上下波动仅为 3%左右，表明初始 pH 值对热活化 $Na_2S_2O_8$ 氧化处理木材活性染料染色废水处理效果的影响几乎可以忽略不计。该结果与目前报道的大多数过硫酸盐降解污染物的结果不同，如以 $Na_2S_2O_8$ 氧化降解水中 2-氯苯酚[33]和偶氮染料酸性橙 7[34]，其降解率随着初始 pH 值的升高反而降低，即初始 pH 值在酸性条件下的降解率大于在碱性条件下的降解率。与之相反的，如以 $Na_2S_2O_8$ 氧化降解卡马西平、奥卡西平和丁基羟基茴香醚时[35,36]，则都是初始 pH 值在碱性情况下降解率要高于初始 pH 值在中性或是酸性情况的降解率。然而，本实验结果与热活化 $Na_2S_2O_8$ 降解双酚 A 的实验结果[37]较为相似，都是废水水样中的初始 pH 值对氧化降解效果影响不大。原因可能是在氧化降解木材活性染料染色废水时，初始 pH 的变化可能会使得反应体系中真正参与氧化反应的自由基种类不同：热活化 $Na_2S_2O_8$ 的反应溶液中可能存在两种自由基，即 SO_4^- · 和 · OH，其中 SO_4^- · 是通过 $S_2O_8^{2-}$ 受热分解产生，而 · OH 则通过 SO_4^- · 与溶液中的 OH^- 反应产生得到[38]，其反应式如式(7.23) 所示，两种自由基都能使废水中的有机污染物氧化降解。因此，当废水初始 pH 值为酸性时，$Na_2S_2O_8$ 受热分解生产的 SO_4^- · 为参与反应的主要氧化自由基；随着废水中的 pH 值升高至碱性，越来越多的 SO_4^- · 逐步转换为 · OH，主要参与氧化反应的自由基变为 · OH，染色废水中的有机污染物偶氮活性染料对 · OH 较为敏感，可高效降解废水中的有机污染物[39]。因此，热活化 $Na_2S_2O_8$ 氧化处理木材活性染料染色废水时，几乎可以不用考虑初始 pH 值对处理效果的影响。

$$SO_4^- \cdot + OH^- \longrightarrow \cdot OH + SO_4^{2-} \tag{7.23}$$

综上所述，通过单因素探索热活化 $Na_2S_2O_8$ 氧化处理木材活性染料染色废水的较优工艺为：$Na_2S_2O_8$ 投加量 50g/L、反应温度 90℃、反应时间 150min，初始 pH 值不调，在此优化条件下经 SO_4^- · 氧化处理后的废水 COD_{Cr}去除率达 91.06%。

7.4.3 响应曲面优化

(1) 响应曲面法优化设计因素和水平

基于单因素实验结果，采用响应曲面法进一步对热活化 $Na_2S_2O_8$ 氧化处理木材活性染料染色废水的工艺进行优化研究，选取反应温度 A、$Na_2S_2O_8$ 加入量 B、反应时间 C、初始 pH 值 D 作为考察因素，采取四因素三水平的设计方案，各因素编码与水平表如表 7.7 所示。

表 7.7 热活化 $Na_2S_2O_8$ 氧化处理染色废水的响应曲面法设计因素与水平表

因素	单位	水平编码		
		−1	0	+1
反应温度(A)	℃	70	80	90
$Na_2S_2O_8$ 加入量(B)	g/L	50	60	70
反应时间(C)	h	2	3	4
初始 pH 值(D)		3	7	11

(2) 响应曲面法实验结果

分别以木材活性染料染色废水的 COD_{Cr} 去除率、TN 去除率和苯胺类去除率为响应值，采用响应曲面法中 Box-Behnken 中心组合设计原则进行实验设计，实验结果如表 7.8 所示。

表 7.8 热活化 $Na_2S_2O_8$ 处理染色废水的 Box-Behnken 实验结果

序号	A	B	C	D	COD_{Cr} 去除率/%	TN 去除率/%	苯胺类去除率/%
1	−1	0	1	0	27.51	43.42	44.35
2	0	0	0	0	80.74	65.42	56.45
3	−1	0	−1	0	0.14	29.13	40.72
4	0	0	0	0	80.19	60.91	51.74
5	−1	0	0	−1	11.82	74.05	40.78
6	0	0	1	1	83.38	76.03	67.78
7	1	−1	0	0	95.19	77.46	94.20
8	1	0	−1	0	95.12	72.68	94.77
9	−1	0	0	1	14.40	83.29	40.98
10	−1	−1	0	0	9.31	59.92	42.65
11	0	0	1	−1	90.39	65.14	75.77
12	1	0	1	0	97.68	84.01	95.43

续表

序号	A	B	C	D	COD_{Cr}去除率/%	TN去除率/%	苯胺类去除率/%
13	0	0	0	0	81.42	73.83	43.17
14	0	0	−1	−1	67.68	60.36	41.53
15	1	0	0	1	95.00	83.51	95.32
16	−1	1	0	0	13.25	69.27	40.64
17	0	1	0	−1	84.35	69.43	48.03
18	0	1	−1	0	77.31	72.24	42.31
19	0	0	0	0	81.98	72.24	96.64
20	1	0	0	−1	98.36	82.47	66.54
21	0	0	−1	1	83.20	71.08	46.73
22	0	1	1	0	87.51	60.86	72.32
23	0	−1	1	0	71.63	71.58	77.38
24	0	0	0	0	84.91	71.25	69.33
25	0	−1	0	−1	79.91	61.79	88.42
26	0	−1	−1	0	74.98	74.77	57.02
27	1	1	0	0	98.32	88.79	95.84
28	0	1	0	1	84.83	76.53	54.06
29	0	−1	0	1	70.39	72.13	70.65

(3) 各因素对COD_{Cr}去除率的影响分析

利用Design Expert 8.0.6软件对表7.8中的COD_{Cr}去除率实测值进行多元二次回归拟合，得到热活化$Na_2S_2O_8$处理染色废水的COD_{Cr}去除率与处理各因素编码值的二次方程模型如式(7.24)所示，再对模型进行方差分析验证，见表7.9。

$$\begin{aligned}COD_{Cr}\text{去除率}=&81.85+41.94A+3.68B+4.97C-0.11D-0.2AB\\&-6.2AC-1.49AD+3.39BC+2.50BD-5.63CD\\&-26.06A^2-2.20B^2-1.01C^2-0.11D^2\end{aligned}\tag{7.24}$$

表7.9 热活化$Na_2S_2O_8$处理染色废水的COD_{Cr}去除率模型的方差分析

方差来源	自由度	偏差平方和	均方和	*F*值	*P*值
模型	14	26571.98	1898	170.69	<0.0001
残差	14	155.67	11.12		
失拟项	10	142.12	14.21	4.19	0.0898
纯误差	4	13.55	3.39		
总误差	28	26727.65			

由表 7.9 的 COD_{Cr}去除率模型方差分析可知，拟合的模型 $P<0.0001$，极为显著，失拟项 $P=0.0898>0.05$，不显著，说明模型能很好地拟合 COD_{Cr}去除率和各影响因素之间的关系。模型的相关系数 $R^2=26571.98/26727.65=0.9942$，响应值 COD_{Cr}去除率的变化有 99.42%来源于所选变量，即 $Na_2S_2O_8$ 加入量、反应温度、反应时间、初始 pH。因此，模型可以较好地描述各因素与响应值之间的真实关系，说明实际测得的 COD_{Cr}去除率与模型计算的 COD_{Cr}去除率之间有较好的相关性，实验误差小，可以利用该模型来确定最优处理工艺。由失拟项可得，有大约 4.19%的变异情况不能用该模型来解释。

探究各因素和两因素交互之后对 COD_{Cr}去除率的影响，以及对模型各系数是否显著进行检验，分析结果见表 7.10。

表 7.10 COD_{Cr}去除率二次多项式回归模型系数的显著性检验结果

系数项	回归系数	自由度	标准误差	95%置信下限	95%置信上限	F	Prob>F	影响程度
常数项	81.85	1	1.49	78.65	85.05	170.69	<0.0001	极显著
A	41.94	1	0.96	39.87	44.00	1897.90	<0.0001	极显著
B	3.68	1	0.96	1.62	5.74	14.61	0.0019	显著
C	4.97	1	0.96	2.91	7.04	26.68	0.0001	极显著
D	−0.11	1	0.96	−2.17	1.96	0.013	0.9113	不显著
AB	−0.20	1	1.67	−3.78	3.37	0.015	0.9051	不显著
AC	−6.20	1	1.67	−9.78	−2.63	13.84	0.0023	显著
AD	−1.48	1	1.67	−5.06	2.09	0.79	0.3882	不显著
BC	3.39	1	1.67	−0.19	6.96	4.13	0.0616	不显著
BD	2.50	1	1.67	−1.08	6.08	2.25	0.1560	不显著
CD	−5.63	1	1.67	−9.21	−2.06	11.41	0.0045	显著
A^2	−26.06	1	1.31	−28.87	−23.26	396.28	<0.0001	极显著
B^2	−2.20	1	1.31	−5.01	0.60	2.83	0.1145	不显著
C^2	−1.01	1	1.31	−3.82	1.80	0.60	0.4532	不显著
D^2	−0.11	1	1.31	−2.92	2.70	0.0074	0.9326	不显著

由表 7.10 可以看出，该模型的吻合度极高（$P<0.0001$），回归方程中各变量对指标响应值 COD_{Cr}去除率影响的显著性，由 F 检验来判定，概率 P(Prob>F）的值越小，则相应变量的显著程度越高，与之前的方差分析结果是一致的。其中各因素中反应温度以及反应时间对 COD_{Cr}去除率的影响是极显著，说明反应温度和时间对热活化 $Na_2S_2O_8$ 氧化处理效果影响最大；$Na_2S_2O_8$ 加入量对结果影响显著；初始 pH 值对处理效果的影响不显著，说明初始 pH 对热活化 $Na_2S_2O_8$ 氧化处理效果影响较小，与单因素实验结果相吻合。各参数对染料

废水COD_{Cr}去除率影响大小次序为反应温度＞反应时间＞$Na_2S_2O_8$加入量＞初始pH值。在分析两因素交互之后对染色废水COD_{Cr}去除率的影响中可知，反应温度与反应时间交互之后的影响显著性最大（$P=0.0023$），反应温度与初始pH值交互之间的影响显著性次之（$P=0.0045$），其余各因素交互之后的影响不显著。

利用Design Expert 8.0.6软件根据回归方程绘图得到回归方程模型的响应面及其等高线，如图7.12所示。等高线形状反映出两因素交互作用对废水

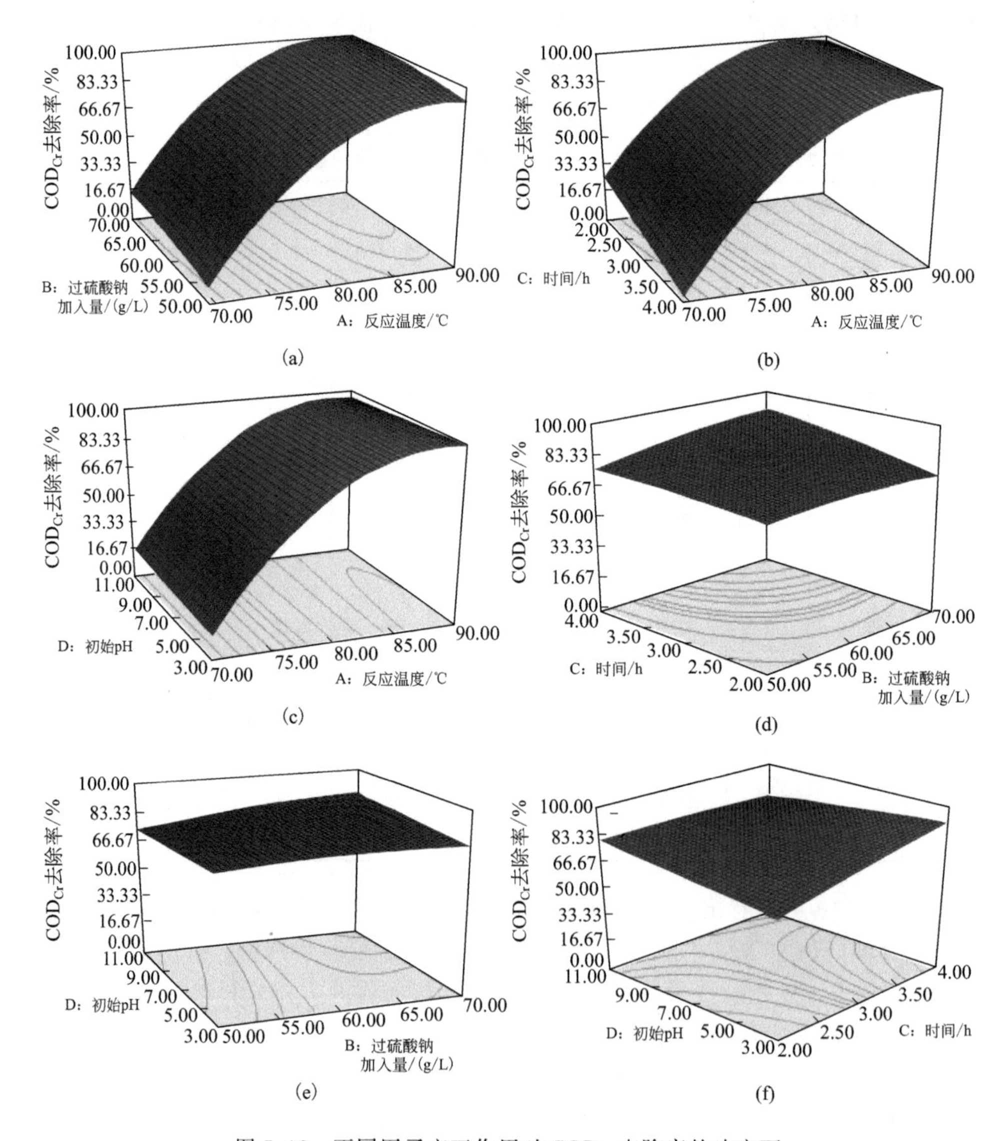

图7.12 不同因子交互作用对COD_{Cr}去除率的响应面

COD_{Cr}去除率影响的强弱：椭圆形表示两因素交互作用对染色废水 COD_{Cr} 去除率影响显著，而圆形则与之相反；3D图能表征响应曲面函数的形状，曲面的曲率越大，说明因素的交互作用对染色废水 COD_{Cr} 去除率影响也就越大[40]。

由图 7.12 中 AB、AC 和 AD 交互作用（a）、（b）、（c）中可以看出，温度从 70.00℃升到 85.00℃时，曲面呈明显上升趋势，85.00～90.00℃之间，逐渐变缓，等高线密度由密变疏，说明在 70.00～85.00℃之间，染色废水 COD_{Cr} 去除率受温度影响显著；当温度继续升高到 85.00～90.00℃时，影响效果变缓。这与文献［40］的研究结果——热活化 $Na_2S_2O_8$ 降解废水中有机物的降解率随温度的升高而升高的结果是一致的。当反应温度 70.00℃时，反应时间从 2.00h 延长至 4.00h，COD_{Cr} 去除率从 0.14％升高到 27.51％，提高了 27.37％［（b）图所示］；$Na_2S_2O_8$ 加入量从 5.00g/L 升高至 70.00g/L 时，COD_{Cr} 去除率仅提高 4％左右［（a）图所示］；初始 pH 值从 3.00 变化到 11.00 时，COD_{Cr} 去除率仅提高 2.5％左右［（c）图所示］；另外在温度 85.00～90.00℃范围内，（b）的等高线仍然保持直线，而（a）和（c）中的等高线则已变成圆形，这些都表明反应温度和反应时间的交互作用对 COD_{Cr} 去除率的影响显著，反应温度和 $Na_2S_2O_8$ 加入量的交互作用、反应温度和初始 pH 值的交互作用对 COD_{Cr} 去除率的影响不显著。图（d）和（e）中，等高线几乎呈圆弧形，响应曲面是呈倾斜曲面状，说明反应时间和 $Na_2S_2O_8$ 加入量的交互作用、初始 pH 值和 $Na_2S_2O_8$ 加入量的交互作用对染色废水 COD_{Cr} 去除率影响不显著。图（e）中，在 $Na_2S_2O_8$ 加入量一定的情况下，初始 pH 值从 3.00 变化到 11.00 的过程中，COD_{Cr} 的去除率变化不超过 10％，因此初始 pH 值对处理效果影响不显著，热活化 $Na_2S_2O_8$ 在各种 pH 的条件下都能高效降解木材染色废水中的有机污染物，这与上述单因素实验结论以及前述方差分析结果相一致，也与文献［41］的研究结果相似。图（f）中，pH＝3.00 时，反应时间从 2.00h 延长至 4.00h，COD_{Cr} 去除率从 67.68％升高到 90.39％，提高了 22.71％，且反应 3.00h 内的等高线稍弯曲且密集，因此反应时间对 COD_{Cr} 去除率的影响显著，且反应时间和初始 pH 值的交互作用对 COD_{Cr} 去除率的影响显著。反应 3.00h 后的等高线弯曲度增加，此时两者的交互作用对 COD_{Cr} 去除率的影响没反应时间 3.00h 前的显著。

（4）TN 去除率模型

根据表 7.8 中 TN 去除率数据，利用 Design Expert 8.0.6 软件对实测值进行多元二次回归拟合，得到染色废水 TN 去除率与热活化 $Na_2S_2O_8$ 氧化处理染色废水各因素编码值的二次方程模型，如式(7.25）所示，再对模型进行方差分析验证，如表 7.11 所示。

$$\text{TN 去除率}(\%)=69.19+15.57A+0.54B+0.90C+4.11D \quad (7.25)$$

表 7.11 TN 去除率模型的方差分析

方差来源	自由度	偏差平方和	均方和	*F* 值	*P* 值
模型	4	3125.06	781.26	19.78	<0.0001
残差	24	947.83	39.49		
失拟项	20	831.04	41.55	1.42	0.4007
纯误差	4	116.79	29.20		
总误差	28	4072.88			

由表 7.11 可知，TN 去除率拟合的模型极显著，失拟项不显著（$P=0.4007>0.05$），说明模型能很好地拟合 TN 去除率和各影响因素之间的关系。模型的相关系数 $R^2=3125.06/4072.88=0.7672$，响应值 TN 去除率的变化有 76.72%来源于所选变量，即 $Na_2S_2O_8$ 加入量、反应温度、反应时间、初始pH 值。因此，模型能较好地描述各因素与响应值 TN 去除率之间的真实关系，说明实际测得的 TN 去除率与模型计算的 TN 去除率之间有较好的相关性，实验误差小，可以利用该模型来确定最优处理工艺条件。由失拟项可得，大约有 1.42%的变异情况不能用该模型来解释。

对模型各系数是否显著进行检验，分析见表 7.12。

表 7.12 TN 去除率二次多项式回归模型系数的显著性检验结果

系数项	回归系数	自由度	标准误差	95%置信下限	95%置信上限	*F*	Prob>*F*	影响程度
常数项	69.19	1	1.17	66.78	71.60	19.78	<0.0001	极显著
A	15.57	1	1.81	11.83	19.31	73.66	<0.0001	极显著
B	0.54	1	1.81	−3.21	4.28	0.088	0.0032	显著
C	0.90	1	1.81	−2.85	4.64	0.25	0.6250	不显著
D	4.11	1	1.81	0.37	7.86	5.13	0.7689	不显著

由表 7.12 可以看出，该模型对 TN 去除率的吻合度极高（$P<0.0001$），回归方程中各因素对指标响应值 TN 去除率影响的次序为反应温度>初始 pH 值>反应时间>$Na_2S_2O_8$ 加入量，其中反应温度的影响极显著，$Na_2S_2O_8$ 加入量的影响显著，反应时间和初始 pH 值的影响不显著。

(5) 苯胺类去除率模型

根据表 7.8 中苯胺类去除率数据，利用 Design Expert 8.0.6 软件对实测值进行多元二次回归拟合，得到染色废水苯胺类去除率与热活化 $Na_2S_2O_8$ 氧化处理染色废水各因素编码值的二次方程模型，如式(7.26) 所示，再对模型进行方差分析验证，见表 7.13。

$$苯胺类去除率=62.81+25.25A-5.59B+11.33C+1.62D \tag{7.26}$$

表 7.13　苯胺类去除率模型的方差分析

方差来源	自由度	偏差平方和	均方和	F 值	P 值
模型	4	9596.89	2399.22	17.60	<0.0001
残差	24	3271.84	136.33		
失拟项	20	1835.20	91.76	0.26	0.9834
纯误差	4	1436.64	359.16		
总误差	28	12868.73			

由表 7.13 可知，苯胺类去除率拟合的模型极显著，失拟项不显著（$P=0.9834>0.05$），说明模型能很好地拟合苯胺类去除率和各影响因素之间的关系。模型的相关系数 $R^2=9596.89/12868.73=0.7458$ 可知，响应值苯胺类去除率的变化有 74.58%来源于所选变量 $Na_2S_2O_8$ 加入量、反应温度、反应时间、初始 pH 值。因此，模型能较好地描述各因素与响应值苯胺类去除率之间的真实关系，说明实际测得的苯胺类去除率与模型计算的苯胺类去除率之间有较好的相关性，实验误差小，可以利用该模型来确定最优处理工艺条件。由失拟项可得，有大约 0.26%的变异情况不能用该模型来解释。

对模型各系数是否显著进行检验，分析见表 7.14。由表 7.14 可以看出，该模型对苯胺类去除率的吻合度极高（$P<0.0001$），回归方程中各因素对指标响应值苯胺类去除率影响的次序为反应温度>反应时间>$Na_2S_2O_8$ 加入量>初始 pH 值，其中反应温度的影响极显著，$Na_2S_2O_8$ 加入量和反应时间的影响显著，初始 pH 值的影响不显著。

表 7.14　苯胺类去除率二次多项式回归模型系数的显著性检验结果

系数项	回归系数	自由度	标准误差	95%置信下限	95%置信上限	F	Prob>F	影响程度
常数项	62.81	1	2.17	58.34	67.29	17.60	<0.0001	极显著
A	25.25	1	3.37	18.29	32.20	56.11	<0.0001	极显著
B	−5.59	1	3.37	−12.55	1.36	2.75	0.0110	显著
C	11.33	1	3.37	4.37	18.29	11.30	0.0026	显著
D	1.62	1	3.37	−5.34	8.58	0.23	0.6350	不显著

（6）优化工艺的确定

根据 Box-Behnken 设计模型分析获得 COD_{Cr} 去除率优化工艺参数为：反应温度 87.69℃，$Na_2S_2O_8$ 加入量 50g/L，反应时间 203min，初始 pH 值不调；TN 去除率优化工艺参数为：反应温度 90℃，$Na_2S_2O_8$ 投加量 51.3g/L，反应时间 120min，初始 pH 不调；苯胺类去除率优化工艺参数与 TN 去除率的参数一致。根据实际操作，分别验证三个模型的可靠性，在三个优化工艺参数下，进行三次平行实验。在以 COD_{Cr} 去除率为评价指标时，COD_{Cr} 去除率平均为96.16%，与模型预测值的差别控制在1%左右，在此条件下TN平均去除率为89.33%，苯胺类平均去除率为95.64%。在以TN去除率为评价指标时，TN去除率平均为87.33%，与模型预测值的差别控制在2%左右，COD_{Cr} 平均去除率为98.36%，苯胺类平均去除率为95.64%。在以苯胺类去除率为评价指标时，苯胺类去除率为95.53%，与模型预测值的差别控制在2%左右，COD_{Cr} 平均去除率为95.33%，TN平均去除率为80.88%。综合考虑，确定热活化 $Na_2S_2O_8$ 产生 $SO_4^-\cdot$ 氧化处理木材活性染料染色废水的最优工艺为：反应温度90℃，$Na_2S_2O_8$ 投加量51.3g/L，反应时间120min，初始pH不调，在此条件下木材活性染料染色废水的 COD_{Cr} 去除率98.36%，TN去除率87.33%，苯胺类去除率95.64%，达到国家一级直接排放标准。

7.5 热活化 $Na_2S_2O_8$ 降解木材染色废水的机理

热活化 $Na_2S_2O_8$ 产生 $SO_4^-\cdot$ 降解饱和烃或多元醇、烯烃类或羧酸类等有机污染物的机理已有大量研究，如对RH的降解反应式如式(7.27)、式(7.28)所示，在 $SO_4^-\cdot$ 作用下，RH分子结构中各处发生脱氢反应，随后发生C—C键的开裂，最后被完全氧化为 CO_2；对于C═C有机污染物的降解，$SO_4^-\cdot$ 加成到双键上，使双键断裂，最后也氧化为 CO_2；而对于饱和脂肪族羧基化合物等有机污染物的降解，反应式如式(7.29)～式(7.33)所示，$SO_4^-\cdot$ 最终能将其氧化为 CH_4，降解彻底，COD_{Cr} 去除率高。但对含有偶氮、萘环、苯环、蒽醌等结构相对复杂的染料的降解机理很少研究，本书从热活化 $Na_2S_2O_8$ 处理成分复杂的木材染色废水前后的FTIR、Raman、UV-Vis、HPLC谱图和动力学行为分析废水降解机理。

$$SO_4^-\cdot + RH \longrightarrow R\cdot + HSO_4^- \tag{7.27}$$

$$R\cdot + SO_4^-\cdot \longrightarrow CO_2\uparrow + H_2O + SO_4^{2-} \tag{7.28}$$

$$SO_4^-\cdot + CH_3COO^- \longrightarrow CH_3COO\cdot + SO_4^{2-} \tag{7.29}$$

$$CH_3COO\cdot \longrightarrow \cdot CH_3 + CO_2 \tag{7.30}$$

$$\cdot CH_3 + CH_3COO^- \longrightarrow CH_4\uparrow + SO_4^{2-} \tag{7.31}$$

$$\cdot CH_3 + e^- \longrightarrow CH_3^-\cdot \tag{7.32}$$

$$CH_3^-\cdot + H_2O \longrightarrow CH_4\uparrow + OH^- \tag{7.33}$$

7.5.1 FTIR分析

各取热活化 $Na_2S_2O_8$ 氧化降解前后的木材活性染料染色废水水样 200mL 放入烧杯中，将烧杯放入 60℃干燥箱内干燥至绝干状态，将残留在烧杯内壁的固体物碾磨成粉末，以待 FTIR 分析。以日本 SHIMADU 公司 RAffinity 型傅里叶红外光谱仪测量样品的红外光谱：取少量粉末样品，按 1∶100 比例加入 KBr 粉末混合均匀，研磨，压片。以纯 KBr 片为背景扫描，测定范围为 400～4000cm^{-1}，结果如图 7.13 所示。

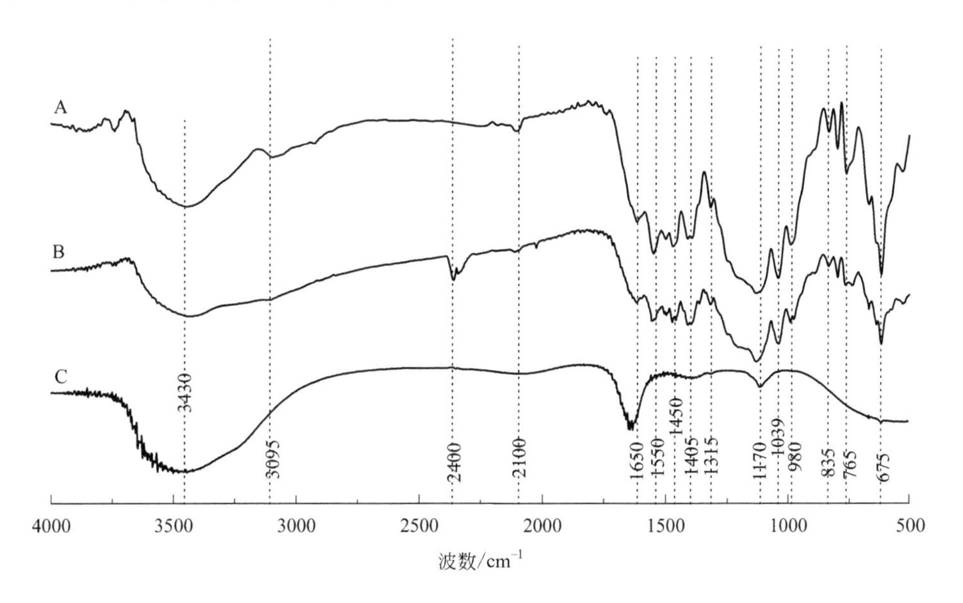

图 7.13 不同条件下废水样品的 FTIR 谱图

A—杨木活性染料染色废水样品；B—活性红 M-3BE 染料样品；

C—热活化 $Na_2S_2O_8$ 处理后废水样品

从图 7.13 可知，处理前的木材染色废水（A 线）保留了活性红 M-3BE 染料（B 线）的特征吸收峰，如 2100cm^{-1}处—N—H 的伸缩振动吸收峰，1650cm^{-1}和 1450cm^{-1}处分别为芳环和奈环的骨架振动吸收峰，1550cm^{-1}处—N ═N—基团的伸缩振动吸收峰，1405cm^{-1}和 1315cm^{-1}处为—O ═S ═O—的不对称和对称伸缩振动，1170cm^{-1}和 1039cm^{-1}处为 C—O 基团的伸缩振动和—O—H 的面内弯曲吸收峰，980cm^{-1} 处为—C—O—S 的伸缩振动吸收峰，765cm^{-1} 和 675cm^{-1}处为芳环 1,3-二取代的 C—H 变形振动吸收峰，这些说明了杨木染色后废水中残留了大量活性染料污染物，而且 3430cm^{-1}处—OH 的伸缩振动峰比 M-3BE

的峰尖锐，说明染色废水中—OH的缔合形式比M-3BE少。废水被$Na_2S_2O_8$处理后，谱图中仅剩下3430cm^{-1}的宽峰，1650cm^{-1}处芳环的骨架振动和—NH_2的弯曲振动强吸收峰，1170cm^{-1}处C—O基团的伸缩振动峰，而发色基团—N ═N—的振动吸收峰以及萘环结构的吸收峰完全消失（C线所示），说明处理后废水中存在苯胺结构。可能是热活化$Na_2S_2O_8$产生SO_4^-·攻击染料分子结构中不饱和共轭发色基团—N ═N—，使—N ═N—发生断裂，同时攻击助色基团萘环和苯环，使萘环和苯环发生断裂和开环反应，导致染料大分子分解为苯胺和其他小分子，芳环结构变为直链结构，从而使得染色废水褪色。

7.5.2 Raman谱图分析

以美国HORIBA公司HR800型拉曼光谱仪测量样品的Raman光谱：取少量处理前后的废水水样装入玻璃瓶及玻璃毛细管中，再放入拉曼光谱仪待测，选择曝光时间为3/5，曝光频率为3/10，激光波长为488nm，扫描测定范围为200～4000cm^{-1}，结果如图7.14所示。

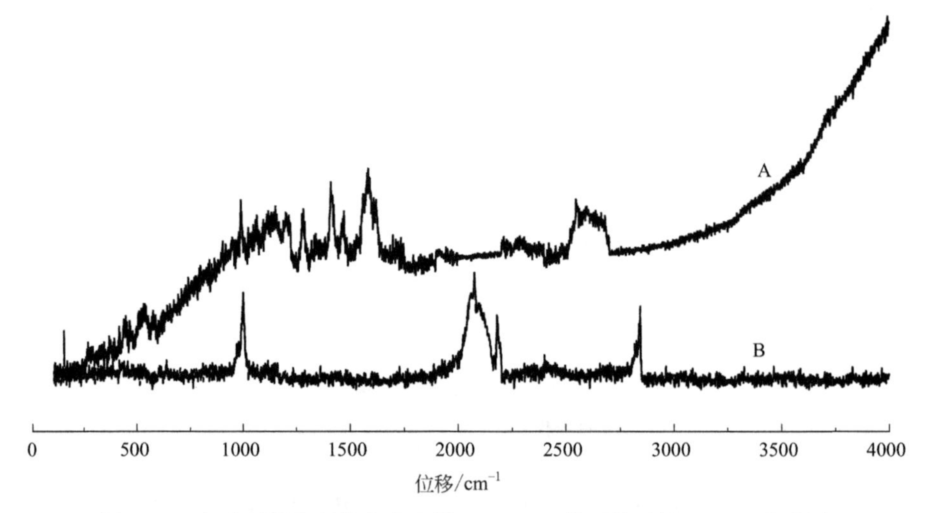

图7.14 杨木活性染料染色废水被$Na_2S_2O_8$处理前后的Raman光谱图

A—木材活性染料染色废水样品；B—基于SO_4^-·处理后样品

从图7.14所示，在处理前木材活性染料染色废水Raman谱图中，Raman位移在1000cm^{-1}处的峰为1,3-取代苯环的对称伸缩振动峰，1250cm^{-1}和1500cm^{-1}处的两个吸收峰分别为—N ═N—的反对称伸缩振动峰和对称伸缩振动峰，1550cm^{-1}处的峰为萘环C ═C骨架伸缩振动峰，2600cm^{-1}处的宽峰是饱和C—H键伸缩振动峰。用$Na_2S_2O_8$氧化降解后的Raman谱图中，1000～2000cm^{-1}范围内的峰几乎完全消失，说明—N ═N—、萘环的吸收峰几乎完全消失，$1000cm^{-1}$处 1,3-取代苯环的对称伸缩振动峰依然存在，说明苯环结构依然存在，没有被完全降解，这些结果与红外谱图的变化一致。同时降解后的样品在 $2100cm^{-1}$处出现了新的吸收峰，说明降解后有新的基团出现，可能是—NH_2基团引起的，说明氧化之后可能生产苯胺类物质，这与之前的红外光谱分析是一致的。Raman 光谱分析进一步说明热活化 $Na_2S_2O_8$ 产生 SO_4^- · 氧化降解杨木染色废水的机理可能是 SO_4^- · 攻击染料分子结构中不饱和的共轭发色基团的—N ═N—、萘环以及苯环，导致—N ═N—断裂，萘环断裂发生开环反应，活性染料分子被降解成小分子物质，从而使得木材活性染料染色废水褪色。

7.5.3 UV-Vis 分析

将热活化 $Na_2S_2O_8$ 处理过程中的木材活性染料染色废水水样（从处理 20min 开始，每隔 20min 取一次处理样品）用蒸馏水稀释 200 倍，再取 20mL 至小型广口玻璃瓶中，以待 UV-Vis 光谱分析。采用上海光谱仪器有限公司 723 型紫外分光光度计测量水样的吸光度：将水样放入比色管，用擦镜纸将比色皿外壁擦拭干净，放入紫外分光光度计中，以蒸馏水为参比进行测试，通过紫外-可见吸收光谱特征峰吸光度的变化分析共轭系统和发色团的变化情况，结果如图 7.15所示。

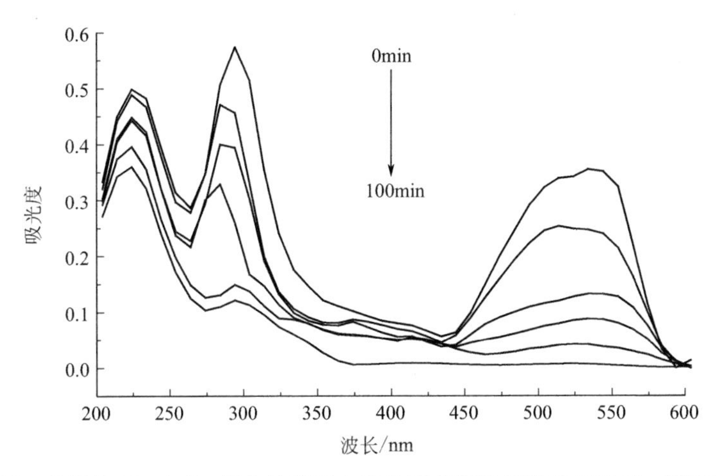

图 7.15 热活化 $Na_2S_2O_8$ 氧化处理杨木染色废水降解过程的 UV-Vis 吸收光谱图

从图 7.15 可知，染色废水在可见光区 544nm 处有一个宽的特征吸收峰，是偶氮类染料—N ═N—发色基团的特征吸收峰；在紫外光区 290nm 和 225nm 处有两个特征吸收峰，对应萘环和苯环结构的特征吸收峰。随着 $Na_2S_2O_8$ 处理时间的延长，染料废水的特征吸收峰（偶氮结构和萘环结构）强度不断降低，并且没有形成新的吸收峰。偶氮发色基团化学性质非常活泼，遇光、热以及在酸性介质和碱性介质中都不稳定，易发生反应，导致 UV-Vis 吸收光谱图逐渐发生变化。处理 20min 时，可见光区的偶氮结构特征峰下降明显，紫外光谱 290nm 处的峰强度也骤然下降，紫外光谱 225nm 处苯环的特征吸收峰下降相对缓慢。降解处理 100min 后，在可见光区 544nm 处的吸收峰已基本消失，在紫外光区的 290nm 处的特征吸收峰也基本消失，225nm 处的特征吸收峰没有完全消失。这说明偶氮基团和萘环结构都受到热活化 $Na_2S_2O_8$ 产生的 SO_4^- ·强氧化作用而被破坏，100min 后染料废水中的发色基团不饱和共轭键（偶氮键）已完全断裂，萘环结构也发生了开环反应，而苯环结构并没有被完全破坏，这是因为热活化 $Na_2S_2O_8$ 产生的 SO_4^- ·能够快速强烈的氧化杨木染色废水中染料的发色基团偶氮键，使染料褪色，其次萘环结构比苯环结构更易降解，其降解的速度大于苯环，100min 内大的萘环结构已被完全氧化分解，而苯环结构可能有所剩余，生成一些苯胺类物质。

7.5.4 HPLC 分析

同样将热活化 $Na_2S_2O_8$ 处理过程中的木材活性染料染色废水水样（从处理 20min 开始，每隔 20min 取一次处理样品）用蒸馏水稀释 200 倍，再取 20mL 至小型广口玻璃瓶中，以美国 Agilent 公司 Agilent1200 型高效液相色谱仪对其进行 HPLC 测试，测试条件：选用 C_{18} 色谱柱，以甲醇-四丁基溴化胺水溶液为流动相，流动相 A 为甲醇溶液，流动相 B 为 1g/L 四丁基溴化胺水溶液，并用 1+9 的 $NH_4H_2PO_4$ 溶液调节流动相 B 的 pH 值为 3.45，进行梯度洗脱，流速 0.5mL/min，柱温 30℃，进样量 2μL，分析波长为 292nm，结果如图 7.16 所示。

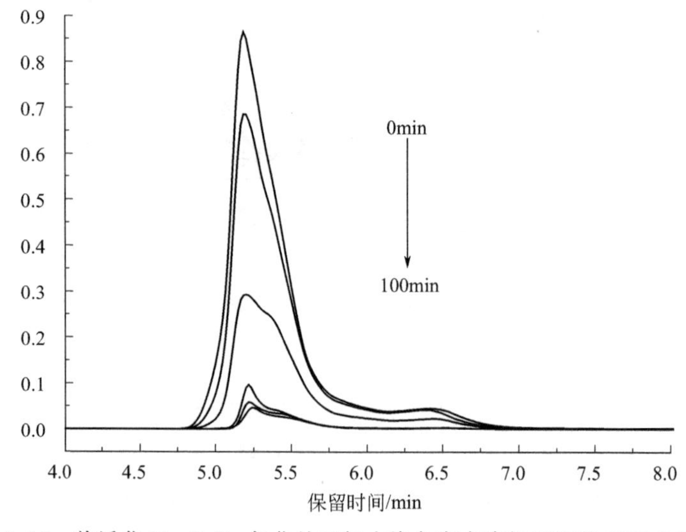

图 7.16 热活化 $Na_2S_2O_8$ 氧化处理杨木染色废水降解过程的 HPLC 谱图

由图 7.16 可知，杨木活性染料染色废水在保留时间为 5.12min 处有明显的色谱峰，随着热活化 $Na_2S_2O_8$ 处理时间的延长，在保留时间为 5.12min 处的色谱峰强度和宽度逐渐降低，色谱峰面积逐渐下降，即木材活性染料染色废水中偶氮染料大分子的含量迅速减少，当处理 100min 时，此峰几乎消失，说明染色废水中的染料分子基本被降解完全。在保留时间为 6.41min 处的较弱色谱峰应该是木材中的一些抽提物，当处理 60min 时，此峰几乎消失，说明废水中存在的杨木抽提物已基本被降解完全。

7.5.5 动力学分析

活性红 M-3BE 染料中偶氮发色基团—N ═N—的最大吸收波长为 544nm，热活化 $Na_2S_2O_8$ 产生 SO_4^- · 氧化降解发色基团的浓度可以通过测定 544nm 处的吸光度以及标准曲线（图 7.16 所示）计算得到，则发色基团剩余率的计算如式(7.34)所示。

$$\text{发色基团剩余率} = \frac{C_t}{C_0} \times 100\% \tag{7.34}$$

式中，C_0 和 C_t 分别为氧化降解前和氧化降解 t 时间后杨木染色废水中发色基团的浓度。

图 7.17 为 80℃、90℃、100℃三种不同的热活化温度下 $Na_2S_2O_8$ 氧化处理杨木染色废水时发色基团剩余率与时间的关系图及其对应的 $\ln(C/C_0) \sim t$ 曲线图。

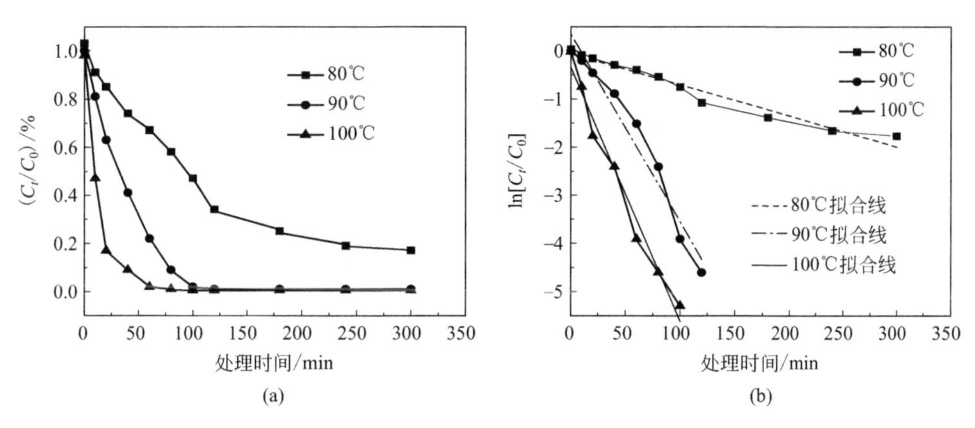

图 7.17 不同温度活化 $Na_2S_2O_8$ 氧化处理杨木染色废水的 C_t/C_0(a)、$\ln[C_t/C_0]$(b) 随时间的曲线

从 7.17(a) 可知，随着热活化温度的升高，染料废水降解的效率和速率明

显增大；在同一温度条件下，随着降解时间的延长，发色基团剩余率 C_t/C_0 逐渐减小，80℃时 120min 后 C_t/C_0 下降较为缓慢，90℃时 100min 后 C_t/C_0 达到最低，100℃时 80min 后 C_t/C_0 达到最低，之后基本保持不变。图（b）为不同温度下、一定时间内氧化降解废水溶液发色基团的 $\ln(C/C_0)$-t 曲线图，分别对三条曲线拟合，得到对应温度下的拟合直线，结果如表 7.15 所示。

表 7.15　不同温度活化 $Na_2S_2O_8$ 氧化处理杨木染色废水的 $\ln[C_t/C_0]$-t 的拟合方程

处理温度/℃	拟合方程	相关性系数 R^2
80	$y=-0.00643x-0.06666$	0.95832
90	$y=-0.03896x+0.34383$	0.95485
100	$y=-0.05268x-0.34857$	0.97341

从图 7.17(b) 和表 7.15 可知，在 80℃、90℃和 100℃的处理温度下，$\ln[C_t/C_0]$-t 都为直线，斜率分别为 -0.00643、-0.03896 和 -0.05268，线性相关性 R^2 分别为 0.95832、0.95485 和 0.97341，表明染色废水中发色基团的降解反应在对应的时间内遵循一级动力学反应，反应速率常数 k 分别为 0.006min^{-1}、0.039min^{-1} 和 0.053min^{-1}。

此外，利用 HPLC 峰面积随时间的变化探究了热活化 $Na_2S_2O_8$ 产生 $SO_4^-\cdot$ 氧化降解染色废水中发色基团的反应动力学。物质浓度与 HPLC 峰面积呈正相关，在热活化温度为 90℃的条件下，以不同降解时间的峰面积代替染料的浓度，做出氧化降解 100min 内 $\ln[C_t/C_0]$-t 曲线图，见图 7.18。

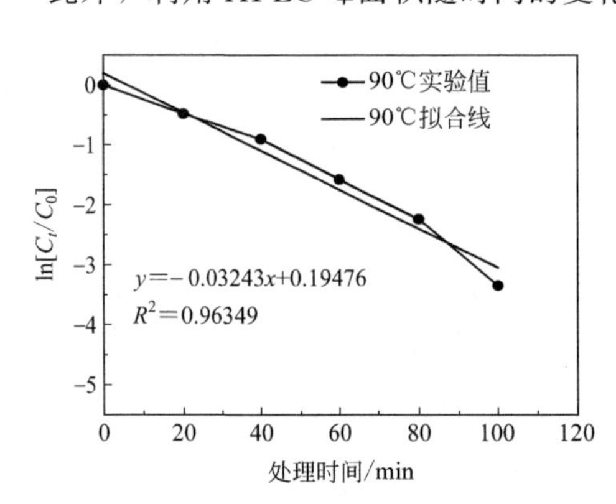

图 7.18　热活化 $Na_2S_2O_8$ 氧化处理杨木染色废水 HPLC 峰面积的 $\ln[C_t/C_0]\sim t$ 曲线

从图 7.18 可知，$\ln[C_t/C_0]\sim t$ 为直线，拟合方程 $\ln(C_t/C_0)=-0.03243t+0.19476$，线性相关系数 R^2 为 0.96349，说明反应时间 100min 内遵循拟一级动力学方程，反应速率常数 k 为 0.032min^{-1}，结果与基于 UV-Vis 动力学分析结果一致。

根据不同反应温度下的反应速率常数 k，用阿伦尼乌斯方程［式(7.35) 所示］计算热活化 $Na_2S_2O_8$ 产生 $SO_4^-\cdot$ 氧化降解染色废水的表观活化能 E_a。

$$\ln k=-\frac{E_a}{RT}+\ln A \tag{7.35}$$

式中，k 为反应速率常数，min^{-1}；R 为摩尔气体常量，8.314J/(mol·K)；T 为热力学温度，K；E_a 为表观活化能，kJ/mol；A 为频率因子，min^{-1}。

根据式(7.35)，$\ln k$ 与 $1/T$ 存在直线关系，直线的斜率为 $-E_a/R$，因此作 $\ln k \sim 1/T$ 图，结果如图 7.19。根据图 7.19，此直线的斜率为 −14586.23，由此可得 E_a 为 121.27kJ/mol。

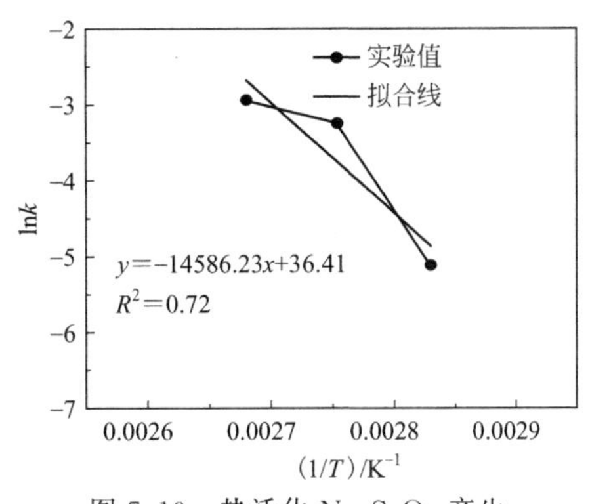

图 7.19 热活化 $Na_2S_2O_8$ 产生硫酸根自由基氧化降解染色废水的 $\ln k \sim 1/T$ 曲线

综上所述，热活化 $Na_2S_2O_8$ 降解木材染色废水的机理为：热活化 $Na_2S_2O_8$ 产生 SO_4^-·快速攻击染料分子结构中的不饱和共轭发色基团—N═N—，使—N═N—发生断裂，处理 100min 时降解完全，反应符合一级反应动力学，90℃时的反应速率常数为 $0.039min^{-1}$，同时攻击助色基团萘环和苯环，使萘环和苯环发生断裂和开环反应，且萘环结构降解速度大于苯环，将染料大分子分解为苯胺和其他小分子，芳环结构变为直链结构，从而使得染色废水褪色，降解反应活化能 E_a 为 129.27kJ/mol。

7.6 FA 活化 $Na_2S_2O_8$ 协同降解染料废水的处理技术

FA 对木材染色废水具有吸附去除作用，但吸附容量有限，且需要再生，而热活化或微波加热活化 $S_2O_8^{2-}$ 产生具有极强氧化性的 SO_4^-·，需要消耗大量的能量，且容易活化过快产生苯胺类毒性物质。本章提供了一种利用 FA 的吸附作用及其对 $Na_2S_2O_8$ 的活化作用协同去除染料的方法，其中 FA 中含有 FeO 成分，FeO 可作为非均相催化剂活化 $Na_2S_2O_8$ 产生 SO_4^-·，反应式如式(7.36)所示，且 FA 中的 SiO_2、Al_2O_3、Fe_2O_3、CaO 等组分又能控制 $Na_2S_2O_8$ 的活化速度，能够缓释体系中的 Fe^{2+}，延长 Fe^{2+} 的反应时间，持续不断地产生 SO_4^-·将废水中的染料降解成小分子；同时，FA 表面吸附的染料可由 $Na_2S_2O_8$ 降解，不需要再生，解决 FA 二次污染及再生困难的问题。此方法具有工艺简单、能耗低、安全环保、经济、催化效率高、去除效果好等优点，可解决常规的过渡金属离子活化速度过快、吸附剂再生难的问题，具有广阔的应用前景。

$$Fe^{2+} + S_2O_8^{2-} \longrightarrow Fe^{3+} + SO_4^- \cdot + SO_4^{2-} \quad (7.36)$$

7.6.1 实验方法

① 取 20g 200 目的粉煤灰置于马弗炉中，以升温速率为 3℃/min 升温至 300℃焙烧 1h，在马弗炉中自然冷却后，备用。

② 取一定量焙烧后的 FA 投加到盛有 500mL、浓度为 0.7g/L 的活性红 M-3BE 偶氮染料废水的烧杯中，并将烧杯置于一定温度的恒温水浴锅中；往烧杯中加入一定量 $Na_2S_2O_8$，以 300r/min 的搅拌速度使体系混合均匀，调节废水的 pH 值至 6～9，恒温搅拌反应 1.5～4h，反应结束后抽滤回收 FA。

③ 在不同处理时间从烧杯中迅速取样，过滤后得到澄清滤液，收集于容量瓶中，按 7.2.1 节中介绍的测试方法测试废水的脱色率和 COD_{Cr}值。

7.6.2 处理工艺对废水处理效果的影响

$Na_2S_2O_8$ 加入量、FA 加入量、废水初始 pH 值、处理时间、处理温度等参数都对 FA 活化 $Na_2S_2O_8$ 协同降解染料废水有影响，结果如图 7.20 所示。

图 7.20(a) 是每升废水中加入 $Na_2S_2O_8$ 的量在 2.5～20g 范围内对废水脱色率和 COD_{Cr}值的影响，固定 FA 加入量 4g/L、反应温度 30℃、反应时间 4h、废水初始 pH 值 7 等实验条件。从图 7.20(a) 可知，当 $Na_2S_2O_8$ 加入量在2.5～10g/L 时，随着 $Na_2S_2O_8$ 加入量的增加，脱色率迅速增加，COD_{Cr} 值迅速降低；当 $Na_2S_2O_8$ 投加量高于 10g/L 时，脱色率和 COD_{Cr}值随着加入量的增加提升或降低幅度很小，变化缓慢。因此，出于实际应用及节约成本的角度考虑，应使 $Na_2S_2O_8$ 加入量保持在 10g/L。

图 7.20(b) 是每升废水中加入 FA 的量在 4～24g 范围内对废水脱色率和 COD_{Cr}值的影响，固定 $Na_2S_2O_8$ 加入量 3g/L、反应温度 30℃、反应时间 4h、废水初始 pH 值 7 等实验条件。从图 7.20(b) 可知，FA 加入量对染料废水脱色率和 COD_{Cr}值的影响规律和 $Na_2S_2O_8$ 加入量的影响规律一致，FA 的最佳加入量在 12g/L 左右。

图 7.20(c) 是废水初始 pH 值对废水脱色率和 COD_{Cr} 值的影响，固定 $Na_2S_2O_8$ 加入量 10g/L、FA 加入量 4g/L、反应温度 30℃、反应时间 4h 等实验条件。从图 7.20(c) 可知，在 pH 值为 3～5 强酸性环境或 pH 值为 8～11 的强碱性环境，废水的处理效果都较差；只有在 pH 值为 6～7 的弱酸性或中性环境中，FA 能活化 $Na_2S_2O_8$ 产生足够多 $SO_4^- \cdot$ 来氧化降解染料废水中的有色物质，处理效果较佳，因此，初始 pH 值应在 6～7 范围内。

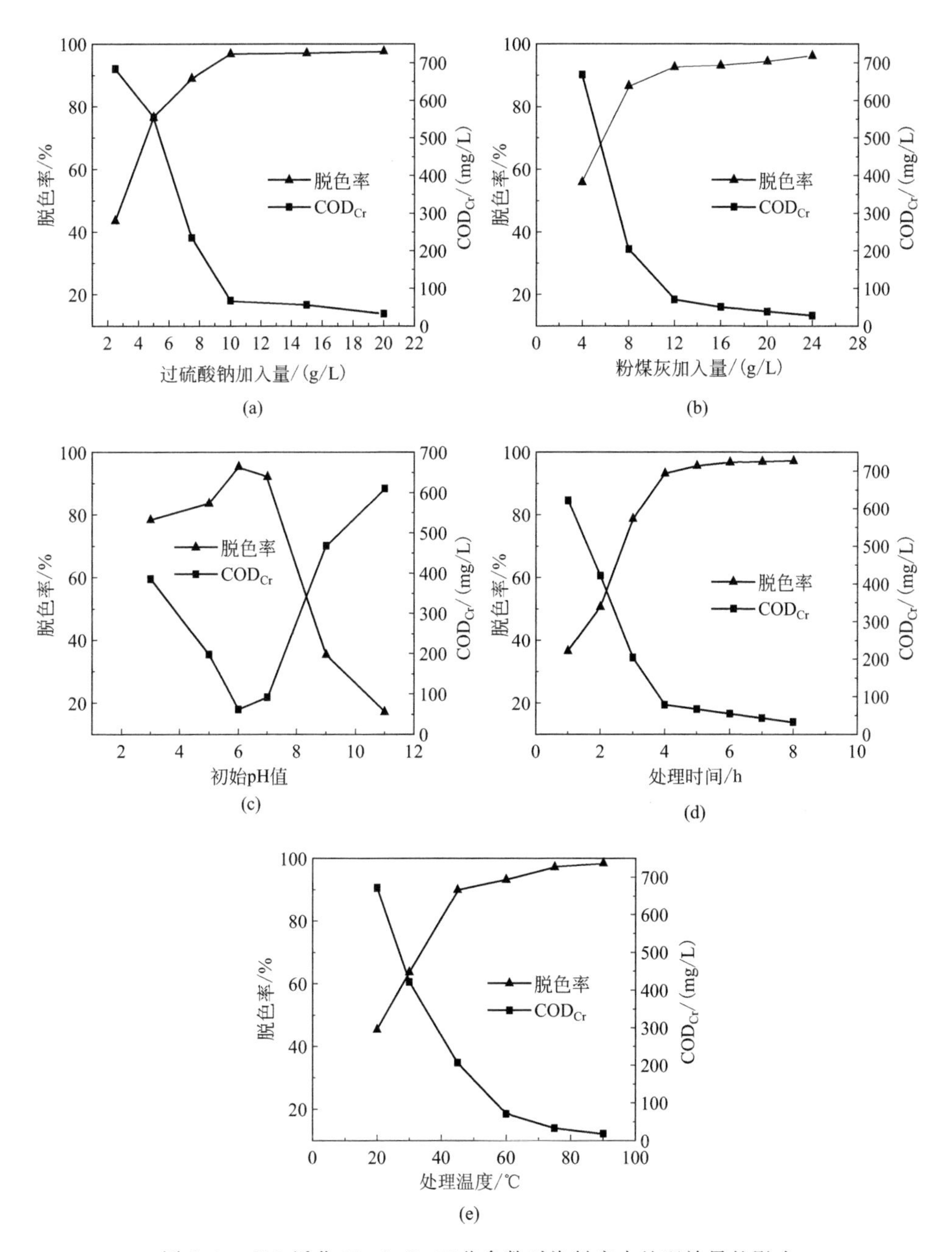

图 7.20 FA 活化 $Na_2S_2O_8$ 工艺参数对染料废水处理效果的影响

图 7.20(d) 和 (e) 分别是处理时间和处理温度对废水脱色率和 COD_{Cr} 值的影响，从图 7.20(d) 和 (e) 可知，处理时间和处理温度对染料废水脱色率和 COD_{Cr} 值的影响规律和 $Na_2S_2O_8$ 加入量的影响规律一致，最佳处理温度在 60℃

左右，处理时间 4h 左右。

综上所述，FA 活化 $Na_2S_2O_8$ 协同降解染料废水的较优处理工艺为：$Na_2S_2O_8$ 加入量 10g/L、FA 加入量 12g/L、处理温度 60℃、处理时间 4h、初始 pH 值 6～7。在此工艺下，染料废水的脱色率达 98.43%，COD_{Cr} 达 32.4mg/L。

图 7.21 为 FA 吸附染料前后及活化过硫酸钠反应后的 FTIR 谱图，其中（a）为吸附染料前，（b）为吸附染料后，（c）为活化过硫酸钠反应后。由图 7.21可知，经焙烧后的 FA 吸附了废水中的染料，使 FA 的 FTIR 谱图上显示染料的吸收峰［(b) 线所示］，加入 $Na_2S_2O_8$ 后，FA 活化 $Na_2S_2O_8$ 产生 $SO_4^-\cdot$ 不仅氧化降解废水中的染料，也氧化降解粉煤灰中吸附的染料，使反应结束后抽滤回收 FA 的 FTIR 谱图［(c) 线所示］和最初的谱图相同［(a) 线所示］。

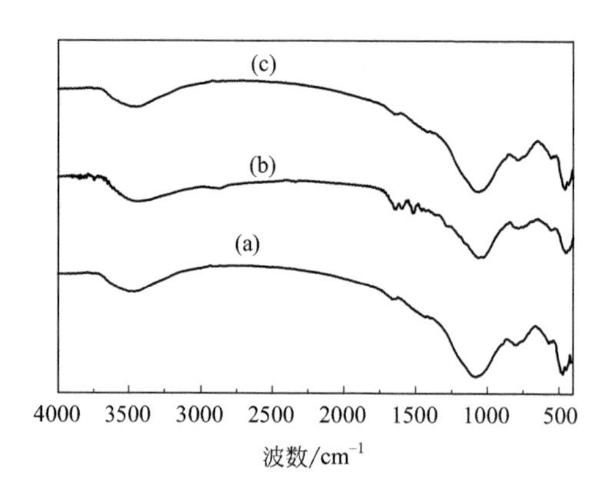

图 7.21　FA 吸附染料前（a）、后（b）及活化 $Na_2S_2O_8$ 反应后（c）的 FTIR 谱图

将上述最佳处理工艺下的木材染色废水处理效果与 4 个对照组的处理效果进行对比，其中对照组 1 是加入的 FA 未被焙烧，其他条件相同；对照组 2 是用铁屑代替 FA，且铁屑加入量与 FA 中铁含量相同，其他条件相同；对照组 3 是加入焙烧的 FA，但不加 $Na_2S_2O_8$，其他条件相同；对照组 4 是加入未焙烧 FA，但不加 $Na_2S_2O_8$，其他条件相同。考察废水的色度（按 GB 11903—1989 中的稀释倍数法测试）、化学需氧量 COD_{Cr} 值（按 HJ 828—2017 中的重铬酸盐法测试）、五日生化需氧量 BOD_5 值（按 HJ 505—2009 中的稀释与接种法测试）、氨氮值（按 HJ 536—2009 中的水杨酸分光光度法测试）、总氮值（按 HJ 636—2012 中的碱性过硫酸钾消解紫外分光光度法测试）、苯胺类化合物含量（按 GB 11893—1989 中的 *N*-(1-萘基)乙二胺偶氮分光光度法测试），考察结果列于

表 7.16。

表 7.16 不同条件下降解偶氮染料废水的处理效果对比表

废水测试指标	色度	COD_{Cr}值/(mg/L)	BOD_5 值/(mg/L)	氨氮值/(mg/L)	总氮值/(mg/L)	苯胺类化合物含量/(mg/L)
实验组	50	74	23	10.2	13.4	0.8
对照组 1	70	99	26	12.1	18.3	1.1
对照组 2	150	426	133	15.4	22.4	2.6
对照组 3	1500	3067	954	20.7	26.7	5.2
对照组 4	2500	4942	1590	32.5	41.8	7.7
未被处理废水	4000	8520	2650	56.8	71.3	13.7
排放一级标准要求	70	100	25	12.0	20.0	1.0

从表 7.16 可知，高温焙烧后的 FA（对照组 3）比未活化 FA（对照组 4）能显著降低废水中的色度、COD_{Cr}等指标，活化 FA 处理后的偶氮染料废水各项指标的去除率均达到 62%以上，原因是 FA 通过高温焙烧后，提高了 FA 吸附剂颗粒的比表面积和表面孔隙结构，增强了 FA 颗粒对染料的吸附量，从而降低了废水中的色度等指标。实验组的处理效果比对照组 1 好很多，原因是 FA 高温活化能增加其作为催化剂的催化活性位点，提高催化效果。用铁屑活化过硫酸盐的效果（对照组 2）比实验组的要差，这是因为铁屑活化速度过快容易引起 SO_4^- • 猝灭，降低处理效果，而 FA 中含有 SiO_2、Al_2O_3、Fe_2O_3、CaO 等组分，这些组分能控制过硫酸盐产生 SO_4^- • 的速度，防止过硫酸盐活化（催化）速度过快引起染料降解速率过低。仅依靠 FA 的吸附作用（对照组 3）或铁屑活化 $Na_2S_2O_8$ 氧化降解作用（对照组 2）都不能有效去除废水中的偶氮染料，只有 FA 吸附染料和 FA 活化 $Na_2S_2O_8$ 氧化降解染料的协同处理才能有效去除废水中的偶氮染料（实验组），且处理效果能够满足排放一级标准要求。

综上所述，FA 活化 $Na_2S_2O_8$ 协同降解染料废水的技术特点为：FA 高温活化-催化过硫酸盐产生 SO_4^- • 降解染料成小分子是一个整体技术，缺一不可。首先，FA 作为吸附剂，通过高温焙烧提高颗粒的比表面积和表面孔隙结构，增强颗粒对染料吸附量，降低废水中的色度等指标；第二，FA 中含有 FeO 成分，可作为非均相催化剂催化过硫酸盐产生 SO_4^- •，将染料降解为小分子物质，且 FA 高温活化能增加其催化活性位点，提高催化效果；第三，FA 中还含有 SiO_2、Al_2O_3、Fe_2O_3、CaO 等组分，这些组分能控制过硫酸盐产生 SO_4^- • 的速度，防止过硫酸盐活化（催化）速度过快引起染料降解速率过低；第四，粉煤灰

(FA) 催化过硫酸盐产生 $SO_4^-\cdot$，不仅降解废水中的染料，同时也降解粉煤灰吸附的染料，打破粉煤灰的吸附平衡，使粉煤灰进一步吸附染料，边吸附边降解，利用粉煤灰的吸附作用及其对过硫酸盐的催化作用协同去除染料，达到优异的染料去除效果（与未被处理的废水相比，色度、COD_{Cr}等去除率达到 99%以上）；第五，粉煤灰吸附的染料被过硫酸盐降解，不需要再生，解决粉煤灰二次污染及再生困难的问题。

参 考 文 献

[1] 何盛，吴再兴，陈玉和，等．木（竹）材染色废水处理研究进展［J］．竹子学报，2016，35（2）：58-62.

[2] 李杨．壳聚糖基生物质炭的制备及其对染料的吸附性能研究［D］．武汉：武汉科技大学，2020.

[3] Rastogi K，Sahu J N，Meikap B C，et al. Removal of methylene blue from wastewater using fly ash as an adsorbent by hydrocyclone［J］. Journal of Hazardous Materials，2008，158（2）：531-540.

[4] 魏晓斌，李东庆，明锋．纳米改性地聚合物胶凝材料述评与展望［J］．功能材料，2020，51（12）：12024-12035.

[5] 孟建．壳聚糖衍生吸附材料的制备及其对印染废水的吸附研究［D］．太原：中北大学，2018.

[6] Annadurai G，Ling L Y，Jiunn F W. Adsorption of reactive dye from an aqueous solution by chitosan：isotherm，kinetic and thermodynamic analysis［J］. Journal of Hazardous Materials，2008，152（1）：337-346.

[7] 朱启忠，赵亮云，赵宏，等．壳聚糖对酸性染料的吸附性能［J］．资源开发与市场，2006，22（2）：101-102.

[8] Xu B C，Zheng H L，Wang Y J，et al. Poly（2-acrylamido-2-methylpropane sulfonic acid）grafted magnetic chitosan microspheres：Preparation，characterization and dye adsorption［J］. International Journal of Biological Macromolecules，2018，112：648-655.

[9] 陈彰旭，辛梅华，李明春，等．壳聚糖/粉煤灰复合材料吸附活性红研究［J］．非金属矿，2014，37（3）：69-71.

[10] 喻胜飞，肖祎，汪艮艮，等．粉煤灰/壳聚糖复合材料的制备及在木材染色废水中的应用［J］．林业工程学报，2016，1（6）：29-33.

[11] 程强．光催化氧化还原降解染料废水的研究［D］．武汉：武汉纺织大学，2015.

[12] 任南琪，周显娇，郭婉茜，等．染料废水处理技术研究进展［J］．化工学报，2013，64（1）：84-94.

[13] 余德游．Fe-MOFs 催化臭氧降解染整废水有机污染物的效能及机制研究［D］．杭州：浙江理工大学，2020.

[14] 王成美，漆旭，谢建军，等．Fenton 氧化处理杨木活性染料染色废水工艺研究［J］．广西大学学报（自然科学版），2017，42（2）：675-680.

[15] 刘元，王成美，谢建军，等．响应面法优化热活化 $Na_2S_2O_8$ 氧化处理木材活性染料染色废水工艺研究［J］．中南林业科技大学学报，2017，37（11）：161-166.

[16] 贺海韬．Fenton 法处理印染工业废水的研究［D］．杭州：浙江工业大学，2018.

[17] 李社锋，王文坦，邵雁，等．活化过硫酸盐高级氧化技术的研究进展及工程应用［J］．环境工程，

2016，20 (9)：171-174.

[18] 张剑桥．Cu^{2+}强化 Fe^{2+}活化过硫酸盐降解苯酚的效能与机理研究 [D]．哈尔滨：哈尔滨工业大学，2016.

[19] 肖羽堂，王艳杰，吴玉丽，等．好氧-富氧曝气生物处理在黑臭河涌原位修复中的应用 [J]．环境工程学报，2017，11 (5)：2780-2784.

[20] 许玉东．厌氧折流板反应池-生物接触氧化-混凝沉淀-砂滤工艺处理毛巾印染废水 [J]．环境工程，2000，18 (2)：25-27.

[21] 闫晗．光催化与生物降解联用技术处理偶氮染料废水的研究 [D]．济南：山东大学，2015.

[22] 郭清萍，窦涛．粉煤灰对印染废水脱色处理的研究 [J]．粉煤灰综合利用，2003 (1)：20-21.

[23] 李冰洁．壳聚糖/纤维素复合微球的制备及其吸附性能的研究 [D]．广州：华南理工大学，2014.

[24] 程书平．秸秆基材料制备染料吸附剂及其吸附机理研究 [D]．淮南：安徽理工大学，2020.

[25] Gogate P R，Pandit A B. A review of imperative technologies for wastewater treatment Ⅰ：oxidation technologies at ambient conditions [J]. Advances in Environmental Research，2004，8 (3)：501-551.

[26] 王娟，杨再福．Fenton 氧化在废水处理中的应用 [J]．环境科学与技术，2011，34 (11)：104-108.

[27] Kavitha V，Palanivelu K. Destruction of cresols by Fenton oxidation process [J]. Water Research，2005，39 (13)：3062-3072.

[28] Lee H，Shoda M. Removal of COD and color from livestock wastewater by the Fenton method [J]. Journal of Hazardous Materials，2008，153 (3)：1314-1319.

[29] Lucas M S，Peres J A. Removal of COD from olive mill wastewater by Fenton's reagent：Kinetic study [J]. Journal of hazardous materials，2009，168 (2)：1253-1259.

[30] Ikehata K，El-Din M G. Aqueous pesticide degradation by hydrogen peroxide/ultraviolet irradiation and Fenton-type advanced oxidation processes：a review [J]. Journal of Environmental Engineering and Science，2006，5 (2)：81-135.

[31] Hori H，NagaokaY，Mlurayama M. Efficient decomposition of perfluorocarboxylic acids and alternative fluorochemical surfactants in hot water [J]. Environmental Science & Technology，2008，42 (19)：7438-7443.

[32] Usman M，Faure P，Ruby C，et al. Application of magnetite-activated persulfate oxidation for the degradation of PAHs in contaminated soils [J]. Chemosphere，2012，87 (3)：234-240.

[33] 刘国强，王斌楠，廖云燕，等．热活化过硫酸盐降解水中的 2-氯苯酚 [J]．环境化学，2014，11 (8)：1396-1403.

[34] Yang S Y，Yang X，Shao X T，et al. Activated carbon catalyzed persulfate oxidation of Azo dye acid orange 7 at ambient temperature [J]. Journal of Hazardous Materials，2011，186 (7)：659-666.

[35] Lau T K，Chu W，Graham N J D. The aqueous degradation of butylated hydroxyanisole by UV/$S_2O_8^{2-}$ study of reaction mechanisms via dimerization and mineralization [J]. Environmental Science&Technology，2007，41 (2)：613-619.

[36] 杨照荣，崔长征，李炳智，等．热激活过硫酸盐降解卡马西平和奥卡西平复合污染的研究 [J]．环境科学学报，2013，33 (1)：98-104.

[37] 栾海彬，杨立翔，鲁帅，等．热活化过硫酸盐对双酚 A 的降解及其机理 [J]．环境工程学报，2016，10 (5)：2459-2464.

[38] Liang C，Su H W. Identification of sulfate and hydroxyl radicals in thermally activated persulfate [J].

Industrial & Engineering Chemistry Research，2009，48（11）：5558-5562.

［39］ Huber M M，Canonica S，Park G Y. Oxidation of pharmaceuticals during ozonation and advanced oxidation processes [J]. Environmental Science & Technology，2003，37（5）：1016-1024.

［40］ Matta R，Tlili S，Chiron S，et al. Removal of carbamazepine from urban wastewater by sulfate radical oxidation [J]. Environmental Chemistry Letters，2011，9（3）：347-353.

［41］ 杨照荣．热激活过硫酸盐氧化典型 PPCPs 污染物的机理研究 [D]. 上海：华东理工大学，2012.